站城融合
——大型铁路客站站域空间整体性发展途径研究

Station City Integration
——Integrated Development of Large Railway
Station's Catchment Area

桂汪洋　著

中国建筑工业出版社

图书在版编目（CIP）数据

站城融合：大型铁路客站站域空间整体性发展途径
研究 = Station City Integration——Integrated
Development of Large Railway Station's Catchment
Area / 桂汪洋著 . —北京：中国建筑工业出版社，
2022.8
　　ISBN 978-7-112-27737-7

　　Ⅰ.①站… Ⅱ.①桂… Ⅲ.①铁路车站—客运站—建
筑设计—研究 Ⅳ.① TU248.1

中国版本图书馆 CIP 数据核字（2022）第 142905 号

　　针对我国高铁客站与城市发展关联的内洽性不够的问题，本书以大型铁路客站与城市空间的协同
发展作为研究重点，集聚整体性思维、系统论理论、交通引导城市发展理论等作为理论基础，采用多
尺度多视角的联动研究方法，构建大型铁路客站站域空间整体性发展的理论架构，对大型铁路客站站
域空间与城市空间演化的相互作用关系进行深入分析与研究，提出相应的发展途径和策略，以期从站
城融合的整体性视角促进客站与城市整体协同、健康、可持续发展。

责任编辑：田立平　石枫华
责任校对：党　蕾

站城融合
——大型铁路客站站域空间整体性发展途径研究
Station City Integration
——Integrated Development of Large Railway Station's Catchment Area
桂汪洋　著

*
中国建筑工业出版社出版、发行（北京海淀三里河路 9 号）
各地新华书店、建筑书店经销
北京雅盈中佳图文设计公司制版
北京建筑工业印刷厂印刷
*
开本：787 毫米 ×1092 毫米　1/16　印张：24　字数：440 千字
2022 年 9 月第一版　2022 年 9 月第一次印刷
定价：**98.00** 元
ISBN　978-7-112-27737-7
　　　　　（39680）

交通是连接城市的纽带，与人类文化的发展相依相随，不仅直接影响到社会经济效益，也关系到城市未来发展，成为城市空间发展研究的一个重要组成部分。大型铁路客站作为城市内外客流集散中心和要素汇集中心、城市形象的代表和地区发展的引擎，对城市空间结构布局以及经济社会发展有举足轻重的意义。目前，随着我国城镇化进程的加快、城市综合规模的扩大，土地资源日趋紧张，围绕客站进行的综合开发已成为必然趋势，亟需展开系统且深入的总结与反思。

国内外高铁客站在经历了多个发展阶段之后，突破了自身界线，走向了站城共同发展结构，主要特征如下：空间结构由独立封闭走向开放融合；功能体系由单一低端走向高端复合化；土地利用由孤立发展走向一体化发展；站域环境体系由城市门户向城市生活中心演化。但由于我国城市规划体制的不完善，土地管理制度的限制，利益划分、投融资渠道与模式等问题，以及政府干预和运营管理体制的复杂性，限制了客站与城市的协同发展，具体表现为：（1）中心区客站由于空间受限，土地利用零散，资源缺乏整合，交通秩序混乱，产业结构不合理；（2）边缘区站域存在建设规模过大，定位过高与重复，产业基础薄弱，可持续发展动力不足的问题；（3）远郊区站域由于过远的空间距离对站域发展产生了阻隔，站域空间发展与城市总体规划缺乏呼应，与城市空间拓展方向不协调等问题。因此，本书提出了研究问题：如何促使客站空间系统与周边城市空间的系统发展，建立以客站为核心，健康、可持续的新型城市空间，为现有、在建或规划的相应铁路客站的建设提供一定理论支撑和实践借鉴。

通过文献回顾，我们发现关于客站与城市空间关系的研究，主要集中在区域层面、城市层面和客站本体三个层面。区域层面主要探讨火车站与城市发展整合的机制，包括区域经济一体化、城市连绵带和城市圈的形成和发展，侧重于分析可达性和整合效益的区域范围；城市层面主要探讨客站作为新经济增长点与城镇发展的联系，以及客站与城市交通的整合，分析包括是否选择设站、建设时机、客站位置的选择、客站与其他交通设施之间的联系等；客站本体层面主要探讨客站的交通组织、内部功能空间整合、空间形态等方面，但将三个层面放在一起进行综合研究的较少。而三个层面中均有站域空间相关的整合，而且涉及的内容尺度有所不同，它们互为依托，互为补充，彼此关联，渗透在城市乃至区域建设的方方面面。

因此，本书以整体性思维为基础，总结三种尺度下空间发展模式和优化策略，提出大型铁路客站站域空间整体性发展的途径。因为铁路客站站域本身是一个相互作用和相互依赖的若干要素合成的具有特定功能的空间系统，而且这个系统本身又是它所从属的区域交通网络和城市这个更大系统的组成部分。因此，只有从全面的系统视角，才能多层面地揭示出当前站域空间发展的机理，把握站域空间演化的规律。在此基础上，通过以下几个子问题对研究问题进行回答：

其一，解析国内外大型铁路客站站域空间发展规律的差异性。由于城镇化水平、人口、高铁建设的定位等因素的不同，我国高铁建设的发展模式与其他国家有着很大的差异性，因此，要在正确认知和深入分析我国高铁发展内在机制的基础上，探索中国高速铁路影响下客站与城市空间互动发展的新特征，理性借鉴和套用西方在控制城市开发速度、协调开发主体关系等方面的经验。更为重要的是重新审视我国高铁与城市产业、空间、交通的关系。需要因地制宜，全面、综合地考虑多方面的因素，建立高速铁路站点与城市空间演化之间的良性互动关系。

其二，深化大型铁路客站与城市空间协同互动规律的认识。客站建设不是一个孤立的过程，它与城市空间发展紧密相连，是一个互馈的过程。首先，铁路客站地区作为铁路运输和城市空间网络的双重节点，具有节点交通价值和城市功能价值两个方面。城市功能主要表现为文化表达功能、引导发展功能、商业服务功能和公共空间功能；节点功能主要表现为换乘、停车、集散、引导四项基本交通功能。铁路客站不仅要满足交通功能的需求，还要满足城市功能的要求，需要均衡发展。其次，城市交通建设具有塑造城市空间形态的功能，城市空间的演化又有强化交通方式选择的功能，两者之间存在着复杂的动态互馈关系，铁路客站也是如此。

其三，明确整体性发展是大型铁路客站效率提升和城市空间优化的必然途径。与国外发达地区相比，我国站域空间目前呈现了不同的发展方向，站房大多孤立设置，站城隔离，未能形成与周边城市空间有效地互动，站域的立体化发展依然处于初始阶段。此外，与发达国家经过几十年的调整与完善不同，我国铁路客站几乎是爆发式的增长，加上城市大容量、快速交通的发展还处于初级阶段，短时间内难以形成完善的公共交通网络，这都限制了我国站域空间的整体性发展。我国高铁站域虽然发展较快，但整体面临的问题比较多。因此，要实现站城协同发展目标，必须从区位关系、功能组织、土地利用及空间品质等层面牢扣城市空间的发展趋势和需求。伴随着城镇化进程的加快，我国城市空间扩展不可避免。积极吸取国际城市发展的经验和教训，反思我国客站和城市发展方向，选择合理的城市空间增长策略就显得尤为重要。

其四，提出大型铁路客站站域空间整体性发展的途径。大型铁路客站站域公共空间整体性发展不仅涉及规划的土地利用方式，还涉及联合开发、统一管理等具体问题。一个项目的顺利实现，从最初的投资决策到最终建成实施，除了需要相关政策和法律的保障之外，还需要经历四个关键的环节：规划、开发、设计和管理。这四个环节紧密联系，互为基础，缺一不可。

其五，归纳大型铁路客站站域空间整体性发展的发展策略。站域空间系统是以客站为核心，在大型铁路客站与城市公共空间互动关系基础上，形成高度复合的、运转有序的有机整体，具有一定的层次和结构。因此，从宏观着手，系统地了解大型铁路客站的城市职能，避免从孤立的单一空间层次研究铁路客站系统在城市空间系统中的层级和职能，是实现整体功能最大化的基础。根据层级性原理，按照空间尺度的不同可区分为区域、城市和站域三个尺度，不同尺度层面的研究所关注的焦点各异。结合高铁点、线、网的空间形态层次，本文提出站域空间的整体性研究应该遵循从核心到区域、从宏观到微观、由面到线和点的研究方法，将客站整体性发展的解决策略划分为四个层面：面——城市、区域的一体化发展展开，线——站线的一体化发展，点——站区、邻里、地块的综合发展，网——站域的地上、地下和地面的立体化开发，从而实现站城协同，站域空间的整体性发展。

其六，论证大型铁路客站整体性发展在我国实施的可行性。首先，我国国情决定了站域空间整体性发展模式在我国大城市实施的可行性。对于我国这种人口密度高，能源和土地相对匮乏的基本国情而言，只有实施高效集约发展模式才能防止城市无序蔓延，实现城市可持续发展。另外，我国目前高速城镇化的发展阶段，特别是我国汽车工业和房地产业的迅猛发展，使城市面临着严峻的挑战，土地资源骤减、城市交通拥堵、大气环境污染等问题接踵而来，从科学规划的角度来看，现阶段正是大力发展城市公共交通的最佳时期，在构建紧凑型城市的理论框架之下，结合城市公共交通引导城市开发模式的应用，能够很好地起到整合城市土地，使其集约利用，并引导城市空间有序增长的良好作用。在这个新世纪之初的关键时刻，站域空间整体性发展模式无疑是我国未来城市发展的一剂良方。其次，整体性发展是解决我国客站建设困境的迫切需要。由于我国铁路建设历史欠账较多，常常一票难求，因此高铁和客站建设的主要问题不是客源问题，而是如何解决项目投资和实现运营盈利两大难题，这就迫切需要寻求良好的融资模式和市场化运作体制来摆脱建设困境。

其七，提出我国大型铁路客站整体性发展的优化策略和途径。随着我国高铁的快速发展，我国众多城市都面临客站的新建或改、扩建，客站周边用地的功能定位、设施布局以及城市发展等，一时间成为城市建设决策者和设计人所关心的热点问题。为了应对这些问题，有必要对现阶段我国铁路客站分类及其功能特征进行梳理和总结，以便对不同类型的城市、处于不同发展阶段的客站所具有的功能特征建立清晰的认识。本书选取京沪线典型案例，从客站与城市空间互动关系出发，系统分析了站域空间发展与客站在城市区位、城市能级、发展阶段等之间的关系，分五种类型对以客站为中心，在高铁引导下站域空间的构成要素、组织特征与成长机制进行了解析，并基于这些认识建构了站域空间整体性发展的优化策略和可操作途径，为我国今后的相关实践提供一个比较完整的参考体系。

目 录

绪　论

0.1　研究背景

　　交通是连接城市的纽带，与人类文化的发展相依相随，不仅直接影响到社会经济效益，也关系到城市未来发展，成为城市空间发展研究的一个重要组成部分。大型铁路客站作为城市内外客流集散中心和要素汇集中心，城市形象的代表和地区发展的引擎，对城市空间结构布局以及经济社会发展有举足轻重的意义。目前，随着我国城镇化进程的加快，城市综合规模的扩大，土地资源日趋紧张，围绕客站进行的综合开发已成为必然趋势，亟须展开系统且深入的总结与反思。

0.1.1　当代中国新型城镇化发展趋势下集约化转变的新诉求

　　21世纪是城镇化的时代。全球城市人口数量正以每年6500万的速度增长，2008年全球城镇化率达到49.9%，这意味着全球将有一半的人口居住在城市里，也标志着全球开始步入城镇化时代。我国是世界上城镇化最早、发展缓慢和近期快速增长的国家[①]。自改革开放以来，我国经济一直保持着高速增长，1978年到2010年GDP由3624.1亿元增加到397983亿元，经济总量增加了110倍，城镇化率由1978年17.92%上升到2012年52.57%，城市个数由中华人民共和国成立前的132个增加到2008年的665个，其中百万人口以上特大城市118座，超大城市39座。根据国务院发展研究中心调查研究报告及城镇化发展规律曲线——诺瑟姆曲线预测（图0-1），未来我国城镇化水平的饱和值将在65%~75%之间，城镇化

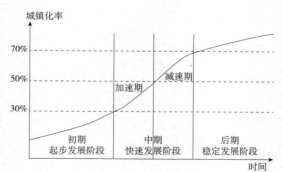

图0-1　城镇化发展规律曲线——诺瑟姆曲线
（来源：韩林飞，郭建民，柳振勇．城镇化道路的国际比较及启示——对我国当前城镇化发展阶段的认识[J]．城市发展研究，2014（3）：1-7）

───────────────

① 顾朝林，吴莉娅．中国城镇化问题研究综述[J]．城市与区域规划研究，2008（2）：104-147.

的发展将持续保持稳定上升的态势^①。

随着我国城市规模的快速扩张，其主要表现为能源的高消耗、高排放和城市用地的粗放型发展，土地的城镇化进程明显快于人口城镇化。我国城市人口增长速度远低于建成区规模增长速度。以"十一五"期间为例，城镇人口年均增速为 2.57%，但城市用地规模的平均增长速度为 7.23%^②。这说明我国城市土地扩张与人口增长严重不匹配，土地的城镇化远快于人口的城镇化。从某种程度上讲，近年来我国城市经济的高速增长主要是依靠土地的"平面扩张"来支撑的。

综上可见，目前我国这种高增长、高消耗、高排放、高扩张的粗放型城镇化发展模式急需转型。由于现今我国城市面临着严峻的土地问题和环境问题，城市的集约化发展成为非常重要的课题。

0.1.2 我国铁路客站高速发展与引导城市空间发展的新契机

我国铁路事业已经进入了高速发展阶段，急需展开对铁路与城市协同发展的深入研究。从 1997 年至今，我国迎来了铁路发展的重要机遇期。在这一轮的发展浪潮中，我国的高铁异军突起，处于世界先进行列。截至 2015 年底，我国铁路营业总里程达 12.1 万 km，规模居世界第二；其中高速铁路 1.9 万 km，位居世界第一。"十四五"发展目标为：以"八纵八横"高速铁路主通道为骨架，以高速铁路区域连接线衔接，以部分兼顾干线功能的城际铁路为补充，主要采用 250km 及以上时速标准的高速铁路网对 50 万人口以上城市覆盖达 95%以上（表 0-1）。由此可见，未来几年铁路建设仍将是我国交通运输体系建设的重头戏。

随着高速客运专线的发展，客流量的增加，我国铁路客运站的建设也迎来了新契机，主要是为客运专线服务的新型铁路客运站，2012 年我国开工建

中国近10年铁路的发展　　　　　　　　　　　　　　　表0-1

指标	2005年	2006年	2007年	2008年	2009年	2010年	2011年	2012年	2013年	2014年
铁路营业里程（万公里）	7.54	7.71	7.80	7.97	8.55	9.12	9.32	9.76	10.31	11.18
铁路客运量（万人）	115583	125656	135670	146193	152451	167609	186226	189337	210597	235704
旅客周转量（亿人公里）	6062.0	6622.1	7216.3	7778.6	7878.9	8762.2	9612.3	9812.3	10595.6	11604.8

（来源：根据中国统计年鉴 2005-2015 整理）

---

① 韩林飞，郭建民，柳振勇 . 城镇化道路的国际比较及启示——对我国当前城镇化发展阶段的认识 [J]. 城市发展研究，2014（3）：1-7.

② 魏后凯 . 论中国城市转型战略 [J]. 城市与区域规划研究，2011（1）：1-19.

设铁路新客站 1000 余座，建成 804 座 ①。这一时期，铁路客站的面貌也发生着重大变化，从运送旅客的"容器"逐渐变为促使城市发展的"催化剂"，以更加开放的姿态融于城市的公共生活。从客站与城市的发展历程中可以明显地看出，铁路客站从产生起就是铁路与城市的纽带，与城市发展紧密关联、密不可分。在新时期，高速铁路以其速度快、运量大、污染小、能耗少、安全性高、不受气候影响等优势，得到了快速发展，大型铁路客站在整合交通的同时，其城市功能逐渐明确。客站作为城市发展的触媒，对城市人口和服务功能的集聚作用越来越明显，成为引导城市空间发展的新契机。在这一背景下，大型铁路客站及周边城市空间发展将呈现何种变化趋势，已经成为当前规划和交通专业的一个热点，但大型铁路客站地区该如何发展，目前在国内还无成熟的经验可以借鉴，依然处于探索阶段。

0.1.3　我国大型铁路客站站域空间可持续发展的困境与问题

随着各城市之间的交流日益频繁，铁路客站以及周边地区已经成为展示城市个性和令人印象深刻的城市名片，成为增强城市竞争力的重要区域。那么，面对我国这种大规模、高投入的铁路客站发展模式，怎样才能建设适应新时代需求的新型铁路客运站值得我们深入研究。

1. 一次性投资和长期管理成本巨大，资金缺乏可持续性

在我国铁路客站得到快速建设的同时，也面临着一些问题和挑战，建设运营资金的可持续问题就是首要的挑战。在巨大的一次性投入基础上，甚至不考虑今后的运营维护成本这样超脱的投资和建设模式，可持续发展问题逐渐凸显。《中国铁路总公司 2014 年度第一期短期融资券募集说明书》显示，截至 2013 年三季度末，其总负债已经超过 3.06 万亿元，资产负债率达 63.2%。以京沪高铁为例，工程总投资 2209.4 亿元，预计将在运营 14 年后才能得以收回 ②。投资高、回报期长，铁路的发展将会受到资金影响。与此同时，建设规模和运营里程的快速增长，也加剧了建设成本偿付和运营亏损负担。而已经建成的大型铁路客站，由于过于追求门户形象和区域地标，庞大的体量和超尺度的空间，也增加运营和维护成本。因此，如何有效地处理好建设、运营与经济效益的关系成为当前铁路客站可持续发展的主要问题 ③。

① 郑健 . 大型铁路客站的城市角色 [J]. 时代建筑，2009（5）：6–11.
② 京沪高速铁路工程概况 [EB/OL]. 2016–01–11.http：//blog.sina.com.cn/s/blog_6bef90aa0102wgna.html.
③ 刘振娟 . 铁路客站设计与综合开发方式的研究 [J]. 建筑设计管理，2014（6）：61–67.

2. 客站与城市空间相互隔离，客站成为"城市孤岛"

通常来说，铁路客站节点的特性反映了站域的交通功能，起到客流通过的作用；场所的特性反映了客站的空间与开发功能，起到人流驻留的作用，而场所的营造是通过物质形态的建构和活动组织来实现的[①]。长期以来我国由于政策和管理体制的原因，铁路站房用地属于铁路系统内部用地范围，城市其他建筑一般不能进入，既导致铁路站房与周边建筑群分离，又导致铁路站房功能单一，有效资源未能得到充分利用，铁路企业无法从客站经济圈的发展和土地增值中获得收益。

同时，由于重视管理的传统，旅客凭票进入，客站成为城市空间的"休止符"，形成了大量体量庞大的"孤岛"，影响了其整体性功能和环境意义的发挥，难以与城市空间互动和真正激发周边空间的发展。因此，如何形成完整的站域空间发展体系，充分发挥客站的触媒效应，通过合理高效的建设与运营模式，解决城市对内、外交通问题的同时，使客站与城市空间整合为高效统一的整体，促使铁路客站由单一自我封闭的客运方式，逐渐转变为各种交通工具既有分工、又相互合作的联运模式，使铁路客站与城市空间协同发展，成为我国当前大型铁路客站可持续发展迫切需要解决的问题。

3. 过于强调节点功能，丧失了站域空间活力

铁路客站的重要性不仅体现在交通设施本身上，而且还体现在客站对城市经济发展的带动，以及对周边地区的规划与土地开发的影响。近年来，随着我国新型铁路客站的建设，客站越来越倾向于交通枢纽模式，由于轨道交通的滞后，侧重于对机动车的规划设计，很多铁路客站被匝道环绕，与周边的城市空间隔离，步行前往或离开难以成行，整体定位上仍然偏向于交通节点功能。

虽然在客站内部设置了一定的商业服务设施，但主要用于满足内部乘客需求，缺少与城市的呼应，成为自我独立的空间。即使位于城市中心地段的客站，也因偏节点轻场所的功能配置，而难以形成与城市协同发展。这种功能单一、空间封闭的客站，形成了我国目前"老站乱，新站荒"的局面（图0-2），丧失了其应有的空间活力，难以发挥其集聚效益和乘数效益，影响了自身及其周边土地价值的提升。另外，随着同城化进程的不断演进，这样的布局模式将会屏蔽很多新增的商务、会议及旅游、购物等潜在需求，妨碍站域的可持续发展[②]。

---

① 惠英. 城市轨道交通站点地区规划与建设研究 [D]. 上海：同济大学，2001.
② 王昊，殷广涛. 试论中国大型高铁枢纽的发展趋势 [J]. 城市建筑，2014（3）：16-18.

（a） （b）

图 0-2　东京新宿站与南京
南站站域空间形态对比
（a）新宿站；
（b）南京南站
（来源：东京新宿站与南京
南站站域空间形态对比 [EB/
OL].http：//cache.baiducontent.
com/；http：//tieba.baidu.com/）

　　程泰宁院士在设计杭州城站时，通过切身感受提出："做好铁路客站建筑
设计，不单纯是一个建筑专业问题，只有把铁路客站放在城市这个综合体的大
系统内进行思考。"[①] 铁路客运站作为城市中最具活力和凝聚力的场所，如何以
客站建设为契机构建客站与城市一体化发展的新型城市空间成为众多城市建设
者和规划者关注的焦点。自 2003 年以来，我国铁路客站的性质也在发生着重
大变化[②]，因而急需进行深入研究，探索客站与城市空间协同发展的对策，均
衡其交通节点和城市场所的双重身份，使其不但满足便捷出行的需求，而且形
成充满活力、可持续、健康的城市空间品质，这些问题都将成为站域发展的关
键所在。

0.2　研究对象与相关概念界定

0.2.1　研究对象

　　本书以国内的大型铁路客站和国外人口高密度地区发达国家的铁路客站
站域为主要研究对象，针对"站域空间""站城关系""整体性发展"和"发展
途径与策略"这四方面内容，结合国内外典型站域空间发展实例，以京沪线沿
线站域空间演化发展为实例，从多个层面尝试探讨大型铁路客站站域空间发展
与演变等问题，试图探索出符合我国国情的大型铁路客站站域公共空间整体性
发展的方法。

0.2.2　相关概念界定

1. 高速铁路

　　高速铁路因各国对速度的规定不一样而未形成统一标准，其中较有代表
性的如下：

---

① 程泰宁 . 重要的是观念——杭州铁路新客站创作后记 [J]. 建筑学报，2002（6）：10-15.

② 陈岚，殷琼 . 大型铁路客站对城市功能的构成与优化的研究 [J]. 华中建筑，2011（7）：30-35.

国家铁路局规定：新建设计开行 250km/h（含预留）及以上动车组列车、初期运营速度不小于 200km/h 的客运专线铁路[①]。

日本在 1970 年发布第 71 号法令对高速铁路的定义为：凡一条铁路的主要区段，列车的最高运营速度达到 200km/h 或以上者称为高速铁路[②]。

美国联邦铁路管理局对高速铁路的定义为：最高运营速度高于 145km/h 的铁路。

欧盟在 1996 年 96/48 号指令中将高速铁路定义为：在新建高速专线上列车的最高运营速度达到 200km/h 或以上者可称作高速铁路[③]。

国际铁路联盟（UIC）对高速铁路的定义为：原有线路改造运营速率达到 200km/h 以上，新建线路列车运营速率达到 250km/h 以上的铁路系统[④]。

综合考虑以上因素，本文采用我国和 UIC 的规定，将设计速度或最高运营速度达到 200km/h 作为高速铁路和非高速铁路的临界值，包括新建和既有线改造两种铁路类型。

2. 大型铁路客站

客站指办理客运业务的车站。铁路客站又叫铁路车站、火车站、铁路旅客车站，但涵盖的内容并不完全一致，同时，这一概念随科学技术的发展而变化，如今出现的高铁站和高铁客运枢纽就是这一概念的延伸。《铁路旅客车站建筑设计规范》GB 50226—2007 规定：铁路旅客车站是由站前广场、站房、站场三者组成的整体，为旅客办理客运业务，设有旅客候车和安全乘降设施[⑤]。郑健、沈中伟、蔡申夫在《中国当代铁路客站设计理论探索》一书中提出：铁路客站一般由广场、站房、站场客运设施三部分组成，是铁路为旅客提供乘降集散服务的场所，是铁路运输的基本生产单位，是铁路与城市的结合点[⑥]。此外，维基百科中对铁路车站的定义为：简称"铁路站"，又称"火车站"，是铁路设施，火车经常停车上下乘客或装卸货物。它一般包括至少一个轨道侧平台和车

① 中华人民共和国铁道部令 [EB/OL]. 2013-02-20.http：//www.gov.cn/flfg/2013-02/20/content_2334582.htm.

② 孟繁茹 . 城市高铁站核心区域功能布局规划研究 [D]. 西安：长安大学，2011.

③ 顿小红 . 从世界高速铁路发展看我国高速铁路建设 [J]. 现代商贸工业，2007（6）：22.

④ UIC 定义高速铁路不仅是一项技术，更是一个复杂的系统工程，结合了基础设施、车辆和操作、金融、商业、管理和培训等多个方面的技术。高铁被认为是未来的运输模型，主要因为这种不断提高的服务水平得到了客户的满意，并且在区域一体化中扮演重要的角色，有助于在世界范围内建立社会经济平衡。高铁这种高效的传输方式是投资、技术、产业、环境、政治和社会各方面的需求。高铁线应包括：专门修建的高速专线时速至少达到 250km；改造线路营运速率达到 200km 以上；同时，提出改造线路的车速应该与地形、救援和城市规划限制相适应。http：//www.uic.org/highspeed#The-highspeed-definition-of-the-European-Union.

⑤ 铁道第三勘察设计院集团有限公司 .GB 50226—2007 铁路旅客车站建筑设计规范 [S]. 北京：中国计划出版社，2007.

⑥ 郑健、沈中伟、蔡申夫 . 中国当代铁路客站设计理论探索 [M]. 北京：人民交通出版社，2009.

站建筑（仓库）提供车票销售和等候等配套服务[①]。

综上所述，"铁路客站"，即铁路旅客车站，为旅客办理客运业务，设有旅客候车和安全乘降设施，并由站前广场、站房、站场客运建筑三者组成整体的车站，是铁路运输的基本生产单位，是铁路与城市的结合点。服务于高速铁路的称为高速铁路客站，简称"高铁站"。大型铁路客站是指客货共线铁路旅客车站最高聚集人数为 3000~10000，客运专线铁路旅客车站根据高峰小时发送量 5000~10000 的车站（表 0-2）。在我国，首先建成的省会级车站多为特大型车站，而且这些站点多为城市重要的交通节点，相对于其他地段的车站，更具有典型代表意义，因此，本书将特大型车站也纳入研究范围，统称为大型铁路客站。

铁路车站建筑规模　　　　　　　　表0-2

	客货共线	客运专线
建筑规模	最高集聚人数 H（人）	高峰小时发送量 PH（人）
特大型	$H \geqslant 10000$	$PH \geqslant 10000$
大型	$3000 \leqslant H < 10000$	$5000 \leqslant PH < 10000$
中型	$600 < H < 3000$	$1000 < PH < 5000$
小型	$H \leqslant 600$	$PH \leqslant 1000$

（来源：铁道第三勘察设计院集团有限公司 . GB 50226—2007 铁路旅客车站建筑设计规范 [S]. 北京：中国计划出版社，2007）

3. 站域空间

（1）站域

站域的概念被广泛运用于轨道交通站的研究中，主要是指轨道交通站点地区辐射的范围，也就是轨道交通站点对城市空间发展的影响区域，是一个城市地域概念，而非单单指交通站点本身。本文站域特指大型铁路客站对城市空间发展的影响区域。但学界并没有给出明确边界。铁路客站站域的核心特征源自铁路站点与城市空间的相互作用关系，这种以铁路客站为触媒引导城市空间发展的地域形态使其从本质上有别于其他的城市地域概念。

1）流动性：它是人流、车流、信息流高度集散的地区，不断重复着"抽空"和"注入"的机能，流动成为其首要特点。客站作为高速运输网络中的节点不仅要保证客流在铁路运输网络内部通畅高效地流动，更重要的是使其在城市整体运输系统中促进要素流动或建立新的流线。

---

① 维基百科 . 铁路车站 [EB/OL]. 2017-06-03. http：//en.wikipedia.org/wiki/Train_station.

2）复合性：它是一个功能高度集中、多样化复合的场所，设施集中，开发强度高。凸显出更为复合化的场所特征，要求城市空间、功能和交通等要素的处理更加系统化、复合化和立体化。

3）催生性：高铁站点区域作为人流集散地和城市功能集中区域，通常会对城市发展起到触媒作用和催生效应，促进城市交通转型，人口、经济增长和产业调整，形成城市的交通枢纽和功能场所，具有加快区域经济发展，促进城市结构调整的作用。

（2）站域空间

站域空间则包含站体公共空间以及与之存在相互影响的周边城市公共空间。因此，研究过程中的各种制约因素自然会受到"客站"和"城市公共空间"的双重影响，必须以城市公共空间与客站的互动关系为基础，客观地考虑两者之间的关联性特征。

1）构成的复合性：将客站与周边城市空间看作一个有机整体，当作一盘棋，统筹考虑，进行系统性的研究。既非孤立地研究客站本体的发展规律，也不是仅仅关注城市空间的发展，而是运用整体性思维方法，将大型铁路客站站域作为一个整体的空间系统展开深入探讨。

2）目标的双向性：大型铁路客站站域空间研究的成果可以为客站建设和城市空间发展提供双向的参考和指导。一是有利于大型铁路客站本体的发展和建设，二是有利于周边城市空间协同发展，以及与城市空间的整合。

（3）大型铁路客站站域空间界定

大型铁路客站站域空间的概念不是简单的客站空间和城市地段概念的叠加，而是两者通过相互关联、相互依存结合而成的有机整体，它是以客站为核心，建立客站与城市空间的秩序，激发城市空间的高效利用，形成一个复合度高、运转有序的城市空间系统。主要体现在以下几个方面。

1）以大型铁路客站建设与城市空间发展的互馈关系为理论研究的基础，探析两者相互作用的机理和特征。

2）站域空间是以客站为核心的城市地段空间系统，对其进行整体性的研究，既非孤立地在本体层面研究大型铁路客站的发展规律，也不是泛泛地在宏观层面研究城市空间的发展特征，而是运用整体性思维和系统方法，针对大型铁路客站站域空间系统这个整体性的概念展开深入研究。

3）研究成果可以对客站和城市空间发展在多个方面共同起到促进作用：一是可以在客站层面强化大型铁路客站及其站点自身的发展和建设；二是可以在城市层面促进客站与周边城市空间的一体化发展；三是在区域层面有利于同城化进程和站域空间协同发展。

4）站域空间的概念涵盖了交通空间、建筑空间以及城市空间，既具有客站的交通节点特征，又具有城市空间的场所特征，具有较强的复合性。因此，研究过程中要系统地考虑"交通节点"和"城市场所"的双重影响以及客站与城市土地的相互作用关系，客观地考虑两者之间的关联性特征。

综上所述，大型铁路客站站域空间可以界定为："在大型铁路客站与城市空间互动关系基础上，以客站为核心，形成高度复合的、具有双重影响的、运转有序的有机整体，是以客站为依托结合其他交通形式实现地区交通、换乘、商业、文化等多重城市职能的公共空间，是能为公众提供各种公共活动和社会服务的城市空间系统。"

0.3　研究的基本内容

0.3.1　研究内容

本书研究内容主要从以下五个方面展开研究：

（1）厘清站城关系

从客站与城市空间发展的相互作用关系出发，剖析站域与城市空间发展的作用机制、演变过程、影响要素和空间特征，探讨站域与城市空间在区域、城市和站域三个层面的互动影响。

（2）基础理论研究

梳理国内外大型铁路客站站域空间发展脉络，明确站域发展的边界，基于客站与城市的互馈关系，从站域的双重属性特征和与土地利用的互馈作用机制两个方面，分析站域空间整体性发展的内涵、本质，探讨促使大型铁路客站站域整体性发展的理论。

（3）我国站域空间整体性发展的可行性研究

基于国内外站域空间发展的各自特点和问题，结合我国国情以及我国大型铁路客站建设和发展的特点，总结我国站域空间发展特征并对其原因进行深入剖析，并基于我国国情提出我国站域空间整体性发展可行性与适宜性。

（4）站域空间整体性发展途径和策略研究

从我国站域空间发展的现状与问题出发，聚焦国内外成功案例，总结发展经验，基于整体性思维，从核心到区域，从微观到宏观，提出切实可行的发展途径和优化策略。

（5）京沪线站域空间演化发展的实证研究与评价

基于京沪线沿线站域空间的数据统计，对沿线站域空间演化特征进行分析，并对其进行评价。

0.3.2 章节安排

本书针对"站域空间""站城关系"和"整体性发展"这三方面内容展开研究，尤其关注近年国内外快速发展的大型高速铁路客站站域空间的发展。

绪论

首先，从现实问题出发，凝练当前站域空间建设中的主要问题，即客站与城市空间发展相互独立，未能发挥出应有的触媒作用和导向效应，其根源在于客站与城市空间发展缺乏有效地整合与协同。其次，对高铁、大型铁路客站及站域空间的概念进行必要的界定，明确本书研究的内容、章节安排、实证研究对象，以及研究的现实意义，介绍研究将采用的方法和写作框架。

第 1 章　国内外相关理论及研究现状综述

"理论基础与文献综述"——分别从经济学、交通工程、经济地理等相关领域入手，总结与站域空间发展相关的城市理论以及空间发展模型，在此基础上梳理交通与土地利用的相互关系，并对国内外有关客站及其周边地区发展相关研究进行总结，同时明确国内外站域空间发展背景和对城市影响等方面的差异性，为后续研究打下基础。

第 2 章　大型铁路客站站域空间发展的主导现象与问题

"问题梳理与适宜性分析"——通过对国内外大型铁路客站站域空间演化过程的对比分析，了解国内外站域空间发展的总体趋势与特点；其次，通过对我国站域空间发展过程中问题总结和原因归纳，为后续研究奠定基础；并基于我国国情提出我国站域空间整体性发展可行性与适宜性，进而明确本书研究的出发点。

第 3 章　大型铁路客站站域空间整体性发展的分析框架

"引入整体性思维与建立分析框架"——建立大型铁路客站站域空间整体性发展的理论分析框架。首先，基于站域空间的理论模型、实际边界和人的活动特征分析，综合界定了站域边界。其次，以整体性思维为基础，从站域的双重属性特征和交通与土地利用互馈作用两个维度分析站域空间整体性发展的内涵、本质问题，并建立理论分析框架。最后讨论站域空间整体性发展的影响要素、发展类型和演化途径。

第 4 章　大型铁路客站与城市空间演化发展特征分析

"解析客站与城市空间的演化机制"——本章从铁路客站对城市发展的导向效应出发，基于客站与城市空间发展的耦合关系的解析，对不同城市发展阶段和不同空间层级下铁路客站与城市空间发展的相互关系及其影响机制进行探析，并对铁路客站与城市土地利用的互馈机制进行梳理与总结，以期为当前时代背景下我国高铁发展提供借鉴与启示，为后续制定站域发展的战略和制定相关政策研究开展奠定理论和方法上的基础。

　　第5章　大型铁路客站站域空间整体性发展途径研究

　　"建构站域空间整体性发展途径"——基于客站在区域、城市、节点等不同空间尺度对区域和城市空间发展产生的重要影响，本章将主要针对客站与城市协同发展的可行性，从站到城，从微观到宏观分层级地提出相应的可行途径，以促进客站与城市的整体协调发展。在点层面，提出站域综合开发的模式；在线层面，提出站线一体化发展模式；在面层面，提出以客站为核心的区域一体化发展模式；在网层面，提出地上、地下与地面空间的网络化发展模式。点线面网彼此之间的联系不可分割，共同发挥作用，才能形成以客站为核心集约化发展的城市形态，并引导城市乃至区域的整体性发展。由于站域空间整体性发展涉及从投资到使用的各个环节，本章进而探索如何以客站建设为契机，通过规划、开发、设计和管理等多方面的整合途径促进站域的整体性发展。

　　第6章　我国大型铁路客站站域空间整体性发展策略研究

　　"策略建构"——通过分析国内外大型铁路客站站域空间整体性发展的模式，归纳国内外站域空间整体性发展的经验，结合站域空间整体性发展的整合途径，分别从点、线、面、网四个层面提出站域空间整体性发展的策略，以期促进站城的协同发展。

　　第7章　实证研究：京沪线站域空间演化特征与价值评价

　　"实证分析与评价"——基于我国典型线路京沪线上站域空间的数据统计，应用分类比较法和聚类分析法对沿线站域空间进行类型划分、问题分析、特征解析，并提出各类型站域空间组织、土地利用、交通组织等要素的优化策略，并基于节点和场所模型针对京沪线沿线站域空间价值进行评价。

　　第8章　结论与展望

　　分别从研究结论和创新点两个层面对本书进行总结和展望。

0.3.3　实证研究对象选择

　　本书选取京沪线沿线客站和人口高密度地区城市的客站站域作为具体的案例研究对象，开展量化层面的区域空间分析，旨在增强研究的针对性和说服力的同时，为策略制定提供依据。

1. 京沪线的代表性和现实意义

　　京沪高铁是中华人民共和国成立以来一次建设里程长、投资大、标准高的高速铁路。自2008年开工建设标志着中国铁路驶入了"高铁时代"，全长1318km，沿途设24站，途径23个城市，涵盖超大城市、大城市和基础薄弱的中小城市，沿线城市无论在规模、等级，还是在发展水平和所处发展阶段都有较大的差异，因此，具有较强的代表性。另外，京沪线站域空间在近 10 年的发展后，站域空间形态已经较为明显，具备了进行实证研究的可行性。本书以京沪高铁沿线的 24 个站域空间为研究对象，范围控制在以客站为中心 1.5km 左右的区域，通过对沿线站点的发展机理、问题和演化特征进行实地考察和调研，并将所得数据与沿线站域的多层级规划和城市设计等相关文件进行对比研究，系统总结站域空间发展问题、类型与特征，探析优化策略和整体性发展途径,相关研究成果可为我国更多的高铁沿线区域与城市空间发展借鉴。

2. 实证对象的可比性

选取国内外城市人口密度高的地区和国内外成熟案例作为对比分析。由于中国城市人口密度高，处于城镇化快速发展阶段，和欧美城市很难在一个平台上讨论，因此，更多地选择了具有较多共性的亚洲城市，如日本、韩国、中国香港等地区的站域空间。其一是这些地区的城市在客站建设过程中有着相似的城市发展特征；其二是城市公共交通都面临着人口高密度的问题，而且正处于逐渐完善阶段，有着相似的交通问题。其三这些地区先于亚洲其他地区的城市迈入现代化时期，而且高铁的发展速度较快，其发展模式和经验能给我国站域空间发展带来启示。因此，本书通过对这些城市的城市开发、站域建设、车站空间的关联性等进行分析和实地考察，并在整理近年实际成功案例的基础上，探索一种适合我国城市开发和站域发展的开发模式。

3. 实证对象的典型性

理性借鉴欧洲成熟案例，如德国的中央火车站、法国的里尔欧洲站等都是世界知名的大型铁路客站，其站域空间的发展和改造具有较强的典型性。我国站域空间建设目前处于初始阶段，因此，理性借鉴国内外发达地区的成功经验对我国站域的健康空间发展极为宝贵。我们既不能简单套用国外的发展经验，也不能忽视其发展规律，以其为案例素材，并通过具体的分析，结合我国的国情，以期建立合理的开发策略和寻求解决整体性发展问题的方案。

0.4 研究目标与意义

本书以快速城镇化进程中我国大型铁路客站的快速建设为背景，基于客站与城市在空间和土地利用的相互关系，以整体性思维为理论基础建构站域空间发展的理论框架，并结合国内外成熟案例提出站域空间整体性发展的途径，分析我国站域空间整体性发展的可行性和适应性，分类型研究我国站域空间整体性发展的途径和优化策略，并以京沪线沿线站域为例进行实证研究，以期促进我国站域空间健康的可持续发展。相关研究成果对全面理解国内外站域空间发展的状况、促进我国站域空间整体性发展以及提升站域空间活力有重要的理论意义；针对京沪线以及国内外人口高密度地区站域空间展开的实证研究则为我国高铁新城的规划与建设提供了借鉴和参考，有利于我国站域空间的可持续发展。

0.4.1　研究目标

高铁是把"双刃剑"，既会给城市发展带来新机遇，也会给城市发展带来新问题和挑战。我国地方政府把高铁的建设作为城市发展的重大机遇，积极制定各种雄心勃勃的发展计划，以期带动城市经济的发展。但事实是偏远的区位与不恰当的定位，严重影响了高铁"催化剂"作用的发挥，形成了"萧条者众"的局面，新城（新区）的发展远远没有达到规划的预期。那么如何发挥客站的触媒效应，促进客站与城市的融合发展？如何提升站域空间品质，形成有活力的站域空间？如何使客站能够更好地服务于城市，带动其周边地区发展？如何提升客站自身的效能，做到可持续发展？这些都成为摆在城市管理者和设计者面前的难题。

因此，本书提出站域的概念，将大型铁路客站建设与城市空间紧密结合，综合考虑两者的发展机理，以整体性思维、系统论理论、交通引导城市发展理论等作为理论基础，构建大型铁路客站站域空间整体性发展的分析框架，对大型铁路客站站域空间与城市空间协同发展途径和策略进行深入的分析与研究。为我国站点地区和高铁新城的发展提供可借鉴的参考资料。本研究目的旨在对以下三个主要问题做出分析并提出对策。

首先，通过对国内外大型铁路客站站域空间发展理论与实践的梳理，以及对高铁时代大型铁路客站与城市空间发展模式的分析，指出国内外站域空间整体性发展的差异性，以及我国站域空间整体性发展的可行性与适宜性，提出客站与城市空间整体性发展的思路，建立站域空间整体性发展的研究框架，旨在为我国迅速发展的客站和高铁新城建设提供一种研究方向和思路。

其次，通过对国内外典型案例的分类分析，探讨站域空间发展的特征和问题，总结出站域空间整体性发展的可操作途径和策略，从而为我国客站与城市协同发展提供借鉴和参考。并针对我国站域空间缺乏活力的现实问题，提出站域空间活力提升的策略，为我国站域空间品质提升和创造良好的城市公共空间提出对策。

再者，通过对京沪线沿线站域的分析，探讨客站与其周边区域及其所在城市的演化特征，总结出我国在高铁时代下大型铁路客站所在区域对城市空间发展的影响，从而得出适用于我国城镇化进程良性发展的站域空间发展模式及相应的设计策略，为我国客站和高铁新城的规划与建设提供借鉴和参考。

0.4.2　研究意义

不同的交通方式会产生不同的城市空间形态，高铁客站站域空间作为我国近十年的新兴事物，获得了较快发展的同时也面临着许多矛盾和问题，尤其当前正处于客站和高铁新城建设的高速时期，分析问题和总结经验更是现实需要，而现有的研究多关注宏观区域范围高铁对城市发展的影响，对中观站域空间发展的机制以及相应的站城协同策略的探索较少。如何促使站域空间系统与周边城市空间的系统发展，建立以客站为核心，健康、可持续的新型城市空间，是关系到客站和城市健康发展的关键问题。以理论为先导，可促使这一新型城市空间得到理性的控制与发展，直接影响城镇化的质量和进程，意义重大且具有紧迫性。

1. 回应铁路客站站域空间发展的现实需要

整体性发展已成为大型铁路客站效率提升和优化城市空间结构的有效途径之一。长期以来，我国铁路客站站域建设积累了不少问题，空间自我孤立和缺乏与周边空间的协同发展现象较为严峻，客站未能充分发挥其应有的作用。现阶段，随着我国高铁的快速建设，客站属性的转变，是整治、改造和重塑站域空间的重要机遇期。另外，城市的快速扩张急需结构调整以适应快速增长的人口，而大型铁路客站的建设为城市结构调整带来了新契机。再者，广大乘客对高效出行和舒适出行的要求，尤其2小时的商务需求，均对站域空间的高效性和舒适性提出了新的要求。基于对现实问题的回应，本书基于客站与城市空间的互馈关系，以站城空间整体性发展为基本立足点，探索站域空间整体性发展的理论和策略，是从根本上纾解当前站城孤立发展的困境，有效引导和调整这一新型城市空间建设的迫切需要，为我国高铁新城建设提供借鉴和启示，促进城市可持续发展。

2. 深化对大型铁路客站与城市空间协调发展及其演进规律的认识

高铁网络建设对于带动相关区域和沿线城市经济发展、促进空间结构演变都起着不容忽视的作用。已有的相关研究主要集中在宏观区域范围，探讨高速铁路对区域空间的影响，侧重于高速铁路建设对城市经济的带动、对区域可达性的提高、对产业的发展等方面，而针对中观尺度上大型铁路客站与城市空间协同发展的研究大多散见于相关文献之中，缺少专门的归纳总结。站点地区开发是近20年来欧洲规划与建筑设计领域研究的重点课题。

铁路在经历了兴起、衰退，到目前的复兴，其复兴作用受到了各国政府及学者的关注。这一阶段，站域空间获得了新的增长机会，发达国家形成了客站与其周边区域协同发展的趋势，站域强调节点功能与城市场所功能的均衡发展。而目前我国站域空间更多的是客站与城市空间的分离，表现出交通节点的特征，并未形成良好的城市场所，站域空间缺乏活力，宏大的城市场景和寥寥无几的人群形成了鲜明的对比。因此，本书构建了基于整体性思维的站域公共空间发展的理论架构，重点突出了对客站与城市空间协同发展的途径研究，并对客站与城市空间互动的关键要素进行考察，分层级提出站域空间活力提升模式和优化策略，对把握大型铁路客站与城市空间一体化发展方式及其演进规律是一项重要的基础研究。

3. 拓展大型铁路客站站域空间研究的分析方法

铁路客站站域空间兼具交通节点和城市场所的双重属性特征，涵盖了建筑和城市的双视角，涉及经济学、管理学、系统论、政策科学等多个领域，使得传统的设计方法难以发挥应有的效能，需要把客站设计、城市设计和城市规划结合起来进行综合考虑，才能够使问题的本质呈现得更具针对性，也有利于从客站本体和城市语境两个方面提升站域空间规划建设的科学性。基于此，本书以客站与城市空间协同发展为目的，围绕站域空间形态，探讨两者协调发展的必要性和可行性，总结站域空间发展类型、可操作模式以及活力提升的策略，将有助于交通设施建设和区域发展相关方法的改进，丰富了高铁新城（新区）城市空间整合与优化的手段。所形成的分析框架可以为现有、在建或规划的相应铁路客站的建设提供一定理论支撑、实践指导和方法层面的借鉴。

4. 为大型客站与城市空间协同发展提供依据和准则

以大型铁路客站站域空间的整体性发展为目标导向，本书建立了大型铁路客站站域公共空间整体性发展的策略与设计方法，对站域空间整体性发展的运行机制进行研究，并在实践中进行论证，对站域空间整体性发展有着积极的意义和相对明确的指导性。在规划建设层面，可以指导铁路客站的系统化建设，解决铁路客站在建设过程中出现的相关问题，修正铁路客站的规划和建筑设计的偏差；在决策管理层面，为现有、在建或规划的相应铁路客站的建设提供一定的理论支撑和实践借鉴，能为目标分析、风险分析与可行性研究提供依据，形成多层次的复合动态监控机制。

0.5 研究方法与框架

0.5.1 研究方法

由于课题特点，对站域空间整体性发展的研究除了涉及建筑学、城市规划，还涉及交通规划、经济地理学、区域经济学等相关学科。因此，在研究方法上需要学科之间的交叉与整合，运用多视角的理论和技术手段。具体来说，主要有以下几个方面：

1. 相关文献及理论的归纳与梳理

大型铁路客站站域空间结构演化除了涉及客站与城市发展的动态性，还要面对不同利益主体之间的整合，单一学科难以全面解决复杂性问题，需要多学科的整合研究。因此，研究中除了涉及城市规划、城市设计、建筑设计分析方法外，还涉及交通工程、经济学、社会学等学科知识，各学科彼此间相互影响、相互渗透。

2. 历史分析与横向比较相结合

在探索客站与城市空间发展的演化规律过程中，本书运用了纵横向相结合的研究方法。纵向通过将同一站域在不同历史阶段的特征进行对比分析，横向通过对同一时期建成的客站进行分类型对比研究，了解国内外客站站域建设的时代背景和设计方法的历史演进，揭示其发展规律，预测其发展趋势，从而准确定位目前面临的问题，指出解决问题的方向。另外，当前我国高速铁路客站站域发展并不成熟，很多潜在问题尚未暴露。因此，本书通过国内外横向比较研究，对法国、日本、德国等发达国家在铁路客运站上成功经验的理性借鉴，与国内相关设计研究现状加以分析比较，为我国当前正处于大建设期的铁路客站实践提供参考依据；历史分析与横向比较的方法是贯穿全文的关键方法，对于掌握当代我国铁路建设的新要求和铁路客运站的定位和历史任务具有重要意义。

3. 逻辑演绎与经验归纳法相结合

在理性借鉴国内外相关研究的基础上，对我国站域空间发展的机理进行理性探讨，提出站域空间整体性发展的策略和途径。在本书中运用了经验归纳的方法，通过对国内外众多案例的研究，总结出其成功的经验和失败的教训，为获得可靠的第一手资料，数据的获得主要通过实地勘察与调研，并通过与已有文献的对比分析，得出站城空间演化的特征与问题，有针对性地提出优化策略和发展途径。

4. 按照系统思维分层级剖析

本书以整体性思维为基础，树立高铁时代站域空间发展的思维方式，即从着眼于客站的研究，转向对客站与城市空间发展在沿线和区域层面的整体思考，总结了客站与城市空间在点、线、面三种尺度下空间发展模式和优化策略，从而系统的认知铁路客站站域整体。因为铁路客站站域本身是一个相互作用和相互依赖的若干要素合成的具有特定功能的空间系统，而且这个系统本身又是它所从属的区域交通网络和城市这个更大系统的组成部分。因此，只有从全面的系统视角，才能多层面的揭示出当前站域空间发展的机理，把握站域空间演化的规律，从而更直接地指导高铁新城发展。

5. 定性与定量

定量研究是对铁路客站站域可以量化的部分进行测量和分析，而定性研究是通过人文科学的方法，对铁路客站进行宏观的描述，阐明其运动规律和发展趋势。两者相互结合，互为补充，使研究更具全面性。随着学科交织与融合的不断扩大，铁路客站站域的系统越来越趋于复杂化，对其进行这种综合集成的方法，可以改善研究铁路客站站域这种开放复杂系统的可行效度、提高研究的质量。同时，有利于研究成果向设计实践转化。

6. 理论与设计实践结合

问题源于生活，解决于实践。本书的最终目的是通过整合的策略和整体性发展途径的研究，为拟建设的相应铁路客站的规划、设计和实施提供理论参考，实现铁路客站可持续发展。笔者在杭州工作学习阶段，在导师程泰宁先生的悉心指导下，对其所设计的杭州站铁路客站做了系统的了解，并针对性地参加了西安站改扩建工程的项目投标和青岛红岛站的方案设计，尝试运用整体性思维解决实际问题。从中，既深刻体会到当下整合理论所面临的阻力和困难，也体会到整合理论广阔的运用前景。这些构成了本书重要的实践基础。

另外，在资料收集方面，本书主要采取了以下三种方法：

（1）实地调研法

通过对京沪线沿线站域空间以及日本东海道新干线沿线站域空间的实地踏勘，获得第一手材料，作为本书的研究依据，构建整个研究的实例基础。

（2）文献查阅法

通过互联网、图书馆数据库以及中国铁路总公司工程设计鉴定中心、铁路公司、规划局、设计院等相关单位的查询，对目前相关文献和理论进行系统的梳理归纳，确定目前研究的现状与发展趋势，对有关铁路客站与城市空间整体性设计方法的资料进行抽取和整理，构建整个理论研究的技术基础。

（3）专题访问法

本书依据研究目标和对象预先拟定了相应问题，对相关方向的知名专家、学者、有关职能部门等进行了有针对性的访谈和咨询，并对乘客以及客站周边市民现场发放问卷进行调查。

0.5.2　研究框架

本书研究框架具体如图 0-3 所示。

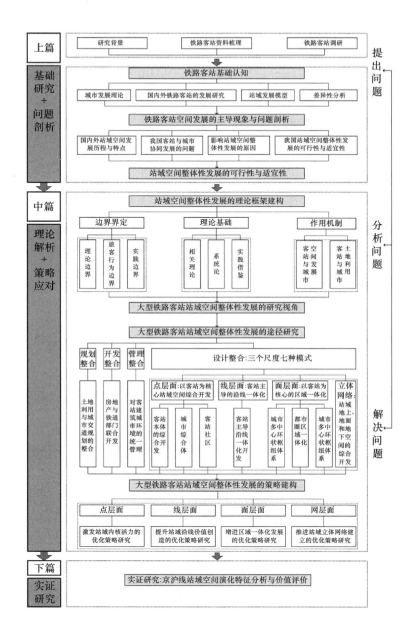

图 0-3 大型铁路客站站域空
间整体性发展途径研究框架
（来源：作者自绘）

第 1 章

国内外相关理论及研究现状综述

客站及其周边区域的发展是交通工程、经济学、城市规划、建筑学等学科高度关注的热点问题。近年来对于站域空间发展的相关研究理论、实证及方法等方面不断深入。在经济学、交通工程、经济地理等相关领域，对于客站与城市空间结构演化，以及区域经济产业的发展已经展开了一系列的研究。本章首先从城市视角对站域空间所涉及的相关城市空间发展理论、模型进行总结，其次对交通网线、站点与城市土地利用的相互关系进行梳理，最后对客站及其周边地区发展相关研究进行整理。对相关理论和已有研究成果进行总结和归纳，是进一步研究的重要基础，通过对国内外现有研究成果的综述，为研究奠定理论基础和研究依据。

1.1 与站域空间发展相关的四个城市发展理论基础

1.1.1 城市触媒理论（Urban Catalysts）

1. 概念起源与内涵

（1）城市触媒理论

"触媒"（Catalyst）又称催化剂，是化学中的一个概念，原意为能够提高或降低化学反应速率，且在化学反应前后其自身重量和性质均不改变的物质。"城市触媒"（Urban Catalysts）的概念由美国学者韦恩·奥图（Wayne Atton）和唐·洛干（Donn Logan）于1989年提出，并将其应用于城市空间开发领域。在《美国都市建筑——城市设计的触媒》中两位学者对"城市触媒"给出了如下定义："城市化学连锁反应中激发与维系城市发生化学反应的'触媒体'，它可能是一间旅馆、一座购物区或一个交通中心；也可能是博物馆、戏院或设计过的开放空间；或者是小规模的、特别的实体，如一列廊柱或喷水池。"[①]（图1-1）在这一基础上又提

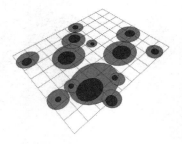

图1-1 城市触媒理论示意图
（来源：[美]韦恩·奥图，唐·洛干.美国都市建筑——城市设计的触媒[M].王劭方，译.台北：创兴出版社，1995）

---

① 韦恩·奥图，唐·洛干.美国都市建筑——城市设计的触媒[M].王劭方，译.台北：创兴出版社，1995.

出了"触媒效应"的概念，即"城市触媒"作用于其周边环境所产生的影响。

他们认为："策略性地引进新元素可以复苏城市中心现有的元素而不需要彻底的改变他们，而且当触媒激起这样的新生命时，它也影响了相继引进之都市元素的形式、特色与品质。"[①] 也就是说，在城市空间发展建设过程中，城市的管理者可以通过加入良性的触媒元素来影响和激发城市的发展。城市触媒是由城市产生，然后反过来作用于城市，促使城市结构和功能的持续发展。

（2）城市触媒的载体

城市触媒以新导入的城市元素来引导和激发其他相邻元素发挥作用，并非单一的最终产品，而应该起触媒作用，引发和激励后续开发的城市元素，"触媒体"可以是具有强烈吸引力的建筑、场所或区域。从本质上看，城市触媒一般是指对地区未来发展、人的活动有积极影响因素的区域、场所、建筑、构筑物或者事件。在本书中，主要指高铁和大型铁路客站的建设。

（3）城市触媒的形式

从城市设计的层面理解，城市触媒可能是城市空间环境中的物质元素，如街区的改造、建筑物和构筑物等实体物质；也可能是开放空间系统的建设，如广场、绿地等的建设；还可能是一个非物质元素，如国家政策制度、设计概念、文化形式等。可见，城市触媒既可以是有形触媒，也可以是无形触媒。其中，有形触媒又可以分为点触媒、线触媒、面触媒三种类型，而且三者在一定条件下可以进行相互转化。多个点触媒的集合，就可以形成线触媒或面触媒（图 1-2）。

图 1-2　不同触媒之间的相互转化
（a）点触媒；
（b）点触媒与线触媒的转化；
（c）点触媒与面触媒的转化
（来源：孙滢.基于城市触媒理论下的远郊地铁站及周边区域规划研究 [D].北京：北方工业大学，2015）

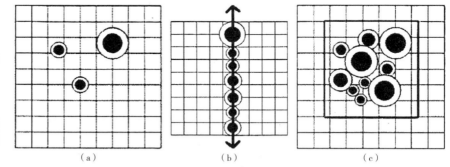

（a）　　　　　　（b）　　　　　　（c）

2. 作用与机制

触媒反应的运作过程可以概括为：将触媒因子置于城市空间环境之中，用来改变现有的城市空间环境，并以此为契机推动周边地区的资源整合和产业升级，而这又可以激发出更大的活力，产生影响力更强的城市触媒效应，最终

---

① 韦恩·奥图，唐·洛干.美国都市建筑——城市设计的触媒 [M].王劭方，译.台北：创兴出版社，1995.

形成一种良性的城市空间发展联动机制，从而实现整个区域城市空间和社会经济的革新（图1-3、图1-4）。

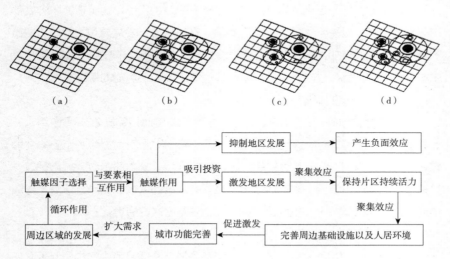

（a）　　　　　　　　（b）　　　　　　　　（c）　　　　　　　　（d）

图1-3　城市触媒作用过程图解
（a）阶段1：触媒因子投入环境中；
（b）阶段2：触媒因子与周边环境元素融合；
（c）阶段3：发生反扑作用，激发更多的触媒点产生；
（d）阶段4：实现整体联动反应
（来源：孙滢.基于城市触媒理论下的远郊地铁站及周边区域规划研究[D].北京：北方工业大学，2015）

图1-4　城市触媒的原理
（来源：孙滢.基于城市触媒理论下的远郊地铁站及周边区域规划研究[D].北京：北方工业大学，2015）

城市触媒的催化作用可归结为四个方面。修复：主要表现为对其现有环境的改善和恢复其活力；强化：提升现存有利元素的价值或向更加有利的方向转换；创造：新元素的注入，对全新生活氛围的创造，产生新价值和新秩序；激发：既表现为触媒点的生命力与持久的活力，也表现在触媒点对其周边区域的激活与促进效果，从而带动更大范围全面的激活和复兴。

3. 触媒理论对大型铁路客站站域空间研究的启示

城市触媒理论为大型铁路客站发展和站域空间系统化建设提供了一种新理念和可行的策略，即以客站的建设为触媒，激活客站与周边地区发展，进而引导城市未来的发展。城市触媒理论旨在如何激发区域和城市的活力，给地区带来新的发展，提供一种长远性的、联动性的、全面性的思考，这正好也是目前我国大型铁路客站发展所需要的。

大型铁路客站作为城市发展进程中特定的"城市触媒"，必须构建长远目标，发掘客站本身的触媒潜质，激发客站与城市要素之间的相互作用，推动站域的全面建设和发展，进而形成更大规模的城市触媒点，最终形成客站与城市空间的整体发展。这需要我们首先分析区域用地的背景，了解客站的自身优势、影响范围以及可能产生的经济效益，通过调整外界条件和客站自身属性，促进触媒作用的发生和后续发展，并且促进这种反应的连锁反应，形成富有生命力的站域环境。另外，站域空间发展的持续活力还需要无形触媒的保障，一般拥有较为充足的资金、政策的支持，会对项目产生长期积极的作用，并为后续开发奠定良好的基础。

1.1.2　精明增长（Smart Growth）

1. 概念起源与内涵

为了解决 20 世纪 60 年代以来美国城市无序蔓延所带来的困境，美国马里兰州州长格兰邓宁（Parris N.Glendening，1942-）希望建立一种州政府通过财政支出的引导对城市空间发展产生正面影响的机制，并基于此于 1997 年提出"精明增长"（Smart Growth）的倡议 [①]，2000 年美国规划协会牵头成立"美国精明增长联盟"（Smart Growth America），联盟对"精明增长"给出了如下定义：用足城市存量空间，减少盲目扩张；加强对现有社区的重建，重新开发废弃、污染工业用地，以节约基础设施和公共服务成本；城市建设相对集中，密集组团，生活和就业单元尽量拉近距离，减少基础设施、房屋建设和使用成本。提倡住宅区、办公场所和商贸用地交错布局，都集中在城市中心紧凑发展 [②]。

2. 原则和目标

精明增长是一种较为紧凑、集中、高效的发展模式（表 1-1）。

城市蔓延与精明增长比较　　　　　　　　表1-1

	城市蔓延（小汽车导向）	精明增长（公共交通导向）
时间阶段	1950—2000 年	1997 年之后
规划布局	办公、居住用地相对分散、总体密度较低、依赖机动车联系	办公、居住、休闲等用地相对集中，总体密度较高，适合步行联系
城市边界	自由向外蔓延，并没有划定城市边界	城市的主要功能被限定在边界之内，具有明确的城市边界
土地利用	功能布置较为单一	强调各项功能混合布置
交通方式	不适宜步行和非机动车交通，出行主要以机动车为主	鼓励步行和非机动车出行，提供多元化的交通方式选择
公共空间	各自独立、相互封闭	重视公共空间的打造
规划过程	全过程缺乏公众参与	公众参与规划建设的全过程

（来源：丁川，吴纲立，林姚宇.美国 TOD 理念发展背景及历程解析 [J]. 城市规划，2015（5）：89-96）

（1）精明增长的原则：提高现有土地和基础设施的利用效率，降低对城市边缘未开发土地的发展压力。

---

① 唐相龙."精明增长"研究综述 [J]. 城市问题，2009（8）：98-102.

② 精明增长 [EB/OL]. 2016-08-29.http://wiki.mbalib.com/wiki/ 精明增长。

具体有以下六条原则：用地功能强调混合利用；建筑设计强调集约紧凑；社区内部强调步行通达；交通方式强调步行、自行车、公共交通之间的相互衔接，多样组合；另外，强调对公共空间、自然景观、农业用地等的保护；强调对现有社区的管理和引导，帮助它们发展。

（2）精明增长的目标：通过对现有社区的规划引导，充分发挥其基础设施的效用，提供多样化的交通方式和居住模式来控制城市蔓延。

（3）精明增长的交通系统要素[①]：提供多种交通方式（组合）选择；社区内可以依靠步行通行；步行和非机动车道路相对安全、独立、便捷；倡导公共交通导向的土地开发模式，减少长距离通勤需求；重视道路、广场文化景观的打造。

3. 精明增长对大型铁路客站站域空间研究的启示

对大型铁路客站进行紧凑开发是城市发展的客观要求和必然趋势，"精明增长"理论是一项涵盖了多个层面的城市发展综合策略，为大型铁路客站站域的整体性发展提供了理论支撑。在规划与设计层面，要求站域空间遵从集约紧凑的布局原则，通过对土地利用与交通规划的整合进行区域设计；在土地利用层面，要求通过不同用地功能的混合开发，优化土地组合方式，以提高土地利用效率，创造有助于公共交通出行和富有活力的城市生活空间，为目前我国站域空间功能单一、容积率低下、活力不高等现状问题提供了解决思路；在交通层面，要求交通一体化和步行友好，为人性化站域空间的创造提出了要求。另外，"精明增长"强调的不仅仅是空间的"高效"，更包含对"高质"的追求，对我国目前站域空间品质的提升也有现实的借鉴意义。

1.1.3 公共交通导向发展（TOD：Transit-Oriented Development）

1. 概念起源与内涵

美国城市主义倡导者卡尔索普（Peter Calthorpe，1949-）在总结了美国城市蔓延所导致的一系列社会问题并分析其根源后，结合生态环境可持续发展和社区营造的基本原则，在《未来美国大都市：生态·社区·美国梦》一书中首次提出了 TOD 发展模式，顾名思义 TOD 发展模式可以直译为"以公共交通为导向的发展模式"：以公共交通枢纽和车站为核心，倡导高效、混合的土地利用，如商业、住宅、办公、酒店等，同时，其环境设计是行人友好的[②]（图1-5）。此模式强调公共交通与土地利用的整合，以形成更为紧凑和人性

① 唐川，刘英舜. 基于精明增长理念的城市综合客运枢纽规划 [J]. 综合运输，2011（9）：38–42.
② Robert Cervero.TOD 与可持续发展 [J]. 城市交通，2011，9（1）：24–28.

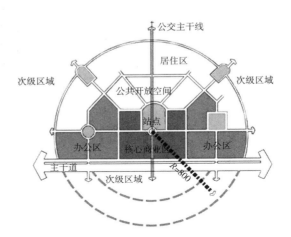

图 1-5　TOD 典型布局模式
（来源：[美] 彼得·卡尔索普.未来美国大都市：生态·社区·美国梦 [M].郭亮,译.北京：中国建筑工业出版社，2009）

化的城市空间形态，从而实现生态保护、完善的社区设施和高质量的居住生活的目标。作为一种应对城市蔓延的方式，不同组织或个人对 TOD 有着不同的定义（表 1-2）。

具有代表性的TOD定义　　　　　　　　　　表1-2

类型	定义
马里兰州交通运输局	在大型公共汽车站点周围，将居住、办公、休闲等不同性质的用地高密度混合在一个适合步行的范围里，鼓励当地居民选择非机动车出行
伯尼克（Bernick）和切尔韦罗（Cervero）	围绕公共交通站点，通过城市规划和城市设计的引导，将各类用地相对集中的布局在一个范围大约为 1/4 英里的社区内，在社区中心区域布置公共交通站点和公共服务设施，并从规划布局层面限制小汽车的使用，从而鼓励更多居民选择公共交通工具出行
迪特马尔（Dittmar）和邬兰德（Ohland）	公共交通系统应与社区有机融合，创造出生活、工作、休闲于一体的步行社区；同时，为不同收入群体提供多种类型的住宅选择，最终达到居民、政府、开发商等的多方共赢
陆化普	在宏观层面，表现为城市规划与交通规划的紧密结合，从而引导城市有序发展，抑制城市边界的无序扩张；在微观层面，强调步行可达，围绕公共交通站点进行混合土地开发利用，使居住功能、交通设施、公共空间相互融合

（来源：丁川 .TOD 模式下城市公交干线与土地利用的协调关系研究 [D]. 哈尔滨：哈尔滨工业大学，2011）

2. 核心内容

在美国 TOD 理念的普及发展与公共交通在城市规划建设中越来越受重视密不可分，基于这一特点可以在时间横轴上归纳总结出 TOD 理念的演变过程（图 1-6）。TOD 理念是在强调公共交通便捷性的前提下，围绕公共交通站点进行的土地开发模式，为城市提供了一种有别于传统的发展模式，卡尔索普提

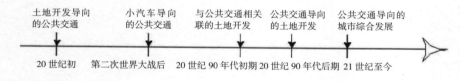

图 1-6　美国 TOD 理念演变过程
（来源：丁川，吴纲立，林姚宇 . 美国 TOD 理念发展背景及历程解析 [J]. 城市规划，2015（5）：89–96）

出了三个核心内容：

（1）应以公共交通和更紧凑的城市形态指导区域空间结构的增长；

（2）应以混合用地和步行化的邻里社区替代单一的用地分区；

（3）应该创造一种以公共领域和人性化尺度为基准的城市设计政策，而不是以私人地域和汽车尺度为出发点。

Cervero 和 Bernick 指出 TOD 理论在密度（Density）、多元化（Diversity）和设计（Design）等三个方面（3D）都有自身要求：

（1）高密度开发：在保证一定容积率的前提下，可以缩短出行距离，为推广非机动车交通提供可能。

（2）多元化土地利用：将居住、办公、商业和休闲等功能沿着公共交通路线进行安排设置。例如瑞典斯德哥尔摩的城市开发就是沿着轨道交通线路展开（图 1-7），这种把不同性质用地线性串联的做法，不仅提高了城市公共交通设施的运行效率，还在一定程度上克服潮汐交通带来的弊端。

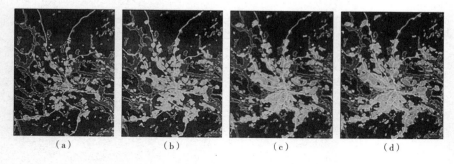

图 1-7　斯德哥尔摩沿轨道交通线路的城市开发
（a）1930 年；
（b）1950 年；
（c）1970 年；
（d）1990 年
（来源：Robert Cervero. TOD 与可持续发展 [J]. 城市交通，2011，9（1）：24–28）

（3）良好设计：既需要满足公共交通枢纽的功能要求，又需要克服行人、非机动车、公共交通工具、私家车汇聚带来的安全隐患[①]。

2008 年 Cervero 基于交通与土地利用的互动关系，在"3D"基础上又增加了两项内容，即站点间的距离（Distance）和目的地可达性（Destination Accessibility）。2009 年吴纲立在"5D"的基础上，为避免不同 TOD 站点地区的同质性土地开发，又增加了差异性（Distinction），即强调站点周边地区的场所感营造和特色凸显。

---

① Robert Cervero. TOD 与可持续发展 [J]. 城市交通，2011，9（1）：24–28.

3. 借鉴意义

我国城市公共空间和城市交通研究分属不同的专业领域，两者之间的关联研究较少，而 TOD 理念的核心内涵就是交通与土地使用的整合，建立交通问题与土地使用之间的耦合关系，对两者进行关联研究和整体性思考，不仅为大型铁路客站站域空间营建提供了切实可行的理论指导，也有效遏制了城市无限蔓延，有助于形成合理、高效、怡人的城市空间结构。从另一个角度来说，当前我国如火如荼的公共交通设施建设为 TOD 理念的落地提供了很好的实践机会。就城市层面而言，TOD 模式强调公共交通走廊和网络构建，主张宏观框架的建构，通过公共交通网络引导城市和区域增长。就社区层面而言，TOD 模式强调土地集约化利用，有利于人们减少对小汽车交通的依赖，实现我国客站地区土地利用的集约化。另外，TOD 模式的运用，不但能增加客站地区空间环境对人的友好度，还能大幅度提升土地价值，增加财政收入，从而反哺铁路及客站的建设运营成本（图 1-8）。

图 1-8　不同的 TOD 模式图解
（a）社区层面的 TOD 模式；
（b）城市层面的 TOD 模式；
（c）客站的 TOD 模式
（来源：作者自绘）

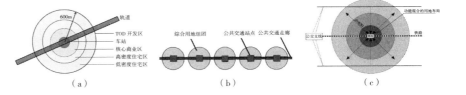

1.1.4　城市·建筑一体化（Holistic Design on Urban Architecture）

1. 概念起源与内涵

城市建筑一体化的设计理念最早起端于 1974 年乔纳森·巴奈特（Jonathan Barnett）在《都市设计概论》一书中提出的"设计城市而不是设计建筑"的观点。巴奈特认为城市设计的关键是要塑造一个整体的城市、有秩序的城市。"当建筑个体作为更高层次的城市整体中的次组成因素时，它们才是真正存在的。建筑个体必须接受更高层次的城市秩序，并服从于这个秩序。"[1]如果仅仅是为建筑而建筑，那样就会忽略城市的空间结构与整体风貌，最终不能形成一个整体的、有序的城市。

东南大学韩冬青、冯金龙教授基于我国城市建设的改造实践和深度思考，在《城市·建筑一体化设计》一书中明确地提出了城市·建筑一体化的观点，指出："城市·建筑一体化作为城市设计学科中一个重要的客体系统，是一种

① 　乔纳森·巴奈特. 都市设计概论 [M]. 谢庆达，庄建德，译. 台北：尚林出版社，1988.

城市领域和建筑领域间的'中间领域'，通过这种中间领域，个体与社会、建筑与城市的相互作用和契合得以发生。客体对象的性质决定其在理论研究和运用实践中表现为城市规划设计和建筑设计交叉融合、协同作战。其运作的本质特征在于其整体设计，'整体设计'意味着城市与建筑的功能和空间设计过程是不可分离的，建筑和规划应该成为城市发展中一项完整程序。"[1]

2. 核心内容

《城市·建筑一体化设计》一书强调的是一种整体化设计理念，涵盖了从城市形态到建筑形态的宏观、中观、微观等各个环境层次，需要城市规划、城市设计、建筑设计等多个层次相互协同共同发挥作用。城市·建筑一体化的核心内容主要体现在系统和高效的功能组织和空间形态上。其目标就是要建立一种城市与建筑综合系统。在功能上呈现出城市与建筑的相互复合、紧密联系，在空间形态上呈现出城市空间与建筑空间的相互渗透、有机叠合。

3. 借鉴意义

如今大型铁路客站的作用和功能已经远远超越了单纯的交通枢纽，走向了城市空间，与周边建筑空间相互渗透，与城市一体化正在成为一种不可阻挡的趋势。此外，客站的催生效应，容易导致站域功能过多集聚和交通矛盾加剧。城市·建筑一体化设计要求城市与建筑在规划设计的全过程中都是相互衔接不可分离的，从区域整体着手，将客站职能因素纳入城市设计的研究体系之中，建立起客站与周边城市空间的联系网络，赋予站域空间环境的内在生命力。因此，城市建筑一体化设计可以促进客站与城市空间的协同发展，为我国铁路客站站域空间的健康发展提供理论指导，有助于完善站域空间体系和提高客站的运作高效，进而创造出更高品质的站域空间环境。

1.1.5　四个城市发展理论研究的综述

面对日益恶化的城市交通形式和因此而导致的城市问题，国内外学者做出了相应的理论探索和实践，其中城市触媒、精明增长、TOD 和城市·建筑一体化四个基础理论研究最为突出。城市触媒理论为如何激发大型铁路客站的触媒作用和其触媒效应如何可持续发挥提供了理论基础；而精明增长和 TOD 理论则为客站交通与土地利用的整合发展，以及如何高效率、高质量的紧凑发展，提供了策略支撑和理论指导；城市·建筑一体化理论为站域空间这种"中间领域"的整体性研究提供了理论指导（表 1-3）。

---

[1]　韩冬青，冯金龙.城市·建筑一体化设计 [M].南京：东南大学出版社，1999.

与站域空间发展相关的四个城市发展理论一览　　　　　　　表1-3

理论	理论年代代表人物	主要内容		借鉴与启示
城市触媒理论（Urban Catalysts）	1989 年 韦恩·奥图、唐·洛干	城市化学连锁反应中激发与维系城市发生化学反应的"触媒体"		将客站及其周边地区作为城市中的新元素，以高铁客运站区建设为契机，从而引发的一系列城市建设与开发。为如何激发大型铁路客站的触媒作用和其触媒效应如何可持续发挥提供了理论基础
		作用过程	将触媒因子置放在城市空间环境里	
			改变现有的空间环境属性，推动周边地区资源的重新配置和产业转型升级	
			形成更大规模的城市触媒点	
			产生一种城市开发的联动反应	
精明增长（Smart Growth）	2000 年 美国精明增长联盟	以提高土地利用率的方式，控制城市空间的无序扩张，实现城市空间环境的全面协调发展		鼓励更多的城市功能被容纳于客站周围，将它们有机地组织在一个立体化的综合系统中，创造更多开敞的市民活动场所，同时客站地区的高可达性也可以为站区内的城市活动带来更多的人流，增强地区的活力，带动经济的增长
		空间策略	选择公共交通导向策略	
			设置城市增长边界	
			保护绿色开敞空间	
			加强传统邻里开发	
			土地的紧凑开发	
公共交通导向发展理论（TOD）	1992 年 卡尔索普	整合交通与土地利用，以公共交通为导向的发展模式		通过对高铁客运站点周边地区土地的混合使用，节省人们的出行时间，为提高城市效率创造条件，不仅为大型铁路客站站域空间营建提供了切实可行的理论指导，而且也能有效遏制城市无限蔓延，有助于形成合理、高效、怡人的城市空间结构
		"6D"原则	高密度开发（Density）	
			多元化土地利用（Diversity）	
			良好的设计（Design）	
			空间影响拓展"距离"（Distance）	
			目的地可达性（Destination Accessibility）	
			特色和差异性（Distinction）	
城市·建筑一体化（Holistic Design on Urban Architecture）	1974 年 乔纳森·巴奈特、韩冬青、冯金龙	区域一体化设计，设计城市而不是设计建筑，建立一种城市·建筑综合体系		促进客站与周边城市空间的协同发展，为我国铁路客站站域空间的健康发展提供理论指导，有助于完善站域空间体系和提高客站的运作效率，进而创造出更高品质的站域空间环境
		核心策略	强调城市与建筑在功能上的相互配合、紧密联系	
			城市空间与建筑空间的相互渗透、有机叠合	

（来源：作者根据相关资料自行整理）

1.2 站域空间发展的三个空间模型归纳

1.2.1 交通枢纽地区的圈层结构模型（"3-Ring" spatial structure Modelling）

圈层结构理论最早由社会学教授伯吉斯（Ernest Watson Burgess，1886—1966）于 1925 年以芝加哥为蓝本，在对城市用地功能布局研究后发现，区域经济的发展是围绕城市呈同心圆状逐渐由内向外展开，其对区域经济的辐射能力与空间距离成反比。如今其"地理专用性"的概念已经明显淡化。目前，圈层结构理论已经在许多领域得到广泛应用。舒尔茨（Schutz）（1998）、索伦森（Andre Sorensen）（2000）、波尔（Pol）（2002）等人结合高铁站点周边地区开发的案例研究，发现高铁站场地区空间结构呈现明显的"圈层"拓展特征。即以车站为中心，依次划分为三个圈层：第一圈层核心区（Primary development zone）、第二圈层扩展区（secondary development zones）、第三圈层影响区（tertiary development zones）（图 1-9）。

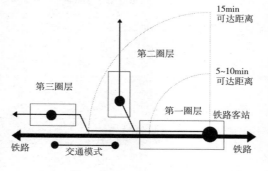

图 1-9　三圈层结构模型
（来源：Bertolini L.Nodes and Places：Complexities of Railway Station Redevelopment.European Planning Studies，1996，4（3）：331-345）

核心区，距离车站约 5~10min 距离，一般在 500~800m 的距离，主要发展高等级的商务办公功能，建筑密度和建筑高度都非常高；扩展区，一般在 800~1500m 的距离，是对第一圈层功能的拓展和补充，距离车站约 10~15min 距离，也主要集中商务办公及配套功能，建筑密度和高度相对较高；影响区，即 1500m 以上的距离会引起相应功能的变化，但整体影响不明显。（在后面的章节将详细论述，在此仅提出模型，不作赘述。）

1.2.2 "节点—场所"结构模型（Node-Place Modelling）

贝尔托利尼（BertoliniL）在 TOD 理念的支撑下，提出铁路客站"节点—场所"结构模型，认为火车站地区既可以认为是城市中的节点，也可以看成是城市中的场所，具体来说，火车站地区既是交通网络中的节点，体现出火车站的交通属性（transport value）；也是城市空间中的场所，体现出其城市功能属性（functional value）[1]。贝尔托利尼认为客站最基本的功能是加强了运输的

① Bertolini L.Nodes and Places：Complexities of Railway Station Redevelopment[J]. European Planning Studies，1996，4（3）：331-345.

一体化整合和为新兴起的多中心城市提供基本的交通服务，他提出随着火车站地区复杂度的增加，更应该关注火车站地区节点和场所均衡的空间发展策略。

"节点—场所"结构模型一共描绘了五种情况。沿 45 度斜线两侧的橄榄球区域是节点价值与场所价值达到平衡的状态，根据价值不同可分为三大类：模型的顶端区域表示交通功能和城市场所功能的活跃程度均处于较高状态；底端区域表示交通功能和城市场所功能的活跃度均处于较低状态；中间部分表示交通功能和城市场所功能的均衡发展。

另外，"节点—场所"结构模型还描述了两种失衡的情况：模型的左上方表示节点失衡，即该地区的交通功能领先城市场所功能；模型的右下方表示场所失衡，即表示该地区的城市场所功能明显高于与其交通节点功能。"节点—场所"结构模型认为火车站及其周边地区并非简单的功能拼凑相加，而是一种相互均衡的关系。另外，"节点—场所"结构模型还表明，火车站的客流量与其周边的场所价值成正相关，即某个火车站的客流量大，则表明其具有较大的场所价值；某个地区的场所价值高，则需要提高火车站的客流量。在两者之间寻求平衡发展是目前交通枢纽地区发展的主流思想。在用来分析单独一座火车站及其周边地区发展、运营状况时，具有较强的适用性[1]（图 1-10）。

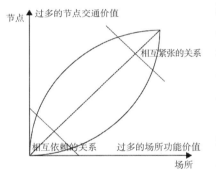

图 1-10　"节点—场所"结构的橄榄球模型
（来源：Bertolini L.Nodes and Places：Complexities of Railway Station Redevelopment.European Planning Studies，1996,4（3）：331–345）

1.2.3　"点—轴"发展结构模型（"Pole-Axis" Spatial Modelling）

1984 年陆大道院士在德国地理学家瓦尔特·克里斯塔勒（Walter Christaller，1893—1969）"中心地理论（Central Place Theory）"学说的基础上，提出了"点—轴"系统模型（图 1-11）。模型表明：在国家和区域发展过程中，大部分社会经济要素在"点"上集聚，并由线状基础设施联系在一起而形成"轴"。这里的"点"指各级居民点和中心城市，"轴"指由交通、通信干线和能源、水源通道连接起来的"基础设施束"；"轴"对附近区域有很强的经济吸引力和凝聚力。

轴线上集中的社会经济设施通过产品、信息、技术、人员、金融等，对附近区域有扩散作用。扩散的物质要素和非物质要素作用于附近区域，与区域

---

[1]　胡晶，黄珂，王昊.特大城市铁路客运枢纽与城市功能互动关系——基于节点—场所模型的扩展分析 [J]. 城市交通，2015，13（5）：36–42.

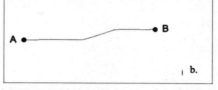
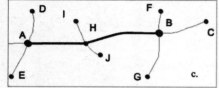
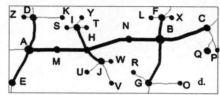

图 1-11 "点—轴"空间结构系统的形成过程模式
（来源：张莉，陆玉麒."点—轴系统"的空间分析方法研究——以长江三角洲为例 [J].地理学报，2010，65（12）：1534-1547）

生产力要素相结合，形成新的生产力，推动社会经济的发展[1]。即推动区域发展的并不是通过多个独立的城镇或者交通节点相互独立地发挥作用，而是通过轴线将独立的城镇串联成一个整体带动整个区域的发展。陆大道院士将"点—轴"空间结构系统概括成四个主要阶段：第一阶段是形成前的均衡期；第二阶段是系统的"点—轴"初始元出现；第三阶段是主要的"点—轴"系统框架形成；第四阶段发展趋于成熟，"点—轴"空间结构系统形成[1]。

客站的建设打破了周边城市空间的均质性，作为点状要素的客站的集聚效应就会越来越明显，吸引城市空间中的各种资源源源不断向节点集聚，并与当地的自然和社会要素进行融合，形成高度复合化的集聚点，之后通过与城市交通的建设形成了"点—轴"结构的初步架构。"点"形成的初期，主要表现为对周边的积聚作用，但当"点—轴"发展的中后期，轨道沿线将串联起更多的"点"，同时轴线也将得到延伸形成发展轴，这时将对周边地区起到辐射作用。在"点—轴"空间结构系统中，客站就是这样一种可以提高可达性的集聚点，围绕其进行开发建设，可以使资源和空间得到充分利用，有利于实现区域的共同发展[2]（图 1-12）。

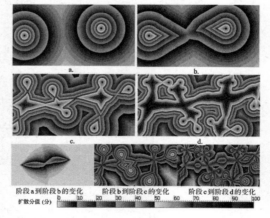

图 1-12 "点—轴"渐进式扩散过程的计算机模拟
（来源：张莉，陆玉麒."点—轴系统"的空间分析方法研究——以长江三角洲为例 [J].地理学报，2010，65（12）：1534-1547）

① 陆大道.关于"点—轴"空间结构系统的形成机理分析 [J].地理科学，2002，22（1）：1-6.
② 贾铠针.高速铁路综合交通枢纽地区规划建设研究 [D].天津：天津大学，2009.

1.2.4　三个站域空间发展模型的综述

具体见表 1-4。

与站域空间发展相关的三个空间模型一览　　　　　　　　　　　　　　表1-4

模型	代表人物与模型年代	主要内容		借鉴与启示
圈层结构模型	舒尔茨（Schutz）（1998）、索伦森（Andre Sorensen）（2000）、波尔（Pol）（2002）	以车站为中心，依次划分为三个圈层		圈层化空间布局与开发，分圈层对土地使用、开发强度以及产业类型选择进行控制，设置合理的站域空间范围，避免过于夸大高铁的影响范围，为站点地区的用地规划和环境设计提供了开发的原则
		三个圈层	核心区，距离车站 5~10min 距离，一般在 500~800m 的距离，主要发展高等级的商务办公功能，建筑密度和建筑高度都非常高	
			扩展区，一般在 800~1500m 的距离，是对第一圈层功能的拓展和补充	
			影响区，即 1500m 以上的距离会引起相应功能的变化，但整体影响不明显	
"节点—场所"橄榄球模型	Bertolini L（1996）	站域节点和场所功能并存，站点地区既是交通网络中的节点，体现出火车站的交通属性；也是城市空间中的场所，体现出其功能属性。两种价值必须相互协调，交互促进，才能使站点地区形成可持续发展		"节点—场所"模型关注客站地区节点和场所功能均衡的空间发展，是评价站点地区发展的一个较为实用的理论模型，被广泛用于评价国内外交通枢纽地区的发展情况，可以为高铁新城规划发展提供依据和建议
		空间策略	"节点"的交通价值是指客站所具有的交通功能	
			"场所"是指客站地区对城市发展的推动和催化作用	
"点—轴"发展结构模型	陆大道（1984）	区域的发展并非依靠相互孤立的交通节点带动，而是需要通过轴线将这些相互孤立的点串联成一个整体推动整个区域的发展		客站可以看成是可以提高可达性的"集聚点"，围绕其进行开发建设，可以带动周边地区的发展
		核心策略	"点"是指各级居民点和城市	
			"轴"是指城市基础设施束	

（来源：作者根据相关资料自行整理）

1.3　城市交通与土地利用的互动理论概述

"交通发展和土地发展"的研究课题是由美国交通部在 1971 年提出，主要关注城市交通系统与土地利用之间的相互影响。大型铁路客站站域空间是在高铁的引导下发展起来的，而站域空间的发展又会反过来影响交通模式选择，两者为互馈的关系，为了深入研究客站站域空间的发展，需要从城市交通系统与土地利用的互动关系进行分析。

1.3.1　城市土地利用的区位理论

区位论又称为立地论，是土地利用和交通相互关系的理论基础之一，其不但需要在地图上标示出各类经济活动主客体（主体包括：工厂、商店、公园、道路等；客体包括：自然环境和社会经济）的具体位置，还需要进行一定的补充说明。影响区位活动的因素很多，包括：自然、社会、人口、市场、运输等因素。选择合适的区位是进行城市规划建设的首要任务。国外学者从多个角度对人类各个时期的区位活动进行了系统的研究，大致可以划分为：古典区位论、近代区位论、现代区位论（表1-5）。

区位理论一览表 表1-5

类型	理论	代表人物	代表作品	核心内容	图示	特点
古典区位论	农业区位论	杜能	孤立国同农业和国民经济的关系	区位是指人类经营生产活动的方位，古典区位理论认为：应以城市为中心，由内向外呈同心圆状分布的农业地带，其与中心城市的距离决定了生产的基础和收入的高低		适用于单一中心，在不考虑市场因素的情况下，追求生产成本和运输成本最低
	工业区位论	韦伯	工业区位理论：区位的纯粹理论	研究工业布局和厂址位置的理论。由于区位因子的存在，使得企业在成本最低的地点汇集。韦伯指出企业的成本除了运费之外，还包括劳动力成本与集聚因素，因此原先由运费决定的区位也将发生变化		
近代区位论	中心地理论	克里斯塔勒	德国南部的中心地	克里斯塔勒所提出的正六边形中心地网络体系是一个围绕中心城市组织的，由不同级别市场区位组成的网络系统		在强调成本的同时，关注市场区划分和市场网络理论结构的区位论。研究将视野从单个企业转变为整个城市或者大的地区，追求市场的扩大
	市场区位论	廖什	经济空间秩序	将利润原则引入区位研究之中，尝试建立围绕市场展开的工业区位理论和经济景观论		
现代区位论	城市空间研究		运输、市场、行为、社会学、历史学、新经济地理学等	追求区域空间结构与布局的最优解，强调区域经济的发展并非孤立存在，而是应与社会、生态协调一致		一改过去孤立研究区域的视角，从宏观上将区位的生产、交易、价格等要素通盘考虑，以解决各种现实的社会问题

（来源：作者根据相关资料自绘）

1.3.2　城市土地利用的模式理论

西方城市土地利用的模式理论主要包括：伯吉斯（Ernest Watson Burgess，1886—1966）的"同心圆模型"，霍伊特（H.Hoyt）的"扇形模型"和哈里斯（C.D.Harris）和厄尔曼的（E.L.Ullman）"多核模型"等三大城市空间结构理论模型。这三大模型揭示了城市土地利用和功能分区之间的密切关系，指出中心商务区对城市发展、布局的重要影响。

1. 同心圆模型

城市结构领域的同心圆模型是由美国学者伯吉斯于 1923 年提出。在此之前杜能（Johan Heinrich von Thunnen）、赫德（R.M.Hurd）和加比恩（C.J.Garpin）都曾提出过类似的模型学说，伯吉斯在对芝加哥的城市土地利用进行案例研究之后，建构出由五个同心圆共同组成的城市土地利用模型。模型将城市地域自内向外的同心圆状发展归结为是由向心、专门化、分离、离心、向心性离心等五种力的综合作用造成。伯吉斯认为城市的社会经济发展状况与其到城市中心的距离密切相关，并由此提出了不同城市居住带的基本模式，由内而外分别为：商业中心区、过渡地、工人住宅带、良好住宅带、通勤带等五个不同质量的居住带。

分析与评价：同心圆模型的缺点是较为理想化，其主要是针对平面而言，对其他重要因素如城市交通对城市空间发展的影响考虑太少。其成功之处是：揭示了城市土地利用的价值分带，体现出城郊关系，反映了一元城市结构的特征，并从动态的视角审视了城市结构的变化，为学界提供了一种新的思路。

2. 扇形模型

美国经济学家赫德（R.M.Hurd）在对美国 200 个城市进行系统研究后，于 1924 年首先提出了扇形地带理论。在此基础上，霍伊特（H.Hoyt）通过对多个城市的比较研究，于 1939 年发表了《美国城市居住邻里的结构和增长》，正式提出扇形模型学说。

城市结构领域的扇形模型理论主要是针对同心圆理论将城市过于理想化的描述为由城市中心向外均质发展的观念而提出的，其具体是指：城市功能围绕中心商业区向外放射，形成扇形的城市功能分带。研究者认为不同的租赁区不是一成不变的，而是伴随着城市的发展由内而外沿着重要交通干道向城市边缘扩展。

分析与评价：扇形模型强调城市具有动态性，将城市新增居民安置在城市周边地区，使城市可以较好适应社会结构变化，而不像同心圆模式，需要有地域上的重新发展。因此，这一理论在研究方法上较同心圆理论更进了一步，是从众多现实城市案例中总结提炼出来的，因此具有较好的适应性，同时也更加强调交通对于城市空间结构的重要影响。扇形模型存在三个主要缺陷：一是并未对扇形模型给出明确定义；二是过分强调经济因素在城市空间结构组织过程中发挥的决定性作用；三是仅将关注的焦点聚焦于房租这一指标来分析城市空间结构的发展，而忽视了其他社会因素所发挥的作用。

3. 多核心模型

　　1933年，麦肯齐（R.D.McKenzic）在《大都市社区》一书中首次提出了城市多核心构想。1945年，在《城市的本质》一文中，美国学者哈里斯（C.O.Harris）和厄尔曼（E.L.Ullman）较为系统地对"城市多核模型"进行了阐释，并构想了城市多核模型的示意图。他们指出：大城市并不可能仅仅围绕单核发展而来，而是由多个诸如商业、工业、居住、卫星城等各种功能区组成。其次，在区域经济不平衡发展的理论方面，以缪尔达尔（K.G.Myrdal）、赫希曼（A.O.Hirschman）为代表，提出了"回波效应—扩散效应—极化效应—涓滴效应"的概念[①]。在此基础上，一些经济学家提出一种更具形象化的"点—轴开发"理论，对各个时期的城市空间规划以及不同等级的城市中心和交通走廊的建设起到很大的指导作用，成为区域空间研究领域的主要思想之一。

　　分析与评价：模型的优点是考虑的因素更为全面，整体结构更为复杂，并且在功能区的布局上更加灵活，富有弹性，与现实情况更为接近。但由于模型对多核心间及其与城市总体发展间的相关关系不够重视，造成模型无法对城市内部的结构形态进行全面解释。

　　综上所述，区位理论揭示出土地收益与相关因素（运费、使用方式、使用程度）的关系，归纳出土地收益的空间转移规律，为理解土地利用空间结构的内在机制提供可能。诸多研究从不同的角度丰富了城市空间结构的理论体系，并促使相关研究进一步走向纵深化和多元化，为今后轨道交通导向的大都市区空间结构的优化与新城发展的相关研究奠定了坚实基础。

---

① 所谓"回波效应"或"极化效应"是指某些地区的经济发展会引起另一些地区的经济衰落；所谓"扩散效应"或"涓滴效应"是指某一地区的经济发展后，会逐渐形成一个经济中心，由此促进该地区及周围地区的经济发展。

4. 城市土地利用理论模型综述（表1-6）

城市土地利用的模式理论一览　　　　　　　　　　　　　　　表1-6

理论	理论年代代表人物	理论优缺点		理论模型
同心圆模型	1923年伯吉斯	认为社会经济状况随与城市中心的距离而变化，并根据生态原则由内而外依次布置了市中心为商业中心区、过渡、工人住宅、良好住宅、通勤等城市功能分带		伯吉斯同心圆城市地域结构 1—中央商业事务区；2—海外移民和贫民居住带； 3—低收入工人居住带；4—中产阶级居住带；5—通勤区
		优缺点	优点：采用动态视角审视城市，其基本内容符合城市空间结构特点	
			缺点：过于理想化，且分层过多，同时弱化了城市交通的作用	
扇形模型	1924年赫德 1939年霍伊特	城市住宅区由市中心沿交通线向外作扇形辐射		霍伊特扇形城市地域结构 1—中央商业区；2—批发商业、轻工业区； 3—低级住宅区；4—中等住宅区；5—高级住宅区
		优缺点	优点：考虑了交通作用对功能区的影响；具有较强的适应性	
			缺陷：并未对扇形模型给出明确定义；过分强调经济因素在城市空间结构组织过程中发挥的决定性作用；仅将关注的焦点聚焦于房租这一指标来分析城市空间结构的发展	
多核心模型	1933年麦肯齐	大城市并不是由单一核心发展而成，而是由多个核心共同发展而成		1 中心商务区 2 批发、轻工业区 3 低收入者住宅区 4 中等收入者住宅区 5 高级住宅区 6 重工业区 7 外缘商务区 8 近郊住宅区 9 近郊工业区
		优缺点	优点：比前面两个模型更为复杂，综合了更多的因素，功能布局更具弹性，更为贴近现实	
			缺点：对多核心之间的相互关系重视不够，缺乏对城市内部结构的描述	

（来源：作者根据相关资料自绘）

1.3.3　城市土地利用与交通系统的关系

城市土地利用与城市交通系统之间存在"互动反馈"和"源流"关系。

1. 互动反馈

城市的发展演变从某种意义上可以认为是城市土地和其交通系统一体的演变过程。在这一过程中，城市土地利用与交通系统之间存在着某种反馈关系，即城市土地利用模式在很大程度上决定城市交通模式的选择，不同的城市土地利用模式要求不同的城市交通模式与之相对应，土地利用特征的变化将促进城市交通模式发生改变，最终使城市土地利用与城市交通模式相协调；从另一个方面来说，城市交通模式的变化也会作用于城市土地利用模式，使之发生相应的调整（图1-13）。

2. 源流关系

　　土地是城市社会经济活动的载体，而人类活动在空间上的分离是城市交通需求的根源，从而促使复杂城市交通网络的出现和形成。另外，交通系统的发展将引起土地利用特征模式的改变。"源"和"流"之间相互影响、相互作用（图1-14）。

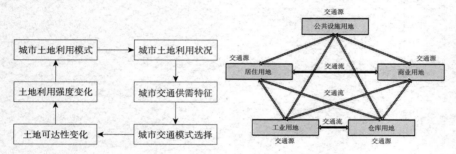

图1-13　城市土地利用与城市交通的关系（左）
（来源：刘国强. 城市土地利用与城市交通研究[D]. 西安：西安建筑科技大学，2003）
图1-14　城市交通与土地利用"源流"关系简图（右）
（来源：曾小林. 城市高密度土地利用与交通一体化布局规划研究[D]. 重庆：重庆交通大学，2009）

1.3.4　城市交通系统与土地利用的相互影响

1. 城市交通系统对土地利用的影响

　　城市交通系统对土地利用的影响具体表现在：城市空间形态、土地布局利用、土地价格等三个方面[①]。

　　城市交通系统对城市空间形态有着重要影响。亚当斯（J.S.Adams）于1970年在对北美城市进行案例分析的基础上，提出了城市交通系统与城市空间形态之间相互关系的四个阶段：马车时代、电车时代、汽车时代和高速公路时代等。施盖尔弗（Schaeffer）和斯科勒（Sclar）于1975年首次对城市交通系统与城市空间形态之间的关系进行系统论述，研究指出：城市空间形态经历了由"马车城市"到"电车城市"，最终到"汽车城市"的三个阶段，在这个过程中城市交通系统的发展发挥了重要作用。纽曼（Newman）和肯沃思（Kenworthy）于1996年将城市交通系统影响城市空间形态分为：步行城市（The Walking city）、公交城市（The Transit City）和汽车城市（The Auto-mobile City）等三个阶段，并被后世所认可。

　　城市交通系统对土地利用布局有着重要影响。耐特（Knight）于1977年专门研究了交通系统对土地利用的影响，系统总结了影响土地利用的因素有：土地可达性、土地连接成片难易程度和区域的社会和物理特征、经济条件、通信支持及土地使用政策等，其中土地可达性（即交通条件）是影响土地使用的

---

①　毛蒋兴，闫小培. 国外城市交通系统与土地利用互动关系研究[J]. 城市规划，2004，28（7）：64-69.

最重要因素之一。但城市交通系统与土地利用之间的关系并非是单向的，斯多夫（Stover）和科普克（Koepke）于 1988 年指出两者之间存在双向反馈影响作用，它们之间形成一个作用圈，交通系统影响土地利用类型，而土地利用反过来又影响交通系统。

城市交通系统对土地价格的影响。1981 年比尔沃德（Baerwald）对住宅开发与交通可达性之间的相互关系进行了论述，认为交通的可达性对住宅开发具有重要影响，那些可达性不好的地块没有开发的价值。从这个意义上来说，城市交通系统的完善，提高城市中各个地块的可达性，可以使土地得到增值，从而反哺城市的发展建设，同时促进产业大规模聚集产生经济效益。

2. 城市土地利用对交通系统的影响

城市土地利用对城市交通系统的作用可以分为：各种城市土地利用因素、城市土地利用密度、土地利用等三个方面[①]。

（1）对于"各种城市土地利用因素对交通系统的影响"，许多研究者都进行了有益的探索。尼森（Nithin）于 1979 年较为系统地对土地利用对交通系统的影响进行研究，归纳出：规模、密度、设计、布局等四大因素。西门兹（Simmonds）于 1997 年提出土地利用混合程度对城市交通有着重要影响。古里诺（Giuliano）和吉纳维芙（Genevieve）等学者对住宅、人口、工作等因素对城市交通系统的影响进行了系统研究。

（2）对于"城市土地利用密度对交通系统的影响"。普什卡尔夫（Pushkarev）和朱潘（Zupan）于 1977 年指出：土地利用密度与公共交通的需求量成正比，即土地利用密度越高，对公共交通的依赖程度就越大。瑟夫洛（Cevero）于 1997 年发现，提高居住密度能有效降低私家车的使用率。纽曼和肯沃思于 1989 年的研究则证实土地利用密度与城市交通系统具有很高的关联性。还有许多研究者指出城市及其道路系统的形态对交通出行方式的选择具有重要影响，比如分散型城市适宜汽车通勤，而紧凑型城市则是以公共交通为主。

（3）对于"城市土地利用对交通出行特征的影响"。汉迪（Handy）于 1992 年指出土地利用密度与交通出行量成反比，同时土地混合程度与交通出行类型的关联程度不大。汉森（Hanssen）于 1995 年通过对奥斯陆的案例研究证明城市土地利用对交通出行特征有着重要影响。

还有另一部分研究者认为，城市交通问题是城市土地利用与交通系统之间不匹配决定的。汤姆逊（Thomson）于 1982 年提出了：强中心、机动化、弱中心、低成本和限制交通等五种城市交通解决战略。伴随着可持续理念的

---

① 毛蒋兴，闫小培. 国外城市交通系统与土地利用互动关系研究 [J]. 城市规划，2004，28（7）：64-69.

深入人心，许多学者从可持续发展的角度对城市土地利用与交通系统之间的关系进行讨论。1996年布拉克（Black）和威廉（Willian）指出：城市交通系统必须在满足当代人交通需求的同时，还不能妨碍后代需求的能力。惠特曼（Whitman）和克里斯廷（Christine）则认为，优秀的土地利用和交通系统是能否达成可持续发展目标的重要影响因素。

3. 小结

总的来说，中外研究者对于城市土地利用和交通系统都进行了较为系统的研究，但对他们之间的关系尚未进行专门的探讨，即便如此，前人的研究仍从宏观、实证、静态、动态等角度揭示了两者的相互作用，为本书打下了坚实的基础。但仍存在以下几点不足：

（1）缺乏整体性研究。现有研究更多是对城市土地利用和交通系统进行独立研究，较少将两者综合起来从整体上对两者之间的相互关系进行研究。

（2）缺乏微观性研究。现有研究多从宏观角度对两者间的相互关系进行讨论，对微观层面土地利用要素和交通系统要素间的相互关系研究较少。

（3）缺乏动态的研究。很多研究都是基于某个特定的时空背景下，对两者之间的关系进行静态研究，然而城市是在不断变化发展之中的，需要动态的研究方式。

总的来说，城市交通系统和土地利用之间是一种相互作用、相互影响的。单向度的研究无法全面把握两者间的关系。因此，需要研究者将两者结合起来，从整体的视角，以宏观与微观、静态与动态相结合的研究方法对两者之间的关系进行研究。

1.4 国内外铁路客站及区域空间发展的相关研究综述

关于高铁及客站对于空间格局影响的研究。高铁及客站对城市，乃至区域空间结构的演化有着重要影响，近年学者多集中在站点、所在城市和区域三个空间层面，对此进行了大量的持续性的研究工作。我国近年由于大型高铁站的快速建设与落成，客站建设与城市发展的矛盾进一步激化，与此相关的各类研究如火如荼。为此，对国内外有关火车客站站点地区的研究进行回顾与梳理，为本书的研究寻找一些启示。

1.4.1 区域层面：高铁及客站对区域空间发展格局的影响

1. 高铁对沿线区域和城市空间可达性影响研究

可达性是指通过交通系统从某个地点到另一个地点的难易程度，反映了两个地点之间互动的可能。可达性的概念由汉森（Walter Hansen）于1959年首次提出，他们将其定义为：交通网络中各节点相互作用机会的大小[①]。一般认为，可达性包括三个方面的内容：首先是其具有空间性，反映了节点间的空间位置关系；其次是其具有时间性，不同节点间交通所消耗的时间反映出其可达性的好坏；再次是其具有经济性，可达性的便利程度越高，所在区域的经济价值也就越大。

高速铁路作为一种伴随现代文明而产生的重要的交通工具，其出现和发展不可避免地对其周边地区产生深远影响——极大地缩短了节点间的时空距离，提高了他们之间的可达性。山村富士（Tomiichi Murayama，1924- ）认为日本高速铁路的发展与城市间可达性是相互促进，相辅相成的[②]。金（Kim K S）在研究韩国首尔至釜山高铁建设的过程中发现，高速铁路提高了首尔地区的可达性，并促进了城市空间的重构[③]。

维克曼（Vicherman）较为系统地研究了欧洲高铁网络对欧盟的影响。他认为高铁缩短了欧洲重要城市间的时空距离，使得整个欧洲变得更为紧凑，从而提高了欧盟的整体竞争力。斯俾克门（Spiekerman）和韦格纳（Wegener）运用SMDS（stepwise multidimensional scaling）法分别绘制了欧洲、西欧、德国和法国高铁建设前后的时空地图，揭示高铁建设所带来的时空压缩效应对空间布局的影响（图1-15）。由此可见，随着高铁的发展，将在很大程度上缩短城市间的时空距离，提高空间的可达性，从而改变整个区域的空间布局，成为高铁沿线城市空间发展的重要推动力。

图1-15 高铁建成前、后（1993、2020）欧洲的时空地图对比：人们以较少的交通时间完成了与原来相同的出行距离，让人们产生了空间距离缩短的感觉
（a）基础图；
（b）考虑高铁影响（1993）；
（c）考虑高铁影响（2020）
（来源：Spiekermann, K., M. Wegener.The shrinking continent: new time – space maps of Europe[J].Environment and Planning B: Planning and Design, 1994, 21（6）: 653-673）

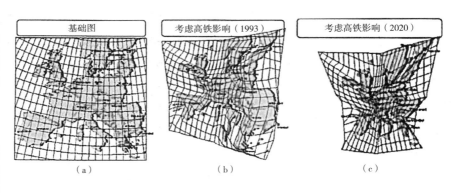

| 基础图 | 考虑高铁影响（1993） | 考虑高铁影响（2020） |

（a）　　　　　　（b）　　　　　　（c）

① Hansen W G. How accessibility shapes landuse[J]. Journal of the American Institute of lanners, 1959, 25: 73-76.

② Murayama Y. The impact of railways on accessibility in the Japanese urban system[J]. Journal of Transport Geography, 1994, 2（2）: 87-100.

③ Kim K S. High- speed rail developments and spatial restructuring: A case study of the Capital region in South Korea[J].Cities, 2000, 17（4）: 251-262.

依据高铁对沿线区域、城市可达性的不同，可以分为"点对点"和"廊道型"两种类型。"点对点"型是指两个较大城市通过高铁连接起来，对沿线其他城市的影响力较小，例如连接巴黎—里昂之间的高速铁路、连接巴黎—伦敦之间的高速铁路、连接东京—大阪之间的高速铁路等；"廊道型"是指多个城市通过高铁连接起来，对因为高速铁路的存在而形成城市带，例如德国、意大利就形成了许多基于高铁形成的城市带[1]。

另外，需要注意的是高速铁路的建设会带来区域发展的不平衡。资源条件好的城镇，高铁的开通将会给该城镇带来正面效应，而基础条件较差的城镇，高铁的开通将会给该城镇带来负面效应。众多学者的研究也证明了这点。维克曼（Vickerman）与萨萨基（Sasaki）于 1997 年指出，高速铁路对于基础较差的落后地区虽然能够提高其自身的可达性，但同时也增加了其所面临竞争的压力，与之相对，基础较好的发达地区同样也能借助高速铁路的新建提高自身的竞争力，保持优势。

2003 年，波尔（Pol）分别从垂直与水平两个层面研究高速铁路对城镇体系的影响进行研究：就垂直层面而言，高速铁路会引起城镇体系中不同城镇的两极分化，高铁沿线的城镇将借助高速铁路的优势在城镇体系中的地位有所上升，未进入高铁网络的小城镇会变得越发没落；就水平层面而言，高速铁路将会扩大沿线城市的影响力，并加大城市间的相互竞争，促进不同城市的专业分工，使城镇网络得以形成。

2. 高铁站点城市之间的城市群空间形成

城市圈是区域经济一体化发展到一定阶段的产物，是具有城乡一体化特征的区域。借助高速铁路对区域可达性的完善，从而使不同的城市都能很好地参与到全球城市网络体系之中[2]。交通网络作为不同城市相互作用的重要载体，对区域或城市空间的发展具有推动作用，从这个意义上来说，高铁网络的建设无疑将极大地推动区域城市空间新的发展。纵观现代城市发展史，依赖高速铁路催化作用形成了许多经济走廊、城市群[3]、城市带，如今高铁已经突破了交通工具的概念，成为城市空间增长极。

例如，20 世纪 70 年代初，日本建成了多条新干线，促使"东海道太平洋沿岸工业带"的形成。"东海道太平洋沿岸工业带"集中了日本工业就

---

① Bruinsma，F.，P. Rietveld，Urban Agglomerations in European Infrastructure Networks[J]. Urban Studies，1993.30（6）：919–934.

② 王兰. 高速铁路对城市空间影响的研究框架及实证 [J]. 规划师，2011（7）：13–19.

③ 姚士谋对城市群进行研究后认为在某种特定的地域内，一些拥有不同性质和规模的城市由于受到自然环境的限制，以一个或多个大城市作为中心，现代交通工具为纽带，拥有先进的信息网络规模，不同城市之间内在联系紧密，把相关城市集合起来形成经济联合体，称为城市群。

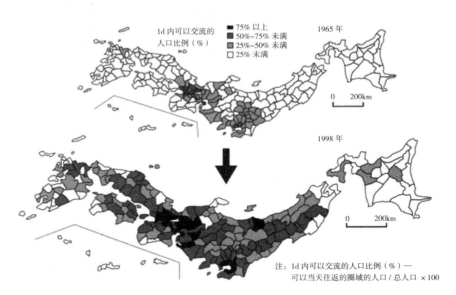

图 1-16　新干线 1d 内可以交流的圈域的人口占总人口的比例
（来源：根据国土交通省主页（http：//www.mlit.go.jp/）公布的资料绘制）

注：1d 内可以交流的人口比例（%）——
可以当天往返的圈域的人口／总人口 × 100

业人口的 2/3，工业产值的 3/4，国民总收入的 2/3。日本工业化过程中，以"太平洋工业带"为中心的地区得到巨大提升，并逐渐发展形成三大都市圈，这三大都市圈集中了日本人口的 63.3% 和国民生产总值的 68.5%（图 1-16）[1]。此外，高速铁路网的建设贯通将使沿线区域城市的可达性得到提升、相互作用得到加强，使得区域的空间结构更加整合，最终形成城市群带。

　　许多学者认为，高速铁路在一定程度上助力了欧洲城市群的扩张[2]。一方面，伴随着站点城市自身的不断发展，将有益于加强高铁沿线城市间的联系，使它们的联系更加便捷畅通，进而形成一个围绕高速铁路的区域性城市走廊[3]；另一方面，沿线城市间可达性提高将减少行程中消耗的时间，从而拉近站点城市之间的时空距离，减少外围城市在区位上的劣势，达到区域城市的共赢，从而促使城市连绵带、城市圈的形成[4]。

　　高速铁路通过改变城市发展的条件、提高市场间的联系。罗杰（Roger）于 1997 年通过实证研究后认为交通体系没有彻底实现网络化，欧洲高速铁路网的修建一定程度上反而导致了大城市的聚集效应[5]。北京大学顾朝林教授认为，高铁线路如京沪线、京哈线的贯通促进了京沪等城市间的联系，其对城市

①　世界城市化趋势与中国城市化发展研究报告 [R]. 北京：中国统计出版社，2006.

②　Kinsley E Haynes. Labor Markets and Regional Transportation Improvements：The Case of High-speed Trains[J].The Annals of Regional Science，1997，（1）：31.

③　Fernand Martin. Justifying a High-speed Rail Project：Social Value Vs [J].Regional Growth，1997，（2）：33-37.

④　侯明明. 高铁影响下的综合交通枢纽建设与地区发展 [D]. 上海：同济大学，2008.

⑤　Roger Vickerman. High-speed Rail in Europe：Experience and issues for Future Development[J]. The Annal of Regional Science，1997，31（1）：21-38.

体系的结构演变意义深远[①]。王昊等学者通过对日本和欧洲高速铁路网与城市群形成之间的关联性研究，提出高铁的运营会使都市区蔓延扩展，而相邻的城市则会聚合并重构；对于城市群内部，将会加剧极化，引发新的核心节点出现[②]。学者王兰于 2011 年指出我国京沪高速铁路对长三角城市群具有很强的推动作用。作者认为，京沪高速铁路可以看成是上海等核心城市产业转移的重要通道。同时，高速沿线主要城市的发展也需要承接区域的产业转移[③]。

3. 高铁作用下的同城化效应

同城效应是指一定范围内的地区间发生的联动作用。同城化更好地协调了不同城市之间的发展模式，不但强化了中心城市的地位和作用，中心城市的资源优势得以更好地利用和发挥，还要努力提升周边地区的基础设施，缩短边缘与中心的时空距离，增强承接中心城市产业转移、技术辐射的能力，并在区域合作中提升自身的发展水平与资源集聚力[④]。高速铁路是社会发展到一定阶段的产物，其将推动城市群一体化进程，使沿线城市更加紧密地联系在一起。高铁作用下的同城化主要表现在以下三个方面：

首先，促进了居住与就业的同城化。高铁扩展了人们的居住与就业空间半径。研究表明，许多城市在高铁没有开通之前，居民的居住和就业一般都局限在当地，具有一定的局限性。而在高铁出现之后，居住和就业出现跨城现象。高铁的出现扩大了城中居民的通勤圈，为居民跨地域居住、就业提供了条件。例如当年日本在开通（东京—大阪）新干线后，使东京的都市圈范围由之前的40km 迅速扩大到 130km，同时，60% 以上的居民都是跨城居住、工作，即居民以高铁作为交通工具实现在东京工作，在周边城市居住[⑤]。

其次，促进了产业经济的同城化。产业经济同城化是指在社会经济发展到一定阶段的情况下，依赖政府的引导与市场的调节，使区域内的产业进行调节重构。我国京沪高铁、沪宁高铁、沪杭高铁的发展，进一步拉近了长三角城市间的距离、同城效应明显，让上海、南京、杭州等核心城市和中小城市各自功能更为集中和完善，推进上海和浙江、江苏之间的产业分工，促进沪宁、沪杭、沪甬沿线发展带，将长江三角洲地区的整体发展正式推向了区域同城化、长三角一体化的新时代。

再者，促使城市走向网络化发展。如荷兰的兰斯塔德地区就是一个由海牙、

---

① 顾朝林 . 经济全球化与中国城市发展——跨世纪中国城市发展战略研究 [M]. 北京：商务印书馆，1999.

② 王昊，龙慧 . 试论高速铁路网建设对城镇群空间结构的影响 [J]. 城市规划，2009，33（4）：41-44.

③ 王兰 . 高速铁路对城市空间影响的研究框架及实证 [J]. 规划师，2011（7）：13-19.

④ 郁亚丽 . 新形势下高铁时代到来的区域影响研究 [D]. 上海：华东师范大学，2012.

⑤ 王金婉 . 高速铁路的区域影响研究 [D]. 武汉：华中师范大学，2015.

阿姆斯特丹、乌德勒支等多个独立城市集聚而成的城市群，共同形成联系密切，组织明确，架构合理的城市群空间结构[①]。

1.4.2　城市层面：高铁及客站对城市空间结构的影响

高铁对城市的影响力并不仅局限于站点周边区域的建设、更新，其对整个城市整体空间格局也有着重要影响，是城市空间发展的动力之一。

1. 促进城市空间结构重组，引发生产性服务业从城市传统中心分离

高铁对第三产业有着重要影响，将促使服务业从城市原有中心搬离，培养新的城市增长极，推进城市空间结构的调整完善。这一方面是由于高铁以客运为主，不能显著提高大宗货物的运输效能，而且高速铁路的建设时期正值各国产业结构的调整和转型时期，第三产业正在逐步成为各国的支柱产业。另一方面，由于第三产业及其相关生产要素具有很强的流动性，这就决定了其活动符合高铁所强调的快速、流通、连接等基本特征。日本学者广田三（Hirota）于 1984 年通过研究东海道新干线时发现，新干线沿线的相关产业（工业、建筑、零售，以及批发）比其他城市都要高 16%~34%。法国学者德马蒂厄（Geard Mathieu）在研究法国高速铁路对沿线城市影响时指出，里昂受高铁运营的影响，高铁站周边地区快速发展，并影响到整个城市的性质定位和产业结构，使得城市空间重构。

2. 引导城市空间资源的再分配，并促进城市多中心结构形成

高铁对城市空间资源的分配也有着重要影响。由于面临人口集聚、地价飞涨、基础设施不平衡等问题，原先单一中心的空间结构已无法满足大城市的发展需求，大城市的空间结构需要由单中心向多中心转变。在这个过程中，高速铁路的发展起到了很好的推动作用。一方面，高铁网络节点上的城市建设量得以增加；另一方面，该地区与周边地区的联系得到加强，逐渐形成多中心的网络化空间结构。比较典型的如东京，经过长期的演变，形成了包括七个副都心和多摩地区五个核都市的多心型城市结构。七个副都心是池袋、新宿、涩谷、大崎、上野·浅草、锦系町·龟户、临海，它们基本上位于高铁网络的交汇处。多摩地区的五个核都市是八王子、立川、青梅、町田和多摩新城，它们分别位于西部地区进入东京市区的交通枢纽处。再如荷兰阿姆斯特丹，从 1967 年到 2001 年城市形态的变化可以清晰地发现城市沿铁路形成多中心的城市结构。从图 1-17 中，我们可以看到城市空间沿着铁路线拓展，而且城市副中心在铁路线上形成。

---

① 王金婉. 高速铁路的区域影响研究 [D]. 武汉：华中师范大学，2015.

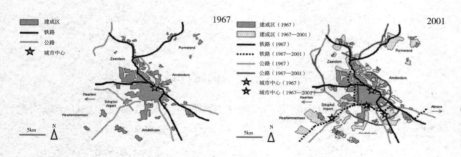

图 1-17　阿姆斯特丹城市空
间变化（1967—2001 年）
（来源：Luca Bertolini.Evdutionary
Urban Transportation Planning：
An Exploration[J].Environment and
Planning A，2007）

3. 高速铁路对区域内城镇空间结构的影响

高铁的建设对于沿线城市的发展具有推动作用已成为学界的共识，但其推动作用与城市规模的关联性，不同学者有着不同的认识，主要表现在以下两个方面。

（1）中小城市获益论

持中小城市获益论学者的主要理由是：奥尔波特（Allport R.J.）和布朗（Brown M.E）于 1993 年指出，对大城市来说，由于原有的交通设施体系已经较为完善，高铁的建设并不能带来很大的发展，但对于原有交通设施体系较为缺乏的中小城市而言，高铁的建设将提高其与大城市之间的可达性，为中小城市带来较为优厚的区位条件[1]。Urena 于 2009 年通过法国高速铁路的研究发现，相对于大城市和小城市，位于大城市之间的中等城市才是高铁建成之后的最大受益者[2]。

（2）大城市获益论

一部分研究者认为高铁的发展会带来区域内空间极化的现象，从而使得大城市获得更多的收益。萨萨基（Sasaki）的研究表明日本新干线的建设完成后，沿线城市中东京获得了最大的增长，说明高铁的建设并不能解决区内域资源向大城市过分集中化的问题[3]。韩国学者金（Kim）也认为，高速铁路建设开通之后，周边人口有向大城市集聚的倾向[4]。英国学者维克曼（Wichmann）也证明高铁的建设开通会导致沿线经济活动、社会资源向大城市集中[5]。

① Allport R. J. ，Brown M.Economic benefits of the European highspeed rail network[J].Transportation Research Record，1993，1381：1-11.

② Urena J M，Menerault P，Garmendia M.The high-speed rail challenge for big intermediate cities：A national，regional and local perspective[J].Cities，2009，26：266-279.

③ Sasaki K，Ohashi T.Asao Ando.High-speed rail transit impact on regional systems：does the Shinkansen contribute to dispersion? [J].The Annals of Regional Science，1997，31：77-98.

④ Kim K.S.High-speed rail developments and spatial restructuring：A case study of the Capital region in South Korea [J].Cities，2000，17（4）：251-262.

⑤ Janic M.A model of competition between high speed rail and air transport[J]. Transportation Planning and Technology，1993，17（1）：1-23.

4. 客站对城市空间发展格局影响的两面性

瑟夫洛（Cervero）将客站比作"城市和区域发展强有力的推进器"，但客站与周边区域整体发展的开发模式是否能真正起作用？答案并不一致。在东京、中国香港、新加坡等高密度城市取得了明显的成功，而在美国却没有那么明确。波特（Porter）于 1997 年指出轨道交通站对与核心区相邻区域的影响具有较大的复杂性，显示出了不同的结果。

（1）正面效应：促进发展

客站建设增强了所在区域的可达性，影响了就业、土地混合开发程度和交通出行需求，并促进地区的发展和产业的提升。波尔（Pol）于 2003 年发现高铁的到来对那些本身具有经济发展潜力和区位优势的城市来说是非常有益的，这些城市由于高铁的到来，增加了对新型服务公司和对受过良好教育的人群来此定居的吸引力。提出高铁对区域经济有催化效应，主要表现在以下两方面：一方面是高铁催生新的经济活动的产生，从而促使一个地区经济增长；另一方面是导致了新的基础设施建设，从而促使一个地区经济增长[1]。

林奇（Tim Lynch）于 1998 年指出高速铁路对沿线经济、科技的发展具有很大的推动作用[2]。奥斯卡（Oskar）于 2005 年指出车站对周边的影响主要有两方面：一方面是车站建设对城市的居住和工作具有较大影响；另一方面是高速铁路的开通可以提高周边地区公共交通设施的使用效率，有利于缓解城市交通的堵塞状况，有利于城市经济社会的发展[3]。Marc Guigon（2011）的研究表明，法国南部城市瓦伦斯，2001 年发送和接待旅客人数为 54.5 万，到 2006 年达到了 200 万人，第三产业也随之迅猛发展起来，高效的、全区的互联系统大大提高了车站的使用效率，促进了地区发展。

（2）负面效应：批评与质疑

Marc Guigon（2011）的研究表明，高速铁路会加快地区的发展速度，但如果当地的发展处于困境中，那高速铁路则有可能引起"隧道效应"。瑟夫洛（Cervero，1994）通过对华盛顿特区和亚特兰大的研究，以及瑟夫洛和邓肯（Cervero；Duncan，2002）对加州的圣克拉拉县的研究，发现周边物业和土地价值的提升是因为接近客站，客站对周边的物业产生了积极的影响，提高了办公楼的租金、降低了空置率、增加了建筑密度和客流量。然而，在高

① PMJ Pol .The Economic Impact of the High-Speed Train on Urban Regions [J].General Information，2003，10（1）：4-18.

② Tim Lynch.Analysis of the Economic Impacts of Florida High-speed Rail[R].Berlin：Inno Trans，UIC，CCFE-CER-GEB and UNIFE，1998.

③ Oskar Froidh. Market effects of regional high-speed trains on the Svealand line[J].Journalof Transport Geography，2005，13：352-361.

速公路和铁路竞争区域，客站周边的办公楼租金只有轻微的优势（Cervero，1996）。在住宅方面也有类似的表现，在旧金山湾地区，轨道交通站点附近的住宅吸引了许多年轻的专业人士，房屋租金也比较高，而在迈阿密，轨道系统对住宅的价格影响较轻微（Gatalaff and Smith，1993），因此，轨道交通系统对周边区域开发的影响具有不确定性。

瑟夫洛和兰迪斯（Cervero and Landis，1997）针对轨道交通系统是否会造成周边区域土地利用变化的问题进行了研究，发现在旧金山及其郊区，车站周边的土地利用出现了高度的不均衡和区域性发展现象。比邻火车站、可用于开发和土地的混合使用是公共交通指向型城市开发的三个关键因素，然而，由于当地的反对和市场活力差，阻碍了车站周边区域的发展。

维克曼（Roger Vickerman）于1997年通过对欧洲高铁网络的研究，指出由于缺乏整体的系统化研究，造成高铁的建设通车并没有像预想的一样解决沿线发展存在的问题，反而造成了大城市的不断积聚[1]。

百隆（Blum，U）、海恩斯（Haynes，KE）、卡尔森（Karlsson，C）于1997年从更为宏观的角度，认为火车站的影响，不仅在站域本身，由于其点对点的连接作用是非常明显的，还创建了一个高可访的城市"走廊"，这个走廊会对客站所在区域产生短期商品和服务市场的整合，中期家庭和企业的搬迁，长期商品、服务、运输、贸易和人的影响[2]。

瑞安（Ryan）于1999年则认为仅仅在位置上接近一个交通设施不一定能够增加其价值，只有当运输工具能节省出行成本时，才能真正地提高物业价值，为了尽量减少出行时间和成本，需要铁路和周边区域的开发更为紧密的合作，充分挖掘潜在的协同效益。

波尔（Pol）于2003年指出高铁的建设和开通将对那些基础条件好的城市更有利，对于那些基础条件相对较差的城市，高铁的影响并不一定那么正面，换句话说"并不意味着高速铁路上的每一个站点都能产生对城市经济发展的巨大影响"[3]。

1.4.3 站域层面：客站对周边地区空间发展和空间结构的影响

1. 铁路客站对周边地区影响的空间分层

对高铁客站周边地区空间的研究一直都是学界研究的重点，国外许多研

---

① Roger Vickerman.High-speed Rail in Europe：Experience and Issues for Future Development[J].The Annal of Regional Science Association，2003：9.

② Blum，U，Haynes，KE，Karlsson，C.The regional and urban effects of high-speed trains[J]. Annals of regional science，1997（1）：1–20.

③ PMJ Pol .The Economic Impact of the High-Speed Train on Urban Regions [J].General Information，2003，10（1）：4–18.

究者都试图通过理论模型的建构来指导高铁站点地区的空间规划。例如舒尔茨（Schutz）、波尔（Pol）通过案例研究提出了"三圈层结构"的模型，即依据站点周边不同情况：可达性、潜力、密度、活力等指标将站点周边的空间分为三个圈带。每个圈层的活力、开发强度不同，其功能设置也不同。另外，通过对西方发达国家高铁站区的案例研究发现，站区周边几乎均为服务业，同时，距离车站的距离也决定了不同的人流、功能和强度特征。

2. 铁路客站及周边地区功能布局和结构

对于高铁站点功能演变及其定位的研究很多，例如由贝尔托利尼（Betrolini L）提出的"场所 – 节点"模型就很有代表性。贝尔托利尼认为，铁路站点包括两个层面的价值：交通价值（Transport Value）和功能价值（Functional Value）。这两种价值都存在明显的向外递减的边际效益，同时，两种价值需要相互协同才可能获得共赢：节点交通价值的改善，可以提升场所的功能价值；而场所功能价值的提高，可以保证节点交通价值的改善。

图 1-18　铁路站点地区各主要功能及相互影响
（来源：Zemp S，Stauffacher M，Lang D J，et al.Generic functions of railway stations–A conceptual basis for the development of common system understanding and assessment criteria[J].Transport Policy，2011，18（2）：446–455）

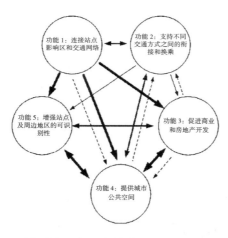

此外，站点区域的功能还被分为主要功能、次要功能和第三功能，分别为：不同交通方式之间的相互连接，成为城市的商业、商务、文化、休闲中心。基于此，有的学者提出了一个更为全面的车站功能分析框架。如图 1-18 所示，图中箭头表示不同功能间的影响及强弱，实线和虚线分别代表积极和消极影响。借鉴卡斯特尔斯（Castells）等对全球化、信息化背景下全球化空间与地方性空间相互关系的研究，崔普（Jan Jacob Trip）在卡斯特尔斯（Castells）研究的基础上，将高铁站点放在大环境（站点周边地区、城市、"区域—国家—全球"）中去研究节点功能与场所功能[①]。

贝尔托利尼（Bertolini L，1996）通过对铁路客站与周边地区空间的发展的探讨，提出铁路客站既是节点，也是场所的双重属性的空间结构。认为客站最基本的功能是加强了运输的一体化整合和为新兴起的多中心城市提供基本的交通服务，提出随着火车站地区复杂度的增加，更应该关注火车站地区节点和场所均衡的空间发展策略，"橄榄球模型"表明，车站可以分为：可达性车站、

---

① Moulaert F，Salin E，Werquin T.Euralille[J].European Urban and Regional Studies，2001，8（2）：145–160.

依赖性车站、局势紧张的车站、节点功能为主的车站和场所功能为主的车站等
五大类 [①]。

3. 带动基础设施的改善和社区的发展

以高铁站点地区为核心的大规模城市开发建设中，高铁车站地区的建筑
设计和城市设计较为复杂，如何成功塑造高品质的城市空间成为研究的重点。
客站的建设促进了周边道路等交通基础设施的建设和提升，进而带动周边城市
功能的生长和完善，如北京西站、上海站等。客站的建设起到了带动周边地区
基础设施的整合与提升的作用，继而带动了周边以房地产开发为主的社区发展。
客站地区凭借其自身优势吸引了大量高级的城市功能进驻，在很大程度上改变
了该地区的功能定位和在城市中的位置。

例如日本新横滨高铁站，自 1964 年建设以来，经过几十年的发展，已经
从一片农田发展成为高密度城市开发区域，高楼林立，从 1962 年与 1999 年
两张新横滨车站及其周边地区的航拍图（图 1-19）不难看出新干线车站建设
前后当地的城市空间发生了巨大变化，逐步发展成为城市的中心区。总体而言，
学界的研究主要集中在功能的高端化、用地的集约化、交通的网络化等方向，
站点地区成为城市里重要的公共空间，注重空间品质的提升和环境氛围的营造，
成为城市里最具活力的生活中心。国内各大城市的高铁站周边地区虽然也规划
了相对高端的城市功能，但从目前的实施效果来看，高铁站点对于周边区域的
产业提升有限。

那么，如何才能真正发挥高铁站区域的带动作用推动城市空间的发展？
研究表明，应该在高铁站点建设之前，对其进行详尽的规划设计 [②]。

图 1-19 新横滨车站地区城
市空间变化（1962—1999 年）
（来源：https://www.bilibili.
com/read/cv1974085/）

（a）

（b）

① Bertolini L.Nodes and Places： Complexities of Railway Station Redevelopment[J]. European Planning Studies，
  1996，4（3）：331-345.
② PMJ Pol. The Economic Impact of the High-Speed Train on Urban Regions[R].European Regional Science
  Association，2003：10-15.

1.4.4　国内有关站域空间发展的研究

1. 高铁及客站对区域发展影响的层级研究

宏观层面，学者分层级地从宏观区域层面、中观城市层面和微观枢纽层面对客站对区域的影响进行分析。翟宁于 2008 年将客站影响的空间分别从宏观、中观、微观等三个层次进行研究，并提出在宏观层面主要是指以区域视角研究高速铁路沿线城市及城市带的发展布局；中观层面主要是指以城市视角研究城市土地开发、功能布局等问题；微观层面主要是指地段的视角对高铁站及周边地区具体的设计策略[1]。

与之相似，冯正民（2011）认为高速铁路对区域发展的影响主要在三个层次：宏观交通走廊、中观城市发展区与高铁设站新区、微观高铁站周边环境[2]。王缉宪（2011）、林辰辉（2011）指出高铁的发展对我国城市空间演变带来的影响不同于其他已经发展了高铁的国家，并针对我国特点提出高铁对城市影响之分析方法的基本框架、指标体系。作者认为高铁将对城际、城市、站域等三个层面产生影响。同时，还指出"高铁影响"的正面物流载体就是车站[3][4]。王兰（2011）也将高速铁路对城市的影响划分为：区域、城市及站点周边地区等三个空间层面，并将京沪高速铁路作为实例进行了较为深入的研究，发现站点区域多被定位为城市的重要交通枢纽和城市新的经济增长点，具有功能复合、土地立体利用等特点，对于城市整体空间结构产生积极影响[5]。

微观层面，在借鉴国外相关理论的基础上，我国部分学者基于圈层理论对客站地区的空间结构进行了探索。张小星（2002）通过广州火车站的实例研究，将火车站地区的空间结构划分为："核心枢纽区""枢纽外围区"和"扩散影响区"等三层圈层结构，并重点讨论了"核心枢纽区""枢纽外围区"的空间发展状况。同时提出核心枢纽区是站场和站前广场两大部分，枢纽外围区是站前地区和站北地区，扩大影响区是这两个圈层之外的区域，火车站地区的特征已经弱化了[6]。

郝之颖（2008）在"圈层"空间结构模式的基础上，进一步对圈层的范

① 翟宁 . 我国高速铁路交通枢纽空间层次划分及规划设计方法研究 [D]. 西安：长安大学，2008.
② 冯正民 . 台湾高速铁路对区域发展的影响 [J]. 城市与区域规划研究，2011（3）：49–59.
③ 王缉宪，林辰辉 . 高速铁路对城市空间演变的影响：基于中国特征的分析思路 [J]. 国际城市规划，2011，26（1）：16–23.
④ 王缉宪 . 高速铁路影响城市与区域发展的机理 [J]. 国际城市规划，2011，26（6）：1–5.
⑤ 王兰 . 高速铁路对城市空间影响的研究框架及实证 [J]. 规划师，2011（7）：13–19.
⑥ 张小星 . 有轨交通转变下的广州火车站地区城市形态发展 [J]. 华南理工大学学报，2002，30（10）：24–30.

围和功能进行深入研究，提出第一圈层是交通服务区域，具有一定的"刚性"，规模在 1~1.5km^2；第二圈层是直接拉动区域，是第一圈层进行补充，规模在 3~5km^2；第三圈层是间接催化区域。高铁站场地区的功能特征基本表现在第一圈层，过渡到第二圈层，"变异"在第三圈层，规划布局及交通组织重点应放在第一、二圈层 [1]。殷铭（2009）通过对高铁站点的案例研究，指出如果以高铁站点为圆心，按照圈层结构划分，核心区域为 800m 以内，拓展区域为 1500m 以内，影响区域大于 1500m [2]。

2. 铁路客站与周边区域发展的特征及催化效应探讨

关于客站地区发展特征，这方面主要是基于客站节点和场所双重效应的认知与探讨，强调客站交通节点功能和城市功能的均衡发展。例如，郑德高、杜宝东（2007）指出交通枢纽的价值不仅体现在其自身的交通功能上，更重要的是其对于城市社会经济发展的重要推动作用，强调应该在城市规划中对交通枢纽的设置给予重点关注，并在节点交通价值（transport value）和城市功能价值（functional value）之间找到一个平衡点 [3]。陈岚（2011）将铁路客站归纳为"多模式的交通节点"和"功能复合的城市公共空间"，即其既具有交通功能，也具有公共空间的功能 [4]。侯雪、张文新等人基于客站节点和场所的双重效应，提出车站对周边区域的影响有六种不同的类型，指出节点和场所之间的平衡是交通枢纽对周边区域影响的关键 [5]。

关于客站的催化效应，学界研究较多，例如，卢济威和王腾提出车站的规划建设将极大带动周边地区的发展和建设 [6]。侯明明（2008）、陈昕（2009）指出，交通枢纽的建设和城市空间发展之间并不是直接带动和被带动的作用，而是一种催化和被催化的关系 [7]。石海洋、侯爱敏等将高铁枢纽对城市经济的触媒效应主要归纳为三个方面：优化城市产业结构和布局、提高企业竞争力和强化城市增长极地位；对城市社会文化方面的触媒效应主要是：提升城市门户形象和推动城市文化认同与交融；对城市空间结构的触媒效应是：推动城市中心多元化发展，完善城市基础设施建设，提出需要以区域的眼光思考高铁枢纽的规划设计问题，高铁枢纽站点只有与周边区域协调一致才能更好地发挥其触

① 郝之颖. 高速铁路站场地区空间规划 [J]. 城市交通，2008（9）：48-52.
② 殷铭. 高铁站点周边地区的土地利用规划研究 [J]. 山西建筑，2009，35（4）：29-30.
③ 郑德高，杜宝东. 寻求节点交通价值与城市功能价值的平衡——探讨国内外高铁车站与机场等交通枢纽地区发展的理论与实践 [J]. 国际城市规划，2007，22（1）：72-76.
④ 陈岚，殷琼. 大型铁路客站对城市功能的构成与优化的研究 [J]. 华中建筑，2011（7）：30-35.
⑤ 侯雪，张文新，等. 高铁综合交通枢纽对周边区域影响研究——以北京南站为例 [J]. 城市发展研究，2012（1）：41-46.
⑥ 王腾，卢济威. 火车站综合体与城市催化——以上海南站为例 [J]. 城市规划学刊，2006，（4）：76-83.
⑦ 陈昕. 高速铁路站点周边城市建设与发展研究 [D]. 天津：天津大学，2009.

媒作用，推动城市社会经济文化的整体发展[①]。

卢源、刘晓刚等人提出，车站建设将在很大程度上推动城市公共空间体系的完善，为其体系化、系统化、网络化提供可能性。城市的土地利用开发也将向铁路客站周边区域集聚，并进一步推动城市地上、地下空间的一体化进程[②]。

3. 铁路客站与周边区域整合发展的方法的探讨

对铁路客站与区域整合发展方法的研究，一直是学者们关注的热点，大量的学者分别从整体性思维和系统论城市设计的角度，对站域空间的整合进行探索。程泰宁院士（2002）指出"做好铁路旅客站建筑设计，不单纯是一个建筑专业问题。只有把旅客站建筑放在铁路与城市交通这个综合体的大系统内进行思考，密切与铁路、规划、交通等有关部门的配合，才有可能在设计中做到交通顺畅，换乘方便。"提出客站建筑设计的整体性思维，强调客站与周边区域的协同发展，并在杭州铁路新客站设计中运用这种整体的、理性的思维进行实践，为铁路客站区域整合设计提供了理论依据和案例支持[③]。

另外，李敏、叶大华等人（2009）在宋家庄枢纽工程设计中，运用系统论方法的整体性原则，对项目实现整体控制，有效地解决了枢纽面临的多技术接口、多单位协调的难题，成为解决枢纽这一系统工程的复杂问题的关键所在，验证了"系统论"是值得借鉴和卓有成效的方法[④]。罗湘蓉（2011）采用系统论的方法，以低碳型高铁枢纽为研究主体，提出铁路客站的设计理念从技术走向生态，外部空间从对立走向共生，建筑形态从功能走向低碳，布局模式从复杂走向清晰，内部空间从巨型走向低碳的发展策略[⑤]。刘晨宇（2012）基于系统论视角，提出城市节点的整合，即对城市中的不同要素进行协调、综合，建立新的秩序[⑥]。王晓丹（2013）借助系统化的研究方法，重点分析城市中的综合体如何与城市交通整合，希望在综合体、交通、城市之间找到一个平衡点，以提高土地利用率、改善城市交通条件、提升城市出行效率，从而实现可持续发展的目标[⑦]。

另外，还有一些学者从城市规划和城市设计的角度对客站与区域协同发

① 石海洋，侯爱敏，等.触媒理论视角下高铁枢纽站对城市发展的影响研究 [J].苏州科技学院学报，2013，26（1）：55-59.

② 卢源，刘晓刚，等.基于轨道交通站点的综合开发与整合设计实践——以北京轨道交通 9 号线花乡站周边地区设计方案为例 [J].华中建筑，2011（12）：70-81.

③ 程泰宁.重要的是观念——杭州铁路新客站创作后记 [J].建筑学报 2002（6）：10-15.

④ 李敏，叶大华，等."系统论"与交通枢纽设计——以宋家庄枢纽为例 [J].建筑技艺，2009（5）：55-57.

⑤ 罗湘蓉.基于绿色交通构建低碳枢纽 [D].天津：天津大学，2011.

⑥ 刘晨宇.城市节点的复合化趋势及整合对策研究 [D].广州：华南理工大学，2012.

⑦ 王晓丹.城市综合体交通与城市交通的整合设计研究 [D].郑州：郑州大学，2013.

展策略进行探索。韩冬青、冯金龙（1999）提出了城市建筑一体化的整合设计理论和方法，重点讨论了城市与建筑一体化的概念、特点、成因等，为客站区域整合设计提供了理论依据和实例参考[①]。卢济威教授（2004）对城市设计整合机制进行深入探讨，从组成要素的角度探讨三维形态整合的设计策略[②]。认为协同发展可以推进客站区域机能高效运作、实现地区催化作用、促使公交优先的紧凑发展模式、形成和保持经济的可持续，并指出铁路客站空间发展趋势是以轨道交通站位核心的区域综合化；步行者导向和步行空间体系化；公共领域的立体与集约，指出了城市设计和协同发展在当今轨道交通发展中的必要性[③]。

李传成（2004）从城市角度分析铁路客站与城市一体化的发展趋势，提出了城市交通一体化的规划设计策略：交通网络一体化；交通功能、空间与城市一体化；多部门合作的设计，并提出城市综合体以点带面的发展模式，促进城市与车站的融合[④]。夏兵（2011）围绕高铁站点及其周边地区进行整合城市设计，并提出交通组织、土地利用、公共空间和物质形态四个关键整合策略[⑤]。

1.4.5 国内外相关研究现状总结

总的来说，铁路客站与城市空间之间存在着密切的联系，并吸引了国内外学者的普遍关注和探索，国外在经历了初步发展阶段（上下车的场所）、扩展阶段（城市门户）和多元化阶段（城市生活中心），现在已经呈现出较成熟的区域一体化模式，并因此取得了丰硕的研究成果，同时，客站与城市空间整合发展的成功案例也较多，其研究成果和实践经验为世界铁路客站站域空间发展提供了有益借鉴，并产生了重要影响。而我国当前站域空间发展的研究成果虽然逐年增多，但仍然处于高速发展的起始阶段，与日本、德国、法国等已经有了将近60年发展经验的国家存在着一定的差距，大多还处于边发展、边摸索、边调整的阶段。

然而从总体上看，虽然学界从不同学科，多个角度对于铁路客站站域空间的发展相关问题进行了研究，并取得了丰硕的成果，但还是要看到，相关研究大多以案例研究的形式出现，研究主要聚焦于客站对区域层次的空间影响

① 韩冬青，冯金龙. 城市·建筑一体化设计 [M]. 南京：东南大学出版社，1999.
② 卢济威. 论城市设计的整合机制 [J]. 建筑学报，2004（4）：24-27.
③ 卢济威，王腾，庄宇. 轨道交通站点区域的协同发展 [J]. 时代建筑，2009（5）：12-18.
④ 李传成. 交通枢纽与城市一体化趋势——特大型铁路旅客站设计分析 [J]. 华中建筑，2004，22（1）：32-41.
⑤ 夏兵. 当代高铁综合客运枢纽地段整合设计研究 [D]. 南京：东南大学，2011.

（表 1-7）、高铁新城的动因、类型、开发模式、客站本体的开发模式，以及
与城市相关的某方面内容进行深入研究，但这样的研究也有一定的缺陷——综
合性研究不够。与此同时，中西方客站对城市影响的内在机制的差异性较大，
西方国家的相关经验和遗憾能否直接套用在我国今天的高速铁路客站及其周边
地区的发展中有待进一步讨论。由于我国正经历快速城镇化阶段，站域空间建
设尚在初始阶段，应该深入研究其内在机制，有选择性地借鉴西方国家的发展
经验，在此基础上对我国高铁与城市之间的关系进行再思考，为站域空间可持
续发展提供研究基础。

铁路客站对城市空间影响的分析框架 表1-7

空间尺度	研究层面	研究内容	主要指标
区域层面		区域空间可达性 城市群（圈） 区域空间同城化	区域可达性 区域间产业的差异性 市场和产业链 交通网络
城市层面		城市空间结构重组 多中心结构形成 城镇空间结构的影响	城市本社特征 （经济、人口、面积） 城市产业变化
站域层面		站域空间分层 功能布局和结构调整 站域社区发展	站点的区位布局，站点地区的土地利用类型以及站点对于所在城市层级的影响 站区产业属性 车站规模

（来源：作者自绘）

在社会经济高速发展，城镇化进程不断加快，高速铁路得到极大发展的
大背景下，铁路客运站周边空间形态同样面临着重构与转型的双重要求，基于
铁路客站在选址、站域空间模式、功能配置、规模确定上都有了新的变化。客
站作为铁路的重要组成部分，也是带动城市发展的重要触媒和构建城市交通体
系的重要节点。根据以往经验，铁路客站对城市用地形态的影响非常显著，使
客站周边地区形成新的城市功能生长点，客站是城市用地拓展的强大触媒，在
建设中必须进行科学规划。对于京沪、京广、沪宁等铁路沿线城市，客站不管
是坐落于中心城区还是地处城市边缘区，都需要考虑其与城市之间的衔接关系，
否则不仅没有办法优化客站周边的旧有城市空间结构，更无法支持以客站为中

心的新城发展建设。从这个意义上来说，将城市与客站整合在一起思考是必然
趋势，系统探索站域空间发展规律、站域活力激发策略以及站城之间的作用方
式也是大势所趋，也是实现城市可持续发展的有效途径。

1.5　国内外大型铁路客站站域空间发展的差异性分析

　　由于城市所处发展阶段的不同和形成机制的差异，我国大型铁路客站站
域空间无论在功能定位上还是在空间形态上都与国外发达国家有较大的差异，
因此，站域开发模式要根据城市自身的实际情况来决定，不可盲目乐观地借鉴
西方的经验促进我国城市发展，探索我国站域空间发展的特征和问题，重新审
视我国站域发展过程中客站与城市的协同关系。

1.5.1　站域空间发展所处城市阶段的差异性

　　我国铁路客站设置与西方相比城市所处的发展阶段差异明显。总体来说，
国外尤其是日本和欧洲地区在交通体设计和城市建设的规划设计上都达到了一
个较为先进的高度，形成了较为成熟的站域开发模式和体制。高铁站以及高铁
新城对我国来说，依然是一个新生事物，还处于初始探索阶段。另外，国外铁
路客站，尤其是欧洲高铁客站建设时期，城市发展已基本趋于稳定，进入城镇
化平稳发展阶段，铁路客站的改扩建对城市空间不会产生太大的影响，客站规
模和容量被控制在一定范围之内，以期保持传统街区形态的完整性。

　　因此，客站开发与旧城保护相应，多以客站的改扩建为契机完成城市更新，
站区承担起复兴城市中心区的重任，成为城市中重要的生活中心。与欧洲处于
工业化后期不同，我国铁路客站（高铁）建设正处在工业化和城镇化快速发展
阶段，这一时期面临城市空间快速扩张和城市空间结构调整，因此，客站建设
多成为城市空间调整的契机。再者，我国在城市规模、高铁站的选址以及对城
市空间重构的机理等方面与国外也存在很大差别（表1-8）。因此，在对比分
析的基础上，构建适合我国城市发展阶段的站域发展策略和分析框架，分时期
对其发展机制做更深刻的探究很有必要。

国内外大型铁路客站站域空间发展状况对比　　　　表1-8

	国外	国内
城市发展阶段	城镇化平稳发展阶段，城市再发展，旧城更新	快速城镇化阶段，城市快速扩张
城市区位	多位于城市中心区域	多位于城市边缘地区

续表

	国外	国内
区域定位	具有竞争力的城市副中心 邻里生活中心	城市内外交通节点，综合交通枢纽 城市副中心，城市商务区
区域功能	多功能综合发展的城市综合体，功能混合，区域一体化布局	主要表现为交通疏解而非功能集聚，交通用地，必要的商业、服务业配套
区域形态	TOD（公共交通引导城市开发）	TAD（公共交通毗邻开发）
	以公共交通为主导，建立适宜步行的街道网络，形成了圈层化的空间和土地利用模式，建立集工作、商业、文化、教育、居住等为一体的紧凑城市空间，使公共空间成为邻里生活的焦点	站域空间私人汽车拥有量和使用量高，慢行交通比率低；土地利用形式单一，客站与周边地块未能形成有效地整合发展；外部效益难以内部化，客站周边的土地增值未能反哺客站的发展
土地利用	高密度、多功能、混合利用	低密度，功能单一，土地单一利用
交通特征	TOD 模式，与城市轨道交通形成网络，以大运量公共交通为主，限制私家车	快进快出，城市轨道交通处于初级发展阶段，私人汽车拥有量和使用量高
人流特征	平稳的商务和通勤人流	季节性变化
出行特征	频繁的日常出行	低频率的中短途旅行
环境品质	高品质的站域空间，邻里生活中心	老站乱，新站荒，城市象征性场所
典型站域	日本大阪站、法国里尔欧洲站、德国柏林中央车站、韩国龙山站	南京南站、杭州东站、上海南站、北京南站、天津站、合肥南站
	日本大阪站站域空间形态	南京南站站域空间形态

（来源：作者自绘）

1.5.2　不同城市发展阶段下站域区位选择和产业功能的差异

从历史发展来看，一定的社会经济发展阶段需要有相应水平的交通运输业支撑，表现为城镇化、工业化与交通运输的协调一致，国内外大型铁路客站在不同的城市阶段表现出了不同的站点区位选择和产业功能配置，如表 1-9所示。

欧洲：高铁客站建设时期，城市已经进入城镇化平稳发展阶段，城市发展趋于稳定，客站的改扩建对建成区城市空间形态不会产生太大影响。以法国为例，1981 年巴黎到里昂高铁通车，此时法国城镇化水平已在 75% 以上，城市产业结构基本上实现了从"二三一"到"三二一"的转变，城市间形成了

中西方不同城镇化阶段背景下站点选址和产业功能对比　　表1-9

	欧洲	日本	中国
城镇化阶段	城镇化平稳发展阶段	快速城镇化向城镇化平稳发展阶段转变	快速城镇化
发展背景	公里数较少，发展较为缓慢	2674km	2.2万km
站点选址	城市中心区，多利用原有客站改造，少量城市边缘新建	老站翻新为主，新建客站并存	城市边缘新建客站为主，少量城市中心老站翻新
空间发展导向	城市再发展，旧城更新多中心城市结构	中心区升级与新区新城建设并存完善多中心结构	建设高铁新城，实现城市结构调整，由单中心向多中心发展
产业功能导向	金融、商务、办公、教育、商业、娱乐、居住等多种城市功能一体化发展	商务、办公为核心兼具购物、休闲、居住等多种功能	注重商务、金融等高端服务业，但目前成效不明显
典型案例	法国里尔 形成商务办公中心，使里尔由传统单中心空间结构转变为双中心空间结构	东京八重洲 显示出强大的商务、商业吸引力，成为城市商务中心，提升了区域吸引力，引导城市再发展	北京南站 经济圈尚未形成，对城市空间发展影响不显著

（来源：作者自绘）

多中心、网络化的城市空间形态。在空间布局上注重城市整体功能协调和环境质量提升，在交通基础设施建设上高效的公共交通体系已经建立，在发展模式上更加关注集约化增长以降低能耗和废气排放，加之20世纪70年代后城市空间逐渐呈离心式发展，人口居住密度持续降低。

　　另外，此时新城建设基本完成，建成区的更新成为城市发展的重要空间，城市发展转向了旧城再发展。因此，客站的改扩建成为吸引资本回归的关键项目，借助多主体合作发展商务、商业、金融等项目，促使旧城产业转型，刺激旧城经济发展①。因此，欧洲客站建设更多的是承担着城市中心区复兴的重任，促使城市商务功能增长，而不是城市人口聚集。

　　日本：日本1964年新干线通车，城镇化处于加速发展向平稳发展过渡阶

---

① 丁志刚，孙经纬 . 中西方高铁对城市影响的内在机制比较研究 [J]. 城市规划，2015（7）：25-29.

段，1965 年城镇化率为 67.9%，一二三产业的雇佣人数比重分别为 24.7%、31.6%、43.7%，第三产业逐渐成为国民经济的主导产业。1970 年以后，日本进入了后工业社会，城镇化率达到了 75.9%，商务、金融等第三产业比重不断提高，进入了经济结构转换时期。此时城市一方面面临着大量人口涌入城市的压力。1965 年城市人口比例为 67.9%，1970 年城市人口比例为 72.1%[①]，大量的农村人口转移到城里，急需疏解。

　　另一方面，日本面临着产业结构转型和升级。新干线的建设推动了"以高铁促进第三产业发展，以第三产业带动第一、第二产业发展"的产业发展道路[②]。新干线和客站的建设除了带动城市产业和空间体系的变革，以及人们的生活方式的改变，还以"吸引核（客站）"为中心进行城市空间重构。新干线上 11 座车站有 6 座建于新城。新站建设往往带动城市空间结构调整。比如，新大阪与旧大阪站共同构成了面向京阪神大都市圈的双门户[②]。

　　中国：我国目前仍处于快速城镇化阶段。2012 年城镇化率已达 52.6%，形成了多个城市群，如京津冀、长三角、珠三角。根据国际经验，当一个地区的城镇人口达到 50% 后，之后一段时期将处于城镇化加速阶段。在这一阶段我国发展特征如下：首先，在城市空间扩展过程中，我国城镇化出现了中心城区改造和郊区化同时存在的情况，郊区化在很大程度上是由政府主导。其次，在土地利用形态方面，由于城市人口规模持续增长，我国郊区化开发过程中的土地利用密度仍然相对较高，与欧美城市的低密度蔓延有较大区别。再者，公共交通系统在城市交通系统中的地位和作用未能明确，在大规模兴建城市高速公路的同时也投入巨资建设轨道交通系统，盲目发展道路网络，形成了典型的"摊大饼"式的城市现象。

　　就客站建设而言，2010 年以来的高铁新城和新区建设可以说是地方政府城镇化惯性思维下的又一次城市大规模扩张[③]。此外，与西方特别是欧洲多样化的高铁站点区位布局不同，铁路部门出于成本控制、速度保障和线型选择等方面考量，通常将车站设置于城市郊区，车站在区位选择上呈现出显著的边缘化特征。以我国的长三角为例，截至 2011 年底，长三角 16 市新建高铁站点 32 个，其中 29 个站点位于城市边缘或外围[④]。

　　在土地利用过程中，过于强调车站对人流、物流和资本的吸引作用，回避高铁带来的负面影响，在车站周边进行大规模开发建设。但由于我国城镇

① 蓝庆新、张秋阳 . 日本城镇化发展经验对我国的启示 [J]. 城市，2013（8）：34-37.
② 杨策，吴成龙，等 . 日本东海道新干线对我国高铁发展的启示 [J]. 规划师，2016（12）：136-141.
③ 丁志刚、孙经纬 . 中西方高铁对城市影响的内在机制比较研究 [J]. 城市规划，2015（7）：25-29.
④ 殷铭 . 站点地区开发与城市空间的协同发展 [J]. 国际城市规划，2013（6）：70-77.

化水平和经济发展与发达国家和地区的差异，产业结构依然以制造业为主，商务金融中心仅限于区域中心城市，中小城市往往由于能级太低，难以吸引到外部商务资本，所以非中心城市站域往往只能发挥零售、餐饮、住宿等低端服务功能[①]。

值得注意的是高铁也有双面性，尽管高铁促使区域内生产要素重新分配，会给沿线站点和地区带来新的发展机遇，但有些沿线城市由于自身条件和要素重新分配甚至可能衰退。城市各自发展阶段和资源条件等要素的差异，使站域呈现出了不同的发展方向。东海道新干线开通后，日本三大都市圈之间的人口和资本流动更加便捷，东京和大阪都市圈的实力得到了加强，但吸引力相对较弱的名古屋都市圈则呈现出衰退趋势[②]。

1.5.3　国内外大型铁路客站对城市空间影响的特征差异

中西方高铁对城市空间影响因城市发展阶段、形成机制等方面的不同而具有明显的差异。首先，高铁对地区结构影响不同，在欧洲高铁和客站的建设导致了城镇体系的进一步极化发展，形成了成熟的区域网络，在强化了中心城市优势地位的同时，城市之间分工得到进一步发展。我国高铁和客站的飞速建设，压缩了城市之间的时空距离，促进沿线城市和地区"网络化"地域结构形成，城市间联系更为紧密，中心城市的极化效应加强，中心城市成为最大的受益者。

其次，对城市空间结构的影响不同，欧洲以老站改扩建为契机，带动了建成区中心区域的再发展，提升了城市中心活力，使得既有城市中心区域比城市郊区更具发展优势。我国将铁路客站建设作为城市扩张的契机，形成新的城市中心，以期调整单中心结构，形成多中心的城市空间布局。因此，城市外围区域往往成为发展的重点。

再者，对城市产业功能影响的不同，西方高铁的开通促使城市第三产业快速发展，尤其是金融、商务、旅游业等高端服务业。客站建设与传统商业中心的融合使得站域整体土地价值提高，成为商业、金融的集聚地。我国铁路客站周边也规划了商务办公、金融等高端服务业，但由于城市高端服务功能的开发仍依赖于既有城市中心，整体对新城区的提升效果不明显。还有交通组织和管理方式的差异对站域的影响也不同，西方通过区域整合，更加强调客站与周边街区的融合，通过多点集散和一体化的路网级配，加上步行系统的精心设计，

① 丁志刚，孙经纬. 中西方高铁对城市影响的内在机制比较研究 [J]. 城市规划，2015（7）：25-29.
② 顾焱，张勇. 国外高铁发展经验对中国城市规划建设的启示 [M]// 中国城市规划学会. 城市规划和科学发展——2009 中国城市规划年会论文集. 天津：天津电子出版社，2009：4646-4654.

营造了具有活力的城市空间和开放式结构。我国为便于管理，多采用两端集散的交通组织方式，加上平面化的疏解，更易造成人流与车流的交混，影响交通效率。

此外，客站周边交通性干路的环绕与规模宏大的广场隔断了车站与周边地块之间的步行联系，导致乘客步行难以成行。站域空间往往是城市门户的象征，但活力不足。总体来说，西方通过客站与城市空间融合，形成了集商务、办公、娱乐等多种城市功能于一体的区域开放结构，我国客站与周边城市空间相互独立，内部功能简单，封闭式管理，非乘客不能进入，成为"有限的公共建筑"[①]（表 1-10）。

国内外铁路客站对城市空间影响的差异性　　　　表1-10

	国外	国内
城镇体系结构	为沿线城市带来人口与产业的整体增长，增强沿线城市的集聚能力的同时，进一步极化，顶端城市的优势地位得到强化，城市间专业分工得到进一步发展	加强各城市之间的经济联系，促进了沿线城市同城化和城市群的发展，优化资源配置，调整产业布局，城市之间要素对流效应显著提高，强化了区域中心城市在全国城市网络中的地位，毗邻特大城市的中小城市成为最大受益者
城市空间结构	对老站改造，带动了城市空间再开发，强化了城市既有中心体系	将铁路客站建设作为城市扩张的契机，形成新的城市中心，调整单中心结构
站点地区空间结构	圈层式用地布局与空间重建，取得了交通节点功能和城市场所功能的均衡，站点地区商务、金融、房地产等高端服务业迅速发展	圈层结构不明显，零散的土地利用形态，客站成为带动城市发展的关键性节点，但整体交通节点功能大于城市场所功能，站点地区商务、金融、房地产等高端服务业得到了较快发展
城市产业功能	就业人口明显增长，第三产业得到了快速发展，尤其是旅游业和服务业，优化了城市的产业功能	向第三产业转变，布局了商务、金融等高端服务业，但由于城市高端服务功能的开发仍依赖于既有城市中心，整体对新城区的提升效果不明显
城市交通组织	一体化设计，形成综合换乘枢纽，采取多点集散方式，建立起合理的路网级配，构筑开放式的结构，更加强调与周边街区的融合，通过步行化系统设计，营造具有活力的城市空间	采用站前广场集散、单点集散等交通组织方式便于管理，但易造成不同人流、车流的交织混乱，影响了客流集散效率和服务水平的提升。此外，客站周边交通性干路的环绕与规模宏大的广场隔断了车站与周边地块之间的步行联系，导致乘客步行难以成行
客站与城市关系	客站与城市空间融合，形成了集多种城市功能于一体的区域开放结构	独立站舍，客站与周边城市空间相互独立，内部功能简单，封闭式管理，非乘客不能进入

（来源：作者自绘）

[①] 丁志刚，孙经纬. 中西方高铁对城市影响的内在机制比较研究 [J]. 城市规划，2015（7）：25-29.

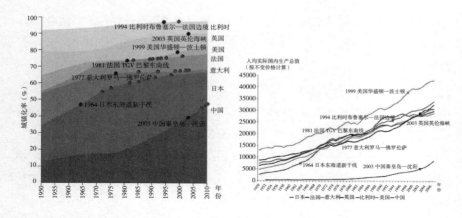

图 1-20 世界各国高铁建设时间与城镇化曲线的关系（左）

注：绿色曲线表示各国 1950 年以来的城镇化曲线，红色点表示各国第一条高铁运营的年份，黄色点表示各国高铁后续线路运营的年份
（来源：根据联合国网上数据库（http：//esa.un.org/unup/）、中国铁道年鉴（2006）整理绘制）

图 1-21 世界各国高铁建设时间与人均国内生产总值曲线的关系（右）

注：曲线表示各国 1950 年以来的人均实际国内生产总值变化曲线，点表示各国第一条高铁运营的年份
（来源：根据宾夕法尼亚大学生产收入和价格国际研究中心（2009）、中国铁道年鉴（2006）整理绘制）

1.5.4 城市发展阶段和人均国民生产总值的差异

以城市发展阶段和人均国民生产总值衡量，我国高铁建设处于快速发展阶段但发展水平依然较低的阶段（图 1-20、图 1-21）。相比之下，其他国家（日本除外）修建高铁时已经处于城镇化平稳期，总体发展水平较高。加上我国铁路发展的历史欠账较多，这会导致未来一段时间成为客站建设和客流增长的快速发展阶段[1]。

1.5.5 高铁和铁路客站发展速度的差异

发达国家与我国在高铁建设速度和建设量上存在明显差异。日本、法国、德国与我国在第一条高铁运营后十年内该国高铁的新建情况（图 1-22）对比可以发现，四国第一条高铁的开通长度均在 500km 左右。但不同的是，日本、法国、德国三国第二条线路的建设是在第一条高铁开通后的 7~8 年才开始，长度约 200km。我国在一系列有利因素的推动下，在第一条高铁建成后的第 5 年即展开大规模的建设，五年内建成了世界上最大的高铁网络。

根据国际铁路协会（International Union of Railways）2014 年 9 月 1 日更新的数据，我国大陆时速超过 200km 的铁路客运专线总运营里程达到 11132km，在建铁路里程为 7571km，长期计划建设铁路里程为 3777km，总计 22481km[2]。相对于欧洲和日本等发达国家，我国高铁具有建设规模大和建设速度快的特征。这一特征将会深刻地影响客站与城市的发展机制，其发展速度与其他国家存在明显差异，从而也会导致高铁与城市发展的过程与影响机理不同[1]。

① 王缉宪，林辰辉.高速铁路对城市空间演变的影响：基于中国特征的分析思路 [J].国际城市规划，2011，26（1）：16-23.

② 张晓通，陈佳怡.中国高铁"走出去"：成绩、问题与对策 [J].国际经济合作，2014（11）：26-29.

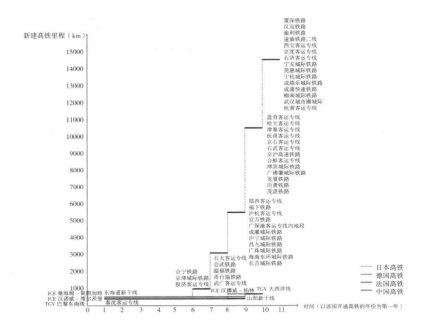

图 1-22 世界各国高铁新建速度比较

（来源：王缉宪，林辰辉.高速铁路对城市空间演变的影响：基于中国特征的分析思路 [J]. 国际城市规划，2011，26（01）：16–23）

　　究其原因，西方由于地方自治传统和分权化影响，高铁发展受到地方政府与中央权力的双重调控[1]。日本实施地方自治制度，但实际上中央通过立法、司法和行政三个方面对地方事务进行调控，不仅高铁站点作为重大基础设施由地方和中央共同出资建设，站点周边开发也属于中央和地方的"共同事务"。因此，高铁站点及周边开发速度受中央和地方双向调控，在一定程度上遏制了地方政府大规模开发的冲动[1]。我国是政府单方控制与开发，资金支撑力度大，因此得到了迅猛发展。

1.5.6　体制的差异

　　我国与这些国家在站点选址的决策过程、财税制度、开发主体关系、行政体系等方面还存在诸多方面差别。以开发主体为例，站域综合开发涉及政府、企业、个人等诸多开发主体，因此，站域开发是一个错综复杂的协商过程。德国和日本在客站建设之初就成立了专门的部门，负责统筹站域开发事宜。但我国目前并没有形成相关协调平台，而是以空间划分限定政府、部门的职能权属，从而造成了开发空间的破碎化，综合效益难以达到最优[1]。

　　综上所述，不难发现，由于城镇化水平、人口、高铁建设的定位等因素的不同，我国高铁建设的发展模式与其他国家有着很大的差异性，因此，要在正确认知和深入分析我国高铁发展内在机制和城市自身的区位资源特征以及所

---

① 丁志刚，孙经纬 . 中西方高铁对城市影响的内在机制比较研究 [J]. 城市规划，2015（7）：25–29.

处的发展阶段等基础上，探索我国高速铁路影响下客站与城市空间互动发展的新特征，理性借鉴西方站域空间整体性发展方面的经验，才能在站点选择、功能配置、规划对策等方面做出正确的决策，为城市发展提供助力。因此，需要因地制宜，全面、综合地考虑多方面的因素，建立高速铁路站点与城市空间演化之间的良性互动关系[1]。

1.6 本章小结

大型交通设施是导致区域形态变化的关键性因素之一，国内外学者对站域空间演化以及客站与城市空间关系的研究足以证明，客站特别是大型铁路客站对城市发展的促进作用非常明显。在我国铁路客站站域作为一类新型城市化地区，已成为城市空间体系调整和完善的重要触媒，随着综合交通和轨道交通网络的日趋完善，将有助于站域空间的形成发展。同时，铁路客站站域在城市空间结构中所处的地位也决定了其重要性，因此，在快速城镇化背景下此类城市体的发展成败，将直接左右城市空间效能的发挥。

本章在客站及其周边地区日益成为新的城市功能生长点大背景下，对相关学说理论进行了系统的梳理与归纳，结合本书的研究方向可以得出以下结论：

1. 研究发展过程及趋势

随着我国城市化进程的推进，铁路客站的发展有了长足的进步，针对客站和站点地区的研究已经成为我国学界的热点，并进行了一些理论上的探索和思考。CNKI 知网显示，我国学界对"铁路客站""高铁"和"站点地区"的学术关注度基本呈逐年上升之势，尤其在 2003 年以后得到了快速发展（图 1-23）。近年，随着中国"高铁经济""高铁外交"的推进，大型铁路客站及其周边地区的发展获得了城市领导、规划师和交通专家的广泛关注。研究

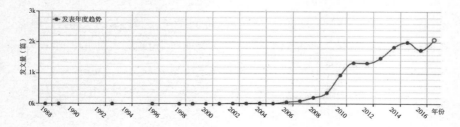

图 1-23 铁路客站站点地区的总体研究趋势

---

① 王缉宪，林辰辉. 高速铁路对城市空间演变的影响：基于中国特征的分析思路 [J]. 国际城市规划，2011，26（1）：16-23.

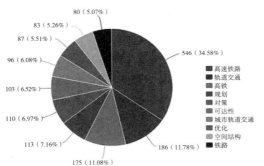

图 1-24　基于铁路客站站点地区研究关注重点分布

领域不断扩展，研究内容不断丰富，研究方法在原先定性分析的基础上加入了定量化的方法。然而，由于我国相关的研究起步较晚，和国外相比仍有一定差距。

2. 研究对象

不同学科背景的学者从多个角度对站域空间发展的课题就行了研究（图 1-24、图 1-25），为我国铁路客站站域空间发展提供了有益的借鉴，但总体来说，研究焦点主要集中在客站地区土地利用、空间结构和地区经济发展等方面，证明客站对土地利用的影响巨大，客站的建设将提升城市的客货流量，帮助城市的产业发展，从而对地区经济发展产生深刻的影响。具体到站域空间层面，在圈层式空间结构和土地利用方式上取得了比较一致的观点，由于客站地区在土地利用、功能布局、交通规划上都具有向外扩展的圈层空间结构特征。但对客站与其周边城市空间协同发展的条件、影响因素和协同发展策略研究较为匮乏，尤其是近来在"系统论"和"协同论"被广泛接受的大背景下，我们更应该对站域空间本体的发展进行综合研究，通过科学系统的研究方法，从而建构出站域空间发展的理论体系。

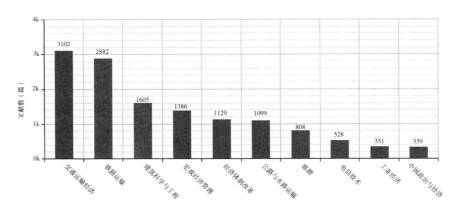

图 1-25　基于铁路客站站点地区研究的学科分布

3. 研究内容

当前关于客站与城市空间关系的研究从宏观到微观，既有研究主要集中在区域层面、城市层面和客站本体三个层面，研究的内容具有一定的深度和广度。区域层面主要探讨火车站与城市发展整合的机制，包括区域经济一体化、城市连绵带和城市圈的形成和发展，侧重于分析可达性和整合效益的区域范围；城市层面主要探讨客站作为新经济增长点与城镇发展的联系，以及客站与城市交通的整合，分析包括是否选择设站、建设时机、客站位置的选择、客站与其他交通设施之间的联系等；客站本体层面主要探讨客站的交通组织、内部功能空间整合、空间形态等方面。

从不同空间层次关注的内容来看，目前针对站域层面客站及其周边地区整合发展的研究较少，即宏观、微观居多，而中观层面较少，同时将三个层次放在一起进行综合研究的案例就更为稀少。其中王缉宪、王兰、姚涵等学者在这方面做出了有益探索，建立了高铁对城市空间影响研究的概念框架。王缉宪将高铁对于城市空间的影响分为：区域、城市、站域等三个层次，指出这三个层面相互影响，互为关联，例如属于中观层面的客站选址对微观层面客站场所功能的发展内容和潜力有着直接影响，其主要提出了高铁影响城市与区域空间发展的基本机理，为有关研究者和决策者提供一个起步点和分析框架。

王兰以京沪线为例，将研究的视角聚焦于京沪高铁沿线站点地区的相关城市规划问题，重点研究了与主城区之间的关系，探讨了高速铁路在三个层面发展产生的不同影响，根据理论确定重要的分析内容，并未致力于建立完整的分析研究，尚处于初级阶段。姚涵将高铁对其沿线城市空间发展影响分为三个层面。在区域层面，基于作用基础、作用机制、影响因素等方面搭建了高铁沿线区域空间发展研究的基础框架，在此基础上归纳出其主要特征与模式；在城市层面，基于高铁站点与城市空间之间的互动关系，搭建了高铁站点对其沿线城市空间影响的研究框架，在此基础上提炼出高铁沿线城市空间发展的新特征及典型模式；在站点地区层面，从功能构成与空间特征、空间构成要素、空间发展的影响因素等方面构建城市内部高铁站点地区空间发展机制研究的基础框架，提出了高铁站点地区空间发展的动态演变过程和空间发展的典型模式，揭示了区域、城市和站点地区三个空间尺度之间的相互联系、相互作用、相互制约的关系。

需要指出的是，这三个研究框架都在理论上提供了研究思路，但由于关注的都是高铁对城市空间的影响，焦点在于高铁新城发展的动力机制和形成过程等问题，而对其外在的引导（规划、管制、干预）机制涉及较少。因此，在此研究背景下，以铁路客站站域公共空间为研究对象，激发站域空间活力，促进站域空间的可持续发展，以期为类似地区的发展提供理论基础。

4. 研究方法

在研究方法上，西方学者大都采用定量的方法对高铁区域和城市空间发展之间的关系进行实证研究。国内早期多偏重实例分析、经验总结和国外相关理论的介绍和应用总结。近年，随着站区的逐渐建成和完善，有关沿线的实证分析逐渐增多，如袁博（2011）的《京广高速铁路沿线"高铁新城"空间发展模式及规划对策研究》，王兰（2014）的《高铁站点周边地区的发展与规划——基于京沪高铁的实证分析》，姚涵（2015）的《高速铁路影响下城市空间发展的特征、机制与典型模式——以京沪高速高铁为例》，史旭敏（2015）的《基于京沪高铁沿线高铁新城建设的调研和思考》，宋文杰（2016）的《基于节点—场所模型的高铁站点地区规划评价——以长三角地区为例》，许闻博、王兴平（2016）的《高铁站点地区空间开发特征研究——基于京沪高铁沿线案例的实证分析》等都通过沿线分析站域空间的发展特征。

国内在研究方法上，更多的还是停留在定性分析上，近年来也在研究高铁对经济的带动作用、高铁的可达性等问题上加入了定量分析的方法，总体而言，国内的研究方法多是追随西方发达国家，对于探索我国自身发展的时空背景下的站域空间发展理论仍然较为缺乏。另外，从研究者的专业分析，国外的研究者主要来自于经济学、地理学、城市规划、道路交通等学科领域。国内主要来自于城市规划、交通规划、建筑学、经济地理等专业，多局限于自身领域的探索，未能建立多学科的联系。而铁路客站站域空间的发展相对综合，不论是在理论研究，还是在实际建设过程中都需要在多学科交叉融合的框架下进行。因此，应以建筑学为主体，融合城市规划、交通规划、环境科学和社会科学等相关学科的多学科综合研究特点，弥补现有研究在理论性和系统性方面的不足，探寻大型铁路客站与城市空间的整合策略及其效率提升等相关问题。

5. 研究本土性

由于城市所处发展阶段的不同和形成机制的差异，我国大型铁路客站站域空间无论在功能定位上还是在空间形态上都与国外发达国家有较大的差异，因此，站域开发模式要根据城市自身的实际情况来决定，要在正确认知和深入分析我国高铁发展内在机制和城市自身的区位资源特征以及所处的发展阶段等基础上，探索我国客站与城市空间互动发展的新特征，理性借鉴西方站域空间整体性发展方面的经验，才能在站点选择、功能安排等规划对策方面做出正确的决策，为城市发展提供助力，不可盲目乐观地借鉴西方的经验促进我国城市发展。

总而言之，站域空间的建设是一个长期的、动态的发展过程，其规划实施的优劣需要放在一个很长的时间轴内才能较为客观的评价，更关键的是站域空间的建设往往都具有"单向不可逆"的特性，这就要求我们在规划建设之初就慎之又慎，如若草率行事造成"空城""鬼城"等问题，将对城市的发展造成极大的负面影响，且几乎无法纠正，这不得不引起对新时期高铁新区空间组织问题的反思。

第2章

大型铁路客站站域空间发展的主导现象与问题

通过对既往实践经验与相关理论研究，可以发现并不是所有的站点区域都能得到"强而大"的发展，究其本质，是因为高铁的引擎作用只是作为地区发展的众多外因因素之一，实现其作用必然需要将外因催化转化为内因动力。本章首先通过对国内外大型铁路客站站域空间演化过程的对比分析，了解国内外站域空间在城市发展中的发展历程和特点；其次，通过对我国站域空间发展过程中的问题总结和原因归纳，为后续的研究奠定基础；最后，基于以上研究分析我国站域空间整体性发展的可行性和适宜性。

2.1　国内外大型铁路客站站域空间发展历程与总体特征

2.1.1　国外铁路客站站域空间发展历程与城市角色变迁

1. 第一阶段：初始时期，简单站场上下车的场所

19 世纪 30 年代至 40 年代，铁路运输刚刚开始，该时期铁路客站还处于启蒙阶段，其功能单一，设计简单，仅仅有一个遮风避雨的站棚，客站的重点部位是站台。所谓车站只有单一的等候功能，站房、站场和站前广场三个构成要素均处于起始期，还未形成完整的客站系统。而且当时由于列车班次少，停站时间长，基本上不存在交通流线组织问题。站台及铁轨的覆盖设施就自然成为车站中最为重要的部分，同时也成为车站区别于其他建筑物的主要特征。代表建筑就是 1830 年建成的英国利物浦格劳恩车站。还有 1849 年建成的法国里昂车站，当时只是称为"里昂月台"，只有一座木制站屋。直到 1855 年，第二代站屋落成，这时才定名为里昂车站。

这一时期客站的发展因城市发展背景和规模不同而差异较大，伦敦、巴黎等欧洲城市都将铁路建于市郊，减少铁路对城市的干扰。而美国则在铁路客站的周边发展城市。

2. 第二阶段：象征性时期，作为"城市门户"促进城市扩展

19 世纪 50 年代到 20 世纪初，工业革命创造了新的城市，城市之间的交通成为新的需求，铁路客运量迅速增大。以英、美两国为代表，1890 年英国全国性铁路网已形成，路网总长达 32000km。美国到 1910 年路网总长达

37 万 km。在这一期间，美、英、法、德、意、比、西等国都形成了各自的铁路网，为西方发达国家的工业化奠定了基础。

这一时期铁路客站系统已经成形，日臻成熟。随着经济和技术的快速发展，钢和玻璃等新型材料的使用，大跨度覆盖站台和路轨的结构日益兴盛，这个时期的铁路客站形体庞大、投资惊人，客站明确划分为站房、广场和站台三部分，客站系统已经成熟。客站站房宏伟华丽，追求纪念性，成为当时"城市大门"，铁路建设史上称这一时期为"维多利亚时代"。这一时期的铁路客站代表作有英国伦敦维多利亚车站、德国法兰克福总站、德国汉堡中央火车站、英国滑铁卢车站、美国华盛顿总站等。

这一时期铁路客站作为城市的门户和交通中心，加快了城市的扩展：在区域层面，极大地促进了区域经济与社会的发展。城市与城市的联系越来越紧密，沿铁路形成了新兴的经济走廊，铁路促进了新城镇的产生。在城市发展层面，客站一般选址于城市边缘区，城市空间结构在客站这一引力中心的作用下产生了变形与重构：在客站与城市中心之间形成了新的城市发展轴，城市用地以新轴线为骨架迅速蔓延，原本位于城市边缘的客站逐渐融入城区，成为城区的一部分，客站周边区域的城市功能逐渐多样化，向城市商业服务中心区或城市新兴的居住社区演变，促进了城市空间的扩展。

3. 第三阶段：衰退时期，失去城市中心地位

20 世纪 20 年代到 50 年代初期，由于两次世界大战的影响，各国经济实力下降，铁路客运发展缓慢，战后初期，由于欧美各国经济稳定增长和汽车产业的迅猛发展，公路运输成为最主要的交通工具，短途客运被汽车运输取代，长途客运受航空运输排挤，加上高速公路的修建，以及乘客对效率和速度的追求，铁路客运发展进入低谷。铁路由于轨道的限制，甚至成为城市发展的障碍，随着高速公路客运和航空的发展，铁路在交通运输体系内的地位和比重不断下降，客站逐渐失去了昔日作为城市中心的地位。例如美国的铁路线总长度从 1916 年的 40.8 万 km 减少到了 2000 年的 23 万 km。

在这一阶段，虽然铁路客运发展本身面临来自公路和航空的竞争与挤压，但铁路在经济社会发展中的基础性作用仍然十分稳固。尤其在日本、欧洲等城镇发展较为集约的国家，大型的铁路客站运输能力与城市经济社会以及主导产业的发展指标正相关度很高，其对城市形态和功能的变迁也仍然发挥着一定的影响作用。例如日本，在全国客运总量中，铁路承担的客运份额约为 30%，美国承担了货运总量的 40%。

4. 第四阶段：复兴时期，由单纯的交通建筑向城市综合建筑体转变

直到 20 世纪 50 年代以后，客站逐渐提高效率，走向成熟发展期。这一

方面由于生产力的提高和城市繁荣，各国都将铁路运输业作为振兴经济发展的重要手段，改建和新建了大量铁路线，极大地提高了铁路的运输能力、列车接发频率以及正点率，减短了旅客在站内滞留时间；另一方面由于城市道路交通堵塞，铁路以其准点、高效、客运量大和污染小的特点再次受到人们的青睐。

　　在客站建设方面，交通节点功能和城市场所功能趋于平衡。客站建设更加注重效率和速度，在形象上摆脱了繁琐的装饰，向着简洁实用的方向发展；在空间设计上，趋于简化、通透和明快的流线处理方法，使得零碎的空间反而趋于整合，更富有交通建筑特征。这一时期候车厅逐渐萎缩甚至取消，取而代之的是一个多功能大厅，城市功能开始融入车站。客站成为集成各种丰富的城市功能如商业、餐饮、酒店、娱乐等为一体的综合设施，成为带动区域商业发展的动力，站域空间成为城市最具活力的场所。空间的整合极大地提高了客站空间的换乘效率和空间效能。而且，客站开始与城市其他交通工具整合发展，多种交通方式之间的衔接和便利换乘，使车站重新成为城市的交通中心。荷兰的鹿特丹总站就是这一时期的成熟作品。

5. 第五阶段：系统整合期，区域一体化发展成为城市再发展"引擎"

　　进入 20 世纪 70 年代以后，由于城市交通结构不断改变，加上能源、环境和交通问题的凸显，铁路特别是高速铁路，由于其运能大、速度快、能耗低、污染轻等特点，再次成为客运的主力军，人类迎来了第二次轨道交通时代。1964 年，世界第一条高速铁路日本东海道新干线的运营成功标志着铁路旅客运输新时代的来临。随后欧洲多个国家（法国（TGV）、英国（APT）、德国（ICE）等）修建了运营速度在 250~350km 的高速铁路。高速铁路在经济、社会、资源和环境的可持续发展上的巨大优势，使得铁路大发展的时代再次来临。高速发展的经济和快速流动的人口，使同城化成为明显的发展趋势。欧洲众多城市跨区域合作，一体化经济，而高铁便是城市之间的重要纽带。

　　在高速铁路网络化的浪潮下，大型铁路客站的发展再次成为关注的焦点，传统铁路客站已经不能适应新时代的需求。在客站层面，主要体现在以下几方面：一是客站与城市交通综合换乘接驳；二是客站各系统要素立体化设计；三是建筑功能由单一走向综合，与城市空间一体化趋势逐渐确立；四是高铁客站由于其通过的特征，内部空间呈现出极大的开放化[1]。在城市层面，客站被视为城市发展的"强力引擎"，除了是城市客流集散与转换中心，还是城市的生活中心。客站成为城市发展的触媒，诱导人口集聚，产业调整和土地升值，同时促进城市结构多中心发展，成为当前高铁站点地区建设的主要趋势[2]。

① 高璇，陈剑飞，梅洪元.当代高速铁路客站发展趋势浅析 [J]. 城市建筑，2010（4）：21–23.

② 杜恒.火车站枢纽地区路网结构研究 [D]. 北京：中国城市规划设计研究院，2008.

在区域层面，进一步扩展了既有城镇群分工和竞争的地域范围，为跨国城市群的协作发展起到了重要作用。一方面，加强了区域中心城市的集聚和辐射能力，原有区域中心在城镇体系中的经济总量得到了进一步加强；另一方面，高铁沿线的其他城市面临着新的挑战，加强沿线城市的专业化分工。这一时期具有代表性的铁路客站有法国巴黎火车北站、法国里昂站、日本京都站、日本东京新宿站、日本大阪铁路客运站、德国柏林中央火车站等。

2.1.2　我国铁路客站站域空间发展历程与城市角色变迁

我国铁路客站起步于 19 世纪晚期，经历了清朝、民国和中华人民共和国，迄今已有 130 多年的发展历程，其发展可以大致划分为五个阶段（表 2-1）。

国内铁路客站发展历程　　　　　　　　　　　　　　　　表2-1

阶段	发展时期	空间模式	站城关系	发展特点	典型客站
阶段 1	中华人民共和国成立之前	等候式	尽端式线侧式	简单站场、站房的线侧式布局。客站的规模小，功能简单，外观多装饰，造型主要沿袭西方，具有浓郁的西方折中主义特色	汉口大智门火车站天津火车站
阶段 2	中华人民共和国成立初期	等候式	线侧式	站房、站场、广场平面式布局。车站模式相对单一，由站前广场、站房和站场在平面上依次展开布置，候车空间划分为多种功能空间。多采取象征主义手法，以体现我国的形象	北京站广州站南京站
阶段 3	改革开放到 20 世纪末	等候式	线上式	站房、站场、广场局部立体化布局。由平面的线侧式向局部立体化发展，由单一的客运功能向多元综合的方向转变，出现了商业综合型铁路客站	上海站北京西站
阶段 4	世纪之交	等候式通过式	线上式	站房、站场、广场一体化的立体布局，与城市融合。将站房、站场和广场作为一个整体，综合解决问题，高架候车室和商业车站的模式得到广泛使用，向地面、地下和空中三维发展，立体组织车流和人流	杭州站
阶段 5	2003 年至今	等候式通过式	线上式	高铁时代的大型综合交通枢纽，客站引导新城发展。多种交通方式一体化整合，客站成为综合交通枢纽和城市发展的触媒，提出了"零换乘"的设计理念，立体化组织交通，"上进下出"成为普遍采用的形式	上海虹桥站北京南站上海南站南京南站

（来源：作者自绘）

1. 第一阶段：站房的线侧式布局，简单站场

中华人民共和国成立前的铁路客站，从第一条铁路上海吴淞铁路（1876年）通车至清政府垮台，清政府总共建成铁路 9100km。进入民国时期，国民党政府虽然制订了大规模发展计划，并设立铁道部统管全国铁路事业，但建成铁路并不多。自 1876 年吴淞铁路的出现，到 1949 年中华人民共和国成

立，在这 73 年之间中国大陆虽然已经建成 23500 多公里的铁路，但有近一半因受抗日战争和"内战"的破坏，处于瘫痪状态，能够维持通车的仅有约 11000 公里[①]。而且这一时期的铁路技术标准混乱、线路条件差、运输能力小。19 世纪末到 20 世纪 20 年代，我国铁路客站的规模小，功能简单，外观多装饰，造型主要沿袭西方，具有浓郁的西方折中主义特色。中华人民共和国成立前建设的典型火车站主要有汉口大智门火车站、天津火车站和哈尔滨老站等[②]。这一时期客站多为线侧式，承担的城市功能少，站域空间非常简单而且单一。

2. 第二阶段：站房、站场、广场平面式布局，单一的铁路作业场所

中华人民共和国成立初期，百废待兴，受当时国内生产水平与综合国力的限制，这一时期铁路客站的站房设计和基础设施发展相对缓慢，客站建筑设计强调安全管理。在客运量大和政治地位突出的大城市，将客运、货运设备分开，建设了专门用于旅客运输的独立旅客车站。车站模式相对单一，由站前广场、站房和站场在平面上依次展开布置，候车空间划分为多种功能空间（普通候车室、军人候车室、母婴候车室、贵宾候车室等），关注站房的候车功能。因等候式的客站很适应我国人口众多、客流量大、滞留现象时常发生的国情，所以得到了广泛应用，我国目前大部分的铁路客站都是等候式的。此时，大型和特大型的铁路客站多采取象征主义手法，以体现我国的形象，有深刻的时代烙印，有些客站甚至有浓郁的革命气息，传达出革命文化特征。这一时期设计上厉行节约，强调树立城市大门形象，注重客站的立面形象设计，代表性客站如北京站、南京站等。其中，作为中华人民共和国成立十周年的献礼，首都十大建筑之一的北京站最具有代表性。其平面规整，对称布局，建筑雄伟壮丽，具有浓郁民族风格，对我国后来的客站设计影响深远，确立了独立旅客车站的形象，被誉为我国铁路客站的开山之作。

这一时期的铁路客站与城市的关系相对简单，承担的城市功能相对较少，仅仅是铁路客运作业的一个场所，基本没有商业等城市空间。

3. 第三阶段：站房、站场、广场局部立体化布局，城市的门户

改革开放到 20 世纪末，国家为了适应市场和经济发展的需要，大力推动铁路建设。这一时期铁路客站建设在吸收了国外先进的设计理念后发生了很大的变化，主要的特征是客站布局由平面的线侧式向局部立体化发展，同时，参考西方和日本等发达国家商业车站的经验，客站内涵由单一的客运功能向多元综合的方向转变，出现了商业综合型铁路客站，体现出市场经济特征，但由于

---

① http://shengbuzhang.cctv.com/special/railway60/event/index.shtml
② 张娜. 新时期我国铁路客站建筑形态研究 [D]. 成都：西南交通大学，2008.

这种形式和当时我国的铁路运输特点不适应，并未达到预期的效果。最典型的是 1988 年建成的上海站，采用了"高架候车、南北开口"的全新布局方式。车站还设置了饭店、宾馆、商业网点、邮政等服务设施。这个时期的铁路客站多体量巨大，体现现代化建设①。这一阶段虽然大面积的候车室仍旧保留，但是出现了通过式的特征，站房架空在铁路线上，形成上进下出的流线模式。这一时期的典型客站有上海站、北京西站等。

这一时期，铁路客站借鉴发达国家的经验，成为"城市门户"，建筑造型受到了普遍重视，对地域文化的表现较为明显，在客站内部引入了商业服务，功能较为复杂，向功能综合方向发展。

4. 第四阶段：站房、站场、广场一体化的立体布局，与城市融合

世纪之交，由于经济的高速发展，客站也得到了长足发展。客站成为城市的综合交通枢纽，对多种城市交通工具进行一体化整合，并尝试从城市角度解决客站的问题，杭州城站是这一阶段最有代表性的客站。杭州城站设计者程泰宁院士认为："设计之所以摆脱不了旧的模式，不能满足功能需求，追根究源，往往是受了旧观念的束缚。"② 因此，杭州站设计从站城关系出发，对铁路与城市交通的联结与转换进行综合研究，将站房、广场和站场作为一个有机整体，立体集散人流，通过这种一体化设计，实现了"客流来如风去无踪"。

这一时期高架候车室和商业车站的模式得到广泛使用，在空间利用上，突破平面化的布局，开始向地面、地下和空中三维发展，将站房、站场和广场作为一个整体，立体组织车流和人流，综合解决客站与城市的问题；在功能上，向满足旅客多种需要的多功能综合方向发展，具有一定的市场经济特征；在造型上，注重城市文化的内涵表达；在站城关系上，趋于融合，整体思考区域的发展和功能衔接。

5. 第五阶段：高铁时代的大型综合交通枢纽，引导新城发展

2003 年至今，我国铁路进入了新的发展阶段，截至 2009 年底，我国客运专线已建成 8 条，在建 32 条③。预计 2020 年建成约 5 万 km 的快速铁路客运网，全面覆盖省会（除拉萨以外）以及 100 万以上人口的城市。随着铁路的快速建设，客站也得到了较快发展。截至 2009 年 11 月底，已建成铁路新客站 133 座④。

这一时期，客站在定位、内涵和功能特征等方面发生了较大改变。设计上，

---

① 百度. 上海站.http://baike.baidu.com/view/327287.htm

② 程泰宁. 重要的是观念——杭州铁路新客站创作后记 [J]. 建筑学报，2002（6）：10-15.

③ 8 条客运专线为：京津城际、石太、武广、温福、甬台温、胶济、合武、合宁。

④ 郑健. 中国铁路发展规划与建设实践 [J]. 城市交通，2010（1）：14-19.

客站普遍体量庞大，提出了"零换乘"的设计理念，立体化组织交通，注重客站与城市内外交通联系的便捷，形成了一体化联运，以及内部各种交通方式的高效换乘；布局上强调整体最优，立体化布局和"上进下出"成为普遍采用的形式；在城市层面，客站成为促进城市空间结构调整的重要触媒，多定位于城市新区和副中心，带动客站及其周边区域快速发展；在站域层面，客站带动周边土地的升值和快速发展，土地利用呈现出高密度、高强度的发展态势，产业业态日趋高端化，站域空间形象得到有效改善，形成了良好的城市门户特色空间。这一时期的典型客站有北京南站、上海南站、南京南站、杭州东站、上海虹桥站等。总之，这一时期铁路客站不仅是交通枢纽，还是城市发展的引擎，城市属性更为鲜明。

综上所述，将国外与我国的铁路客站发展历程进行对比，可以发现两者的共同点：其一，发展规律类似，都是从简单的站房逐渐演变成为复杂的综合体建筑；其二，都强调交通效率的提升，逐渐成为综合交通枢纽，形成内外交通的一体化联运；其三，都以客站的建设为契机带动城市空间发展。但由于国内外发展机制和城市发展阶段和特点的不同，客站发展过程也有较大的不同：首先，我国由于自己的国情，人口众多，季节性变化大，目前仍以等候式为主，处在等候式与通过式并存的阶段；其次，发达国家处于城镇化平稳期，城市的扩展转换为城市功能的调整和完善，客站及其周边区域发展较为成熟，客站的功能和空间都与周边城市空间得到了很好的融合，形成了一体化的发展趋势。

我国目前仍处于快速城镇化时期，由于管理模式和体制的限制，目前依旧处于客站的立体化发展阶段，站房大多孤立设置，客站与周边城市空间独立发展，未能形成与周边城市空间有效地互动。再者，与发达国家经过几十年的调整与完善不同，我国铁路客站几乎是爆发式的增长，加上城市大容量、快速交通的发展还处于初级阶段，短时间内难以形成完善的公共交通网络。

2.1.3　国内外站域空间发展的总体趋势与特征

总结世界主要城市的发展历程，可以将其空间结构的演化过程概括为"单中心—分散化—多中心—网络化"的过程，城市功能的空间布局也经历了"单一低端—功能专业化—高端复合化"的过程。客站也突破了界线，走向了站城共同发展的结构，其主要演化总体特征如下：

1. 站域空间结构演化：独立封闭——开放融合

客站作为开放性环节[①]，需要从城市层面考虑客站的职能设定，以更加开

---

① 韩冬青教授这样定义了环节建筑："环节建筑是指某些城市建筑并非是封闭自足的体系，而是作为其所处环境区段中的一个开放性环节，它除了完成自身特定的功能外，还以引入或接受城市职能并对它进行综合设计处理作为其主要职责。环节建筑与其所处的城市区段相互默契，不可分离。"

图 2-1　京都站综合体内部空间（上）
（a）京都站综合体内空间 1；
（b）京都站综合体内空间 2；
（c）京都站综合体内空间 3
（来源：https://www.meipian.
cn/2mfprc76、作者拍摄、
https://www.meipian.cn/27
gzpe56）

图 2-2　柏林中央站综合体内部空间（下）
（a）柏林中央站综合体内部空间 1；
（b）柏林中央站综合体内部空间 2；
（c）柏林中央站综合体内部空间 3
（来源：http://gubaf10.eastmoney.com/news,000507,857232093.html；https://you.ctrip.com/travels/zurich301/1952246.html；https://baike.baidu.com/item/%E6%9F%8F%E6%9E%97%E4%B8%AD%E5%A4%AE%E8%BD%A6%E7%AB%99/5815843）

放的姿态融入城市生活。传统铁路客站由于自身的封闭性，造成了城市结构的割裂。而随着经济的发展，大型铁路客站在整合城市资源方面的优势越来越明显，传统客站封闭的空间和漫长的等候过程已经越来越难以适应当代旅客的需求。在这种背景下，无论是站域空间还是客站本身都应该积极地吸纳更多的城市功能，从城市的角度考虑客站的发展，实现客站与周边区域功能的综合化与一体化。以日本京都站为例，城市综合体的设计，不仅考虑了交通与商业的关系，还从城市整体考虑内部功能的设置，服务于整个城市[1]（图 2-1）。再如德国柏林火车站，定位上不再是一个交通枢纽，而是从城市的需求将区域内的商业及办公融合在一起，塑造一个极富吸引力的城市公共空间（图 2-2）。

正如冯格康所说："车站是一个完全开放的公共建筑，任何人包括不是要乘坐火车的人都可以在任何时间进入车站。同时设立了一定的商业功能……，这会导致车站担负起更多的城市功能，成为城市的一个特殊的中心。"[2] 这种从城市需求出发，将城市功能引入客站，可以有效地构建城市的"内核"空间，成为区域的动力中心。作为环节建筑，车站同时具备建筑个体空间和城市公共

（a）　　　　　　　　　　　（b）　　　　　　　　　（c）

（a）　　　　　　　　　　　（b）　　　　　　　　　（c）

① 加尾章. 日本交通枢纽车站的特点与启示 [J]. 城市建筑，2014（2）：33-34.

② 麦哈德·冯－格康，于尔根·希尔默. 柏林中央火车站 [J]. 建筑学报，2009（4）：46-50.

空间的双重性质和归属，由乘客和市民共同使用，在功能上加强了车站与城市间的直接联系，同时也大大提升了空间使用效益。在这种互相渗透的空间体系中，等候、换乘、购物、娱乐、餐饮等得到了一体化的满足，一面是便捷、高效且充满生气的客站空间，另一面则是无限商机，使外化的效应得以内化。

2. 站域功能体系演化：单一低端——高端复合化

真正吸引人们前往的是城市本身，而非客站。站域空间活力的激发，依赖于紧凑的城市结构和功能的交混。为提升城市魅力，繁荣街区景象，客站周边的用地功能布局不应局限于单一用途，而应致力于推进办公、商业、酒店等多种生活服务设施的高度复合化，形成 7d24h 的连续活动，无论白天还是黑夜，工作日还是节假日，人们为各自不同的目的聚集至同一个地方即车站，形成可持续发展的繁华而热闹的街区[①]。

以日本新宿站为例，它不仅是世界上日均客流量最大的车站，也是日本商业文化活动中心。再如中国香港九龙交通，容积率达到 12.0，其中交通建筑面积仅为 6.3%，90% 以上都是和城市生活密切相关的功能。站域从单一的交通空间集散地演变成为交通空间、建筑空间、城市空间交叉融合的场所，使客站本身的功能完善和城市开发相互促进，不仅可以促进客站与城市的融合，而且可以形成具有吸引力的城市区域。功能的演化主要表现如下：

（1）功能的混合，实为站域空间土地的混合使用，使客站与周边城市空间形成功能之间的相互兼容补益的关系，实现功能的多样性。一方面，可以满足人们出行过程中的多样化需求，减少了单纯购物出行次数和纯粹候车的时间，充分发挥客站的综合效益。另一方面，也有利于吸引多样化人群的到访，提升地区魅力，保持地区的持续活力。功能单一的空间往往导致部分时间段内无法被使用，依据国内外客站对比分析，只有形成 24h 支持人们的各种需求的功能空间，才能使站域系统拥有持久的活力，这一策略已经成为国内外众多客站提升魅力和活力的基本策略。

（2）例如，日本的名古屋就是集交通、购物、娱乐、休憩、集会于一身的城市中心客站：地面层是一座主题公园，地下一层是主题广场可举办音乐会、展览等活动，地下二、三层是轨道交通线路，半地下层为公共交通车站，高层部分设置了商业、办公、旅馆等城市功能。在客站导入办公、商业、宾馆、住宅、娱乐文化、生活支援设施等高度复合的城市功能，有利于吸引多样化的人群到站访问，有利于创造出不分休息日、工作日，持续保持魅力和繁华的街区。

---

① 奥森清喜.实现亚洲城市的站城一体化开发对我国高铁新城建设的启示——展望城市开发联合轨道建设的未来 [J]. 西部人居环境学刊，2013（10）：85-89.

（3）功能的集聚，将办公、商业、娱乐、居住、文化艺术和公共服务设施等融合聚集在站点地区，在各时间段形成持续性的活动。考虑到与周边街区的连续性，通过在低层部分布局商业功能，将既有街区的繁华氛围也融入开发地段中。此外，通过有效利用"车站紧邻地块"这一地理位置上的便利性，开拓新的车站使用人群，有望促进繁华的城市核心的形成。与此同时，通过在上部各层布局娱乐文化设施与生活服务设施等功能，诱导持各自需求的人群的竖向移动流线，从而增添街区的繁华景象[①]。如京都站就是一座由旅馆、商业设施、表演场所、停车场地、城市广场等共同组成的城市综合体。

（4）功能的多样性。新型大型铁路客站拥有比原有城区更好的城市品质，加上交通的便利性，能够整合新建的和现有的建筑，即将交通功能与城市功能加以整合，形成多样性的城市功能组团，而多样性的城市功能会增加客站站区的城市活力。比如日本在通勤铁路上引入学校、研究院、博物馆等科研文化设施，以及奥特莱斯等城市商业设施，不仅可以完善站域的城市职能，使其融入城市，而且可以增加非通勤时间的客流。

（5）功能的圈层化。由于土地租金的差异和产业本身的特点需求，站域功能呈现出明显的圈层结构，后面的章节有详细的叙述，在此不再赘述。

功能的集聚与交叠使得站域空间具有较强的兼容性，功能间的整合，产生"整体大于部分之和"的系统效应。这种相互促进主要表现在三个方面：一是有利于促进站域的一体化发展，提高出行环境和效率；二是有利于实现零换乘，促进功能集聚。三是可以大大提高城市轨道交通和城市公共交通的利用率，反哺客站的发展，实现双赢。

3. 站域土地利用演化：孤立发展——一体化发展

客站由于其站房和铁路对城市的割裂，被众多研究者所诟病，也成为铁路被请出中心城区的重要原因。如何能有效利用客站站场及其周边的土地，达到高效利用土地的目的，是许多研究者共同思考的关键问题之一。通过客站与周边土地利用的一体化开发，使车站成为城市空间的一部分，从而真正融入城市，目前已经成为许多国家和地区的共同策略。正如罗斯（2007）所说："新车站实际已经开始融入城市肌理，铁路建筑的概念有消失的倾向。"

客站与周边土地利用的一体化，能够将客站与城市用地一体化设计、综合开发，减少各自独立建设所带来的隔离，建立交通空间与城市空间的联系，促进其相互融合，避免日后车站交通节点功能与站域城市功能的矛盾。从国内

---

① 奥森清喜. 实现亚洲城市的站城一体化开发对我国高铁新城建设的启示——展望城市开发联合轨道建设的未来 [J]. 西部人居环境学刊，2013（10）：85-89.

外经验来看，建设综合交通枢纽，并在此基础上进行站域的综合开发，这种策略得到了众多城市的拥簇。比较典型的如德国的斯图加特 21 世纪的改造计划、德国法兰克福火车站的改造规划、日本大阪站的改造计划、中国香港九龙站的改造等。斯图加特火车站改造计划最重要的措施就是将车站放到地下一层，将斯图加特东部和北部区域与城市连接成一个整体，并对置换出来的 100 多公顷的土地制定了整体的站点及周边土地利用计划，作为城市经济增长的重要区域。

大阪站作为日本关西地区最主要的交通枢纽，每日客流量高达 236 万人次，其特点是人流集散效率高，每日高效运转，在集散数百万以上的乘客的同时，探寻了一种多功能（商业、办公、文化、娱乐、住宅）的土地利用模式，形成了以车站为核心的集约化城市空间，加上众多领域的企业和制造商的集聚，建立了以环保、机器人技术、生命科学和计算机技术为主的"知识资本基地"，为站域的发展提供了增长的潜力和活力（图 2-3）。

可见，客站与周边土地资源的统一规划、一体化开发，可以引导城市产业结构与空间形态的发展，建立公共交通导向的城市土地利用形态，促进城市与客站间的良性互动，实现社会、经济、环境的协同发展。斯图加特将客站的开发放大到整个 $109hm^2$ 的范围，法兰克福中心火车站改造计划放大到两个约 $70hm^2$ 的区域，大阪站放大到关西革新国际战略综合特区来制定站域的土地利用规划，均都从更宏观的城市视角来研究车站区域的发展问题，促进站城融合，给我国站域空间的发展提供了参考和借鉴。

4. 站域环境体系演化：城市门户——城市生活中心

客站作为城市门户，是城市"意象"得以构成的重要渠道。良好的城市整体环境塑造，可以增加站域的特色和吸引力，为城市发展增添活力。我国部分城市往往过于强调城市门户和国际化大都市的形象，盲目追求宏伟形象，兴建大体量站房和"非人性"大广场、大轴线，既降低了换乘效率也增加了建设投入，得不偿失。因此，客站的建设应该是以功能完善为根本，有机联系客站

图 2-3 大阪站城内空间
（a）大阪站城内空间 1；
（b）大阪站城内空间 2；
（c）大阪站城内空间 3
（来源：https://///www.zhihu.com/question/26927830/answer/34618548；https://you.ctrip.com/destinationsite/traffic/osaka293/h13515597-dianping.html；https://www.bilibili.com/read/cv3087754/）

（a）

（b）

（c）

与周边城市空间，形成整体环境展示城市门户的风貌，达到客站与周边城市环境的契合，进而充分发挥其自身积极的社会效益 ①。客站作为标志性环节，除了在外部形态上具有突出的形体特征外，更注重外部和内部空间的整体设计，客站与其他商业建筑及其围合的广场有机结合。客站的标志性概念，注重的不再只是一幢单个建筑的造型，而是扩大到区域环境，追求整体设计，追求地段群体景观的地标性。

（1）重视城市固有的历史和地域特征。如杭州城站形象设计从城市的地域特质和文化内涵入手，创造出与杭州城市气质相契合的建筑风格。正如设计人程泰宁院士所说："我想，杭州的大门，无需追求金碧辉煌的气派，无需追求高技派在形式上的张扬。我们所追求的是富于书卷气息的文化品位，而且希望能找到它和杭州建筑传统的内在联系……我想传达的是一种朴素、典雅而又

不失精致的文化品位，使杭州的大门能与其他城市的大门明显地区别开来。"车站也因此成为新的城市中心，成为当时杭州市的时代标志（图 2-4）。另外，具有象征性的城市场景设计和引导，将会大大提升城市品牌形象的塑造。

图 2-4　杭州城站
（来源：中联筑境建筑设计有限公司提供）

（2）将车站的大空间作为地区的标志进行塑造。这一点在我国的车站设计中表现的比较明显，武汉站中部近 50m 高的巨大中庭，气势恢宏，中空大厅中可以看到站台的布置，宏大的空间感受将给旅客带来震撼 ②。有魅力的车站形象，对于打造城市的品牌能起到积极的作用。

（3）将轨道交通和人的动态可视化作为重要的空间特征。比如横滨未来港站，其设计理念是"巨大的城市地下管道空间《船》的跃动"，将车站与街区的连续性作为空间上的表现重点，在全部的地下空间设置了能够观察到交通活动和城市活动的可视化装置，这里不只是一个具有等待乘坐轨道交通的普通车站，还是一个能够给车站使用者带来轻松愉快感的未来型车站。另外，客站还设置了纵向延伸的车站核，暴露在皇后购物中心上方，使得在市区的步行者和在皇后购物中心的步行者都能很容易地辨认车站。4 层动态的自动扶梯和站

①　顾汝飞 . 铁路客站"城市门户"形象塑造探析 [J]. 苏州科技学院学报，2012（2）：71–75.

②　盛晖 . 武汉火车站现代化交通枢纽综合体 [J]. 时代建筑，2009（9）：54–59.

台通顶的空间非常有特色，给通过这里的人们留下了非常深刻的印象，被认为是城市形象的代表（图2-5）。

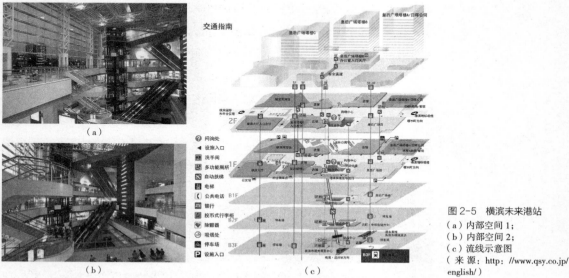

图2-5 横滨未来港站
（a）内部空间1；
（b）内部空间2；
（c）流线示意图
（来源：http://www.qsy.co.jp/english/）

（4）彰显城市活力的舞台。例如京都站，设计师将客站作为构筑城市生活的场所，正如原广司所说："我想建一个这样的公共广场，人们可以从这里到各种各样的场所去，而且还可以到达不同高度的场所中。这里虽然是车站，但也是城市的一部分，是一个能让人体验空中城市的地方。"①

总的来说，客站不仅仅是城市的门户，也是城市的生活中心。车站空间形象的塑造、车站内商业设施的配置、舒适空间建设、车站相邻地区文化设施的导入等都有助于客站的公共性、文化性的提升。

2.2 我国大型铁路客站与城市空间协同发展的问题总结

从发达国家站点地区的发展经验可以看出，区域一体化，客站与城市协同发展是实现站点地区与城市空间发展双赢的关键。我国由于高铁新区刚刚起步，处于初始阶段，虽然发展较快，但整体面临的问题比较多，因此，这一目标的实现，需要从土地利用、空间形态、交通组织、功能配置等层面牢扣客站与城市空间的发展趋势和需求。

---

① [日]彰国社.新京都站[M].郭晓明，译.北京：中国建筑工业出版社，2003.

2.2.1　我国站域空间建设现状对比分析

目前，虽然我国的高铁发展速度和线路长度在全世界领先，但是在站域空间规划建设上与发达地区的公共交通导向开发的模式（TOD），尤其是与日本以及欧洲发达地区相比仍存在一定差距，更多地表现出了交通毗邻开发的状况（TAD）。国际经验表明，土地开发和交通站点的综合规划设计是形成以公交为导向的发展模式的决定性因素，这也是 TOD 最基本的原则和特征。TAD 作为 TOD 的孪生兄弟，具有 TOD 的形态，但却不具有 TOD 的一切特征。其突出表现为：一是私家车拥有量高；二是出行时间长；三是慢行交通比率低；四是外部价值没有内部化，站点建设带来的外部效益未能反馈交通设施建设；五是土地开发形式单一。

究其原因，主要是由于缺少对站域的整合设计和过分追求站点附近土地开发的商业价值。这种开发模式仅利用了轨道交通建设对土地开发的导向性效应，而失去了高强度的土地开发对公共交通的回馈性支持。在我国，很多随高铁建设而繁荣起来的客站附近开发多是 TAD，除了体制和城市发展阶段的因素，其根本原因则是缺乏对站点附近土地开发利用的整体性考虑（表 2-2、图 2-6）。由于所处区位不同站域所面临的问题也有较大差异，因此本章节将从不同的区位分别加以论述。

TAD与TOD两种模式区别　　　　　　　　　　表2-2

	TAD（Transit Adjacent Development）	TOD（Transit Oriented Development）
共同点	公共交通站点附近的高强度开发	
概念	公共交通站点毗邻型城市开发，贴临公共交通站点，高密度、高强度开发但在功能上缺乏与公共交通站点相协调的开发模式	公共交通导向型城市开发，以公共交通站点为核心，通过站点与土地开发的整体性考虑，将多种功能性质的用地紧凑布局
不同点	客站与周边区域孤立建设，未能有效提高公共交通使用，周边区域的开发仅仅利用了轨道交通站点的区位，而忽视了站域内站点建设与土地开发利用的整合发展	微观层面，在步行范围内建立以客站为核心高强度、混合利用的土地开发模式，强调多元综合的城市功能融合；在宏观层面建立站点与沿线土地的一体化利用，促进公共交通出行和促进土地的集约化利用
结果	单向不平衡的客流量，私家车拥有量高，出行时间长，慢行交通比率低	公共交通出行，私家车出行比例降低，慢性交通比率高
原因	过分追求商业利益，缺乏对站点地区土地开发的整体考虑，站点与周边地块和物业孤立发展。站域开发仅利用了客站建设对土地开发的催化效应，而未能形成土地开发利用对客站的回馈性支持	以公共交通站点为核心，将车站与周边物业作为一个整体，进行整合的城市设计和建筑布局优化，强调功能的优化整合、各种交通方式无缝衔接、动线的合理安排等

（来源：作者自绘）

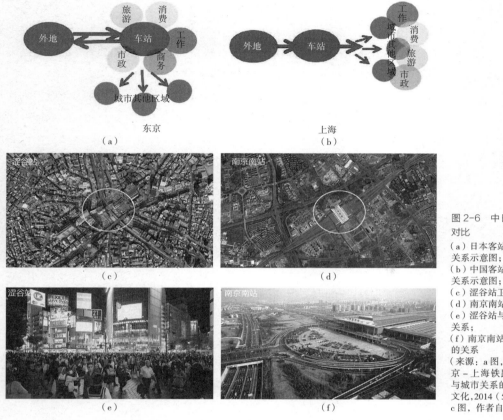

图2-6 中日典型站域空间对比
（a）日本客站与城市功能区的关系示意图；
（b）中国客站与城市功能区的关系示意图；
（c）涩谷站卫星图；
（d）南京南站卫星图；
（e）涩谷站与周边城市空间的关系；
（f）南京南站与周边城市空间的关系
（来源：a图，林哲涵、杨萌.东京-上海铁路车站区域及其与城市关系的比较[J].建筑与文化,2014（5）：126-127；b、c图，作者自摄）

2.2.2 制约城市中心区客站站域空间发展的问题

1. 土地利用：空间受限，土地利用零散，资源缺乏整合

中心区的客站多利用传统铁路客站改造升级成为新型交通枢纽，客站地区腹地小，周边已有的大规模建筑和城市路网限制了用地扩展，面对客站规模扩大和城市交通容量的增加难以满足新要求。例如上海站，铁路客站1987年建成后，以其为中心向周边发展，形成了城市的商业中心，客站周边被大量的旅馆、商场、餐饮等服务建筑环绕，且多为高层和大体量建筑，严重限制了用地扩展，新机遇带来新契机，无法在土地利用上得到体现，利用效率低下。作为城市区域门户，站域整体环境不相匹配。

中心区在长期的发展过程中，由于土地权属不同和各自为政，站域开发始终缺乏统一的整合，而呈现出碎片化特征。另外，用地类型与高铁产业不符，根据调研发现，中心区客站周边用地通常都是低端的批发市场、小型旅馆和餐饮，以及居住和仓储等用地。再者，城市中心用地流转缓慢，更新难度大，已

经形成的低强度、低品质的开发区域难以调整，致使土地本身最佳的交通区位并没有得到很好体现。

2. 空间形态：客站对城市形成了割裂，单面发展特征明显

传统铁路客站多采用平面式布局，铁路客站的建设和铁路线路在城市穿越，致使城市空间被割裂成两个区域，甚至多个区域，而各区域之间无论是空间还是交通联系都极不方便，严重阻碍了城市系统的整体发展。成都、郑州、锦州等地由于铁路对城市的分割和铁路配套设施的修建，占用大量的城市用地，形成了"铁半城"。之后部分铁路客站建设虽采用了一些高架候车、双向进站的方式，以期解决客站建设与城市发展的矛盾，但是，由于封闭的管理模式和资金等方面因素的影响，并未能解决问题。如合肥站，客站三段式平面布局，广场、站房、站场依次排开，旅客集散与城市交通疏解都在站前广场，站区自身交通与城市交通、人流与车流交叉，严重影响了换乘效率。另外，客站南边由于与主城区接近，周边发展较快，大量的批发市场在此集聚，增加了站域的混乱，北面由于铁路的割裂，发展迟缓。

新型客站主要通过匝道和高架平台以及地下空间等设施使旅客上进下出以此解决交通问题。由于匝道和高架平台环绕，加上严格的进出站管理体制，客站与周边的城市空间、功能和景观均处于相互隔离的状态，空间完全是封闭的，客站与周边区域难以建立有效联系，无法真正地融合到城市功能里，从而成为"独立王国"。另外，由于目前过于强调汽车的通行和步行系统的缺失，客站与城市在空间上的完全割裂，导致车站周边的土地使用功能及开发强度无法适应车站地区的高强度开发需求。

而国外发达国家的经验说明，只有将市民吸引进铁路客运站片区，客站才能真正成为城市的生活中心，从而推动站域的新兴或者复兴。对新客站建设的巨大投入，其目标不是一个自我满足的一站式服务的客站，而是期望其作为城市触媒，带动其周边城市片区的协同发展，这需要通过土地利用、空间形态、交通组织、功能配置等多方面因素与城市空间因素共同作用，使其具备促进客站及其周边地区整体建设的可能性。

3. 交通组织：综合交通体系缺失，人车混行，交通秩序混乱

传统客站地区以平面流线和交通方式为主，人车混行，往往导致站前区域混乱。我国现今的城市中心区交通负担极大，加上客站人流和交通流的叠加，给城市带来极重的负担，主要矛盾如下：

（1）客站两侧城市道路网络不完整。早期客站基本采用地面疏解的方式，因此，铁路线常常将城市道路隔断，导致站域空间道路网络不完整，加剧了站域交通组织的复杂性。

（2）换乘点缺乏统一规划，平面化组织流线，人车混杂。多种交通设施散布于客站周边，未能有机整合，各个交通设施之间依靠地面联系，且需要通过穿越繁忙的交通线路进行换乘和疏散，交混的人流大大降低了通行效率。

（3）道路网密度和宽度受限，交通不畅。除了路网密度低和机动车快速发展的原因之外，道路本身结构不合理和路面宽度受限也是导致中心区交通不畅的重要原因。

（4）步行系统缺乏，出行效率低。从发达国家的发展经验来看，步行系统对于中心区铁路客站区域具有重要意义，通过地上、地面、地下部分三者的结合使得各空间层通过垂直交通联系得更加紧密，交通组织顺畅，出行效率得以提高，但我国客站周边的步行网络普遍欠缺，人车混行，交通效率低。

4. 产业结构：定位低端，结构不合理，急需调整

中心区客站功能类型配备不完善，功能配比不恰当。高铁带来了客流人群在组成与需求方面的巨大改变，而目前大部分中心区客站周边区域服务设施定位依然较低端，根据调研，主要为低端旅馆、餐饮和商贸，未能与高铁的商务人群在功能配置上形成联动，因而虽然高铁站得以建成，但站域空间的整体性提升并不明显。比较典型的如北京南站和上海火车站。上海火车站站域商圈目前还是以中低端业态为主，无法满足高铁商务人群的需求。加上乘客在功能区之间转换依靠地面交通，周边道路交通负担重，换乘的不便也消减了高铁的便利性。

2.2.3 制约城市边缘区客站站域空间发展的问题

1. 高铁驱动下站点地区建设规模过大

在快速城镇化和高铁快速建设这一大背景下，城市扩张的诉求明显，高铁的到来，给城市带来了新契机，有利于实现城市空间结构从"单中心"向"多中心"的演变，而郊区由于土地成本低，可拓展空间大，土地升值潜力大，有利于高铁、客站以及各项公共配套设施建设，成为我国客站选址的首选之地。而且各级政府都将高铁作为城市发展和产业调整的重要机遇，倾尽全力打造，以期形成带动城市发展的"引擎"，进而导致了城市边缘区站点地区定位过高和建设规模过大。

肖池伟（2016）通过对京沪、京广、沪昆、徐兰高铁专线的 71 个站点进行梳理，发现 49 个案例城市的城市面积扩张 56.82%，城市人口增长 15.13%，土地扩张是人口增长的 3.76 倍，城市土地扩张速度明显快于人口增长速度[①]。以京沪线为例，沿线 24 个站点中有 16 个规划了大尺度的高铁新

---

① 肖池伟，刘影，李鹏，等.基于城市空间扩张与人口增长协调性的高铁新城研究[J].自然资源学报，2016（9）：1441-1451.

城或新区，其中锡东新城规划面积 125 km^2、德州高铁新区 56 km^2、济南西部新城 55 km^2，达到了主城区的三分之一以上的规划面积，规模宏伟[①]。混淆了高铁催化区域和城市需求之间的关系，盲目把城市发展需求叠加在了高铁之上，远超高铁催化的范围，有导致"鬼城"和空城的危险。

2. 高铁驱动下站点地区建设定位过高与重复

在高铁站点地区的规划中，其通常被作为城市功能的增长极，在政府力、市场力和社会力的推动下，突破常规范式，直接定位于产业高端的新城区。在京沪线有 12 个站点地区定位于城市副中心和新城区，占 50%。以

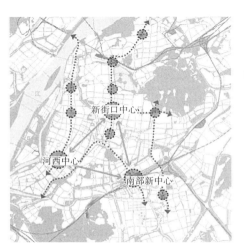

南京南站为例，核心区 30 km^2，新城规划面积为 184 km^2，定位为"南京新都心，三大中心之一"（图 2-7）。客站不仅被赋予催化区域发展的期望，还被寄予了促进城市结构调整的职能[②]。另外，站点地区普遍存在着功能定位重复和雷同。京沪线多数站点都将交通枢纽、商务、办公、金融、商贸和服务作为新城最主要的功能类型。而功能雷同化必然带来城市竞争力过剩，后续发展途径狭窄[②]。

图 2-7　南京市三大中心
（来源：南京南部新城区核心区规划整合及总体城市设计，东南大学，2010）

3. 产业基础薄弱，可持续发展动力不足

国际经验表明有产业支撑的站点，其发展速度会明显快于一般的城市片区。高铁和客站的建设，必然会影响沿线城市土地利用。但这种影响除了考虑高铁的催化效应之外，更多的要考虑城市自身的发展条件，比如站点区位，城市产业基础和所处的发展阶段。站域空间产业的形成需要通过各种途径吸引更大区域范围内的产业，形成内在发展动力。我国目前高铁站域的建设中，过于强调服务功能，忽视了产业支撑功能，有城无产，致使站域可持续发展能力差。

通过对我国高铁站区的抽样调查发现，市场、酒店、办公和居住四种功能业态成为主要类型，所占比例平均值分别为 7.71%、6.95%、25.27% 和 56.17%，尤其昆山站站区近 95% 的新开发建筑都为居住建筑，另外天津站、无锡站、上海站站区开发的居住类型建筑面积占比均超过 50%，是典型的以

① 于涛，等 . 高铁驱动中国城市郊区化的特征与机制研究 [J]. 地理科学，2012，32（9）：1041–1046.
② 史官清 . 我国高铁新城的使命缺失与建设建议 [J]. 城市发展研究，2014，21（10）：1–5.

房地产开发为主的站区发展模式 ^①，而有城无产，无疑增加了站域可持续发展的风险。

2.2.4 制约城市远郊区客站站域空间发展的问题

1. 过远的空间距离对站区发展的阻隔

站区的发展，既要与区域发展相协调，还要防止过远的区位对站域发展产生的阻隔效应。我国中小城市的站点大多数位于城市远郊，周边配套薄弱，与建成区距离远，根据调研，中小城市站点离城普遍在 10km 左右，远的达到 30km。而大城市的站区与中心区的距离均超过 12km，有的甚至达到了 20km 以上 ^②。

以长三角为例，截至 2011 年底，16 市中共有高铁站点 46 个，其中新建站点 32 个。新建站点中仅苏州站、昆山南站和宁波东站位于主城内部，其余 29 个站点全部位于城市边缘或外围 ^③。而这种将客站"请"到城外，短期内回避了矛盾，实则缺乏远见，导致日后乘客上下车和换乘困难，在城市内部前往高铁站点的时间甚至超过了高铁缩短的时间，增加了旅客出行成本，降低了铁路的竞争力。另外，由于客站脱离了与主城区的联系，站域空间的发展也更为孤立，受损的不仅是乘客，还有铁路和城市的长远利益，对站域发展形成了阻碍。

2. 与城市总体规划不协调，与城市整体空间拓展缺乏紧密结合

由于站点规划没纳入城市总体规划，远郊选址的站域空间与城市总体布局难以协调，与主城空间缺乏紧密联系，如距主城约 20km 的宿州高铁站，根据规划主要发展商务、旅游和物流产业，将打造成为宿州的城市副中心。一方面高铁新城与城市原有呈现南北带状轴向发展的"一城三区"的发展轴不符，另一方面由于过远的距离，导致站域破坏了城市原本的发展脉络，而过多的可发展空间又使城市空间难以得到集中高效的利用，进而导致投入巨大但效果并不显著，可持续性亦受到质疑（图 2-8）。

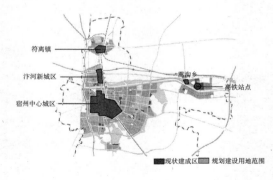

图 2-8 宿州高铁站的选址
（来源：于涛，等 . 高铁驱动中国城市郊区化的特征与机制研究 [J]. 地理科学，2012，32（9）: 1041–1046）

---

① 林辰辉，马璇 . 中国高铁枢纽站区开发的功能类型与模式 [J]. 城市交通，2012，10（5）: 41–49.

② 李传成 . 基于可达性的中国高铁新区发展策略研究 [J]. 铁道经济研究，2015（5）: 8–34.

③ 殷铭 . 站点地区开发与城市空间的协同发展 [J]. 国际城市规划，2013（3）: 70–77.

3. 城市基础薄弱，需要更大的前期投入和机制保障

由于距离中心城区较远，站点地区的发展几乎兴建于荒地，基础设施严重缺乏，限制了站点地区的快速发展，而人口集聚、产业培育、城市功能形成需要较长培育时间，因此，其发展需要较大的财力、物力以及保障政策来推进。宿州站，由于过远的区位造成了站与城的联系薄弱，加上城市有限的财政难以支撑新城发展，影响了站点地区的正常发展。泰安站，基础设施预计总投资 37.5 亿元，大都来自借款和政府财政补贴，且尚有 4 亿元资金缺口①。因此，对于远郊区站点地区的开发来讲，尤其是中小城市，只有进一步拓宽资金来源渠道，加强土地市场化运营，才能够减少新区建设初期对政府财政的依赖，保障新区基础设施和公共设施建设顺利进行。

4. 车站区位偏远，难以充分利用城区既有公交网络资源

铁路客站往往是频繁换乘的地区，对交通网络要求较高。但选址在城市远郊的客站，由于位置偏远，往往没有轨道交通与客站联系，人流疏散主要通过公交和小汽车来解决，但由于距离中心区较远，给乘客带来了极大的不便，降低了换乘效率。在缺乏地铁这样的大容量城市轨道交通的支撑下，地面机动化交通往往更为复杂和混乱，再加上平面化的交通组织，使得站域地区的交通组织一直是地方管理者的难题。高铁的到来会导致周边区域的发展，带来多种客流的叠加，站域的发展更加依赖公共交通网络的完善。而偏远地区本身与主城的连接就是一个问题，加上网络不完善，不利的交通环境也限制了区域的发展。以定远站为例，主城与站点之间少量的班车连接，致使客站成为城市交通不利区域，这也必然限制了站域的发展，而难以发挥高铁的催化效应。

2.3　限制我国大型铁路客站站域空间整体性发展的原因

根据 Stone 创建的"城市政体理论"（Urban Regime Theory），政府、市场和社会构成影响城市空间发展的三大主体，进而形成推动城市空间发展演化的 3 种基本力量，即政府力、市场力和社会力②。在高铁新城的发展过程中，分权化改革给予了地方政府独立发展经济的内在动力与利益诉求，市场化改革则迫使政府需借助与企业的合作才能更有效地干预市场，从而形成以政府为主导的增长联盟，因此，在中国特色的政治经济体制及其独特复杂转型背景下，政府、市场与社会博弈的结果将决定高铁新城的发展效益③。

---

① 史旭敏 . 基于京沪高铁沿线高铁新城建设的调研和思考 [M]// 中国城市规划学会 . 新常态：传承与变革——2015 中国城市规划年会论文集 . 北京：中国建筑工业出版社，2015：201–209.
② 张庭伟 .1990 年代中国城市空间结构的变化及其动力机制 [J]. 城市规划，2001，25（7）：7–14.
③ 于涛，等 . 高铁驱动中国城市郊区化的特征与机制研究 [J]. 地理科学，2012，32（9）：1041–1046.

2.3.1 政府强势主导下的快速郊区化进程

中国高铁发展走了一条与国外不同的道路，基本放弃了国外将高铁作为城市复兴和再发展的城市触媒的道路，而选择了选址于城市郊区促进城市结构调整的道路。这既是城市快速扩张的内在需求与高铁催化效应耦合的结果，也是我国快速城镇化和高铁大规模建设这一宏观背景下的必然结果。从高铁发展的技术角度看，选址于郊区有利于选线平直，保证速度，而且可以减少轨道建设的拆迁量，可有效降低造价和成本。另外，从区域发展来看，随着城市快速发展，单中心城市发展面临巨大的压力，结构急需调整，高铁和新客站的建设成为城市结构调整的重要契机。再者，选择城市郊区，除了拥有大量可开发用地之外，还有利于降低新城建设投入成本和获取土地升值等外部效益，从而有利于城市基础设施建设和城市框架的快速形成[1]。

在这样的背景下，政府成为高铁新城建设的主导者和操作者，往往将新的客站作为吸引投资和重塑城市形象的关键要素而广泛营销；同时，高铁站作为城市的巨大投资项目，其建设的触媒效应会对城市郊区化进程有较大影响。因此，政府做为公共管理的操作者，为了获取高铁带来的经济和政治利益，通过相关法律法规的制定来干预和调控城市资源，实现其内在需求[2]。

2.3.2 出于成本和收益衡量，中小城市话语权的缺乏

从成本和收益的角度考虑，目前我国客站选址主要考虑的依然是客流量，这也是与客站的主要功能相对应的。从客流量的角度来看，大城市往往客流量较大，因此，为保证选址中贴近城市而牺牲速度具有较大的合理性。而中小城市则难以兼顾，往往选址于远郊区，总体来说，更多兼顾了大城市的发展需求而较少考虑中小城市需求。另外，中小城市由于城市等级低，中国国家铁路集团有限公司往往处于强势地位，因此在选址的过程中话语权较低。再者，在中小城市的设站上，由于政府看到了高铁对经济和产业发展的催化作用，往往抱着"但求所有，不管远近"的态度，这也是导致客站选址偏远的重要原因。

以京沪线为例，其选址就表现出了大城市选址于城市边缘，中小城市选址远郊化的趋势。其根本原因就是在中国等级化的行政体制和城镇体系格局下，大城市与中心城市话语权的不同（图2-9），大城市往往可以通过行政等

---

① 郭宁宁，官明月.不同城市规模等级下高铁新城发展状况和机制研究——以南京和宿州为例 [M]// 中国城市规划学会.规划 60 年：成就与挑战——2016 中国城市规划年会论文集.北京：中国建筑工业出版社，2016：1085–1094.

② 于涛，等.高铁驱动中国城市郊区化的特征与机制研究 [J].地理科学，2012，32（9）：1041–1046.

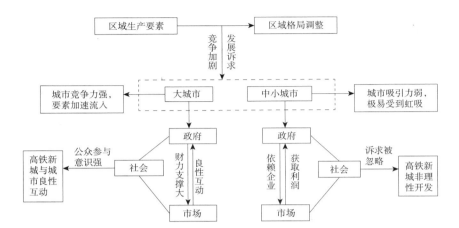

图 2-9　城市规模等级对于高铁新城及站域空间的影响机制
（来源：郭宁宁，官明月.不同城市规模等级下高铁新城发展状况和机制研究——以南京和宿州为例 [M]// 中国城市规划学会.规划 60 年：成就与挑战——2016 中国城市规划年会论文集.北京：中国建筑工业出版社，2016：1085–1094）

手段使站点更加契合主城空间发展的实际需求，更主动的利用站点建设促进城市产业和结构调整，实现城市从"单中心"向"多中心"结构演进。相对来说，中小城市客站的建设与城市的发展往往会出现错位的现象，甚至出现"被郊区化"现象，导致城市发展无序蔓延，如前文提到的宿州站，新站点设置与城市空间发展趋势不符，导致了城市空间结构混乱和无序蔓延。

2.3.3　铁路客站站区建设投资、运营管理体制的复杂性

站点地区发展机制的复杂性也是我国站域整体效益难以发挥的重要原因。在我国，站域建设往往涉及多个政府和行业管理部门，而各部门相互独立，各自为政，缺乏统一整合机构，这种"条块分割"往往导致信息不对等、换乘效率低等问题。以交通为例，在站域空间建设上会涉及地铁、公交、长途、出租车、私家车等多种交通工具的场地建设，而这些场地往往属于不用的城市用地性质和管理主体，长途客运站由交通运输部门管辖，地铁由地铁集团（公司）管辖，铁路站场建筑上盖投影范围内归铁路部门管辖，建设时不同的主体往往由于缺乏统一的协调机制而难以整合。这种非整合不但导致了规划设计难以统一，也给建设管理以及运营管理加大了难度。而且站域开发建设的主体错综复杂，各部门在追求自身利益最大化的过程中，高效换乘往往都难以形成，更勿谈站域的整体性开发了。

如高铁立项及审批由国家发改委主管；线路规划和站房选址由地方政府和铁路部门共同决定，其建设和管理则由铁路部门负责；站前广场及地下空间为地方园林部门与铁路部门合资建设；城市道路、地铁轻轨等由城市交通部门负责；站点周边地区一级开发由地方政府（多为政府投资平台，如交通平台或城建平台）为主进行，在特殊情况下，也有开发商直接涉足一级开发的案例；

站点周边地区的二级开发则由开发商为主进行（图 2-10）[①]。多个主体之间往往难以协调而导致重复建设和效率低下。另外，站点地区垂直空间的利用同样存在这种障碍，如铁路用地、城市广场用地和商业用地等，空间边界明确，不同类型的用地只能用于相应的类别，功能相互独立，难以形成综合开发的整合机制。

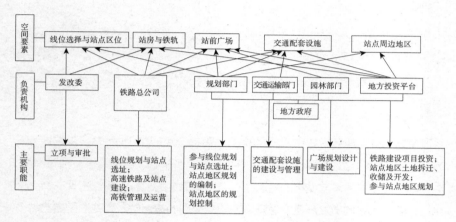

图 2-10　站域开发中的空间要素、负责机构及其主要职能示意
（来源：殷铭.站点地区开发与城市空间的协同发展 [J]. 国际城市规划，2013（6）：70-77）

2.3.4　城市发展阶段的不确定性和发展模式的过渡竞争性

　　站域空间的发展需要与城市空间发展趋势相契合，但我国当前城市空间的发展面临大量的不确定性，这主要是城市空间快速扩张和城市人口急剧膨胀导致的城市空间发展的不确定性，以及外部机遇带来的不确定性，比如高铁的快速发展，再者城市发展决策者和规划师对城市发展规律和机制的认识不够，也增加这种不确定性。站域的发展同样会面临这些不确定因素，而多种不确定性因素的叠加也会导致站城难以协同发展。

　　另外，当前过度竞争的发展模式却对我国站域空间整体性发展产生制约。由前文我们知道"我国蓬勃的经济发展和城镇化运动反映了转型经济中'地方发展型政府'的深刻烙印"。发展型政府模式使得地方政府从市场规制力量变为城市开发市场中具有自身利益的参与者，形成各级地方政府为核心的发展型政府模式 [①]。在站域的发展中，各级政府都想抓住高铁的契机，带动城市产业结构转型，而相似的产业定位和业态就是这种模式下的必然产物，从京沪线看，高端商务、办公、酒店、金融服务等似乎已经成为每个站点的标配。对那些远离城市建成区的小站来说，这种定位无疑增加了站域开发的风险。

---

① 殷铭.站点地区开发与城市空间的协同发展 [J]. 国际城市规划，2013（6）：70-77.

2.3.5　影响我国站域空间整体性发展的其他因素

1. 城市规划方面

我国的城市规划已经明确了土地的性质和开发强度，而且少有弹性规划，因此，站域的综合开发和高强度集约化利用要进行规划修编和多方面的协调，这涉及多方利益的调整。而且现有规划体系一般是先进行城市总体规划和片区发展规划，然后再进行综合交通规划，交通规划服从于城市规划，对于客站自身发展特点，以及客站与土地利用的相互作用关系来说，有较大的不适宜性。站域空间自身发展的圈层结构以及大量人流的集聚，要求周边有高效便捷的交通网络支撑和适宜的开发强度，从日本和中国香港等人口高密度地区来看，一般开发强度都在 8~10 之间，而我国目前城市规划一般规定在 2.5 左右，甚至更低。而根据国际经验，高强度开发有利于集聚人流和快速疏散人流，而且可以使客站建设的外部效益内部化，促使客站建设的可持续发展。因此，城市规划的限制可能成为站域综合开发难以实现的重大障碍[1]。

2. 国土资源管理

我国现有的土地出让规则限制了铁路的综合开发。我国土地出让要求必须进行"招拍挂"，按照此程序往往是价高者得。铁路和客站属于交通用地，要想商业开发必须改变土地用地性质，走招拍挂程序，而且车站上空的物业开发也属于商业开发，也必须走程序，这将让铁路与资金实力雄厚的房地产商竞价，进而成为站域综合开发的障碍。另外，站域空间的开发是地方政府获取土地增值和客站建设带来的外部效益的重要来源，不会低价赠与。再者，即使地方政府想进行综合开发，但铁路企业在利益与建设工期的驱动下，也不会同意。因此，在现行的土地管理制度和各自的利益需求下，在没有统一的协调机制下，必然限制了站域整体性开发的形成。

3. 行政区划及与地方政府分享开发利益方面

站域的整体性开发涉及地方政府和铁总两大部门，双方都意识到了综合开发的价值，铁总希望利用综合开发来弥补高昂的建设费用和维护费用，有利于客站建设的可持续发展，地方政府希望通过客站建设带动周边土地的价值，获取客站建设的外部效益，但由于分属不同部门，通常难以协同工作，地方政府可能在客站建设之前就已经进行周边土地的利用与开发，铁路也出于自身发展的需要而较少考虑地方发展，两者常常各自孤立开发，在开发时机上产生错位，最终影响客站建设的触媒效应。

---

① 赵坚 . 铁路土地综合开发的相关问题分析及建议 [J]. 中国铁路，2014（5）：7-10.

因此，如何有效协调地方政府和铁总的利益，形成利益共享也是站域空间整体性发展面临的挑战。另外，随着我国轨道交通的快速发展，与城市轨道交通衔接的铁路车站周边的土地具有巨大开发价值，但城市轨道交通的建设与运营主要由当地政府负责，铁路企业如何与当地政府协调，形成换乘便捷、高效紧凑的站域空间体系，实现共赢，既是机遇也是挑战。

2.4 我国大型铁路客站站域空间整体性发展的可行性研究

2.4.1 国情决定了站域空间整体性发展模式在我国实施的可行性

我国的国情决定了站域空间整体性发展模式在我国大城市实施的可行性，其主要表现在我国城镇化的发展阶段、交通模式、建成区人口密度、土地利用机制以及政府政策等方面。

（1）我国城市发展阶段仍然处于快速城镇化时期，未来 20 年内还将有四五亿人口由农村进入城市，公共交通依然是主要交通方式。多数城市目前还处于快速扩张阶段，城市空间结构处于调整变化中，主要交通方式仍然是公共交通。因此，将以 TOD 为基础的站域整体发展理论导入我国城市发展过程中，有助于实现公共交通与土地利用的紧密结合，对我国现今城市可持续发展具有重要现实意义。

（2）建成区人口密度大。2015 年我国城市辖区人口超过 1000 万人的有 12 个，超过 100 万人的约有 140 个[1]。我国城市人口数量虽然大，但建成区面积并不大，例如长沙 2008 年城市人口约 330 万人，而建成区面积仅为 320km^2[2]。我国城市人口密度普遍较高，呈现高密度蔓延的态势。

（3）我国城市空间粗放型扩张带来城市蔓延的危机。首先，我国城镇建设用地面积从 1990 年到 2004 年，由近 1.3 万 km^2 扩大到近 3.4 万 km^2，增长了将近 3 倍，其中用地规模平均增长超过 50% 的有 41 个城市[3]。粗放的用地模式已经开始威胁到耕地的保障，如不加以控制，城市蔓延将在我国变成现实。2011 年末，我国有特大城市（人口超过 100 万人）127 座，超大城市（人口超过 200 万人）39 座，城镇化水平为 52.2%，预计 2050 年城镇化水平将达到 70%，新增城市人口规模将达到 4.0 亿[4]。可见，城市快速发展对土地的需求量巨大，土地高强度开发成为必然。

① 国家统计局城市社会经济调查司 . 中国城市统计年鉴 2015[M]. 北京：中国统计出版社，2016.
② 王有为 . 适于中国城市的 TOD 规划理论研究 [J]. 城市交通，2016（6）：40–48.
③ 孔令斌 . 新形势下中国城市交通发展环境变化与可持续发展 [J]. 城市交通，2009，7（6）：8–13.
④ 万汉斌 . 城市高密度地区地下空间开发策略研究 [D]. 天津：天津大学，2013.

其次，我国大城市已经表现出了高密度化的特征。北京和广州核心城区的人口密度分别为 1.4 万人 /km^2 和 1.3 万人 /km^2，武汉市人口最密集的江汉区到达 1.8 万人 /km^2，上海人口最密集的黄浦区是 4.6 万人 /km^2。2005 年，我国城市范围内人口的平均密度达到 870 人 /km^2，而 2011 年这一数字提高到 2228 人 /km^2，人口密度增加超过建成区范围的扩大[1]。高密度的人口需要城市空间更加集约化发展。

再者，我国许多城市都是团块状单中心布局，单核发展对于小城市具有一定的适应性，但对于快速扩展的大城市来说，这种模式已经难以应对当前交通、环境、发展需求等众多方面的矛盾，新的城市空间拓展模式的落实势在必行[2]。综上可见，我国的现实国情要求我们必须集约土地使用，提高使用效能和使用效率，提高土地的混合利用，消除无效的交通出行，促使城市可持续发展。

（4）公共交通受到了政府的普遍重视。当前我国面临着严重的城市交通问题，大运量公共交通受到了政府的普遍关注。截至 2016 年 2 月，我国获得国家批准建设轨道交通的城市已达到 40 个，未来 3 年至少有 10 个以上城市将获得批准[3]。到 2016 年底，我国轨道交通运营线路累计将达到 120 条，运营总里程将达到 3600km，运营车站将达到 2500 座[4]。大规模的轨道交通建设为站域网络化发展奠定了坚实的基础。

由上可见，对于我国这种人口密度高，能源和土地相对匮乏的基本国情而言，只有实施集约发展模式才能防止城市无序蔓延，实现城市可持续发展。另外，我国目前处于城镇化的快速发展阶段，由于汽车和房地产业的快速发展，面临着严重的城市问题，土地资源骤减、城市交通拥堵、大气环境污染等问题接踵而来，从科学规划的角度来看，现阶段正是大力发展公共交通的最佳时期，在构建紧凑型城市的理论框架下，结合公共交通引导城市发展模式的应用，可以有效整合城市土地使其集约利用，并引导城市空间有序增长，在这个新世纪之初的关键时刻，站域空间整体性发展模式无疑是我国未来城市发展的一剂良方。

2.4.2　政府迫切需要站域空间整体性发展解决资金困境

由于我国铁路建设历史欠账较多，常常一票难求，因此，客源问题不是

---

① 万汉斌 . 城市高密度地区地下空间开发策略研究 [D]. 天津：天津大学，2013.
② 赵晶 . 适合中国城市的 TOD 规划方法研究 [D]. 北京：清华大学，2008.
③ 艾泽瑞 . 中国大陆申报轨道交通建设获批城市一览表 [EB/OL]. 2016–11–24.http//tieba.baidu.com/
④ 国家发展和改革委员会交通运输部关于印发交通基础设施重大工程建设三年行动计划的通知（发改基础〔2016〕730 号）[R/OL]. 2016–11–24.http：//www.waizi.org.cn/law/13298.html

高铁和客站建设的主要问题，如何解决项目投资和实现运营盈利是高铁和客站
发展的迫切需要。从国际经验来看，单独依靠车票收入难以弥补高额的建设费
用和运营费用，因此国内外发达地区的客站大都选择了车站和土地利用整体开
发的运营模式，但我国目前依然是依靠车票回收成本，给高铁建设企业带来沉
重的负担。

　　以上海虹桥枢纽为例，总投资 280 亿元，其中机场、高铁、公共站房（磁
悬浮站房等）分别投资 100 亿元、60 亿元、120 亿元，仅公共站房每年运营
成本就 2 亿元，日均约 55 万元，不含财务成本和折旧等年均收入约 1 亿元，
缺口就高达 1 亿元[①]。"十二五"规划未来五年铁路总投资为 3 万亿到 4 万亿元。
2011 年铁道部至少要还本付息 1800 亿元，比 2009 年增加 2 倍以上；2009
年、2010 年投入运营的高铁将在 2012 年进入付息阶段。与此同步，铁道部
负债规模大幅增长，2008 年 0.67 万亿元；2009 年 1.33 万亿元，贷款骤增
3000 亿元（负债率 53%）；截至 2010 年 9 月末，总负债升至 1.68 万亿元，
负债率 56%；按这个速度发展，2012 年负债率将接近 60%[②]。市场普遍担心，
高铁的跃进式发展使其背负沉重的财务包袱，甚至拖累银行系统，给政府造成
巨大的财政压力。

　　另一方面，客站的发展产生了大量外部效益，特别是站域空间土地增值
和商业的繁荣，但这些正外部效益却未能有效转化为交通设施的建设资金。因
此，站域的可持续发展迫切要求调整客站建设与土地利用的关系，以促进客站
建设及外部效益的内部化；需要探寻多主体投资模式，通过站域的多种经营模
式获得除票价以外的投资回报，以改善单一资金来源的矛盾。国际经验表明，
充分利用客站的触媒效应，实现客站与周边土地利用价值最大化，是站域发展
的有效途径。同时，这种模式也是平衡客站运营现金需求、改善企业负债结构、
构建多渠道融资的必然途径。

2.4.3　政策激励为站域空间整体性发展提供了内部机会

　　站域空间整体性发展模式的运用需要政府与企业的联合开发，而这种联
合开发目前在我国高铁建设中的机会主要有内外两个方面：外部机会就是世界
建设高铁的主要国家和地区采用 PPP 融资模式，并在实践过程中产生了传统
的中央财政拨款所达不到的效率和效果，这对我国站域整体性发展的投融资模
式提供了外部借鉴；内部机会就是中国高铁的快速发展积累了巨额债务，单靠

---

① 樊一江，吕汉阳，霍瑞惠 . 我国综合客运枢纽综合开发的问题与对策 [J]. 综合运输，2014（7）：8-13.
② 马颖 . 当前对发展高铁经济的再思考 [J]. 湖北经济学院学报，2011，8（11）：21-23.

传统的财政拨款方式难以持续承担高额的建设成本和运营费用，因此必须尝试多渠道融资方式，我国于 2013 年 8 月 19 日出台的《国务院关于改革铁路投融资体制加快推进铁路建设的意见》（国发〔2013〕33 号）可以视为对创新高铁建设融资模式的积极态度，这为站域整体性发展提供了内部机会[①]。

综上可见，我国的国情决定了我国城市客站地区的发展不能采用低密度蔓延式的发展。站域综合发展无疑是符合大城市多中心发展需要的。

2.5　我国大型铁路客站站域空间整体性发展的适宜性分析

站域空间整体性发展模式作为客站地区建设的重要手段，在促进客站地区发展、发挥公共资源作用、解决公共投资资金等方面都非常有利。它的作用主要表现在以下五个方面。

2.5.1　城市层面：对于我国城市层面问题的解决对策

从城市角度来看，站域整体性发展模式对于客站规划建设的适宜性主要在于：

（1）站域空间整体性发展模式强调客站与整个城市的交通网络建设和土地利用的联动。我国站点的建设较少考虑城市自身的需求，而整体性开发要求客站规划的视角不能画地为牢，仅仅局限于单个站点本身，而应以城市和区域发展的视角来看待站点地区的发展。客站建设除了需要与城市群交通网络协同发展外，应更加关注客站建设与城市公共交通的共同规划，引导城市空间的合理布局和发展。这要求依托客站建设，从客站的"点"开发上升到"线（廊道）"打造，应由"点"向"线"和"面"过渡，从廊道和网络层面实现区域站点之间协同发展，以引导城市空间结构整体优化和合理布局[②]。

（2）催化城市结构调整。多中心发展是大城市社会经济发展的客观要求，而我国当前多数城市都为单中心城市，急需调整城市结构。大型铁路客站作为城市的触媒和区域中重要的集聚因子，引导城市人口和资本向车站地区集中，使城市生产要素重新分配，将会促使城市空间结构逐渐由"单中心"封闭式空间发展模式向"多中心"网络化发展模式演变，是实现大城市从单中心向多中心转变的重要工具。据统计，东京 320 个商业中心中，营业面积大于 10000m²，年营业额大于 100 亿日元的商业中心（即 1~3 级商业中心）共有

---

① 吴琦.高速铁路 PPP 融资模式研究 [D]. 昆明：昆明理工大学，2014.

② 丁川，王耀武，林姚宇.公交都市战略与 TOD 模式关系探析——基于低碳出行的视角 [J]. 城市规划，2013，37（11）：54–61.

99 个，其中 95 个紧邻车站[①]。

客站是城市结构调整的重要触媒。其触媒效应主要表现在两个方面：一是直接触媒效应，客站建设加快了区域基础设施的发展，而大规模投资活动又为区域快速发展提供了可能。间接触媒效应是培育新的城市增长点，客站通过与周边组团、中心城区的联系不断加强，实现分工协作，成为新的职能中心。可以说，大型铁路客站作为其所处的环境区段中的一个开放性环节，其触媒作用主要体现在大型铁路客站的改造或新建，成为城市连锁开发的催化剂，助推城市功能不断完善，产业结构、空间结构逐渐走向合理化，带动整个城市经济、社会、形象的全面进步。

（3）站域土地圈层化利用，形成紧凑的城市结构。我国站点地区空间形态松散，由于过于强调门户形象，常配置大广场等礼仪性景观用地，站域建筑密度低。而日本、中国香港、韩国等地区的客站，站点周边高强度集约化开发，圈层化利用土地不仅可以反哺客站发展，而且有利于实现铁路交通系统经济的可持续发展；这种圈层化利用土地模式有利于降低市民出行距离和出行次数，实现从总量上控制交通需求；而在步行范围内功能的多样化，更加有利于形成充满活力的站域空间氛围。

2.5.2 站域层面：对于我国站域空间效率活力的提升

从站域层面来看，站域空间整体性发展模式的适宜性主要体现在以下两个方面：

（1）效率。效率强调两个方面：一是要使站域土地利用效率达到最高，二是提高交通设施的使用效率。以中国香港为例，香港通过《建筑物（规划准则）》法规的确立，将轨道交通车站周边列为一类住宅用地，均采用高容积率开发。在都会区，建议商业容积率在 10.0~15.0，住宅容积率为 8.0~10.0；新区和综合发展区住宅容积率为 6.5；在新市镇商业容积率建议 8.0~10.0，住宅容积率建议为 8.0，这种结合车站土地高强度利用导向，确保了 3/4 居民住在轨道交通站点 500m 以内，55% 的商办写字楼集中在站点 200m 以内。此模式保证了土地利用价值的最大化，并为站点带来了大量的客流，增加了设施的使用效率[②]。相比之下，我国内地站域平均容积率大约为 2.5，即使特大城市北京、上海，站域空间容积率也仅为 3.0~4.0，这种低效模式不仅难以形成

① 舒慧琴，石小法. 东京都市圈轨道交通系统对城市空间结构发展的影响 [J]. 国际城市规划，2008，23（3）：105–109.
② 谢晶晶，何芳，李云. 我国 TOD 导向土地复合利用存在问题与模式探析 [J]. 城市规划，2013（11）：54–61.

聚集，还降低了交通设施的使用效率。

（2）活力。站域空间主要发展现代服务业，而现代服务业集聚区的城市活动有赖于两个方面的努力：一是保证有更多的人使用公共空间，二是鼓励每一个人逗留更长的时间[①]。因此，面对我国站域空间活力不足，应该鼓励更多的城市功能被容纳于客站周围，形成"24 小时活力"场所，这也正是站域空间整体性发展模式所大力提倡的[①]。

由上可见，站域空间整体性发展模式是适合我国基本国情的模式，而且正处于实施的最佳时机。对客站而言，在城市和区域层面，可以促进客站建设与区域、城市土地利用的联动，避免画地为牢的孤立建设，实现土地的高效与混合利用，改善和强化城市功能；在站域层面，可以营造出集约高效和富有活力的场所，满足社会需求并带来较高的经济效益。

2.5.3　政府层面：获得收益，促进客站建设可持续发展

从某种意义而言，高铁和客站建设的核心问题是资金问题。高铁和客站作为投资规模巨大的城市基础设施项目，我国政府一直是投资主体，但客站建设产生的外部效益却为周边土地所有者拥有，外部效益未能有效地内部化，政府通过财政补贴运营亏损，承担了巨大的资金压力，这在很大程度上，阻碍了高铁和客站自身的建设和发展。[②]

客站和铁路都属于具有一次性投资巨大、运营成本高、回报期长等特征的资金密集型产业，其发展给当地政府带来了巨大的财政压力。而且，城市用地紧张，因此，通过优化设计，最大限度地集约用地，综合利用城市地下、地上的空间资源，成为当前日本和中国香港等地区发展轨道交通的重要目标之一。香港地铁公司作为世界上运营比较成功的轨道交通公司，也要靠沿线的房地产来弥补建设资金的不足，其运营前期也是获得政府的财政补贴，经过近 20 年的运营才进入盈利期。综合世界轨道交通的发展趋势（表 2-3），可以总结为以下几点：

（1）轨道交通的可持续发展，需要以市场化的手段来实现，以节约成本。

（2）以土地开发为核心的轨道交通建设投资政策为轨道交通发展提供了稳定的资金保障。发达国家的发展经验表明，轨道交通的融资需要多元化，单一的政府的投资会面临巨大的建设压力和运营压力。香港特别行政区政府为了

① 贾铠针 . 高速铁路综合交通枢纽地区规划建设研究 [D]. 天津：天津大学，2009.

② 邱志勇 . 城市轨道交通的联合开发策略研究 [J]. 华中建筑，2008（12）：51-53.

世界各国城市轨道交通运营情况　　　　　　表2-3

城市	建设资金来源	运营补贴状况	备注
巴黎	80% 由联邦政府和地方政府分摊	政府补贴占运营成本的 54%	票价低廉
柏林	100% 由中央政府和州政府提供	短缺部分由政府补贴	票价低廉
莫斯科	100% 政府投资	政府补贴占运营成本的 70%	票价低廉
纽约	100% 政府投资	营运费用基金，政府补贴	票价低廉
东京	50% 政府投资，50% 私人企业投资	不提折旧，政府补贴运营成本的大约 23%	政府提供无息或低息贷款给私营机构
首尔	100% 政府和地方政府投资	运营亏损，政府提供专项补助金	票价低廉
中国香港	政府每年为线路建设提供资金，提供沿线土地开发权	票款收入以及沿线物业开发等实现盈利	记程票价，票价相对较高
上海（1、2 号线）	100% 政府投资	不提折旧，不还本息，略有赢利	记程票价，票价相对较高
广州（1 号线）	100% 政府投资	不提折旧，不还本息，略有赢利	记程票价，票价相对较高
北京（1、2 号线）	100% 政府投资	政府补贴运营成本的 40%	平均票价相对较低

（来源：根据相关资料整理）

增加地铁公司的收益，确立拨地政策[①]，日本为了推动轨道交通建设发展和减轻投资负担，制定了资金筹措、税制优惠和沿线土地开发三个方面的保障制度，而沿线土地开发是其最重要和最有效的政策。

　　（3）经营的企业化，政府可以引入更多的运营主体，通过市场竞争，优化资源配置，提高效率。以日本 JR 线为例，其站域开发由地产开发部门和轨道交通部门共同组成，轨道交通部门通过车票收入收回对轨道交通相关设备的投资。而地产开发部门拥有车站周边的房地产，通过租金收入收回投资。这两个部门都以保证资金的收支平衡为原则，而通过站域空间整体开发，既能提高使用者的便利性，也可以提高轨道交通的利用率，从而带来车票收入增加及周边地产升值等双赢效果。

　　由上可见，轨道交通公司在轨道交通线路规划中，系统地考虑客站综合发展与城市规划、轨道交通的协同，对地下、地面和地上空间统筹布局，从土地利用、功能布局、交通设计等方面与周边组团进行统一规划和系统开发，既可以节约建设成本，又可以获得最佳的效益。而且这种间接依靠土地开发获得收益的模式比政府直接投资模式的资金利用率可以提高 30%，也比政府直接

---

① 香港地铁在兴建路线时，需要土地作地下隧道及地面车站等，而这些土地就会根据政府及地铁公司的协议，由政府拨给地铁公司，称为"地铁用地"。地铁公司在地铁用地上开发住宅或写字楼并以此获利。例如，香港机场铁路在建设中，将地铁用地上的地产分期建设并出售，每期出售可取得大额的物业收入，这样可以迅速减少债务；同时，香港地铁公司把营运上的盈利，用来支付利息及继续还债。

投入的产出比更为合理①。站域的整体性发展获得土地的增值收益，可以减少土地增值收益的外流。因此，合理开发客站与其周边土地，形成站域的整体性发展，除了可以增加票务收入和人流外，还可以增加土地增值收益，反哺客站的发展，减少政府的补贴，促进客站的可持续发展。

2.5.4　旅客层面：方便旅客的出行，提高生活和交通的效率

旅客层面主要体现在空间质量和交通效率这两个方面。我国由于多方面的原因，多种交通方式难以有效整合，导致交通换乘效率不高，而客站的整体性开发，将多条线路和多种交通工具集中于一体，优选最佳的换乘模式，使多种交通工具之间的客流换乘时间和距离最短，在提高交通换乘效率的同时，也减少了换乘本身所需要的空间。从车站空间整体来说，提高了空间利用效率。而多种交通设施之间的便捷换乘，不仅可以提高旅客出行效率，还可以确保空间的高品质化。改善空间中乘客的行走感受也是体现大型铁路客站空间"高效率"的关键环节。

2.5.5　社会层面：低碳环保，提升站域公共空间活力

西方学者肯沃西（Kenworthy，1989）和纽曼（Newman，1992）通过研究发现城市开发密度与能耗成反比，密度越低的城市能耗越高，而开发密度越高的城市，由于利用高效的交通系统反而形成了最经济的能耗。美国就属于城市人口密度低而能耗高的城市，而中国香港则属于人口密度高能耗低的城市。因此，城市人口密度的合理增加不但可以节约土地，而且有利于降低能耗及废气体排放量（图 2-11）②。作为城市要素集聚点的站域空间，具有大范围的人口通达性及拥有大量腹地人口，在客站强大的集聚效应作用下，形成紧凑城市的潜力极高，也有利于实现城市的低碳与环保。另外，高铁作为轨道交通，本身就是一种高效率、大运量和低污染的公共交通方式。可见，站域空间整体性发展模式有利于解决客站建设资金，降低社会建设成本，增加人们对公共交通的使用，使公共资源发挥更大社会效益。

如今，随着高铁的发展，站域空间质量的不断提升，舒适性空间的塑造成为站域发展的重点。客站不仅是城市的交通中心，也是城市的生活中心。通过整体开发，将商业、休闲等各种相关功能与客站有机组合到一起，形成具有丰富内部空间的车站综合体，从而成为区域居民购物、聚会和活动的中心，可

---

① 颜琼. 城际轨道交通沿线土地集约利用对区域经济发展的作用 [J]. 都市快轨交通，2006，19（2）：2-7.
② 孙根彦. 面向紧凑城市的交通规划理论与方法研究 [D]. 西安：长安大学，2012.

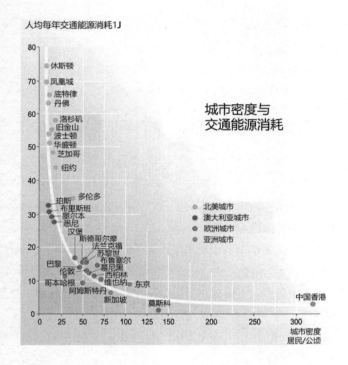

图 2-11 人口密度高的城市相对交通方面的能源消耗低
（来源：http://www.grida.no/graphicslib/detail/urban-density-and-transport-related-energy-consumption_eda9）

以提高地区的综合性和服务性，加上文化设施的导入有助于提高站域空间的公共性和文化性。多样的功能空间带来多样的活动，吸引城市居民前来购物休闲，增加地区内的人流量，有利于营造 24 小时不间断的热闹氛围，提高地区经济的发展，增加整个地区的土地开发价值和站域公共空间活力和品质。

总而言之，站域整体性发展的适宜性主要体现在两个方面：一方面，站域空间整体性发展模式项目吸引交通人流进入周边地区活动，促进了地区经济发展；另一方面，站域空间整体性发展模式项目也有利于解决客站建设资金，降低社会建设成本，增加人们对公共交通的使用，使公共资源发挥更大社会效益。事实上，城市政府通过综合开发不仅能解决公共投资资金，更重要的是在站域空间整体性发展模式项目建成运营后获得经济和社会的双重效益。因此，客站地区实施站域空间整体性发展模式是一项非常重要的城市经营策略。

2.6 本章小结

国内外客站在经历了多个发展阶段之后，突破了自身界线，走向了站城共同发展的结构，主要特征如下：空间结构由独立封闭走向开放融合；功能体系由单一低端走向高端复合化；土地利用由孤立发展走向一体化发展；站域环境体系由城市门户向城市生活中心演化。

　　由于城市之间发展阶段及区域条件的差异呈现出了不同的发展方向。国外发达地区客站由初始时期简单的上下车场所逐渐发展成为城市触媒，构筑面向区域的城市生活中心，成为带动周边地区土地升值、产业集聚，以及诱导人口及就业重新分布，引导城市结构调整的"催化剂"。我国客站发展历程与之相似，由简单站场逐渐发展成为大型综合交通枢纽，并引导城市经济发展，促进城市结构调整。但与之不同的是，我国站域空间发展呈现出了不同的空间形态，站房大多孤立设置，站城相互隔离，并未形成与周边城市空间的有效互动，站域立体化发展依然处于初始阶段。另外，我国新客站多选址于城市郊区，以期促进城市结构调整，此模式既是我国城市快速扩张的内在需求与高铁催化效应耦合的结果，也是我国快速城镇化和高铁大规模建设这一宏观背景下的必然结果。

　　我国由于高铁新区刚刚起步，依然处于初始阶段，虽然发展较快，但整体面临的问题比较多，主要表现为 TAD 发展模式。从区位关系来看，中心区客站空间受限，土地利用零散，资源缺乏整合；在站域空间形态上，客站对城市形成了割裂，单面发展特征明显；在交通组织上，容量受限，立体交通缺失，交通秩序混乱；在产业结构上，定位低端，结构不合理，急需调整。边缘区站域存在建设规模过大，定位过高与重复，产业基础薄弱，可持续发展动力不足的问题。远郊区站域由于过远的空间距离对站域发展产生了阻隔，造成站域空间发展与城市总体规划缺乏呼应，与城市空间拓展方向不协调等问题。究其原因，主要是我国当前城市空间的发展面临大量的不确定性，这主要是城市空间快速扩张和城市人口急剧膨胀导致的城市空间发展的不确定性，外部机遇带来的不确定性，以及政府干预和运营管理体制的复杂性，城市规划体制的不完善，土地管理制度的限制，利益划分的问题，投融资渠道与模式等问题，都限制了客站与城市的协同发展。可见，站域的整体性发展既是机遇，也是挑战。

　　对于我国这种人口密度高、能源和土地相对匮乏的基本国情而言，只有实施集约发展模式才能防止城市无序蔓延，实现城市可持续发展。另外，我国目前处于城镇化的快速发展阶段，由于汽车和房地产业的快速发展，面临着严重的城市问题，土地资源骤减、城市交通拥堵、大气环境污染等问题接踵而来，从科学规划的角度来看，现阶段正是大力发展公共交通的最佳时期，在构建紧凑型城市的理论框架之下，结合公共交通引导城市发展模式的应用，可以有效整合城市土地使其集约利用，并引导城市空间有序增长，在这个新世纪之初的关键时刻，站域空间整体性发展模式无疑是我国未来城市发展的一剂良方。

　　综上可见，虽然我国站域空间发展目前处于初始阶段，但站域空间整体性发展将是我国的必然趋势。

第3章

大型铁路客站站域空间整体性发展的分析框架

探讨大型铁路客站站域空间整体性发展，首先要确定大型铁路客站站域的形成和空间范畴，本章基于站域空间的属性特征以及理论模型、实际边界和旅客活动特征分析，综合确定站域边界，并以整体性思维为基础，从站域的属性特征和与土地利用互馈作用机制两个维度分析站域空间整体性发展的内涵、本质问题，并建立理论分析框架。最后讨论站域空间整体性发展的属性特征、影响要素和发展类型。

3.1　大型铁路客站站域空间的形成与边界分析

本节基于节点—场所模型理论以及客站与土地利用相互作用的内在机制，从理论模型、实际边界以及人的步行活动特征有效范围的综合视角，构建考虑站城协同发展情况下站域空间形成及边界问题。

3.1.1　大型铁路客站站域空间的形成

城市触媒是指能够对城市发展与建设产生影响，激发或抑制城市特定区域的建设进程的新要素 [1]，其作用过程可归结为四个方面：激发，强化，修复，创造 [2]。大型铁路客站作为特定的"城市触媒"，其站域空间的形式主要是通过客站触媒作用的发挥带动周边地区的发展，进而形成关联互动的城市区域。首先，客站的到来打破了城市的"平静"，带动客站及其周边地区大量资金、人力、物力的涌入，形成生产要素集聚；其次，客站建成与运营将带动更大范围的生产要素和信息流在此集聚，这些生产要素之间与客站通过共振、互馈等整合反应，最终形成以客站为核心的、关联互动的统一体，即大型铁路客站站域，以及更大的城市触媒；最终站域将以整体的形式引发其周边地区的连锁反应并最终波及整个城市，乃至区域，实现带动整个城市以及区域的全面发展 [2]。站域作为铁路系统与城市发生直接关系的客站枢纽及其周边受客站直接辐射的城市

---

① 孙滢.基于城市触媒理论下的远郊地铁站及周边区域规划研究 [D].北京：北方工业大学，2015.

② 石海洋，侯爱敏，等.触媒理论视角下高铁枢纽站对城市发展的影响研究 [J].苏州科技学院学报，2013，26（1）：55-59.

地段，高铁对城市所施加的各种影响，其契合度和强度，将在这一地区得到集中的体现。

由于客站地区在土地利用、功能空间、交通构成上存在"核心—扩展"的组合关系，都存在一定的影响范围。而这个区域范围的大小将直接影响站域以及城市空间的规划与发展模式的确定。一方面，我们看到众多发达地区形成了以客站为核心的紧凑城市空间形态；另一方面，我们也看到我国众多拥有高铁客站地区，由于混淆了高铁影响范围和城市发展需求的关系，形成了"遍地开花"的高铁新城。这些高铁新城在空间规划规模上大多采取了"超常规"尺度，在主城基础上"跃进式"增长。那么，多大范围是合理范围成为站点地区空间布局的首要问题。

3.1.2　理论研究与数值模型确定的站域空间边界

在理论上，圈层发展模型得到了普遍认可，国内外不少学者纷纷提出了自己的认知范围。但不同学者根据自己认知范围所确定的边界有一定的差异，具体见表 3-1。

由表可知，虽然边界认知有差别，但 800m 和 1500m 的边界得到了大多数学者的认可，并且由于与客站的关联性由内向外减弱，每一圈层的功能特征也不同，主要特征如下：

第一圈层：核心区，主要在 800m 以内，对应的规模大约是 $2km^2$，在这一圈层中，其功能和结构特征表现最为明显，受客站的影响也最大，与客站的关联性最强，功能主要为客站、餐饮、宾馆、旅游、商务、信息、办公等。因此，核心区层是与客站在功能和空间上联系最为紧密的区域，从国际经验看，此区域也是站域空间整体性发展的关键区域。以法国里尔为例，以客站为核心建设了超过 15 万 m^2 的核心区，这个区域成为里尔城市的活力区域，并带动了周边区域第三产业的发展，引领城市从工业城市向商务办公城市转型。

第二圈层：拓展区，主要在 800~1500m 之间，对应的规模大约是 $7km^2$，功能和结构特征更多地表现为对第一圈层的拓展和延伸，与客站的关联性相对减弱，主要为商务办公、金融等现代服务业。因此，此区域是依托客站形成的城市现代服务业集聚区，或者称之为综合服务区，在功能组织、空间结构和土地利用上是逐步向城市过渡的区域。比较典型的如日本东海道新干线，现代服务业逐渐成为沿线站域的主要产业（表 3-2）。

第三圈层：影响区，1500m 以外的区域，由于在功能和空间结构等方面与客站关联性较弱，边界与范围不明显，已经逐渐表现为普通的城市功能结构，

站域空间的理论范围   表3-1

	研究者	时间	范围确定
国外学者	Schutz	1998	以车站为中心分为3个圈层：第一圈层（primary development zones）为核心区，距离车站约5~10min距离，一般在500~800m的距离；第二圈层（secondary development zones）为扩展区，一般在800~1500m距离，是对第一圈层功能的拓展和补充，距离车站约10~15min距离；第三圈层（tertiary development zones）为外围的影响地区，即1500m以上的距离会引起相应功能的变化，但整体影响不明显
	Andre Sorensen	2000	"3个圈层发展结构"：第一圈层为车站中心区（Station centred），主要包括车站本身及其相邻区域；第二圈层为步行合理区（Station walkable），主要是车站中心区外围和车站主要以步行方式衔接的区域；第三圈层为汽车外围区（Automobile oriented），主要是指步行合理区外围，和车站以小汽车等交通方式衔接的区域，一般没有确定的边界
	pol	2002	从投资收益、地价提升的角度将车站枢纽对地区的经济影响划分成3个级别，第1级在5~10min，称为基本发展区，相当于大约400~800m的距离；第2级称为发展区，在15min内，相当于不超过1250m的距离；第3级也叫发展区，在15min以上，即1250m以上的距离
	Peek Hagen	2002	车站对周边1km范围内影响最为深远，并将高铁站点区域划分为三个圈层，第一圈层为半径100m范围内的"转换空间"；第二圈层为半径100~300m范围内的"车站环境"；第三圈层为半径300~1000m范围内的"车站地区"
国内学者	张小星	2002	火车站地区圈层式分布的空间结构形态："核心枢纽区""枢纽外围区"和"扩散影响区"三个圈层，并重点讨论了"核心枢纽区""枢纽外围区"这两个具有明确特征的空间圈层的发展。提出核心枢纽区是站场和站前广场两大部分，枢纽外围区是站前地区和站北地区，扩大影响区是这两个圈层之外的区域，火车站地区的特征已经弱化了
	郝之颖	2008	在"圈层"空间结构模式的基础上，提出第一圈层是交通服务区域，具有一定的"刚性"，规模在1~1.5km。第二圈层是直接拉动区域，是对第一圈层的功能拓展和补充区域，规模3~5km。第三圈层是间接催化区域。高铁站场地区的功能特征基本表现在第一圈层，过渡到第二圈层，"变异"在第三圈层
	殷铭	2009	以高铁等交通为核心，按照圈层结构的方式向外辐射，分为核心区范围800m，拓展区范围为1500m，影响区则是1500m以外的城市区域
	吴珮琪	2015	站点地区划分为三个圈层：第一圈层为距离站点800m范围，第二圈层为距离站点800~1500m范围，第三圈层为距离站点1500~2000m范围

（来源：参考相关资料整理）

日本东海道新干线运行后与无新干线地区产业增长对比（1981—1985年）   表3-2

影响产业	有新干线和高速公路（%）	仅有高速公路（%）
商业服务	42	12
信息、咨询、广告服务业	125	63
研发和高等教育	27	21
行政办公	20	11
其他商业服务	57	28
金融商贸	27	6
房地产开发	21	3
总计	22	7

（来源：Nakamura H，Ueda T.The Impacts of Shinkansin on Regional Development[Z].Proceedings of WCTR，1989）

因此，边界是开放的 ①。其规划设计重点：在交通上，在更大范围内协调站域
的交通组织和提高交通效率；在城市职能上，顺延和承接第一、二圈层的功能
辐射，保持站域与城市的整体协调，以实现城市区域地位提高、辐射能量扩大
等战略目标。

　　需要注意的是，三个圈层的模型是一种理想的模型结构，此模型将高铁
影响作为站域空间集聚的唯一要素。但现实情况是极其复杂的，站域的形成除
了受客站的影响，还会受到城市所处阶段、城市规模、在城市的区位、周边环
境，以及人的活动特征等因素的影响。

3.1.3　基于旅客交通活动特征分析的站域空间范围

　　站域圈层规模除了与站域服务功能的分布半径有关，还与旅客选择的活
动特征相关 ①。功能布置半径过大，旅客到达不便，极易减少使用效率，因此，
满足旅客的多种需求，在合理的范围提供服务功能就是一个极为重要的限制条
件。根据调研，考虑旅客的耐受程度，依靠步行不宜超过 10~15min，按正常
行走速度 5km/h 计算，第一圈层为 400~800m，其规模在 0.5~2.0km²；第
二圈层按照步行极限 15min 计算为 1250m，其规模在 4.9km² 以内。第一、
二圈层由于与旅客的活动直接相关，因此，客站对周边区域的带动作用和效果
最突出，第三圈层相对较弱。另外，第一、二圈层在空间或功能上是延续的，
而不是截然分离的。第三圈层由于与旅客活动没有直接的关联性，可以不受便
利性原则的限制，是一个开放的城市区域 ①。

3.1.4　考虑实际边界的站域空间范围

　　站域空间范围确定受多方面因素的影响，仅靠理论数值确定的范围难以
客观反映实际情况。比如用地内的地形地貌、地区自然条件、与城市的区位
关系等都会影响站域的发展规模，因此，研究中必须将实际产生的范围考虑
在内。由于日本、法国、德国等城市的客站发展历史更为久远，站域空间发展
已经相对成熟与稳定，且更能直观地说明站域空间的范围。因此，本书运用
googleearth 软件对国内外较为典型的站域空间进行取样分析，探寻大型铁
路客站站域空间的实际发展范围，如图 3-1 所示。从表中，我们可以清晰地
发现站域空间在不同的城市有着相同的圈层式布局特征，基本影响范围大都在
800~1500m 以内，平均为 1178m，离站越近的区域开发强度越大、建筑体量、
空间肌理上呈现的更为明显，但不同的站域空间，由于受到区域自然条件、历

① 郝之颖. 高速铁路站场地区空间规划 [J]. 城市交通，2008，6（5）：48-52.

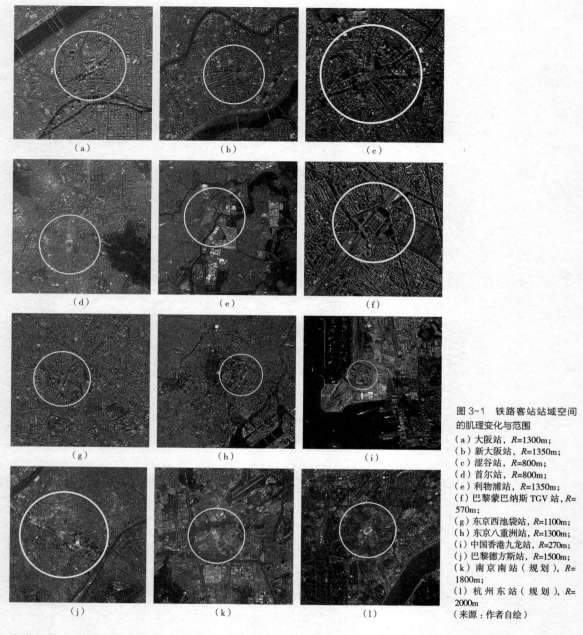

　　（a）　　　　　　（b）　　　　　　（c）

　　（d）　　　　　　（e）　　　　　　（f）

　　（g）　　　　　　（h）　　　　　　（i）

　　（j）　　　　　　（k）　　　　　　（l）

图 3-1　铁路客站站域空间
的肌理变化与范围
（a）大阪站，$R=1300m$；
（b）新大阪站，$R=1350m$；
（c）涩谷站，$R=800m$；
（d）首尔站，$R=800m$；
（e）利物浦站，$R=1350m$；
（f）巴黎蒙巴纳斯 TGV 站，$R=$
570m；
（g）东京西池袋站，$R=1100m$；
（h）东京八重洲站，$R=1300m$；
（i）中国香港九龙站，$R=270m$；
（j）巴黎德方斯站，$R=1500m$；
（k）南京南站（规划），$R=$
1800m；
（l）杭州东站（规划），$R=$
2000m
（来源：作者自绘）

史发展状况、城市发展阶段以及客站等级等多种因素的影响，拥有着各自的特
征，所显示出的边界范围差异明显。

3.1.5　多因素综合的站域空间边界分析

　　综合上述内容，结合理论数值和模型的边界 1500m，乘客出行交通活动
特征的边界 1250m，以及国内外部分实证案例的实际边界平均值 1178m。

本书认为大型铁路客站站域空间结构呈现出明显地以车站为中心的"圈层"拓展特征，主要表现为三个层级：第一圈层在 800m 以内作为客站核心区比较合理，规模在 2km²；第二层级是 800~1300m（三种模式的平均值）作为拓展区，规模在 5.4km²；第三层级扩散区，是 1300m 以外的开放区域。结合每个圈层的功能特征，三个圈层的结构如图 3-2 所示。本书研究的是大型铁路客站站域空间，第一、二圈层因受到铁路的直接影响作用最为明显，本书将研究重点将放在该区域内。值得注意的是：

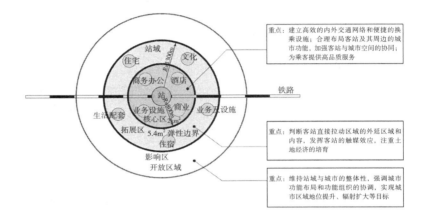

图 3-2　大型铁路客站站域
空间范围的确定
（来源：作者自绘）

（1）各圈层之间的功能是连续的，无明显边界。这主要是因为旅客在站域的活动是连续的，不是截然分开的。

（2）站域发展的阶段性。由于站域空间不是一蹴而就的，其发展有过程性和阶段性，在不同的时间节点其空间范围有可能产生较大变化。从初建到成熟，站域空间需要较长的时间去培育，而在不同的发展阶段站域空间会展现出不同的空间范围和特征。

（3）站域空间范围确定受多方面因素的影响，如客运站的级别、城市空间的差异等，因此研究工作中必须将现实情况和影响因素考虑在内。

3.2　大型铁路客站站域公共空间整体性发展理论及框架

3.2.1　整体性的概念

1. 朴素的整体思维——中国传统哲学的启示

从中国先哲们对自然现象和社会人事等诸多方面的论述可以看出整体性思维是最主要的特征。《周易》把世间万事万物，无论是自然现象还是社会关系，都统一纳入到六十四卦的体系中。这样，六十四卦的每一卦都体现出了天、地、人一体的宇宙整体观，认为自然和人是相互联系，又相互矛盾的有机统一整体[①]。《周易》主张：世间万物都不能孤立地存在，它们是相互联系、相互影响、相互统一，同时也存在对立的，但是它们也是和谐的整体[①]。儒家"天人合一"观念把天地、人、社会看作密切贯通的整体，更强调彼此的统一联系，倾向于把自然和人各自的性质放在相互包容的前提下来讨论，认为人身人心都处在一个整体系统中，各系统要素之间存在着互相依存的联系。这种整体性思维并不否定天和人的对立，并不是指人与自然是混沌不分的，而是把人与人、人与社会、人与自然看作一个整体系统，在承认相互对立存在的基础上更注重整体联系和同一[②]。在道家，老子是以"道"来纵观整个宇宙的，"道"生万物，并以此构成天、地、人三者于一体的朴素系统整体观。"道生一，一生二，二生三，三生万物""人法地，地法天，天法道，道法自然"，在发展的过程中，自然而然地形成了一种相对注重循环原则、系统原则、整体原则的思维习惯[①]。佛教彻底的因果思想表明，世间的万事万物都是处在因果联系的整体中。一方面万事万物可以通过因缘的"纽带"，和其他事物联系在一起；同时世间的万事万物也可以通过因缘"纽带"和其他事物连接在一起。这样，世间的一切事物都处在一个无所不容、无所不纳的"互联网"中，处在一个无限循环的整体观中[①]。这些传统思想都蕴含着中国传统整体观的特点。

整体观思想反应在中国建筑空间营造上，最重要的是崇尚建筑、人和自然的和谐相融的设计理念。人与自然是一个整体，人是自然的一部分，人与自然应该和谐相处。建筑空间创造的本意是为人所用，但是空间的创造也应该以与自然和谐相处为上，以顺其自然为上。中国人的这种对自然的亲近感，使得中国古人的空间感不似西方那样充满着辽阔、崇高、直白等人为的印记，而总是在近人的尺度上显得谦卑、回转、亲切而自然。中国建筑从规划布局到单体设计都十分讲究与自然的和谐整体[③]。

2. 整体性原理——系统论的启示

系统论最早是由贝塔朗菲在 1937 年提出。贝塔朗菲认为系统是相互联系、相互作用着的诸元素的集合统一体，它是处于一定的交互关系中，并与外界环境发生联系的各个组成元素的总和。一般系统论通常被定义为：由若干要素以一定结构形式联结构成的具有某种功能的有机整体。在这个定义中包括了系统、要素、结构、功能四个概念，表明了要素与要素、要素与系统、系统与环境三

① 蔺彩娜. 中国传统哲学整体观及其当代价值 [D]. 哈尔滨：哈尔滨工业大学，2012.

② 荀维. 中国传统的整体性思维方式对可持续发展的意义 [D]. 成都：成都理工大学，2009.

③ 应瑛. 中国传统建筑室内外空间整体性的特征探讨及其当代运用 [D]. 杭州：浙江大学，2010.

方面的关系 [①]。

　　整体性是系统的本质特征，整体性思维是系统思维方式的核心内容，它决定着系统思维方式的其他内容和原则。所谓整体性思维，就是从整体出发，对系统、要素、结构、层次（部分）、功能、组织、信息、联系方式、外部环境等进行全面总体思维，从它们的关系中揭示和把握系统的整体特征和总体规律。系统的整体性是系统最鲜明、最基本的特征之一，一个系统之所以成为系统，首先必须有整体性 [②]。各个作为系统子单元的要素一旦组成系统整体就具有独立要素所不具有的性质和功能。贝塔朗菲说："整体大于部分之和"，其含义就是指系统的组合性特征不能用孤立部分的特征来解释。

　　站域空间系统作为城市空间系统的构成要素，它与其他各种城市构成要素相互联系、相互制约共同形成了城市空间系统；在低层次的系统中，站域空间系统本身是具有多目标的综合整体，由各种功能子系统构成；而这些功能子系统又由各种功能性要素通过一定的结构构成。因此，从城市空间系统的网络化出发，将站域空间作为城市空间的构成要素，探讨交通空间、建筑空间和城市空间的相互关系，以及站域空间系统的要素、层级、功能等，多层级、多层面地研究站域空间是实现站域空间系统整体功能最优化的基础。

3. 东方整体性思维与西方分析思维的差异辨析

　　一个民族的思维方式是社会文化的产物，是受原始自然环境、生产方式、历史传统、哲学思想等因素的综合影响而逐渐发展形成的，中西民族生存于不同的自然环境和社会环境，其思维方式也必然具有民族个性 [③]。一般认为，中西传统思维方式的差异之一在于汉民族的整体性思维倾向与西方民族的个体性思维倾向的对立。

　　季羡林就明确指出，中西文化体系之所以相异者更为突出，"关键在于思维方式：东方综合、西方分析。所谓'分析'，比较科学一点的说法是把事物的整体分解为许多部分，越分越细……所谓'综合'就是把事物的各个部分联成一气，使之变为一个统一的整体，强调事物的普遍联系……"。他强调：西方是"一分为二"，而东方是"合二为一"；西方是"头痛医头，脚痛医脚""只见树木，不见森林"，而东方则是"头痛医脚，脚痛医头""既见树木，又见森林"；也就是说，"东方综合的思维模式的特点是整体思维，

---

① 柏森. 基于系统论的城市绿地生态网络规划研究 [D]. 南京：南京林业大学，2011.

② 车铭哲. 基于系统论视角下的城市公园系统构建研究 [D]. 重庆大学，2013.

③ 施栋琴. 中西民族整体性思维与个体性思维倾向之差异在汉英语言中的表现 [J]. 上海海运学院学报，2002，23（1）：100–105.

普遍联系；西方分析思维模式则正好相反"[1]。整体性思维将万事万物看作一个有机整体，注重从总体上来把握事物，强调事物之间的普遍联系，但不善于对事物进行周密的逻辑分析，因而具有笼统、模糊的特征[2]。西方的个体性思维方式是一种解析思维，善于对整体中各个细节的精密分析，能比较深入地观察事物的本质，但不善于对整体综合把握，因而容易产生片面性。

不同的思维方式，造成了社会实践和文化活动等各个方面的差异。比如中西医学，中医将人体自身看作一个整体，将人体与外界又看作一个整体，注重人体表里内外功能上的联系，精于观察而疏于解剖；而西医则重视"分析"人体，重视对人体的解剖，善于根据人体九大系统的生理结构来解释病理现象，但不重视人体表里内外的功能联系，不善于辨证施治。这实际上就是中西民族整体性思维方式与个体性思维方式的对立[2]。

可见，从整体出发，去研究和解决问题是一种优良的思维方式，我们在考察事物时要以整体性为基本出发点，强调事物之间的普遍联系，把研究对象看作一个有机整体来考虑，才能揭示出分割状态下不能显示的特征，从研究对象的一切关系中把握本质。

4. 整体性思维的相关研究

"整体性"顾名思义指的是事物有机统一的特性。但对整体性思维目前学者并没有明确统一的认识。苏飞在《当代整体性思维视野下的文化建设》一文中提出，所谓整体性思维，指的是从事物普遍联系和永恒发展的视角出发来认识万事万物，把事物看作是各要素之间相互影响、相互制约的有机整体。整体不能简单地理解为各部分简单相加的机械和，各个要素只有在整体框架中才能得到正确的理解[3]。宋春丽在《当代整体性思维视角下的和谐社会建构》一文中提出，当代整体性思维是对事物可以分化和区分为要素的分化性和区分性的否定，而对事物从整体上进行认识和把握的思维机制，它以对立统一为逻辑基础，把认识对象看作是普遍联系和无限发展的系统与整体，重视各部分间相互作用、相互制约的非线性关系，并对事物不同的发展阶段、发展层次、不同的组分系统进行辩证地分析和综合，力求最大限度地把握对象的整体本质。整体性思维的本质规定为将认识对象作为一个整体来认识考察，这也是整体性思维方式在哲学层面的一般性概括[4]。王沛在《从点性思维到系统性思维》一文中论述到，

① 季羡林. "天人合一"新解 [M]. 北京：新华出版社，1991.
② 施栋琴. 中西民族整体性思维与个体性思维倾向之差异在汉英语言中的表现 [J]. 上海海运学院学报，2002，23（1）：100–105.
③ 苏飞. 当代整体性思维视野下的文化建设 [D]. 烟台：鲁东大学，2014.
④ 宋春丽. 当代整体性思维视角下的和谐社会建构 [D]. 烟台：鲁东大学，2012.

整体是由各个局部按照一定的秩序组织起来的，要求以整体和全面的视角把握对象。也就是一切从整体出发来考虑问题和解决问题。整体性思维的核心是注重系统中的联系和相互作用[1]。苟维在《中国传统的整体性思维方式对可持续发展的意义》一文中提出，在中国传统文化中，"天人合一"的整体性思维是其突出的特点。它表现为传统文化的各种表现形式之间不是彼此孤立存在，而是相互依赖、相互影响的一个整体。它强调整体的联系和统一，更注重整体的和谐。它在承认矛盾对立的基础上更体现了矛盾的统一性、协调性[2]。

综上所述，本书论述的整体性思维，是传承了中国朴素的整体性思维，作为系统论的核心内容，从整体出发，把事物看作是各要素之间相互影响、相互制约的有机整体，对系统、要素、结构、层次（部分）、功能、外部环境等进行整体考虑，从它们的关系中揭示和把握系统的整体特征和总体规律，整体的、综合的考虑问题和解决问题的一种思维方式。

3.2.2　大型铁路客站站域空间整体性发展的理论分析

大型铁路客站站域空间整体性是指铁路，尤其是高铁，在引导城市发展的过程中，在城市空间系统化与网络化发展的背景下，为了实现客站与城市协同作用下的价值最大化，与城市结构调整、土地集约利用等方面的有机结合，形成以大型铁路客站为核心在一定的区域内，一般在半径 1500m 的范围内，采取的将交通空间、建筑空间（私有物业）与城市公共空间作为一个整体，统筹考虑交通发展与城市土地利用，形成的具有连贯开放、集约高效的有机组合的城市地段空间系统（图 3-3）。

从宏观层面来看，客站作为城市系统要素和网络上的节点，需要把自己当作区域和城市空间系统的一部分，除了完成自身的交通集散功能外，还要综合其他城市职能，创造一个综合的多功能环境。从微观层面来看，站域整体性

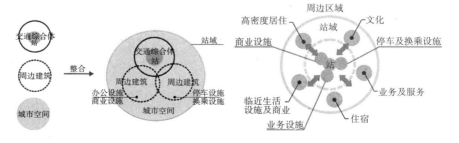

图 3-3　站域空间整体性发展
（来源：作者自绘）

① 王沛. 从点性思维到系统性思维——论环境系统设计中的标识设计 [D]. 上海：东华大学，2005.

② 苟维. 中国传统的整体性思维方式对可持续发展的意义 [D]. 成都：成都理工大学，2009.

是指交通空间、建筑空间与城市空间的体系化，具体来看主要体现在两方面：一是客站与城市空间的一体化；二是客站和城市空间在地面、地上以及地下的一体化，即站域空间的立体化。从交通网络层面来看，站域所依赖的交通网络的整体性发展对城市空间发展影响巨大，除了需要关注站域空间的整体性，还要关注客站所依赖的网络的整体性发展以及其与城市空间的相互作用，这一点在东京的城市发展中得到了验证（图3-4、图3-5）。

　　整体性发展强调站域作为城市空间系统的构成要素，重视站域与城市空间系统和交通网络的整体发展。因此，作为城市形态和空间环境构成要素的站域空间应成为开放的体系，与城市空间互相融合渗透、整合统一，满足城市形

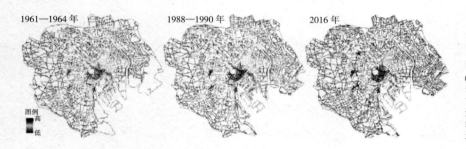

图3-4　东京城市中心演变图（来源：杨策，吴成龙，刘冬洋.日本东海道新干线对我国高铁发展的启示[J].规划师，2016（12）：136-141；郑明远.轨道交通时代的城市开发[M].北京：中国铁道出版社，2006）

态和城市空间环境发展的总体要求。在设计上要求我们以一种系统和整合的思路，综合性的解决城市功能和形态方面的问题，不但注重研究站域本身的性质，而且更加关注站域与其他城市要素相互影响、相互制约而形成的城市形态和空间环境

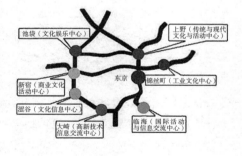

图3-5　东京都市多中心结构（来源：杨策，吴成龙，刘冬洋.日本东海道新干线对我国高铁发展的启示[J].规划师，2016（12）：136-141；郑明远.轨道交通时代的城市开发[M].北京：中国铁道出版社，2006）

的"体系"。具体到站域空间而言，主要有以下几个方面的要求：

　　（1）在空间上，将交通空间、建筑空间（私有物业）与城市空间作为一个整体，统筹考虑，消解不同功能或物业权属带来的物理隔离，重新定义客站与周边建筑以及城市空间之间的关系，从而使得客站与周边城市空间的界限消融，站域空间开始逐渐向立体化和城市化的方向发展。

　　（2）在功能上，以交通换乘为基础功能，同时通过复合开发提升站域的服务水平，集聚办公、居住、旅馆、展览、餐饮、会议、文娱等多种城市功能，并将交通设施与物业开发进行一体化设计，从而在互动过程中形成一个多功能、高效的复杂而统一的站域空间，改变单一交通空间的局限性，产生更为广泛和优越的整体功能，实现交通空间与城市空间相互渗透的目标。

（3）在土地利用上，强调高效集约，探寻一种混合的土地利用模式，将客站与周边城市空间统一规划和开发，既有利于提升可达性和交通效率，也有利于客站与周边现有城市设施功能的系统化，使城市中心重新焕发活力。

（4）在经济上，表现为对站域经济开发效益的追求。客站与多种城市职能的融合，可以改变客站建设的单一经济来源，弥补巨额的建设费和营运费用，实现外部效益内部化。

另外，站域公共空间的整体性发展，以建筑空间为媒介，通过功能与空间的立体化、网络化组织，有意识地将多种交通设施高效整合在一起，构成一个流动的、立体的交通体系，有利于"零换乘"目的的实现，促进公共交通整体运行效率的提高，从节约空间和环境效益角度来看，其建设具有相当的生态可持续性。

我们需要注意的是，这种整体性发展正是由于客站与城市和区域的相互作用所造成的。大型铁路客站站域的开发将产生正的或负的外部效应，从而影响城市、沿线和区域的发展，不能以整体的视野看待站域空间发展带来的影响，就无法做出合理的并可持续的规划设计方案。

3.2.3　大型铁路客站站域公共空间整体性发展的本质问题

通过国内外典型案例的比较研究，我们不难发现客站触媒作用发挥的核心问题在于客站及其周边地区的整体性发展，进而促进城市整体经济和社会的发展，而站域整体性发展的核心是土地利用与交通协同，以及站域功能的均衡。因此，站域空间的整体性发展不仅要解决客站的建设问题，更要充分发挥客站的城市催化作用，促进城市经济和社会的发展。既要关注交通节点功能的发展，也要关注城市场所的形成。需要多层次、多角度地看待其形态设计过程。交通节点要求多种交通方式整合，城市场所要求客站与城市功能区融合。多元交通方式整合是对高速铁路、干线铁路、省际客运、市郊铁路、城市轨道交通、地面公交、长途、出租车等多种交通工具进行的整合。城市功能区融合要求客站与城市办公、商业、文化、休闲娱乐等功能区有机结合，融为一体，进行高强度、高密度开发，引导城市功能布局[①]。

大型铁路客站站域空间整体性发展，究其根本是在城市系统化、网络化发展的基础上，客站建设和城市协同，实现站城共同发展的开发模式。日本京都大学特任教授土井勉从社会学和经济学的角度对这种整体性发展的结构做出说明，他认为正是由于铁路（高铁）这种大众运输方式的产生，才促成城市

---

① 林涛.基于枢纽与城市功能整合的综合交通枢纽规划设计研究——以佛山西站综合交通枢纽设计为例[M]// 中国城市规划学会城市交通规划学术委员会.新型城镇化与交通发展论文集.北京：中国规划学会城市交通规划委员会，2014：1427–1438.

和铁路（高铁）客站共同发展模式的形成。一方面，铁路（高铁）的建设，产生了大量的定期流向城市的人流，都市圈的扩大成为可能。而随着人口的增加，促进了大量服务设施的建设，同时由于人口的集聚效应，城市也更加繁荣。另一方面，由于城市空间的有限性，导致了城市土地价格的上涨。随着城市的进一步扩大，为了寻求投资机会和生活便利性，使得更多的投资者和人群在城市集聚，进而由于空间的有限性导致了城市地价的上涨。虽然城市人口增加会导致许多城市问题，但也增加了城市财政收入，而财政收入增加可以完善城市基础设施，优化行政服务。另外，对于企业来说，人口增加意味着劳动力和消费增加，会给企业带来更多商机，这不仅有利于当地商业发展，也有利于当地社会、文化、经济的全面发展，城市也将更加繁荣昌盛。市民生活也因城市发展而变得更加丰富多彩，富有活力。而大量的市民活动使得铁路乘客增加，铁路服务业因此变得更为完善[①]（图3-6）。

　　可见，高铁和客站所带来的人流、物流、资金流和信息流的增长，促进了城市的发展。同时，城市的发展又提升了交通需求，进一步促进了高铁的发展。这种整体性发展意味着站与城之间通过相互依存而取得发展，两者之间的互馈促进了城市整体实力的提升。

　　基于此，本书认为，站域空间整体性发展的本质问题是如何通过对客站与城市土地利用的优化配置，实现客站建设与城市协同发展的问题。其核心是

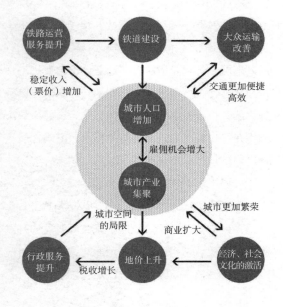

图3-6　铁路与城市的共同发展结构
（来源：作者自绘）

① Nikken Sekkei ISCD Study Team.The basic conditions needed for executing intergrated station–city development[J].A+U，2013，10：150-153.

通过积极有效地综合开发，促进客站触媒作用的发挥，实现土地利用的集约化、区域整体功能效率的最优化以及资源要素"投入 – 产出"的最大化。具体而言，一是获取经济收益，弥补高额的建设运营成本。二是依托客站开发，集约高效利用土地资源，优化城市功能和产业空间布局。三是形成集聚效应和场所效应，提升站域乃至整个城市发展的活力和竞争力 [①]。

3.2.4　站域空间整体性发展的理论框架模型

理论框架的主要思想如下：交通作为引导城市发展的重要因素，尤其是当前高铁的快速建设，客站成为促进城市中心区再发展和引导城市结构调整的重要因素，客站发展的同时引导城市发展的需求必然对站域空间的发展提出相应的内在要求，因此，如何协调客站自身运营与城市发展的关系是必须重视的问题。从交通与城市土地利用的互馈关系来看，这个问题的本质是如何通过对客站与城市土地利用的合理优化配置，实现客站建设与城市协同发展的问题。

基于交通与城市土地利用的互馈关系，本书提出以下命题：站域空间形态是客站建设与城市土地利用的表现形式，基于客站与城市土地利用的相互作用，通过客站与城市空间的协同发展，包括站域、沿线、所在城市和区域 3 个层次的优化整合，发挥点、线、面整合发展的优势，才能最终实现站域空间的整体性发展和引导城市再发展以及结构调整的根本目的。

从站域空间的双重属性特征来看，交通节点和城市场所的均衡是实现站域空间整体性发展的手段，强调枢纽地区的协同作用而非简单的功能叠加。过多的节点效应或场所效应都会抑制另一方的发展。站域空间的设计要避免形成两种极端，力求达到一种最佳的平衡状态。因此，基于"节点—场所"效应作用机理，通过这两种效应的发展关系、存在的类型，以及影响因素的探讨，促进站点功能与城市功能的相互作用，对站点所在城市整体空间结构和功能结构有着重要意义。

将上述思想模型化构建了如图 3-7 所示的研究框架，用以深入分析客站与城市空间发展的协同关系。

（1）理论框架中主要包含客站建设与城市空间两部分，大型铁路客站站域空间是分析客站与城市空间相互关系的纽带和叠加点，主要表现为外圈的交通与城市土地利用的相互作用和内圈节点交通功能和场所城市功能的协同。两者的协同是站域空间整体性发展的基础。

（2）外圈结构表明站域空间的发展是交通系统与土地利用的妥协结合产

---

① 樊一江，吕汉阳，霍瑞惠 . 我国综合客运枢纽综合开发的问题与对策 [J]. 综合运输，2014（7）：8-13.

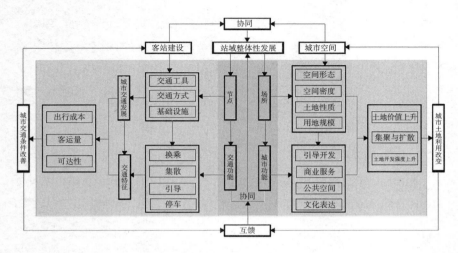

图 3-7　站域空间整体性发展的概念框架
（来源：作者自绘）

物，二者是相互影响、相互作用的。交通条件的改善是激活交通活动与土地利用互馈作用的关键，反过来，土地利用特征的改变也对交通系统提出新的需求，促使其不断改进完善，引起交通设施和出行方式的改变，而其中某一因素的突变，城市土地利用与交通系统又进行新一轮的进化。

（3）内圈结构表明了客站建设、交通节点和城市场所的变化过程。客站的建设带动了节点和场所的发展，左侧表明交通枢纽本身作为重要的交通设施所反映的交通功能与设施属性，主要表现为交通服务功能；右侧表明站域对城市功能发展的影响和催化所产生的价值，比如站域承担了城市多少商务功能等，主要表现为文化表达功能、引导发展功能、商业服务功能和公共空间功能；中间区域表明了两者的相互作用，而这种相互作用必然造成城市经济活动、交通以及土地之间互相影响，互相作用必然引起城市空间的重构与发展，具体相关影响因素需要分别从可达性、交通量、出行成本，以及土地价值、开发强度、企业和人口的集聚与扩散等方面进行分析。

3.2.5　站域空间整体性发展的分析框架

基于客站的双重节点特征考虑，客站既是铁路线路的节点，也是城市节点，因此，既可以根据铁路网络的层级关系将站域整体性发展界定为三个尺度：点（客站）、线（沿线）、面（铁路网络）；同时，也可以根据城市空间系统将站域整体性发展分为大尺度区域级系统、中尺度城市级系统和小尺度的地段级系统。而在区域空间系统主要表现为都市圈一体化和城市环状枢纽体系，属于铁路网络的面层级；在城市空间系统层面主要表现为城市环状枢纽体系和沿线一体化发展，属于铁路系统的线层面；在地段空间系统层面主要表现为客站综合体、城市综合体、站域综合开发（客站社区），属于铁路线路的点层面（图 3-8）。

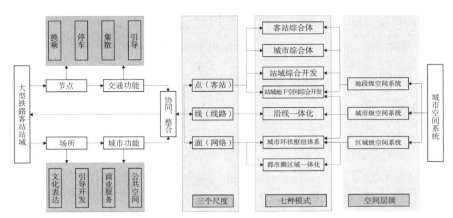

图 3-8　站域空间整体性发
展的分析框架
（来源：作者自绘）

　　（1）点层面：地段内客站与周边城市空间的整合发展。重视客站自身的
开放，将客站与城市空间一体化整合，进而真正地发挥客站的空间场所特性，
其本质上是呼应城市、建筑一体化发展策略，使建筑元素对于整个城市空间保
持一定的开放性和连续性。

　　（2）线层面：以客站为核心的沿线一体化发展。在高铁和客站规划时，
同步进行沿线廊道及站域空间土地利用规划，包括站域土地控制、站域土地利
用的规划调整，以及客站与城市其他大型设施的衔接、配合规划。将客站融入
城市公共活动空间之中，形成有利于站城一体化发展的土地利用和空间演化模
式。此时，视角不应再局限于单个站点，应以沿线和区域的观念和开放的思维
来看待客站的发展。这要求铁路客站不能画地为牢，独立于城市和周边区域孤
立发展，从客站"点"的开发上升到"珠链"式廊道的打造，由"点"向"线"
过渡，在走廊层面实现多个客站之间的协调，以引导城市空间结构的整体优化
调整①。

　　（3）面层面：城市以及都市圈内站点的网络化协同发展。在城市系统化
和网络化发展的背景下，大型铁路客站地区将会成为发挥区域功能的重要功能
区，不仅作为城市重要的综合交通枢纽，而且通过多种城市设施的建设成为城
市重要的副中心，促进城市多中心发展，在优化城市结构等方面发挥积极作用。
如果客站建设仅仅停留在点的层面上，难以充分发挥其可利用的潜力。因此，
由点到线和面，形成城市功能区在铁路交通沿线的"有机集中"和城市范围内
的"有机疏散"，有助于我国大城市由单中心团状结构向多中心组团结构转变。
这需要对沿线不同类型城市进行分类，系统研究铁路站点周边土地价值的提升

策略。这主要是因为铁路沿线的综合开发取决于当地城镇化发展水平，沿线设站城市的能级、经济、人口构成等差异明显，并且客站所处的区位和地段环境也千差万别，甚至有的地方根本就没有可开发的用地，或者有地但根本就不具备开发价值[1]。

整体性原理认为事物间存在着相关和协同性作用。因此，上述点、线、面三个不同层面是相互关联、相互影响的，三个不同层面中均有站域空间相关的整合，而且涉及的内容尺度有所不同，互为补充，彼此关联，渗透在站域建设的方方面面。只有这样，才能更好地从站域空间整合策略的综合应用上有效促进站城互动，提高站域的综合性能和效率。总之，基于"整体性"的站域空间发展始终伴随着城市空间的发展，从三个尺度、七个层面展开，彼此作用，互为依存，综合应用（图3-9）。

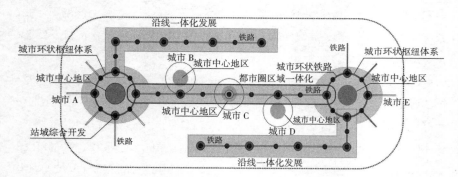

图3-9　站域空间整体性发展的整合关系分析
（来源：作者自绘）

3.3　站域空间发展属性特征分析：基于节点与场所模型

大型铁路客站站域空间具有节点和场所的双重功能属性，但在大量的实践项目中，并不是每个项目都能获得两种功能的均衡发展，发展的结果也表现出明显的不同。事实表明，并不是每个在建成区内的客站都能依据这个理论成功的发展成为城市场所。贝尔托利尼提出这个理论的时候说明了客站区域有两个关键特征：其一是节点特征，节点是火车的接入点，同时也是多种交通设施网络的接入点，如图3-10（a）所示；其二是场地特征，场所是城市里带有相应基础设施、多种功能体和公共空间的特定区域，如图3-10（b）所示。由于节点与场所功能发展程度的差异，不同的站域空间会有不同的发展特征，具体如下：

① 张世升. 基于多层面的铁路沿线综合开发研究 [J]. 铁道标准设计，2014（9）：125-128.

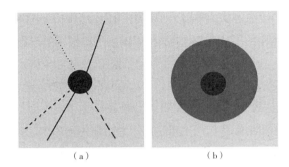

图 3-10　客站的节点和场所属性特征示意图
（a）客站作为交通节点；
（b）客站作为城市场所
（来源：Bertolini，Luca.Cities on rails：the redevelopment of railway station areas[J].E & FN Spon，1998，58（2）：287-299）

（1）孤立的交通节点，如图 3-11（a）所示。这种客站的特征是其作为交通运输的节点而不具有城市场所功能，客站内部空间用途单一，主要服务于旅客和通勤乘客，客站与周边环境没有联系，客站周边多为落后的不发达地区。例如英国伦敦的滑铁卢客站和帕丁顿客站，两个都是主要的交通枢纽，滑铁卢站除了连接国内，还是第一个拥有国际线路连接欧洲大陆的客站，帕丁顿是连接伦敦希思罗机场的客站。虽然两者都进行了翻新以容纳更多的餐饮和零售设施，但结果显示客站主要使用人员依然是旅客和通勤人员，尤其在每天的人流高峰期，非乘客人员很少到来。由于客站与周边街道发展水平的差异，两个客站都没有与周边不发达的城市设施形成连接，独立发展。这种客站内部环境缺乏活力，与城市的关系薄弱，可以被看作是孤立的交通节点。

（2）带有场所功能的孤立的交通节点，如图 3-11（b）所示。这种客站的特征是高效的交通节点和客站内部空间的场所性，客站内部空间往往充满活力，除了满足乘客和通勤人员的活动需求，还需满足市民的活动需求，但客站周边环境依然没有活力，主要表现为不发达。比如伦敦的尤斯顿站和纽约中央火车站，尤斯顿站是集多种交通设施和功能于一体的车站，虽然车站远离前面的尤斯顿路，而且与周边街道联系便利，但客站周边的街区依然十分落后，未能得到发展。纽约中央火车站有一个震撼的大厅，其独特的内空间每天为 100 万乘客服务，同时也成为市民购物和聚会的场所。但客站位于曼哈顿功能单一的高层办公区，客站与周边难以形成互动，形成了极具活力的"孤岛"。

图 3-11　站域空间的五种发展特征示意图
（a）孤立的交通节点；
（b）带有场所功能的孤立的交通节点；
（c）城市场所内的交通节点；
（d）城市场所内节点和场所均衡发展；
（e）孤立的场所
（来源：Paksukcharern Thamaruangsri，K.NODE and PLACE：a study on the spatial process of railway terminus area redevelopment in central London[D].London：University of London，2003）

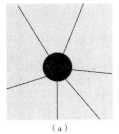
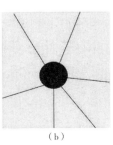
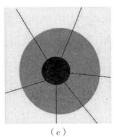
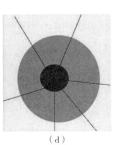

（a）　　　　　（b）　　　　　（c）　　　　　（d）　　　　　（e）

（3）城市场所内的交通节点，如图 3-11（c）所示。客站的特征是仅仅作为交通节点，满足乘客和通勤人员使用。客站是封闭的与周边环境隔离的，而周边环境却是充满活力的多功能街区。比如伦敦芬丘奇街和坎农街的客站，以及里尔的弗朗德勒车站。伦敦的两个车站虽然位于伦敦的混合办公、零售和商业的综合发展区域，客站与周边环境很少联系，主要用于每日高峰期的通勤，而在其他时间几乎没有人。里尔弗朗德勒车站是主要服务于地方铁路的终点站，靠近里尔欧洲站，周边是里尔欧洲站的综合发展区，集办公、住宅、商业、教育、会议、酒店等为一体的综合区域，然而弗朗德勒站并没有分享这种区域空间的活力，即使新建的综合体毗邻其开发，也没有形成很好地连接。这些客站作为交通节点处于富有活力的城市场所空间之中，但它们并没有与周边的场所空间整合发展。

（4）城市场所内节点和场所均衡发展，如图 3-11（d）所示。这是最有意义的也是最成功的客站类型，客站本身既是交通节点，也是城市共享的活动场所，而且处于充满活力的城市场所环境之中，客站满足了乘客和非乘客的活动需求，客站与周边城市空间无论是室内还是室外都整合在了一起，形成了协同发展模式。比较典型的如伦敦利物浦街道车站、巴黎火车站、斯德哥尔摩中心西站。客站整合了多种交通工具，提高了节点效率的同时，在车站内部提供公共空间，满足人们约会、购物、餐饮需求，而且内部空间与外部城市空间形成良好的衔接和互动，提升了整个区域活力。

（5）孤立的场所，如图 3-11（e）所示。这种车站周边环境要不很好，要不很差，他们不再作为客站或者其他交通设施的站点，已经完全转变为另一种拥有不同功能类型的建筑。如巴黎的奥赛火车站现在转变成为艺术博物馆，英国巴斯的新古典格林公园站现在转变成为超市，美国的圣路易斯联合车站现在转变成为文化中心，斯特拉斯堡的帝国总站现在转变成为公共市场。虽然这些车站得到了保留，但是车站的交通节点功能已经完全丧失，有些车站改变功能后依然吸引着大量人群的到来。这些车站和设施为了适应现代的生活需求大都进行了更新改造，但与交通出行不再有关。

五种不同的属性特征表明，客站要想获得节点和场所的均衡发展，必须具备以下特征：首先必须是一个高效的交通节点，连接着铁路和多种不同的交通网络；同时还必须是一个充满活力的，与周边环境一体化整合的城市场所。另外，客站容纳多种城市功能也很重要，虽然这不是主要因素。而最重要的是客站与周边环境和城市设施的空间关系，例如利物浦街道车站的成功和纽约中央火车站的局限就很好地说明了这点。

3.4　大型铁路客站站域空间发展的整合要素分析

　　整体性发展的设计要素也可称为整合设计对象，是指设计主体为达到设计目标，而设定的不同操作对象和内容，是设计目标的具体细分。整合设计作为城市设计的重要手段之一，其设计要素往往与城市设计要素相一致。张庭伟教授在《城市高速发展中的城市设计问题：关于城市设计原则的讨论》一文中指出："城市设计的精髓就是处理相互关系。"[1] 针对城市构成要素复杂、多样而且相互分离的现状，如何整合城市要素逐渐成为城市空间发展中的关键课题。

　　国内外学者对于设计要素的分类并不完全一致。哈米德·胥瓦尼（Hamid Shirani）在《都市设计程序》一书中对城市设计要素的分类和界定具有典型的代表性，他把城市设计要素分为八类：土地使用、建筑形式与体量、流线与停车、开放空间、行人步道、标志、保存维护、活动支持[2]。而同济大学卢济威教授将城市设计要素归纳为五个方面：空间使用体系、交通空间体系、公共空间体系、空间景观体系和自然、历史资源空间体系[3]。

　　可见，对城市设计要素的划分往往具有较强的针对性和目的性。由于研究者所处的学术背景、面对的具体问题等因素不同，对城市设计对象的理解和分类也呈现出不同的偏重和倾向。铁路客站站域空间与普通城市区域相比，具有一定的特殊性。综合参考以上各类学说，结合实践经验，本书将铁路客站站域空间整合设计对象划分为：交通组织、土地利用、公共空间、物质形态和地下空间。

3.4.1　限定性要素：交通组织

　　铁路客站站点地区多种交通工具在站点地区的接驳与换乘直接影响站点地区空间连接和组织方式，奠定了区域发展的骨架和整体结构形态，成为区域空间结构与空间形态中最重要的结构性、限定性要素[4]。站点地区交通设施的整合，其实质是充分利用城市有限的交通资源和土地资源，对聚集在高铁站区内的各种交通方式进行系统的组织和规划，提高各方式自身的运行质量和效率，并在各方式之间实现科学、紧凑、人性化的协作和衔接，从而使高铁客站及站

① 　张庭伟 . 城市高速发展中的城市设计问题：关于城市设计原则的讨论 [J]. 城市规划汇刊，2001（3）：5-10.
② 　王一 . 从城市要素到城市设计要素——探索一种基于系统整合的城市设计观 [J]. 新建筑，2005（6）：53-56.
③ 　卢济威 . 论城市设计的整合机制 [J]. 建筑学报，2004（4）：24-27.
④ 　姚涵 . 高速铁路对区域、城市和站点区的影响研究——以京沪高铁为例 [D]. 北京：清华大学，2014.

区的枢纽功能得以正常和充分地发挥，成为城市综合交通系统发展的核心[1]。

站点地区所整合的交通资源既有交通方式线路、各种交通方式的站场、相关辅助设施以及商服设施等硬件资源，还有信息、劳动力资源、运营组织等软件资源。而且客站对交通资源的整合因尺度不同，外在表现形式也有较大差异。因此，站点地区整合设计中交通系统整合需要从宏观和微观两个方面进行研究[2]：

（1）宏观层面：从站点地区交通衔接的整体定位和地区交通需求平衡入手，确定站点地区交通衔接换乘与城市综合交通的关系、交通接驳换乘原则、主要交通方式、不同交通方式换乘比例和客运能力等，实现城市内外交通衔接无缝化。

（2）微观层面：对具体的交通衔接与换乘模式与布局进行分析，包括布局模式、换乘流线设计、换乘服务信息标志建设、道路网规划（结构、等级和交叉口设计等）等，为乘客提供高效、优质的换乘服务。当前，绿色低碳换乘、一体化衔接与换乘成为绿色交通观下高铁站点地区的交通衔接与换乘理念。

站点地区整合设计中交通系统整合的总体目标包括[3]：

（1）交通节点层面：实现多种交通工具或同一交通工具的衔接；提供各种交通工具停靠、衔接、联运、合作的场所；实现人员的集散、换乘、引导服务。

（2）交通网络层面：帮助实现交通线路网络化，城市内外交通衔接无缝化；构建、优化多层次轨道交通系统；合理调整公共交通线网布局，提高公交网络的运行效率；引导客流合理转移、改善客运结构。

站点地区各交通方式运行、衔接的质量和效率将会直接影响站区内外交通枢纽功能和城市内部交通枢纽功能。

3.4.2 互馈性要素：土地利用

客站建设与城市土地利用之间存在一种互馈关系。首先，客站建设和运营带来的人流、物流、资金流和信息流会对城市空间结构及城市发展方向产生影响，从而影响到城市土地利用状况，特别是城市交通可达性对城市经济、商业和文化活动用地的空间分布具有决定作用[4]。其次，土地利用性质或利用强度改变以后引起新的交通需求，从而导致对铁路客站及相关区域的交通层面的影响，具体表现在交通工具、交通方式、交通路网结构等方面。

① 夏兵. 当代高铁综合客运枢纽地段整合设计研究 [D]. 南京：东南大学，2011.
② 姚涵. 高速铁路对区域、城市和站点区的影响研究——以京沪高铁为例 [D]. 北京：清华大学，2014.
③ 黄志刚. 交通区位性能与大型铁路客站对交通资源的整合作用 [J]. 铁道学报，2011, 33（6）：8-13.
④ 李海. 城市交通规划与土地利用关系的研究 [D]. 重庆：重庆交通大学，2007.

从国内外大型铁路客站站点地区的发展趋势来看，站点地区土地利用强调立体复合、功能多元混合和资源集约。复合性强调功能的叠合与紧密联系，激发站域更大的发展潜能，在有限的土地资源上发挥出无限的发展潜力，体现出"整体大于部分之和"的集聚效应。集约强调土地的使用效率，国内外众多地区都对此进行了探索，提出了以客站为核心的集约化开发模式，如日本的TOD模式、中国香港的"R+P"模式以及欧洲利用客站改造的城市中心再发展模式等，整体还处于探索阶段。

站点地区整合设计中土地开发整合的目标包括：

（1）依托土地可达性优势，促进城市产业更新，带动区域开发。高铁的开通改变了区域土地的可达性，城市应以此为契机，调整和优化产业结构，大力发展第三产业。

（2）促进城市结构调整，向多中心方向转变。利用地区便利的交通和土地开发，将客站及其相关地段由单一的交通节点向综合的城市生活中心和产业中心转变，形成与建成区错位发展的副中心，推动城市结构由单中心向多中心改良。

（3）为高铁枢纽提供直接稳定的客源。客站地区的土地开发，首先应遵循高速铁路与城市产业结构的关联性，选择关联性强、联系紧密的土地功能，有利于提高客站运行效率，为客站提供客源上的支持。

3.4.3　整合性要素：公共空间

铁路客站承担着改善城市空间品质、提升城市形象的重任。因此，创造一个一体化的多功能环境就成为站域空间发展的首要问题。这需要将客站作为城市公共空间的一部分，不能各自孤立的拼接在一起，只有一体化发展才能提高站域公共空间的使用效率，发挥出站域公共空间的效益。总体来看，这种站域空间的一体化发展，除了包括地面空间，还包括地下和地上空间，形成一个三维立体化发展的客城相融的一体化公共空间体系。另外，通过高品质、多样化的公共空间吸引区域人流集聚，形成富有活力的城市空间也是站域空间整合设计中的关键点。公共空间是客站地区整合设计中非常重要的因素，其整合目标包括：

（1）消除铁路设施对城市空间的割裂以及客站与城市空间之间的分离，创造整体连续的城市空间体系和有机的街道空间体系。

·（2）促进公共设施的开放，提高公共空间使用的效率与公平。

（3）创造高质量的城市公共空间，提高城市生活品质，增加地区活力和吸引力。

3.4.4　激活性要素：物质形态

城市规划者和建筑师的任务是塑造城市的物质环境，这是城市发展的必备条件。正是在这样的物质环境中，民众为城市的开放和包容注入了新的生命。这种物质环境是否体现了地区中各要素的相互作用关系，促进要素间的碰撞和交融，是铁路客站整合设计需要考虑的重要问题。

城市发展项目需要具有里程碑意义的建设作为一种象征或提升，而铁路客站建设正满足了这一要求。铁路客站以及站域空间物质形态的提升能有效提升城市形象，由于使用者多，车站的印象很容易被认知，打造出富有魅力的车站和门户空间，将有利于城市品牌的提升。比如横滨市未来港站的设计理念是"巨大的城市地下管道空间《船》的跃动"，在全部的地下空间设置了能够观察到交通活动和城市市民活动的可视化装置，车站不只是转换乘的场所，还是一个能够给车站使用者带来轻松愉悦感的未来型客站，而且站台通顶的独特空间体验，创造了极具魅力的客站，被认为是城市形象的代表，对区域城市形象的塑造起到了非常重要的作用。可见，客站不仅是一个交通空间，也是城市的门户。其空间形态的塑造、车站内商业设施的配置、舒适空间的建设、车站相邻地区文化设施的导入等都有助于车站的公共性、文化性的提升。通过具有象征性的物质形态设计和引导，城市品牌形象塑造的效果会得到大幅度提升。

其整合目标是：

（1）塑造有影响力的标志性形象，创造城市特征的个性。

（2）重视城市固有的历史和地域特征，创造出城市的魅力和繁华。

（3）保障站点地区建设的整体环境品质，形成低碳排放城市。

3.5　大型铁路客站站域空间整体性发展的类型研究

客站作为城市内外交通系统的节点，是构建城市一体化交通的核心；同时，客站作为一个可达性高的城市场所，本身就具有很强的聚集效应，可以促进城市经济的发展。因此，大型铁路客站在城市中的位置选择，不仅会影响客站地区的发展定位和功能配置，也会影响城市整体结构和经济社会的发展。根据客站与城市的关系可以分为以下四种类型（图3-12）。

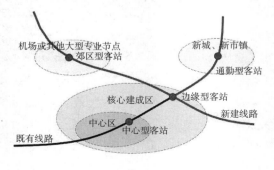

图 3-12　客站分类示意图
（来源：王昊.高铁时期铁路客运枢纽分类及典型形式 [J].城市交通,2010,8（4）：7-15）

3.5.1　类型一：位于建成区中心区域，强化既有城市中心的集中式发展

这种类型的客站位于城市建成区中心区域，改造或扩建原有的老客站，然后发展成为综合型的交通枢纽，带动客站及其周边地区的复兴。建成区中心区域一方面由于土地紧张，土地价值较高；另一方面由于基础设施良好和城市对外交通的外迁，铁路客站周边交通功能往往得以简化，客站通常与周边城市设施一体化发展，开发强度和密度得以进一步提高，呈现出高度集中的立体化发展特征。比较典型的如日本东海道新干线，沿线 17 个站点中有 12 个利用原有车站改扩建完成，仅 5 个选择新建①。而且，其连接的东京、大阪、名古屋、京都这些大城市的客站，都位于城市中心最繁华的区域，形成了高密度、高容积率的集聚发展模式（图 3-13）。这主要出于四个方面的原因：

图 3-13　日本典型站域空间的集约化开发
（a）大阪站站域空间；
（b）港区汐留站站域空间；
（c）品川站站域空间；
（d）东京站站域空间；
（e）大琦站站域空间；
（f）池袋站站域空间；
（g）涩谷站站域空间；
（h）秋叶原站站域空间；
（i）横滨站站域空间
（来源：作者根据相关资料整理）

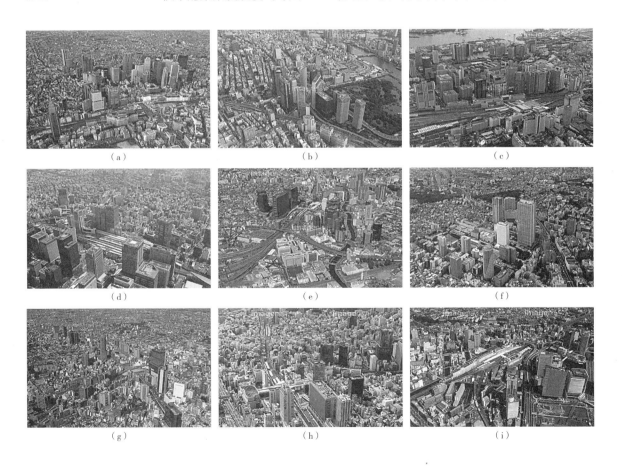

（a）　　　　　　　（b）　　　　　　　（c）

（d）　　　　　　　（e）　　　　　　　（f）

（g）　　　　　　　（h）　　　　　　　（i）

---

① 李传成 . 日本新干线车站及周边城市空间开发建设模式分析 [J]. 国际城市规划，2013（6）：27-29.

（1）在交通方面，与其他车站的联合建设可以形成快捷有效地换乘，方便乘客出行。例如日本东京站新干线与城市轨道交通形成一体化联运，便捷的换乘和高效的空间组织使 80% 的乘客都能通过轨道交通换乘，这也使得中心区高密度、高强度开发成为可能。

（2）在土地利用方面，由于中心区土地资源稀缺，激发有限用地的最大潜力价值符合城市发展要求。客站通常充分利用地下空间与周边城市设施一体化开发，例如日本普遍建设了地下 2~3 层的地下街，法国巴黎里昂站甚至采用了地下 5 层的立体空间系统。

（3）提升竞争力，中心的区位优势可以提升乘客对高铁的选择。

（4）政策扶持。日本自引入城市规划以来，车站地区土地高度利用一直是其城市开发的先决条件，以东京站为例，其周边用地的指定容积率为 9.0。

这种类型的发展也面临着许多的挑战：首先就是铁路对城市空间完整性和连续性产生的阻隔与影响。日本客站多位于城市中心，为了保持城市交通格局和城市空间的完整，在改造过程中一般多选择在原有线路之上铺设高架线和下埋线，减少对城市的影响。如名古屋站，铁路线进入市区后采取与东海道本线并线的方式铺设，将铁路线高架于地面二层，城市道路从高架下穿过，既高效利用了原有的铁路建设用地，又保持了城市交通格局的完整性[1]（图 3-14）。我国高铁采用"以桥代路"的发展模式，但是最终大多由于经济、技术和空间区位的权衡而放弃了中心区位。其次，站点地区的再发展必然会给城市中心区带来新挑战和矛盾。中心区的道路和周边开发已经完成，路网本身就面临了较大的交通压力，新客站的到来必然会带来更多的人流、物流和交通量，这会增加城市路网的压力，如不妥善处理，甚至会导致混乱。

（a）

（b）

图 3-14　名古屋站空间组织
（a）名古屋站站场组成；
（b）名古屋立体化站场细部
（来源：李传成 . 日本新干线车站及周边城市空间开发建设模式分析 [J]. 国际城市规划，2013（6）：27-29）

---

①　李传成 . 日本新干线车站及周边城市空间开发建设模式分析 [J]. 国际城市规划，2013（6）：27-29.

图 3-15　重庆沙坪坝综合交通枢纽开发方案
（来源：中铁二院）

因此，类型一对于城市中心发展薄弱的城市，尤其是中小城市，具有加快发展的催化作用，是一种见效快、收益明显的选址方式。但对于单中心大城市，客站与原有城市中心的叠加短期内可以加快其发展，但从城市长远发展的角度来看，城市交通的过度集中，如果没有良好的空间发展模式，就有可能因过多的人流、车流而导致拥挤和混乱等问题，因此，更为适宜发展多核模式[①]。由于此类型在我国受当前运营体制等因素的限制，目前尚无典型案例建成，但一些大城市的中心客站有转变成为类型一的可行性，如重庆沙坪坝站（图 3-15）。随着观念的改变，目前我国中心型客站的发展具有较大的不确定性。

3.5.2　类型二：位于城市边缘，作为城市新区及副中心

客站位于城市边缘地带，与现有的城市中心有一定的距离，利用客站的导向效应和触媒作用来促进城市新区的发展。客站在城市发展战略的引导下，逐渐发展成为城市新区以及副中心。此类型客站成为新的城市中心有其必要的条件：

（1）与原有城市中心区保持一定的距离。一方面可以为新的城市中心区发展提供大量土地便于开发；另一方面还可以防止过近的距离，在中心区的虹吸作用下各类经济和社会活动的回流。但过远则会导致可达性差，进而削弱了站域空间对人流、物流和资金流的吸引力。因此，这类客站发展合适的距离很重要。

（2）加强与城市中心区的交通联系，增加其可达性。既要便于本市市民的出行，吸纳原有中心区的部分商业以及业务入住新区，又要便于外来人口在本地区进行社会、经济等活动，增加新区的吸引力与容纳力。

（3）明确城市规划意图，形成有产业支撑、配套良好、功能完善的城市功能拓展，与原有城市中心区进行差异化发展，比较典型的如新横滨站（表 3-3）。

① 李传成. 交通枢纽与城市一体化趋势——特大型铁路旅客站设计分析 [J]. 华中建筑，2004，22（1）：32-41.

新横滨站域开发历程表　　　　　　　　　　　　　　　　　表3-3

1964年之前	1964~1980年	1981~2003年	2004~至今
设站	基础设施建设期	城市品质提升期	城市更新发展期
1963年设站，无基础配套设施，一片和谐的乡村景象	新干线开通，客站地区开始进行城市基础设施建设，改善城市交通和生态环境，增加生活必备设施	交通和基础设施建设逐渐完善，加强与横滨市中心的联系、集聚产业和完善基础设施建设	从"工作在新横滨"向"生活在新横滨"转变，新横滨站大楼竣工，功能和城市面貌有了很大改善
无任何配套	路网骨架基本确立，零售店、餐饮店，还有酒店、保龄球场、医院和一些专业学校开始进驻新横滨	医院、企业总部进驻，电子企业总部、一些科技研发中心、信息专科学校迁往新横滨，IT产业聚集	日本屈指可数的IT产业中心，完善生活配套设施，建了活力中心新横滨站，实现职住平衡

（来源：参考相关资料整理）

（4）优化站域自身发展要素。站域的发展同样受到自身的要素影响，如土地使用密度与强度，交通的便利与安全，空间的立体化与集约化，步行环境的顺畅等，这些因素都将直接影响到地区活力的提升。

（5）相关政策的扶持。通过法国里尔站、德国柏林中央火车站、日本大阪站的案例，可以看出相关政策和政府的扶持是站点地区得以成功开发建设的保障。

对于规模较大的城市，单中心发展难以符合城市继续发展的要求时，就需要新的触媒点来维持城市社会经济的增长，来消除单中心的压力。位于城市边缘的客站，由于自身强大的触媒作用和城市发展战略的需要，一般都成为城市新引擎，发展成为城市的新区或副中心。我国多数城市客站选址于城市边缘，也是单中心城市快速发展的必然选择，以客站建设为契机促进城市向多中心空间结构转换。这类客站在我国比较多，例如南京南站、杭州东站、济南西站、郑州东站等。

3.5.3　类型三：位于城市远郊区，作为区域接驳的综合交通枢纽

客站选址于边缘或远郊区，在城市尚未开发的区域进行客站建设。其特点如下：铁路客运以高速铁路城际线为主；由于与城市中心区连接薄弱，客站

周边城市功能配置少，人流集聚难以形成，城市空间形态不明显；周边地价较低，周边多为产业园。

在国外，这类客站设置的初衷是优化航空运输功能，通过高铁线接入，增加航空港的区域辐射能力，如戴高乐机场站、法兰克福机场站等。比较典型的如日本的岐阜 – 羽岛新干线车站，作为郊区化城市入口的高速铁路车站，由于离中心城市较远，经过了近 30 年的发展，车站附近仍然像一个偏远的角落，仅仅出现了一些仓库、餐馆、娱乐中心、停车场和收费站。因此，其选址、功能布局以及周边地区的开发定位受到机场的影响，多分布于与机场有关的物流园区及较低密度的产业园[①]。在我国，经济发达城市群中的重要城市意识到这种海陆空一体化联运的城市综合交通枢纽的定位和功能可以提高城市的区域竞争力，纷纷设置了这种接驳型的客站，如长沙机场站、郑州机场站等都属于此类型。

可见，充当作为区域接驳的客运站站域，由于定位于交通节点和城市入口，人流常为通过性人流，没有常驻人流，这里的开发潜力较为有限，通常为服务站点的商业设施、娱乐设施以及少量的商务办公空间，与定位为城市副中心的客站在城市功能上有较为明显的区别。

3.5.4　类型四：位于新城、卫星城，作为城市的通勤交通枢纽

通勤铁路是一种提供市民在中心城区与城市郊区之间通行的铁路运输系统，主要用于每日上班上学，乘客众多且集中。其优点是一方面可以减轻市区内的路面交通压力，减少污染以及对汽车的依赖；另一方面亦能带动途经地区发展成为都会的住宅区，对城区过于集中的人口进行有机疏散。目前，随着铁路交通系统的发展，众多大城市都在 1h 通勤圈的影响范围内建立了这种通勤交通枢纽，比较典型的如日本和中国香港的新市镇，例如日本田园都市站。

综上所述，客站在城市中的位置选择关系到一个城市未来经济社会的发展。如果不加以正确的引导，所产生的结果可能会与城市的战略性规划相悖，错误的区位选择，客站可能会起不到应有的促进作用。而一个好的选址，往往会带来高效与舒适，并在获得交通效益和经济效益的基础上，把综合的社会效益做到最大化（表 3-4）。

---

① 王昊 . 高铁时期铁路客运枢纽分类及典型形式 [J]. 城市交通，2010，8（4）：7–15.

铁路客站的四种典型类型   表3-4

类型		城市中心型	城市副中心	区域接驳型	通勤型
区位		城市中心区	城市边缘	城市郊区	新城、新市镇中心
定位		交通枢纽 经济枢纽	城市新中心 交通枢纽	交通枢纽	交通枢纽 社区中心
功能主体		作为城市空间的一部分，服务于客站所在的城市中心区域	城市内外的交通枢纽，城市发展的新区域，与中心区互补发展	城市入口，主要服务于所在区域而非中心城区	服务于新城、新市镇的通勤、日常生活和商务活动
土地利用特征		客站及周边地区高强度、高密度开发；以城市公共服务中心功能为主导	以客站为中心形成新城的集聚开发，中等强度开发；以服务业和高技术产业为主导	以产业园为主；低强度开发；周边多分布较低密度的产业园	与中心城市相关的住宅社区和相关的商业配套服务功能；中等强度开发，多为社区中心
开发与建设	国外	充分利用地下空间；铁路客运站与城市一体化发展区域	客站综合发展，多为城市综合体；客运站作为城市发展触媒，是城市发展战略的重要组成部分；定位为城市副中心	通过接入高铁线路增强航空港对区域的辐射能力；站场占地面积较小	作为社区的中心，结合社区服务设施一体化设计
	国内	发展趋势不确定，目前主要表现为含有一定城市功能的综合交通枢纽	客站独立发展，多为交通枢纽；客运站作为城市发展触媒，是城市发展战略的重要组成部分；定位为城市副中心	与空港结合增强区域辐射力；站场占地面积大；通常强调与机场的便捷换乘	流线相对简单，多为大型综合交通枢纽；市内交通设施纳入整体统一实施
主要接驳交通方式		轨道交通、步行、通过性公共汽车、出租汽车、少量的小汽车	轨道交通、公共汽车、长途客运、出租汽车、小汽车、自行车、步行	出租汽车、机场客车、小汽车	步行、自行车、公共汽车、小汽车
发展趋势		区域一体化、空间立体化和集约化，功能复合化；普通的商业、服务业部分置换为金融、办公等能够承受更高地价的城市功能	在城镇化快速发展阶段，周边有可能形成城市副中心；在特大城市中，周边可能发展为大型城市综合体	受到机场净空限制，发展以物流及贸易为主的产业园区	特大城市的"通勤郊区"，社区中心
优点		具备产业支撑条件和相应的政策支持，拥有完善的商务办公、酒店、金融等现代化服务设施，带动周边复兴	促进城市多核发展，缓解了城市人口聚集的压力，改善城市空间环境，成为具有自我平衡功能的综合中心	提升城市地位的同时，也能重塑城市的门户形象	疏解大城市中心的人口和居住压力，形成良好的居住环境，有机疏散城市人口
典型实例		北京站、天津站、上海站、沈阳北站、南京站、济南站、郑州站；法国巴黎市里昂站、法国里尔站、日本东京站等	郑州东站、济南西站、石家庄新客站、南京南站、洛阳南站、长沙站等；日本东京新宿站、日本大阪新站等	上海虹桥站、郑州机场站、长沙机场站等；德国法兰克福机场站、法国巴黎戴高乐机场站等	北京亦庄站、天津滨海新城站等；德国卡塞尔站、法国南特站等

（来源：王昊.高铁时期铁路客运枢纽分类及典型形式 [J]. 城市交通，2010，8（4）：7-15）

第4章

大型铁路客站与城市空间
演化发展特征分析

铁路客站可以被认为是伴随着铁路的出现而产生的一种建筑形式，其城市功能和作用随着社会、经济以及城市和交通的不断进步而发展变迁。本章从铁路客站对城市发展的导向效应出发，基于客站与城市空间发展耦合关系的解析，对不同城市发展阶段和不同空间层级下铁路客站与城市空间发展的相互关系及其影响机制进行探析，并对铁路客站与城市土地利用互馈关系进行梳理与总结，以期为当前时代背景下我国高铁发展提供借鉴与启示，为后续制定站域发展战略和开展相关政策研究奠定理论和方法上的基础。

4.1 大型铁路客站站域对城市空间发展的影响

随着土地经济与整体交通系统的发展，大型铁路客站又有其派生性。主要体现在影响城市空间发展的"廊道效应、外部效应、聚集效应和极化效应"四个方面。

4.1.1 大型铁路客站站域空间的城市职能

铁路客站地区是城市铁路运输和城市空间网络的复合重心，一方面，作为城市公共交通枢纽，具备快速换乘、停车、旅客集散等交通中转功能与服务设施的属性；另一方面，作为城市空间场所，其还是刺激和催化一座城市快速发展的引擎，承担着地区文化表达、商业服务、联动土地开发的功能。因此，铁路客运枢纽地区普遍具有双重价值，一是交通节点价值（transport value），二是城市功能价值（functional value）（图4-1）。

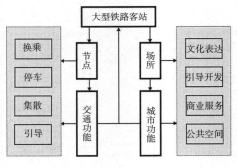

图4-1 大型铁路客站的功能组成
（来源：作者自绘）

1. 交通节点功能
客站的到发客流按照不同的目的和方向实现"换乘、停车、集散、引导"

是客站的 4 项基本功能。通过四个基本功能改善公共交通服务水平和优化城市交通结构。程泰宁院士认为："铁路旅客站不仅仅是美学意义上的'城市大门'，由于现代化交通的发展，铁路旅客站实际上已成为各类交通工具：铁路（包括高速铁路）、地铁、轻轨、公交、长途汽车客运、专用以及出租车辆的换乘中心，是担负城市内外联系最重要的交通枢纽。安全、快速、方便的组织旅客换乘，成为铁路旅客站设计中最基本的问题。"① 满足日益增长的城市流动性需求，高密度、大流量、高流动性的客运服务，始终是铁路客站的核心功能和本体功能。另外，铁路客站由于在城市中的影响力和特殊地位，不断吸引各种交通工具汇聚，加之客站自身交通流量的不断增加和规模的不断扩大，逐渐形成了铁路交通网络和城市交通系统的节点，成为内部交通体系和外部交通体系的纽带和衔接点。对外起到城市间的联系功能，其主要体现在快速、大容量的城市间客运出行组织，加强了城市群内部各城市间的社会经济联系。对内则承担多种交通方式、各种流线交汇和再组织的职能。这要求铁路客站能快速联系从中长城际铁路交通到市内轨道交通、快速公交，以及汽车、自行车等各种交通方式，并创造便捷舒适的换乘体系，以满足换乘的高效性和出行方式的多样性。

2. 城市场所功能

（1）文化表达功能

客站作为城市出入和内外交往的载体，具有"大门"和"名片"的功能。它不仅是城市功能构成与空间结构中的核心要素，还是城市重要景观资源的富集区，集中彰显着一座城市的文化意象。站域作为旅客进出城市的起终点，大量的人流集散地区，是休闲购物、商务办公、旅游服务的最佳承载地，并逐渐成为现代大都市中富有吸引力的标志性公共空间。其良好的城市门户形象会产生巨大的"磁场"作用，推动城市功能升级与文化活力建构。

（2）引导开发功能

站域一般具有较高的可达性，集散客流量大，人流密集吸引着其他城市功能集聚，这将促进土地价值的提高，并吸引商业、住宅和其他设施的集聚，促进客站片区的更新和再开发，对提升地区的开发强度和引导地区发展有着积极的作用。如今客站与城市其他地区综合考虑、统筹规划、联合开发成为可能，众多城市以此为契机，作为城市发展新动力，引导城市再发展。其主要表现为：①新客站的建设打破既有元素的稳定，促进客站周边地区的发展；②客站作为区域发展的触媒，通过交通流线、功能组合、建筑形式引发城市政治、

---

① 程泰宁.重要的是观念——杭州铁路新客站创作后记 [J].建筑学报，2002（6）：10-15.

经济和文化等多方面反应，将城市和客站系统综合考虑，以促进城市的发展；③客站自身承担更多的城市功能，促进城市发展。

（3）商业服务功能

大型铁路客站不应该只是一个单纯的交通枢纽，而是集商业、办公、居住、娱乐等为一体的区域地区中心[①]。商业活动的特点决定了商业需要大量的消费人群，铁路客站大量人流集散创造了巨大的商业需求，便捷的交通可达性加强了空间凝聚力。客站的商业空间逐渐从之前客站运营的补充地位，转向具有规模的、集中的空间形态，它集合了购物、金融、餐饮、酒店、娱乐等功能，形成了富有经济活力的城市中心。而且，除了客站建筑外部的商业建筑外，客站内部商业空间比例也在逐渐增加。在满足客站交通功能的基础上，增加了商业服务性复合空间，既符合现代旅客的交通需求，又可以依靠商业取得丰厚的利润反哺车站。日本铁路公司 2003 年的企业决算表明，虽然公司的主营业务交通客运的收入下降，但随着商业的繁荣、商品销售额的增加，其总体营业收入却是有所提升的[②]。

（4）公共空间功能

客站作为城市区域的关键节点，不仅是一个客运交通的换乘中心，也是重要的城市节点和公共生活中心，担负着展现城市形象和促进城市发展的职责，自然应该与城市整体空间综合考虑，形成交互融合，达到城市空间形态的系统完善。而且，客站高质量的公共空间往往能成为城市的标志，实现铁路部门和城市的双赢。如日本京都站的设计目标便为营造全新的"城市生活中心"。设计师原广司道："我想建一个这样的公共广场，人们可以从这里到各种各样的场所去，而且还可以到达不同高度的场所中。这里虽然是车站，但也是城市的一部分，是一个能让人体验空中城市的地方。"[③]

4.1.2　大型铁路客站对城市空间利用的廊道效应

Edward 等人通过对美国俄亥俄州大都市空间增长分析，借助区位理论建立了城市空间增长分布的廊道效应概念（Corridor Effect），即城市土地利用强度随着距离车站距离的增加而逐渐减弱[④]。轨道交通的建设改变了沿线居民出行的可达性，从而使其交通区位发生变化。轨道交通沿线及其辐射区域便构

① 陆锡明 . 大都市一体化交通 [M]. 上海：上海科学技术出版社，2003.

② 张钒 . 我国铁路客站商业空间设计研究 [D]. 天津：天津大学，2008.

③ [日] 彰国社 . 新京都站 [M]. 郭晓明，译 . 北京：中国建筑工业出版社，2003.

④ Edward J, Shaul K, Howard L. Fauthier. Interactions between spread-and-backwash, population turn around and corridor effects in the inter-matropolitan periphery： A case study [J]. Urban geography，1992，19（2）：503-533.

成了廊道效应场，原则上可以采取对数衰减函数反映轨道交通所产生的廊道效应，即在廊道效应场内，城市空间效益从廊道自身向外围区域随距离增加而逐步降低的梯度规律：

$$D=\int(e)=a\ln\frac{a\pm\sqrt{a^2-e^2}}{e}\mp\sqrt{a^2-e^2} \tag{4-1}$$

式中　e——廊道梯度效益；

　　　D——城市廊道距离；

　　　a——廊道效应常数，表示最大廊道效益。

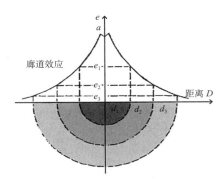

图 4-2　城市廊道距离衰减函数曲线

（来源：宗跃光 . 城市景观生态规划中的廊道效应研究——以北京市区为例 [J]. 生态学报，1999，19（2）：145–150）

图 4-2 所反映的是其函数图形。当距离由 d_1 扩展到 d_3 时，廊道效益由 e_1 降低到 e_3。廊道效应随廊道距离远近而变化[1]。

廊道效应概括为两种：流通效应和场效应。场效应是轨道交通廊道效应的主要表现形式。轨道交通重构城市的交通区位，对城市发展和结构变迁起着诱导作用，主要表现在：（1）刺激城市土地开发；（2）改变城市人口空间分布模式；（3）促成城市形态演变。此外，轨道交通的建设改善了沿线土地可达性，极大提升了沿线城市土地价值与开发强度，其不仅加剧了城市土地利用的空间分异，而且对不同类型城市用地造成不同特征的空间分异。这种对城市用地空间分异的作用随距离增大呈衰减趋势[2]。

轨道交通对城市的作用不仅仅局限于轨道交通站点周边地区，还有沿线的整体区域。轨道交通廊道站场地区的高效开发和多个站点的连锁反应，整合成城市触媒带，形成交通廊道带动和激发城市的建设与复兴（图 4-3），主要表现为带状发展和簇团式交通廊道（表 4-1）。

图 4-3　轨道交通对城市空间扩展的廊道效应

（来源：吴小洁 . 城市轨道交通廊道空间形态特征研究 [D]. 哈尔滨：哈尔滨工业大学，2011）

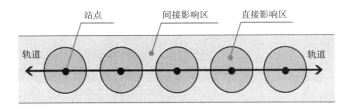

① 宗跃光 . 城市景观生态规划中的廊道效应研究——以北京市区为例 [J]. 生态学报，1999，19（2），145–150.

② 刘炳恩 . 城市轨道交通廊道效应分析模型与方法研究 [D]. 吉林：吉林大学，2015.

两种不同发展模式的轨道交通廊道比较   表4-1

		带状发展模式	簇团式模式
结构示意图			
形成条件	区位条件	城市中心区范围内，城市发展成熟度高，人流较为密集	城市外围区域，人口相对分散，依靠轨道交通与城市中心区联系
	站点规模	站点规模大，交通集散能力强，对周边的辐射力大	站点规模小，对周边的辐射力较小
	站点设置	站点设置密集，站点间距小于站点对周边地区的辐射范围	站点间距大，往往大于站点对周边地区的辐射范围
外在表现	平面形态	轨道交通的相邻车站的直接影响区范围部分重合，连接成以轨道交通为轴的带状形态	轨道交通相邻站点的直接影响区相互孤立，形成以轨道交通为轴，簇团状发展的平面形态
	空间形态	高密度开发区域沿轨道交通线布置，沿轨道交通线路形成一条连续的、明显的高层走廊	高密度开发区域集中在站点地区，站点之间低密度开发，沿轨道交通线形成若干簇团的高层区
典型案例		多伦多中心区	马恩拉瓦莱新城

（来源：吴小洁.城市轨道交通廊道空间形态特征研究[D].哈尔滨：哈尔滨工业大学，2011）

　　高速铁路客站对周边土地利用的影响无疑是巨大的。从区域的角度来看，高速铁路引导城市空间沿高速铁路轴进行发展，在区域内形成一串连续的城市空间，催化区域的一体化发展。从城市的角度来看，客站作为城市的场所和交通的节点，形成了多层次的交通网络连接，在客站与这些网络节点的相互作用下，终将在这些网络节点空间形成连锁反应，最终逐步形成沿轨道交通或其他公共交通方式的廊道式发展模式。另外，还需注意的是，廊道效应具有不均衡性。同一条廊道的不同节点，其源头条件不同，其廊道效应的作用也不尽相同。

4.1.3　大型铁路客站对城市空间价值的外部效应

　　根据公共经济学理论，社会产品可以分为私人产品、公共产品以及准公共产品。通常，公共产品和准公共产品具有非竞争性和非排他性特征，大型铁路客站属于大型公益性城市交通基础设施项目，具有准公共产品特征，会产生明显的外部效应。外部效应（Externality）也叫溢出效应（Spillover Effect），20 世纪初由马歇尔和庇古最早提出 [①]。外部效应可以分为正外部效应和负外部效应，正外部效应就是一些人的生产或消费使另一些人受益而又无法向后者收费的现象；负外部效应就是一些人的生产或消费使另一些人受损而前者无法补偿后者的现象。郑捷奋（2002）通过对中国香港机场铁路的研究发现铁路改善土地可达性，诱发土地增值，具有明显的正外部效应 [②]。从已有的研究来看，客站对周边土地的开发与利用的影响最为显著，房地产是受其影响最明显的，土地所有者是客站开发利益最主要的受益对象。

　　交通设施对土地价格的影响是客站外部效应最直接的体现。重庆交通大学曾小林研究发现，"土地价格（以地租 LR 表示）与交通设施（以运费 TC 表示）之间存在一种互补关系。地租与城市中心距离呈反比，而运费与城市中心距离呈正比，且地租 LR 与运费 TC 之和（称为阻力成本）为常数 FC，地租消失点代表城市的边界。当交通设施改善后，交通成本降低（$TC \rightarrow TC'$），地价则相应提高（$LR \rightarrow LR'$），且地租消失点向远离市中心的方向移动，如图 4-4 所示。该现象亦说明交通设施的改善造成城市扩张现象"[③]。

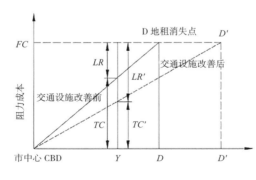

图 4-4　交通设施改善前后地租与运费的关系
（来源：曾小林 . 城市高密度土地利用与交通一体化布局规划研究 [D]. 重庆：重庆交通大学，2009）

4.1.4　大型铁路客站对城市空间利用的集聚效应

　　大型铁路客站作为融合与联结快速交通方式的一体化综合交通枢纽，是区域社会、经济、人文等领域的交往活动突破时空限制的关键要素。同时，其

---

① 溢出效应（Spillover Effect）是指一个经济主体（生产者或消费者）在自己的活动中对旁观者福利产生了一种有利或不利影响，这种有利影响带来的收益或不利影响带来的损失，生产者或消费者均未能分享与分担，属于不同经济力量之间"非市场性"的附带影响。

② 郑捷奋，刘洪玉 . 香港轨道交通与土地资源的综合开发 [J]. 中国铁道科学，2002，23（5）：1-5.

③ 曾小林 . 城市高密度土地利用与交通系统一体化布局规划研究 [D]. 重庆：重庆交通大学，2009.

所带来的经济与时间成本促进了物流与人流的集聚，带动了城市社会资本与产业经济逐渐向具有高可达性的地区转移，吸引更多的资金、人力资源投入，成为城市内繁荣的区域，市场形成产生"集聚效应"，尤其是对具有高附加值的现代技术密集型科技产业的集聚作用最为显著。在集聚作用下，大型铁路客站地区不仅加强了与城市内部各组团间的互动发展，还催发生产总值得到大幅改观，城市综合竞争力得以提升。大型铁路客站是诱发集聚效应的主要引擎，一定程度上引领着站点地区的发展方向。集聚效应具有互补性和排斥性两种形式。

1. 互补性与排斥性

功能上具有互补性的活动聚集在一起，使土地利用的效益上升，导致聚集效应的正效应。大规模的站点地区开发必然对城市的其他地区产生联动发展，整合互补的发展理念既可规避不良竞争，也能通过与其他地区的协同发展增强城市整体竞争力。如阿姆斯特丹南站站域的定位，高铁站点强调与老城中心的整合，站点地区在积极发展成为国际顶尖商务区的同时，注重与老城定位于旅游业和中小型企业错位发展，既符合了该市经济社会活力外移的趋势，也满足了新的经济（银行、法律、咨询服务等商务企业）发展模式的空间需求，在推进旧城保护与有机更新的同时，实现了城市整体空间的复兴。而功能上具有排斥性的活动聚集在一起，使土地利用的效益下降，称为聚集的负效应。

2. 集聚效应发生的类型

大型铁路客站的集聚效应会诱导物质与非物质流的集聚，城市空间开始向站点集聚，而这种集聚会进一步促进物质与非物质流的集聚，形成一种相互促进的关系。在这种关系中，集聚效应在不同层级与不同范围内会有多种形式存在[①]（图4-5）：

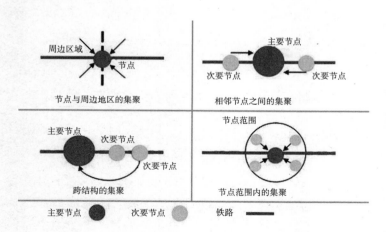

图4-5　大型铁路客站集聚效应发生的类型
（来源：李松涛.高铁客运站站区空间形态研究[D].天津：天津大学，2009）

---

① 李松涛.高铁客运站地区空间形态研究[D].天津：天津大学，2009.

（1）节点与周边地区的集聚，由节点周边区域向节点发生地集聚，表现为一种单向为主的流动。

（2）相邻节点之间的集聚，多表现为相邻的次级节点向上一级节点的移动，同时也有上一级节点向次级节点的分散发生。

（3）跨结构的集聚，非相邻节点间向高层级节点发生的集聚。

（4）节点范围内的集聚，这种集聚是相对的集聚，在不引入外部物质或信息流的情况下，同一节点内的集聚与分散同时发生。

4.1.5　大型铁路客站对城市空间经济的极化效应

极化效应[①]（Polarization Effect），冈纳·缪达尔认为是指某一地区经济发展水平达到并超过起飞阶段后，便可激发其获得一种自我发展的能力，导致有利因素得以不断积累，为其后续经济发展提供良好氛围。其往往表现为迅速增长的主导优势产业吸引和拉动其他经济活动向增长极不断趋近的过程。经济活动和经济要素的极化在此过程首先出现，并逐渐引发地理空间格局的极化，进而形成各种规模经济，同时向富集区汇聚，富者愈富，穷者愈穷，高速铁路对城市与区域发展带来的极化效应主要表现在：由于高速铁路运营区段的快速性和封闭性，使生产要素和经济活动向高速铁路的站点和沿线集聚，进而促进了依托站点的城市及相关联的沿线区域的发展，造成区域内部发展差异的缩小或扩大。

1. 成因

诱发极化效应的核心原因有三：第一，经济发达地区本身交通体系与公共基础设施建设已趋完备，再加上雄厚的资本、人力储备与强大的消费能力，使其具有先天的优越性；第二，一个地区发展水平越高，越有可能从规模经济中获利，进而提升自身的竞争力；第三，乘数效应进一步促使生产分布的极化。产业经济的集聚会导致地区人口增长，而人口的增长又带动第三产业，特别是服务业的在该地区的快速发展。这种乘数效应反复循环，最终加深两极分化。多数实证研究表明，高铁站作为高铁网络上的节点对周围区域可达性的影响很大，新高铁站点的建设具有促进城市空间结构、经济结构重建的潜力。高铁建设使区域城市发展水平的差异进一步增大，使城市发展极化愈发明显。但其也能弥补区域城市间发展的不均衡性。理论上讲，区域中心城市的发展优势借助高铁将不断凸显，并因此逐步回笼沿线小城市的人力与资本，与小城市间差异

---

① 极化效应是指迅速增长的推动性产业吸引和拉动其他经济活动的效应。按照极化效应理论，由于集聚经济、路径依赖效应，高铁将进一步强化中心地区的发展优势，并因此削弱外围地区的发展，进而加大区域差异，使区域趋于极化发展。

日益增大，并趋向极化发展。比如法国 TGV 高铁连接巴黎和里昂，里昂的经济快速增长，而 TGV 线上另两个小城市较少有与高铁相关的经济活动产生 [1]。

2. 作用

极化效应对于城市发展主要有如下作用：①形成极点，激发城市的自我发展能力。持续积累有利条件，为今后发展营造良好氛围。②促进规模化产业经济的形成。优越的交通条件有助于各种经济活动的集聚发展，相关性产业的长期协作与规模扩张变得更加便捷，各种费用的节约创造了集聚效益与规模效益，产业竞争力显著提升。③乘数效应使极化效应更加凸显。主导产业的优先发展刺激和拓展了其他相关性产业及服务业的建设与发展，对于优化城市产业结构，改良城市经济增长的健康与稳定具有重要意义。④极化效应不仅仅使极点集聚人、财、物，而且在其发展过程中也往往促使保障措施和政策得以实施。

学者们通过大量的研究表明：在不同的阶段，高铁极化效应也不同，初期极化效应更多地表现为促进资源向核心城市集聚，而当城市经济快速发展达到一定程度后，随之带来产业竞争激烈、土地价格暴涨、交通拥堵等诸多负面现象，而周边城镇此时为产业外移提供了承载空间，而高铁的布点建设则为人口与产业的向外分散创造了便捷高效的交通联系方式，进而积极推动城市产业经济的合理布局与平衡发展。高铁的建设对扩大或缩小区域发展差距的作用，往往在不同时空背景与不同地理范围内并非绝对，因为国家宏观政策、区域发展战略、区域发展水平等因素同样对改变区域差异产生客观影响。比如，韩国当前主要表现为向首尔的极化效应，而日本更多地表现为向沿线地区的扩展效应。"尽管从短期来看，高铁可能导致局部区域差异扩大，但从长期、大尺度上来看，高铁有利于要素的自由流动与区域的合理分工，从而实现区域经济一体化发展，对区域一体化战略的实现有重要意义。"[2]

4.2 大型铁路客站站域与城市土地利用的相互作用机制

4.2.1 城市交通与土地利用的互馈关系

1. 城市土地与交通系统的演化

目前，我国城市人口集聚现象是城市化的重要体现方面，伴随着的即是城市建成区的迅速扩大。从近十几年来看，城市用地明显不足，城市土地利用呈现高密度开发特征。在城市交通系统的演化方面，近五年我国城市道路设施

---

① Banister D，Berechman J. Transport investment and economic development[M]. London：Routledge，1999.

② 李廷智，等 . 高速铁路对城市和区域空间发展影响研究综述 [J]. 城市发展研究，2013，20（2）：71–79.

取得长足进步，道路等级提高，路网密度加大。人口快速聚集刺激了城市交通的大量需求，但城市居民出行方式结构不合理，公共交通出行的比例依然较低。土地利用强度的增加，形成了高强度的交通流，使得城市道路超负荷使用，造成了严重的城市交通拥堵问题。

2. 城市土地利用与交通系统相互影响的机理

城市用地的快速扩张对城市交通系统影响深远，反之，交通系统发展也使城市土地利用发生变化，从而使得城市的空间形态、土地利用及土地开发发生改变。然而土地利用特征的改变，促进了交通系统的不断改善，改变了交通设施、出行方式和交通结构及密度，城市交通系统与土地利用不断调和，随着其中任意一方的变化，都会使城市土地利用与交通系统达到新的相适应性（图 4-6）。

图 4-6　城市土地利用模式与城市交通的关系
（来源：张静. 城市土地利用与城市交通协调关系研究 [D]. 北京：中国地质大学，2014）

城市交通系统与城市土地利用之间存在着互馈关系。Stover（1988）和 Koepke（1988）经过研究，指出城市交通系统与城市土地利用之间存在双向反馈的作用，它们之间会形成一个作用圈，充满作用与反作用。Wegener（2004）从土地利用与交通活动之间的关系出发，用"土地利用与交通反馈环"这样的环状结构来解释交通活动与土地利用之间的关系。从图 4-7 中可以看到，可达性是吸引力产生的直接原因，它决定了吸引力的强弱。而旅行时间、距离、花费则是可达性变化产生的根本要求，是区位价值的具体体现，值得注意的是，可达性与活动这两种因素处于交通活动与土地利用的关联点上 [①]。

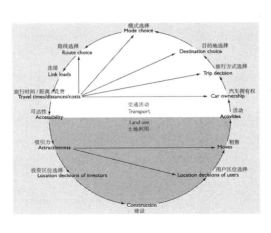

图 4-7　土地利用与交通反馈环
（来源：WEGENER M.Overview of land use transport models [M]//Hensher D., Button K J., Haynes K.E., eds.Handbook of transport geography and spatial systems.Oxford：Elsevie, S, 2004）

[①]　WEGENER，M.Overview of land use transport models[M]//Hensher，D.，Button，K.J.，Haynes，K.E.，et al.Handbook of transport geography and spatial systems.Oxford：Elsevier，2004.

4.2.2 大型铁路客站的规划建设对城市土地利用的影响

铁路客站地区土地利用问题一直是城市与铁路争论的焦点。一方面，人们希望交通的发展带动城市的发展，为城市带来活力和机遇，但另一方面，铁路线路和站点地区对城市土地的大面积占用浪费了大量城市土地，还可能造成对城市的割裂。铁路客站通过提升交通供给，对城市及周边地区的土地结构与形态布局影响深远。而且可以大大提升客站周边及沿线地区的可达性，带来土地的增值效应，拉动区域经济的发展。

1. 铁路客站的规划建设对城市空间形态的影响

铁路客站的选址与建设会改变城市空间格局，影响着城市中物质要素的空间位置关系变化，反映了城市土地利用的发展与变化。在城市空间形态的发展过程中，城市交通系统改进了城市空间格局。伍业春从城镇体系规模结构、空间结构、职能结构等方面入手，提出铁路客站具有推动沿线城镇城市结构的作用[1]。赵丹以长三角洲地区的交通系统为研究对象，通过对加权最短交通运行时间及可达性的调查分析，促进了长江三角洲地区城市一体化的进程，加强了城市体系的建设[2]。王昊等分析了日本及欧洲的高速铁路网，提出铁路网运营促进了城市群的建设，都市用地规模也迅速扩张，相近的城市则会相互交融与聚合，从而促进新的城市核心节点形成[3]。高铁将在区域、城市和站域三个层面对城市空间形态产生深远影响，这在其他章节已有充分论述，本节不再赘述。

2. 可达性增强的效应分析

提高交通可达性，可以提升铁路沿线城镇的土地价值，加大土地开发强度，促进地区经济发展，加速城市空间结构建设。其效应可以分为以下几点：

（1）提升对居民和企业的吸引

城市交通与居民生活和企业日常经营紧密相关，对其有着显著的影响。例如城市空间结构中不同位置其价值也各不相同，在集聚优势和交通优势并存的情况下，交通可达性越好的区域吸引力越强。铁路客站的规划与建设，对相关区域可达性提高明显，交通成本的降低必然会吸引大量客流和降低企业的生产成本。而铁路站点的交通换乘系统的完善，会大大提升交通的可达性，集聚更多的人口与企业，相应此地区的经济发展和建设发展速度会变快。例如日本

---

① 伍业春. 武广高速铁路对沿线城市体系发展的影响研究 [D]. 成都：西南交通大学，2009.

② 赵丹，张京祥. 高速铁路影响下的长三角城市群可达性空间格局演变 [J]. 长江流域资源与环境，2012，21（4）：391-398.

③ 王昊，龙慧. 试论高速铁路网建设对城镇群空间结构的影响 [J]. 城市规划，2009，33（4）：41-44.

新干线沿途有站点的城市，其建筑、工业、零售及批发部门的数量与增长比例远高于没有站点的城市，高出 16%~34% 之间 ①。

（2）提升周边土地开发强度

交通可达性的提升，会影响城市的用地性质，且会对周边土地开发强度产生重要影响。站点建设提高了可达性，大量人流、物流和信息流集散加快了周边土地的开发，提升了周边土地的价格与价值。不同区域的交通设施会因为运量和速度不同而对居民和企业的吸引力不同。改善交通设施、优化出行交通方式、提升交通可达性便可以增强此地区的吸引力。再者，铁路客站的规划建设对土地开发强度影响较大，在有限的土地中，加大开发强度，会给土地开发者和业主带来巨大的价值。

3. 铁路客站规划建设对土地价格的影响

铁路客站建设带来的交通成本降低、出行时间缩短、更接近消费者和市场潜力扩大等优势，可以增加周边的商业活动，并可以引导劳动力向周边地区聚集，带动经济发展。便捷的交通是商业发展的重要影响因素，良好的交通对城市商业发展更具有吸引力，而客源量增加可以提高经营者的利润。另外，良好的交通方便人们出行，在给人们生活带来方便的同时，还能促进该地区的地价上涨。例如里昂拉帕迪因高铁的通车，7 年时间该地区地价增加了 43%。此外，交通便捷所带来的客源流可以产生经济增长效应。铁路客站缩短了与其他地区的行程时间，降低了人们出行成本和商业运输成本，进而可以得到更多的经济价值，这也是刺激商业选址的一个重要影响因素。城市内部的道路网与铁路客站的有机联系，会影响城市的空间格局，吸引投资者，促进地价和经济的良性增长。可见，铁路客站建设、交通可达性的变化会对城市空间演化和土地利用产生深远影响。

4.2.3　城市土地利用对大型铁路客站规划建设的影响

通过前面分析可以发现城市土地利用对铁路客站规划建设主要有以下两点影响：第一，针对铁路客站自身地区的土地利用性质；第二是客运站建成后引起周边地区新的交通需求，即铁路客站对周边交通系统的影响，主要是在交通工具及路网结构方面。

1. 城市土地利用对大型铁路客站站区建设的影响

城市规划对城市土地性质的确定直接影响客站位置选择和建设规模，进而

---

① Hirota，R. Present Situation and Effects of the Shinkansen，Paper presented to the International Seminar on High-Speed Trains[Z].Paris，1984.

影响站区土地利用及城市交通体系布局。法国里尔项目在规划初始阶段，其面积仅为 27 万 m²。在客站与城市土地利用的相互作用下，在第二阶段其建设内容和设施之间的比例都发生了较大变化。站区规模增加到了 87 万 m²，商业、居住、设施用地的比例从 41：9：50 变化为 37：19：44。规模不断扩大，大大加强了对周边地区经营者的吸引。从表 4-2 中可以看出，城市土地开发与高铁客运站站区之间的频繁互动，城市对功能需求在不断变化，站区内建筑空间使用功能也在不断地变化中。

欧洲里尔项目在不同时期的地产计划与功能组合变化　　表4-2

阶段	总面积（m²）	功能组合（%）		
		商业	居住	设施
1997 年规划	273190	41	9	50
1997 年规划，含大宫	348210	32	7	61
当前规划，欧洲里尔 1 期	611903	38	20	42
当前规划，欧洲里尔 2 期	190000	47	25	28
当前规划，合计	801903	40	21	39
当前规划，合计，含大宫	876923	37	19	44

（来源：根据 Trip（2007）资料整理）

2. 城市土地利用对大型铁路客站站区交通的影响

城市用地的混合程度高低对城市客流的分布和交通需求都会产生明显的影响。城市土地利用可以分为高强度集中开发模式和低强度分散开发模式，对土地利用的强度会对城市交通出行方式产生一定影响。高强度集中的土地开发模式使得城市空间布局紧凑，人们的交通出行密度增高，城市交通集中且会出现拥堵状况，此时公共交通介入十分必要。相反，低强度分散的土地开发模式使得人们的出行总量不会过于集中，相对比较分散，大大降低城市交通压力，不会造成拥堵情况。

铁路客站地区土地利用方式强度较高，这对整个区域的交通规划要求更高，寻找适合高密度居住的出行方式成为发展必然。高强度利用模式可以减少人们日常生活必需的出行时间，增加人们生活的便利性。但高强度、高密度的土地利用方式，对路网规划、道路设施、交通工具、交通服务设施等方面的要求相对较高，以适应大流量的人群交通出行需求，同时，也可以促进公共交通的发展，如快速地面公交系统、轻轨、地铁、城市铁路等优先公共出行方式。在这样的土地利用模式下，与铁路客站联系城市路网，首先必须要解决区域站与站之间的无缝衔接，其次是区域交通与城市之间的联系，通过快速交通解决铁路客站与城市中心区的距离；再者就是城市内部交通与之紧密衔接联系，减少转乘时间，缩短步行转乘距离，达到快速运输目的，最终形成一体化的综合交通体系。城市土地合理的开发与利用可以促进交通系统的更新与完善，并随着区域性发展的需求，其复杂性与多样性导致人们对交通布局规划的要求更高。

4.2.4　大型铁路客站规划建设与城市土地利用协调发展

从图 4-8 中可以看出，铁路客站对土地利用的相互影响关系，主要体现在以下四个方面：

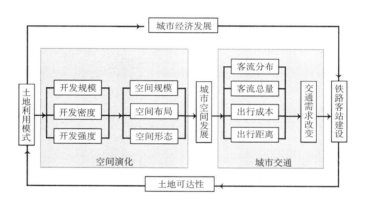

图 4-8　大型铁路客站与城市土地利用的协调机制
（来源：作者自绘）

第一，客站建设改变外部可达性进而影响土地利用模式。铁路客站建设可以改善其站点沿线地区的可达性，提高城市资源的集聚程度与集散速度，发挥触媒作用，推动土地利用模式的改变，主要表现在土地开发规模、开发密度和开发强度上。

第二，可达性的改变在影响土地利用性质和强度的同时，也影响着城市空间结构。站点地区产业的集聚导致了土地的价值增加，直接影响站区的规模、开发密度以及空间布局，比较有代表性的如站点地区"三圈层结构"空间发展模式和城市层面的多中心发展模式。

第三，城市空间规模与结构形态的改变，也使得城市的客流总量、客流分布、出行距离等随之发生变化。

第四，城市土地合理利用可以推动城市交通系统更好的规划与发展。随着铁路客站空间规模的扩大以及土地使用方式的变化，交通需求的增加改变了人们出行的交通方式，两者相互作用对铁路客站提出新要求。当土地使用强度或开发总规模达到极限值或承载能力时，城市空间演化就会推动站点地区向更高的层次发展。铁路客站的规划建设与城市土地利用规划的适应性表明，土地开发可以促进铁路客站的建设，而铁路客站的建设也可以促进城市土地的开发利用。

可见，客站建设与土地利用存在相互影响的互馈关系。可以提高土地可达性，优化城市空间布局，促进城市空间向多中心发展。而随着城市规模扩张，城市用地不断减少，对道路、市政、服务设施等需求的增加，给客站建设带来了新的发展机遇。但在两者的互馈作用中，无法自动协调发展，需要必要的规划以及制度措施来协调与发展。

4.3 大型铁路客站与城市空间发展的作用机制

4.3.1 城市交通与城市空间演化的关联

城市交通与城市空间演化之间的关联性研究历来备受重视，大量相关研究证实，两者之间存在复杂的相互作用关系，不同的城市交通模式会导致不同的城市土地使用方式与空间结构特征，而城市土地使用模式和空间结构的改变又会导致城市交通体系发生适应性调整。

亚当斯在研究北美的城市交通与城市发展问题时，通过对不同时期城市交通方式和城市空间演化特征进行比较和总结，将城市交通与城市空间演化发展过程划分为四个阶段，即步行马车时代（1800—1890，Ⅰ）、电车时代（1890—1920，Ⅱ）、汽车时代（1920—1945，Ⅲ）和高速公路时代（1945—，Ⅳ）。这四个阶段分别对应着不同的城市空间演化模式（图4-9），不同的发展阶段，城市交通方式的不断革新，导致人们的可达活动范围得以拓展，每个阶段的城市空间演变规模与形态均发生巨大变化[①]。

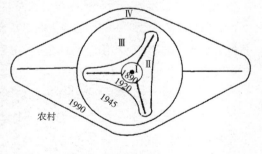

图4-9 北美城市内部交通与大都市区发展模式

（来源：阎小培，周素红，毛蒋兴，等. 高密度开发城市的交通系统与土地利用——以广州为例 [M]. 北京：科学出版社，2006）

此外，不同交通发展策略下城市具体的布局和形态特征也有较大差异。J·M·汤姆逊通过对城市交通与城市空间布局关系的研究表明，两者彼此间存在关联性，不同城市空间布局与不同交通模式往往相对应，并提炼出五种典型对应模式（表4-3），五种模式是对城市交通与城市空间演化彼此关联性的宏观概括。另外，就微观层面而言，同样可以发现城市交通与城市空间演化之

---

① 阎小培，周素红，毛蒋兴等. 高密度开发城市的交通系统与土地使用——以广州为例 [M]. 北京：科学出版社，2006.

间存在着密切的关系。如城市中某一区域的土地使用性质、土地开发强度等直接影响着相应区域的客流总量和客流分布状况，从而影响交通方式的选择。同时，某一区域交通可达性的提高，又会影响居民和企业的选址行为，从而对城市空间演化产生影响 ①。

城市交通与城市空间布局相互关联的五种模式　　　　　　　表4-3

模式	空间结构布局	交通特征	典型案例	图例
充分发展小汽车的完全机动化模式	在城市空间布局结构上，没有真正的市中心，城市道路没有放射形的道路网，而是呈方格状的网络结构。这种路网结构能起到平均分配交通流的作用，使城市交通畅通无阻，适用于小汽车的出行。道路占地率较大，与分散的城市空间相对应	路网发达，配建停车场等相应的交通设施	洛杉矶、底特律	
限制城市中心的弱化模式	维持一个市中心的重要作用，但限制市中心的规模向外扩展，鼓励郊区中心的发展。通过放射状的铁路和干线网络，为市中心服务，同时，围绕市中心的环形高速路又可以减少穿越市中心的交通流。既维持了市中心的繁荣，又改善了市中心的交通状况	注重公共交通系统建设	墨尔本、哥本哈根、芝加哥、旧金山、波士顿	
保持强大城市中心的强中心模式	在城市空间布局上通常都有一个强大的市中心，市中心有高密度的居住和商业，市中心发达的道路系统为公共交通提供了条件。为了适应市中心的交通需求，及时疏散市中心庞大的客流，该模式强调建立完善的放射形轨道交通和高速路网系统。对一些古老而又人口集中的特大城市，其城市空间规模和结构的特性较为适合该模式的交通网络系统	以大运量快速公共交通系统为特征	巴黎、东京、纽约、多伦多、汉堡、雅典、悉尼	
适用于发展中国家的低成本模式	不是主张以大量交通建设来解决交通问题，而是通过对现有城市交通的调整和对城市空间布局的引导，达到城市交通与城市空间演化的协调。该模式强调在市内相应路段及放射形道路上实行公交优先，引导和鼓励沿放射形道路建立次中心	放射状路网连接各级中心，公交优先通行	波哥大、拉各斯、伊斯坦布尔、卡拉奇、德黑兰	
对交通加以限制的限制交通模式	在城市建立不同等级的次中心，通过混合开发，使工作、购物、休闲等活动大多集中在相应区域内，以减少交通出行。各次中心之间以及次中心与城市中心之间分别建立完善的环状和放射状的道路及轨道网络。通过控制市内停车场建设等措施，限制小汽车的使用，大力发展市内公共交通	强大的市中心，各级中心的中心地布局；公共交通网络建设	伦敦、新加坡、中国香港、斯德哥尔摩	

（来源：[英] 汤姆森 . 城市布局与交通规划 [M]. 倪文彦等，译 . 北京：中国建筑工业出版社，1982）

① 王春才 . 城市交通与城市空间演化相互作用机制研究 [D]. 北京：北京交通大学，2007.

4.3.2 交通方式对城市空间演化的限制

不同交通方式对空间演化的限制和引导的效果不同。根据交通工具和出行方式的变革，可以将城市空间形态的发展总结为步行时期、马车时期、有轨电车时期、小汽车时期、高速公路时期以及外环路和郊区中心时期（图4-10）。早期城市主要以步行与马车为交通方式，出行速度直接影响城市居民的日常可达活动范围，城市人口分布集中，用地布局紧凑。这一时期城市空间规模的扩张直接受交通方式的阻碍与限制。随着轨道交通的普及，城市居民的出行速度与可达范围均突破限制，城市化与工业化进程得到快速推进，城市空间演化也得到空前的发展，城市空间主要轨道交通向外线性扩张，并将城市郊区串接在一起。与前一时代相比，城市空间规模拓展的速度与尺度都得到空前解放。对比来看，汽车作为一种自由灵活的交通工具，加之公路相对较低的建设成本，使其成为可达性与普及率最高的交通工具，并对低密度、大尺度的城市空间扩张发挥了助推作用。交通方式的历次变革，促使城市空间布局及规模均发生显著变化。当今高铁的大规模建设与普及，将城市空间扩张的速度与尺度推向了历史新高度。

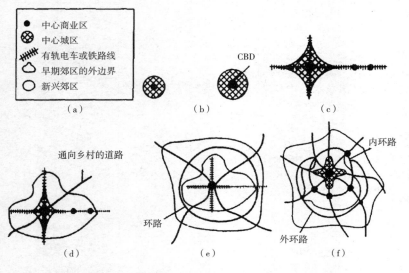

图4-10 交通方式对城市空间演化的影响

（a）（b）步行时期和马车时期；
（c）有轨电车时期；
（d）小汽车作为休闲工具时期；
（e）高速公路时期；
（f）外环路和郊区中心时期
（来源：陈宽民. 城市交通系统理论分析与应用 [D]. 西安：长安大学，2003）

4.3.3 交通运行速度对城市空间的影响

交通运行速度是影响城市空间演变拓展的关键因素，城市交通方式的不断更新，促使交通速度和运载能力发生巨大变革，既实现了大规模、长距离的居民出行需求，又带动了区域人口向中心城市的集聚。同时，这也使城市居民两地居住工作成为可能，并带来了原有集中式城市布局的逐渐离散化，推进了城市空间规模的持续扩张,并引导着城市空间演化的新模式。

　　从图 4-11 不同交通方式的主要服务范围可以看出,500~600km 是高铁的主要服务范围,出行耗时可控制在 2~3h 以内,基本是当天商务活动往返的最大距离。而最有力的通勤范围是 1h 以内,1h 的交通圈也是大都市圈的核心范围,高铁推进了 1h 覆盖圈内沿线空间节点的形成,同时对提升区域中心城市积聚效应与辐射能力的作用也十分显著。此番结论在法国 TGV 和日本新干线的运营实况中得到充分印证。以日本新干线为例,日本几条主要新干线旅客运行量每年保持在 30% 的增长速度,而相应的民航线路客运量却以20%~80% 的速度降低(表 4-4)。可以发现,高铁时代的到来改变了一切既有传统交通出行方式,激增了人口流动,并占据了客运总量绝对的优势,改变了城市及周边地区的可达性,间接引导城市空间发展的模式与方向,从而导致城市空间结构的变化。

图 4-11　不同交通方式的主要服务范围
(来源:戴帅,成颖,盛志前.高铁时代的城市交通规划 [M].北京:中国建筑工业出版社,2011)

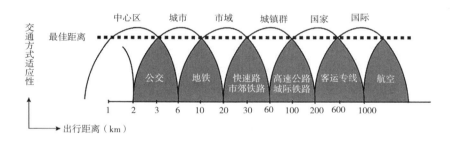

日本新干线与民航对比分析　　　　　　　　　　　　　　表4-4

运输OD	里程(km)	新干线旅行时间	航空飞行时间	新干线(%)	航空(%)
东京 – 大板地区	552.6	2h25min	1h	82	18
东京 – 冈山地区	732.9	3h12min	1h10min	67	33
东京 – 广岛地区	894.2	3h48min	1h15min	58	42

(来源:何韬.我国高速铁路与民航运输竞争关系研究 [D].北京:北京交通大学,2012)

4.3.4　大型铁路客站与城市空间演化的耦合关系

1. 城市交通与城市空间演化的相互作用

　　城市交通设施建设不是一个孤立的过程,它与城市空间的土地使用紧密相连,城市交通具有塑造城市空间形态的功能,城市空间的演化又有强化交通方式选择的功能,两者之间存在复杂的动态互馈关系(图 4-12)。城市交通有建构城市空间形态的功能,城市空间的演变又具有强化交通方式选择的功能。

城市空间演化不断对城市交通的发展方向、规模和速度提出了指向性的要求，而交通方式的变革和交通可达性的提高又会有力助推城市空间的持续演化，具体表现如下[①]：

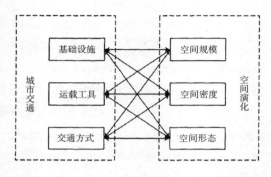

图4-12 城市交通与空间演化互馈关系

（来源：王春才.城市交通与城市空间演化相互作用机制研究[D].北京：北京交通大学，2007）

第一，交通设施建设通过改变可达性影响居民和企业的选址行为。交通设施的建设有效提高了区块的可达性，给人流与物流提供了便捷的出行条件和多样化的选择，带来了降低运输成本所创造的经济效益。当然不同性质的工业企业对交通可达性提出了不同的要求，比如大型工业企业为了原料与产品的运输，往往会选择港口、高速公路、铁路货运站等附近；金融投资、商务办公企业往往会选择交通可达性高的城市CBD作为最佳办公地点；零售与高端服务业则倾向于选择消费人群相对集中又具有较高交通可达性的地区。

第二，交通建设影响着土地使用性质和土地开发强度。在交通建设外部性利益的驱使下，开发商有对其附近土地进行过度开发的动机，容易造成可达性较好区域的开发强度过高。而特定交通设施的建设，如轨道交通、大容量快速公交系统等又为其附近土地的高强度开发提供了支持，显著影响着相应区域的土地使用性质和土地开发强度。

第三，空间演化决定了客流分布，进而影响交通发展方式。比如高密度、高容积率住区，必然形成大量的人口集聚，提供了相对稳定充足的客流量，进而直接影响城市公共交通的线路走向与运载能力。

第四，空间演化带来的交通需求增长推动城市交通向更高层次发展。城市空间的增长往往伴随人口的大量聚集，解决人口日常活动的交通需求必然推动城市公共交通的不断发展。

铁路客站作为城市交通系统的重要组成部分，与城市空间布局存在着千丝万缕的联系，另外，铁路客站及相关区域本身就属于城市整体空间系统的一部分。因此，弄清他们之间的关系对城市综合交通枢纽的规划建设十分重要。

2. 大型铁路客站与城市空间演化的耦合关系

铁路客站与城市空间是一种相互制约、相互影响的互馈发展过程。针对综合交通枢纽与城市或地区的中心区空间关系，客站建设与城市空间的相互作用机制主要有三种类型（图4-13）。

① 王春才.城市交通与城市空间演化相互作用机制研究[D].北京：北京交通大学，2007.

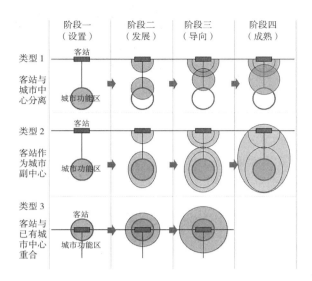

图 4-13　大型铁路客站与城市空间演化的耦合关系示意图（来源：贾铠针.高速铁路综合交通枢纽地区规划建设研究 [D]. 天津：天津大学，2009 ）

　　类型 1：客站作为城市交通节点，与城市中心分离。这种模式将客站作为城市的交通枢纽，而未与城市中心整合发展，站域的可达性和人流集聚的优势在空间上会吸引原先的城市中心向站点地区的空间转移。以南京南站为例，南京南站与城市中心相距较远，还面临河西新城和新街口两大中心的挑战，站点地区的催化作用难以得到有效发挥。

　　类型 2：客站作为城市副中心，与城市中心区互补发展。这种模式有利于形成城市多中心发展模式，同时能够较好的发挥车站的触媒效应，是一种可持续发展的模式。如欧洲里尔站，位于老城中心的边缘，面向年轻人发展高技术产业和服务业，与老城中心商业互补错位发展，共同促进了里尔地区竞争力的提升。

　　类型 3：客站依托城市原有中心区规划建设发展，也就是说，客站位于已经发展成熟的城市中心区。这种模式可以在较短的时间内促进车站触媒作用的发挥，有利于加快城市的建设。如阿姆斯特丹站点地区，发展之初已经是国际顶尖的商务中心，高铁的建设强化了原有的区位优势，推动了该地区从单一化商务功能业态向集商务、居住、休憩等复合化功能业态的转型发展。

　　可见，客站在城市的区位不同，对城市整体发展的促进也有较明显的差异。客站只有与所处城市的区域功能相适应，才能更好地发挥客站的触媒作用，进而促进整个区域和城市的整体发展。

4.4　大型铁路客站站域与城市空间演化的时空特征

　　大型铁路客站作为带动城市人口和服务功能提升的触媒，对城市发展的促进作用越来越大。在城市化发展的不同时期，其对城市的影响也不尽相同。

另外，城市交通对城市空间演化的影响强度并不是固定不变的。同样的交通设施，如果其建设的时机不同，那么，它对城市空间演化的作用大小就会不同，甚至相差甚远。

4.4.1 城市交通与城市空间演化的时空特征

美国城市地理学家诺瑟姆研究发现，城市的发展是分阶段增长的。城市发展初期城市人口聚集缓慢，当城市继续发展到一定阶段，相应的城市基础设施及人口聚集达到一定程度时，城市发展速度会明显加快，然后再下降。一般城市化水平低于 30% 时，城市发展呈现缓慢发展阶段。当城市化水平达30%~70% 时，城市处于快速发展阶段，而当城市化水平超过 70% 时，城市增长速度逐渐放缓，甚至出现下降的现象。这三个阶段的轨迹为"S"形（图 4-14）。但由于不同地区的发展速度存在差异，其城市交通与城市空间演化的阶段就不完全相同。

埃里肯（Erickon，1983）也把城市空间发展分为三个阶段：溢出与专门化阶段（1920—1940 年）、分散与多样化阶段（1940—1960 年）、填充与多核化阶段（1960 年至今）。在第一阶段，人口的聚集经济推动了职能专门化的发展。在城市发展第二阶段，随着人们大量使用小汽车，城市出现了大规模的向郊区发展的趋势，就业人口也逐渐向郊区迁移，中心商业区也逐步衰落，商业中心也开始向外围扩散。在填充与多核化阶段，由于道路交通系统的发展，提高了整个城市地区的可达性，使许多工作填充到环路和主要的都市走廊附近，出现多核发展的趋势。

曹钟勇将城市交通的发展过程分为三个阶段五个时期（图 4-15），初级阶段包括原始平衡期、基本生成期，处于低速增长状态；中级阶段包括成长期和成熟期，出现了高速增长状态；高级阶段为成熟平衡期，其增长速度又会趋慢。

综上可见，城市交通与城市空间演化不仅各自存在阶段性发展规律，而且，

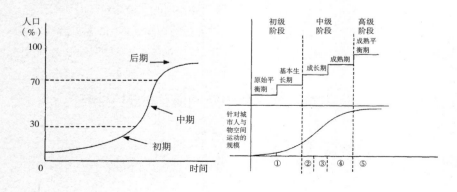

图 4-14　城市化水平演化曲线（左）
（来源：https：//zhidao.baidu.com/question/，2016-05-31）
图 4-15　城市交通的阶段性发展规律（右）
（来源：曹钟勇．城市交通论[M]. 北京：中国铁道出版社，1996）

在不同的发展阶段，它们之间相互作用、相互耦合的强度和方式也存在一定的差异[①]：

初建期：城市初建期，城市空间规模较小，城市道路和交通设施水平较低，因此，城市空间演化速度缓慢，此时城市空间发展多以同心圆的方式展开。

城市发展期：在城市发展期，城市交通与城市空间均出现快速发展的现象。首先，城市交通方式的改变与创新，促使城市空间快速演化。其次，城市空间的快速扩展又对城市交通提出了新要求，加快城市交通的发展。两者之间的耦合强度增高，交通系统的每一次改进都会加速城市空间的快速演化，而城市空间演化的程度愈高，就愈会推进城市交通向更高的水平发展。但当城市交通与城市空间演化次数增多，其演化强度会减弱，进入相对稳定的发展时期。

城市稳定期：此时城市空间规模和空间结构已经达到相应的限度，处于较为稳定的阶段，其演化的速度较慢，程度也较小。城市空间结构较为完整，具有一定的结构刚性，但在交通的影响下，仍然会有相应的演化，但速度较为缓慢，程度也不明显。主要表现为从单中心向多中心发展。稳定期的城市交通基本建立了较为完善、高效的系统，形成了高架、地面、地下衔接通畅的城市交通网络，公共交通得到了长远的发展。此时城市交通更加注重其便捷性与舒适性。

可见，城市交通与城市空间演化是一个不断发展的过程，在其漫长的发展过程中，它们的演化速度和发展水平并不是在均匀增加，而是表现出明显的阶段性。第一阶段，城市空间演化速度低，城市交通与空间演化之间作用弱。随着城市化进程逐步加快，人们的认识与城市的规划建设综合实力提升，再加上政策的扶持，为城市空间发展增速。当城市交通与城市空间接近本阶段阈值时，城市空间演化速度减缓，直到新的刺激与外界环境的促进因素等发生时，则会进入新的演化阶段。这种螺旋上升的发展方式，不断向更高阶段发展。

4.4.2　城市初建期的空间集聚与客站发展

初建期主要指城市建设达到规划的基础指标并形成相对稳定的这一段时期。这一时期的城市空间及人口规模，包括基础设施等初步完成，并逐渐完善城市各方面的建设，积累城市发展的经济业态链条，但此时期还没有足够的产业基础使城市迅速发展。此时受交通条件的限制，城市规模普遍较小，空间结构比较简单，城市空间的大小和结构形态会随着经济和交通的发展而变化，城

---

① 王春才. 城市交通与城市空间演化相互作用机制研究 [D]. 北京：北京交通大学，2007.

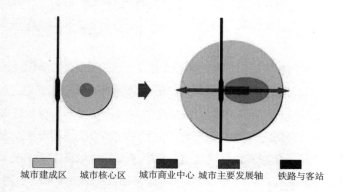

城市建成区　城市核心区　城市商业中心　城市主要发展轴　铁路与客站

图 4-16　铁路客运站与城市
发展的关系示意图
（来源：中国城市规划设计研
究院. 铁路发展及铁路客站
建设对城市发展的影响 [EB/
OL].http：//wenku.baidu.com，
2013-1013）

市空间规模和空间结构的变化缓慢，变化程度也不明显。

在此阶段，城市交通与城市空间演化之间的相互作用和演化规律主要以同心圆的方式向外发展。但在后期，铁路客站对城市用地形态的影响非常显著。客站作为城市功能的生长点，带动周边地区城市功能的集聚，曾经的边缘地区的客站逐渐演变成为城市中心区域（图 4-16），这在我国铁路客站表现较为明显，如郑州和石家庄，城市因客站得以发展，经过百余年的发展，形成了以客站为中心的圈层式结构。

4.4.3　快速城市化时期的空间扩张与客站发展

一般在城市空间快速发展初期，铁路客站建设是支撑和引导城市空间演化的重要影响因素。这一时期的铁路客站建设通常具有一定的超前性，能促使城市土地增值，促进城市空间布局更趋合理。由于空间发展对城市交通方式的路径依赖，更容易形成交通导向型的发展模式。铁路客站的建设规模、交通体系结构等都对未来城市空间演化产生重大影响。如日本新宿站，建设之初处于东京快速城市化时期，选址于东京外围郊区，随着客运量的增加与城市空间的发展，铁路客站周边的商业用地面积迅速增加，成为东京的商业副中心，其商业设施占东京商业经济总量的 10%。

铁路客站作为城市内外人流、物流、信息流和资金流集散的场所，在城市拓展和结构调整的内在需求下，极易定位为城市副中心。在这一时期城市基本还是单中心发展态势，城市的各项功能以集聚型发展为主，铁路客站整合多种交通方式与城市功能，成为城市人流的集聚点，但大量的人流聚集，在为地区商业发展带来机遇的同时，城市管理等诸多问题也随之而来，铁路客站的负面影响效应在此时开始大量爆发。从众多城市的铁路站选址来看，其对城市用地的分割与干扰较大，使得此地区土地价值和城市空间品质低于城市平均水平，加上周边业态多以服务业为主，且都定位较为低端，严重影响了城市的空间风貌与印象。但距离铁路客站有一定距离的地区，其发展态势较好，发展水平也相对较高，我国客站周边普遍存在这一现象，除了经济发展较好的大城市或城市空间发展到一定阶段的城市外，基本都处于这样一个发展水准。

4.4.4　城市化平稳发展时期的空间刚性 ① 与客站发展

城市化平稳发展时期城市空间演化速度开始趋缓，城市空间格局与空间形态已渐趋稳定，城市整体发展开始从单纯的规模增长进入以调整和完善城市功能为主的内涵式发展阶段。此时的大型铁路客站建设虽然有助于改善城市交通现状，但并不能加速城市空间的扩张。借助合理的城市总体发展定位和高效的城市管理体制，这一阶段大型铁路客站的建设或改造，使城市功能与客站交通功能结合得更为紧密，并能有力促进城市周边地区的复兴与城市功能结构的优化。

进入平稳发展时期的城市，城市经济实力已大幅改观，铁路客站周边土地的潜在价值也随之增长，大型铁路客运站建设对于优化整合周边城市空间、综合提升城市空间品质提供了契机。这一时期客站建设目标定位由单一交通集散枢纽向综合服务功能完善的城市公共中心转变，复合多种功能于一体。例如，2008 年新横滨站，就是基于周边大量的聚落空间已经形成，市民需求由"工作在新横滨"向"生活在新横滨"转变下进行的，客站建设追随城市空间的需求而进行的改造更新，整个大楼还包括商业设施、办公用房和宾馆等多种城市功能，提升空间品质。

这一阶段铁路客运站及其周边地区的土地利用呈现高密度、高强度的发展态势，商服业态日趋高端化，随着铁路客运站及与其直接相关的建设项目综合效益的提升，进一步促进了周边地区的空间整合与环境整治，从而形成了良好的城市门户特色空间。

4.4.5　区域一体化时期的空间重构与客站发展

在全球化进程中，城市形态发展演化将从单个城市的发展向大城市连绵区的集群发展转变。这一时期，包括高速铁路客运站在内的高效率的交通设施对城镇空间结构和产业布局的影响日益突出，成为城镇在区域、国家、全球体

---

① 结构刚性一般是指某种结构，在外界条件发生变化或受到外界因素影响时，其结构不易发生改变，继续保持相对稳定状态的一种性质。在城市发展期，城市空间规模和空间结构都没有达到应有的限度，在城市交通等因素的影响下，很容易发生相应的改变。在城市稳定期，由于各方面已经趋于完善，城市空间的规模和结构就不容易发生较大的变化，存在着空间结构刚性。

系中整体竞争力提升的关键节点。作为区域空间节点的铁路客站对城镇空间结构的影响力主要表现在以下两个方面：一方面，客站建设对城镇的各种社会、经济活动吸引作用加强，特别是对技术密集型、高科技、高附加值产业的集聚作用明显，成为区域发展的开端。客站带来的成本节约与利益增长使这种内聚能力持续成倍增强，并伴随集聚力的增强，其向周边区域扩散辐射带动力也不断增强。在这种集聚力与扩散力的双重作用下，站点所在区域建设规模得以不断扩大，与城市内部组团间的联系不断增强，从而导致空间结构发生改变，铁路客站成为区域经济发展中的核心集聚因子，大城市连绵区内部的联动发展得以激发，并从"单中心"封闭式空间发展模式向"多中心"的网络化发展模式转型。

另一方面，高速铁路对时空的压缩，不仅节约了资本运输时间，还拓展了相同时间内资本的可达地理范围，从而在经济全球化背景下促使城镇空间结构从以经济活动部类为特征的水平结构发展向以经济活动层面为特征的垂直结构发展成为可能。以客站为节点的多种高速交通方式的一体化联运逐步成为国际资本流通突破地理空间局限、重构全球物流格局的关键节点。由此，在区域空间一体化发展规律下，交通可达性高的地区成为产业转移的理想归宿，产业转移带来地区产业布局结构的调整，最终导致区域内部城市空间结构的重塑。

4.4.6 城市空间发展阶段的建设时机选择与效果

铁路客站的规划建设与城市空间发展的关系属于宏观层面的问题，在城市快速发展和土地开发项目大规模进行的时期，铁路客站的规划建设对城市空间格局具有重大的影响作用，能够发挥导向的功能，实现两者的协调发展。随着城市化发展到一定阶段，其影响力愈来愈弱。

建设时机的选择划分为三种模式，分别是导向型、追随型和饥渴型[①]。在城市快速发展初期建设铁路客站，可以使铁路客站成为支撑和引导城市空间演化的关键影响因素。这一时期的客站建设影响着未来城市空间发展的方向，可以使城市土地增值，促进城市空间布局更趋合理。此时，由于空间演化对城市交通方式的路径依赖，更容易形成交通导向型的发展模式。而在城市快速发展后期，即城市发展到一定阶段，但城市交通还没有出现难以维持时，开始进行铁路客站建设，往往会形成交通追随型的发展模式。即城市交通总是落后于城市发展的需要，落后于城市空间演化的进程；当城市人口规模和密度达到一定数量和级别，城市交通难以承受现有交通需求压力时，此时进行客站的建设，

---

① Meyer M.D and Maler E.J.Urban transportation planning[M].London：Hutcinson，1995.

会使城市交通总是处于供小于求的状态，比追随型更为滞后，形成饥渴型的发展模式。

从不同交通项目的建设时序安排来看，在城市快速发展的初期，如果首先建设对城市空间演化全局影响较大的交通建设项目，如铁路客站，将会引导城市空间的演化方向，加快城市空间的演化速度，并对城市空间演化的结果产生重要影响。若首先安排局部的交通建设项目，待城市发展到一定规模后，再进行大规模的交通项目建设，就不易对城市空间演化起到积极的引导作用。因此，当城市处于快速发展期时，要依据城市的长期规划、发展目标、经济状况等，及时采取公共交通导向型的交通发展模式，适当超前发展城市交通，如建设综合换乘枢纽等。这样必然吸引大量的城市居民和企业向新的交通设施附近聚集，充分发挥铁路客站对城市空间演化的引导作用。

4.5　本章小结

铁路客站地区作为铁路运输和城市空间网络的双重节点，具有节点交通和城市功能两个方面的价值。其对城市空间发展的影响主要有四种表现：廊道效应、外部效应、聚集效应和极化效应。

城市交通设施建设不是一个孤立的过程，它与城市空间的土地使用联系密切，城市交通具有重构城市空间形态的功能，城市空间的演化又有促进更新交通方式的功能，两者之间存在着复杂的动态互馈关系，铁路客站也是如此。一方面，铁路客站的建设改变了土地可达性，优化了城市空间布局，城市空间由独立向分散的多中心发展；另一方面，随着城市规模的扩张，城市用地不断增加，城市空间向周边扩展，对道路、市政、服务设施等的需求增加，为高速铁路客站的规划建设带来发展机遇。

客站与城市空间的相互作用机制主要有三种类型：一是客站作为城市交通节点，与城市中心相分离；二是客站作为城市副中心，与城市中心区互补发展；三是客站依托于城市原有中心区规划建设发展。客站在城市的区位不同对城市整体发展的促进也有较明显的差异，只有与所处城市的区域功能相适应，才能更好地发挥客站的触媒作用，进而促进整个区域和城市的整体发展。

客站对城市空间的影响在城市化发展的不同阶段也不断变化。城市初建期，客站作为城市功能的生长点，带动周边地区城市功能的集聚，处于边缘地区的客站逐渐演变成为城市中心区域；在快速城镇化时期，在城市扩展的需求和客站导向效应的作用下，其周边极有可能成为城市的副中心。城市基本还是单中心发展模式，城市空间的集聚效应明显，尤其在铁路客站周边功能复杂，连接城市间与城市内的各种交通方式也会在此集聚，客站周边业态却相对低端；在城镇化平稳时期，铁路客运站周边地区的土地开发呈现高密度、高强度的发展态势，并会促进周边城市空间的优化整合、城市门户空间品质的综合提升；区域一体化时期，铁路客站成为区域发展中的核心集聚因子，促使大城市连绵区内部的联动发展能力得以激发，并从"单中心"封闭式空间发展模式向"多中心"的网络化发展模式转型。同时，在区域空间一体化发展规律下，交通可达性高的地区成为产业转移的理想归宿，产业转移带来地区产业布局结构的调整，最终导致区域内部城市空间结构的重塑（表4-5）。

不同城市发展阶段城市与客站空间演化特征

表4-5

发展阶段	阶段特征	城市特征	城市与客站空间演化特征
阶段一	城市初建期	城市规模普遍较小，空间结构简单，城市空间规模和结构形态会随着经济和交通的发展而变化，但其变化缓慢，变化程度不明显	城市交通与城市空间演化之间相互作用、相互影响的关系依然存在。铁路客站作为城市功能的生长点，带动周边地区城市功能的集聚，城市空间的演化大多以同心圆的方式向外发展
阶段二	快速城市化时期	外延型的规模扩张，城市基本还是单中心发展模式，城市空间的集聚效应明显，尤其在铁路客站周边	铁路客站的建成是支撑和引导城市空间演化的重要影响因素。铁路客站规划建设具有远见性，能提升城市土地价值，完善城市空间布局。城市交通更容易成为核心导向因素。铁路客站的建设规模、交通体系结构等都对城市空间演化产生影响
阶段三	城市化平稳期	以城市功能的调整和完善为主的内涵发展阶段。城市空间演化速度开始降低，城市空间格局与空间形态已渐趋稳定	铁路客站周边土地的潜在价值也随之增长，借助合理的城市总体发展定位和高效的城市管理体制，这一阶段的大型铁路客站建设或改造，使城市功能与客站交通功能结合得更为紧密，并能有力促进城市周边地区的复兴与城市功能结构的优化
阶段四	区域一体化时期	大城市连绵区将取代单个城市成为城市形态变迁与发展的主角	铁路客站增强了城市对区域经济、文化和社会资源的吸附能力，这一过程的开端以对技术密集型、高科技、高附加值产业的集聚作用为主要表现，同时在区域空间一体化发展规律下，交通可达性高的地区成为产业转移的理想归宿，产业转移带来地区产业布局结构的调整，最终导致区域内部城市空间结构的重塑

（来源：作者自绘）

第5章

大型铁路客站站域空间整体性发展途径研究

关于如何促进站城整体性发展，关键是充分发挥客站的导向作用，并基于此形成系统的针对客站及城市开发以及规划建设的发展策略，充分利用客站（高铁）的优势，带动客站及城市相关区域发展。基于客站在区域、城市、节点等不同空间尺度对区域和城市空间发展产生的重要影响，本章主要针对客站与城市协同发展的可行性，从站到城，从微观到宏观分层级地提出相应的可操作模式，以促进客站与城市的整体协调发展。在点层面，提出站域综合开发的模式；在线层面，提出站线一体化模式；在面层面，提出以客站为核心的区域一体化应用于铁路客站站点的规划建设。但需注意的是，点线面不可分割，彼此之间存在联系，从而共同发挥作用，才能形成以客站为核心的集约化发展的城市形态，并引导城市乃至区域的整体性发展。

5.1 大型铁路客站站域空间发展的整体性视角：三个尺度七种模式

5.1.1 整体性思维对站域空间发展的适用性

大型铁路客站站域空间多层次复合、影响因素多类型交织、客站功能多元混合发展的特征，以及对客站和城市发展整体性的认识，使得大型铁路客站的规划和建设迫切需要整体性思维的指导。首先，大型铁路客站作为内外交通网络的节点，极大地提高了站域空间的可达性，可达性的提高导致了土地价值的提升，并吸引大量的人流、物流、资金流和信息流在此聚集，这些都将推动城市空间的快速发展；而城市空间发展又将引起交通结构、交通需求和出行方式等方面的改变。站域空间这种"土地利用—交通发展"的相互作用机制迫切需要新的理论指导，以免产生站城各自孤立发展的局面。其次，站域—城市—区域在不同尺度的相互作用导致站域空间发展机制的复杂性，也迫切需要更加全面和综合的视角去协调不同层级下站域的发展。再者，站点地区的发展，除了需要形成高效的交通节点，还需要促进富有活力的场所形成，这种复杂的功能关系处理也急需新的理论指导。另外，随着城市空间的网络化与系统化，以及城市空间、交通空间与建筑空间的融合，城市空间已经逐渐渗透到客站内部，加上客站本体的集约化和立体化发展趋势，使得多种城市空间在站域多层面的复合叠加，形成了空间多层次复合、影响因素多类型交织、功能多元混合的站域公共空间。因此，站点地区的规划建设相对于城市其他地区更为复杂，需要从城市角度重新思考客站及其周边地区的发展。而且站点地区的开发或改造活动必然涉及多重关系的协调与处理，单一的思维和单一的部门往往难以处理。综上所述，站域发展迫切需要以整体性思维的视角进行全面思考，并按系统方法进行构建，把铁路客站与区域发展看成一盘棋，从城市乃至更大的区域整体出发进行整合策略的引导，将涉及的各个层面相互协调，将交通空间、建筑空间和城市空间进行系统地整合设计，在宏观上把握全局，最终实现功能均衡、健康可持续的站域空间。

5.1.2　客站与城市空间整体性发展的三个尺度七种模式

站域空间系统是以客站为核心，在客站与城市空间互动关系基础上，形成的高度复合、运转有序的有机整体，具有一定的层次和结构，以客站为依托结合其他交通形式实现地区交通、换乘、商业、文化等多重城市职能的公共空间，是能为公众提供各种公共活动和社会服务的城市活动场所，是城市空间系统的构成要素。因此，站域的整体性发展必须从区域和城市出发，多层次多角度的考虑，而不能仅仅局限于客站本身。对于其发展定位、产业设置、土地利用、空间结构布局等，必须与城市乃至区域整体发展相协调，应着眼于整个城市乃至都市圈的区域范围，从而真正实现站域的整体性发展。

1. 从客站与城市相互作用的空间系统来看

系统思维要求除了研究要素与要素、要素与系统之外，还要研究系统与环境的关系。客站作为城市大环境中的一分子，在城市空间系统中，站域空间系统是作为构成要素而存在的，它与其他各种城市要素相互联系、相互制约构成了具有较高意义的综合整体。因此，从宏观着手，系统地了解大型铁路客站对城市的影响，避免从孤立的单一空间层次研究铁路客站系统在城市空间系统中的层级和职能是实现整体功能最大化的基础。根据层级性原理，按照空间尺度的不同可分为区域、城市和站域三个尺度，不同尺度层面的研究所关注的焦点各异。

客站对城市空间的影响主要在区域、城市和站点地区三个层面，这点也得到了国内外专家共识。王兰[①]，姚涵、柳泽[②]，王缉宪、林辰辉[③] 等人纷纷对此

① 王兰. 高速铁路对城市空间影响的研究框架及实证 [J]. 规划师，2011，27（7）：13–19.

② 柳泽，姚涵. 境外高速铁路对区域和城市空间发展的影响研究进展 [J]. 城市发展研究，2015（4）：14–20.

③ 王缉宪，林辰辉. 高速铁路对城市空间演变的影响：基于中国特征的分析思路 [J]. 国际城市规划，2011，26（1）：16–23.

展开过研究。区域层面，由于高速压缩了城市间的时空距离，改变了城市网络的空间关系，促进了区域经济一体化，因此，研究侧重于区域可达性的提升以及相互关系的变化、区域整合分析以及各种社会经济活动在新的时空范围内的再配置；城市层面，由于高铁带来了大量的人流、物流、资金流和信息流，对城市发展产生催化作用，推进了城镇化进程，因此，研究侧重客站建设对城市的影响分析以及城市空间结构的变动分析；站域层面，由于客站建设形成了新的发展阶段，因此，研究侧重于圈层结构、区域功能特征以及综合开发等问题。在前面的章节中已有较完整的论述，在此不再赘述。

2. 从站域发展的特征来看

由于站域与城市相互作用层级与尺度的复杂性，需要从不同的空间尺度来思考各站域的功能定位及站区的用地布局、开发模式等。站点不再是独立的个体，其在宏观层面不仅是城市内外交通的节点，同时也是区域网络系统化发展的节点，是一个错综复杂的复合系统。但客站最基本的功能是加强交通一体化整合和为新兴起的多中心城市提供基本的交通服务。这不仅需要从微观层面处理好客站的核心功能，还要在宏观观层面处理好客站与区域和城市协同发展问题。另外，大型铁路客站每年上亿人次的客流量，对于城市而言，其本身就是一个"微型城市"，人们在这里进行各种社会活动，同时又带来各种消费和商业活动，客站不再只是一个简简单单的上下车场所，而是一个充满各种城市活动的"社区"[①]。因此，如何规划和管理站点地区的发展，就成为起于站点而止于城市的问题了。需要从整体城市设计的视角出发，拓展原定的设计范围，对站区进行不同空间层次的用地及空间形态调控，需要系统考虑站点及其周边地区的场所营造，关注站域空间节点和场所的均衡发展策略，寻求站域空间布局的空间环境效益、土地利用效益以及经济效益等整体效益的最大化。

3. 三个尺度七种模式

基于客站与城市相互影响的关系，以及客站与城市土地利用整合的层级分析，结合高铁点、线、网的空间网络形态层次，本书提出站域空间的整体性研究应该遵循从区域到核心、从宏观到微观、由面到线和点的研究方法，将客站整体性发展的解决策略划分为三个层面：

面——城市、区域的系统化、网络化发展展开；

线——站线的一体化发展；

点——站区、邻里、地块的一体化发展。

---

① 王缉宪，林辰辉. 高速铁路对城市空间演变的影响：基于中国特征的分析思路 [J]. 国际城市规划，2011，26（1）：16-23.

从而实现站城协同，站域空间的整体性发展，具体表现如下：

（1）面：城市系统化、网络化发展是城市发展的必然趋势，而多中心环状枢纽体系是伴随着大城市由单中心往多中心网络化发展的必然产物，客站引导大都市区空间结构多中心化发展，并实现功能多中心协同，体系化发展，是从着眼于单个站点和中心的发展转变为对整个城市乃至区域内各个站域（节点）和中心之间的功能联系进行整合和优化的过程。借助新型客站对高科技、高附加值第三产业的聚集作用，促进城市产业结构调整和转型。这有利于站域的重新定位，与城市内其他节点形成相互合作、错位竞争的良性关系。因此，可以依托客站的环状体系，形成区域内人流、物流、信息流的相互连通，优化城市的功能布局和产业配置，以及土地的开发利用。

区域一体化是在某一区域内以高铁为发展轴的特定的经济走廊。在走廊内原本相互割裂的城市之间，跨越空间上的距离，加快资源要素在区域内部和各城市之间的流动，最终形成沿着高铁隆起的都市连绵区。区域一体化可以调和城市之间的关系，加强城市之间协作。而城市间联系成本是影响区域一体化的重要因素。高铁对时空的压缩效应，有效降低了城市间联动的时间成本和经济成本，成为促进城市群产生区域一体化的关键因素。不同的交通网络会产生不同的都市区形态，两者的协同程度会直接影响都市区的空间绩效、经济发展和生态环境等方面的竞争力。

（2）线：站线一体化发展模式是随着城郊铁路的发展，以铁路为重要通勤工具发展起来的模式。该模式以城郊铁路为发展轴线，以站点为核心，在城市郊区将铁路建设与城市建设进行一体化开发，一方面可以减轻城市中心区居住压力，有机疏散城市人口，保证优质的居住环境，另一方面，由于城郊多为未开发地区，通过新客站的建设，以及便利的生活服务设施的配置，使得城市整体附加值得以提升，再通过房产销售，可以给铁路开发企业带来更大的利益，反哺铁路建设和新城镇开发。而且这种开发模式形成的廊道是城市空间扩展的骨架，会对城市的就业和居住空间关系产生深远的影响。

（3）点：以站点为核心的站域空间综合开发主要有三种模式：地块的综合开发、邻里的综合开发、站域的综合开发。此模式是站城一体化发展的趋势，即以客站为核心，在客站与其所带动和影响的周边地区进行有机联系而形成的整体[1]，高铁对城市所施加的各种影响，其契合度和强度将在这一地区获得集中体现[2]。同时，站域不再只是交通枢纽，而是发展成为包含商务、办公、住宿、

① 李胜全，张强华. 高速铁路时代大型铁路枢纽的发展模式探讨——从"交通综合体"到"城市综合体"[J]. 规划师，2011，27（7）：26-30.
② 郭苏明，夏兵. 高速铁路对沿线城市的影响[J]. 南京林业大学学报，2012（9）：78-83.

娱乐等多种城市功能集中的城市活动场所，往往也是城市的中心。同时，这一区域将成为高铁对城市更大范围产生作用的跳板，以此带动更大范围的城市发展。

可见，客站在点、线、面三个尺度引导城市功能布局、产业配置，以及土地利用，通过多层级的有序组织，形成相互合作、错位竞争的良性关系，并以"整体性发展"的方式实现"整体大于部分之和（即铁路客站整体绩效大于各个节点绩效之和）"的效果，有利于提高城市机能的运转效率，促进城市功能的复合化发展，打破客站与城市的"割裂"。因此，对沿线城市而言，要想发挥客站以及高速铁路城市发展的正面效应，需要多维度的促进站城、站线，乃至区域的一体化分析，由点到面，共同作用，发挥客站的触媒效应，并最终实现站城的整体性发展和可持续发展。

此外，站域的整体性发展，除了要关注物质空间这种"硬件"整合，还要关注"软件"整合。根据学者王鹏的研究，一般可以将城市公共空间系统的组织结构分为三部分：物质空间环境体系、运行机制体系、开发建设实施体系。物质空间环境体系作为"硬件"直接对公共空间系统起作用，而后两者作为"软件"和"过程"，通过制定相应的政策框架以及具体的实施过程间接作用于"硬件"。物质空间环境体系，涉及地上与地下空间、建筑与公共空间、建筑与交通空间等是城市公共空间的物质基础，也是本书进行站域公共空间整体性研究的着眼点。"软件"主要是相关利益主体间的协调问题，比如法律法规、扶持政策等相关因素，是站域空间整体性发展的保障体系。

5.2 大型铁路客站站域空间整体性发展的可操作模式研究

基于上一章客站对城市影响的分析，本章提出站域空间整体性研究应该遵循从宏观到微观，从区域到核心，由面到线和点的研究方法，将客站整体性发展的解决策略划分为三个层面：面——城市、区域的系统化、网络化发展，线——站线的一体化发展，点——站区、邻里、地块的一体化发展展开，从而实现站城协同，站域空间的整体性发展。

5.2.1 面层面：以客站为核心的区域一体化发展

1. 都市圈区域一体化

高铁系统影响具有一定的层次性，除了影响站点区域，还会影响一条轴、一个面上的所有区域和城市。站域整体性发展从站域本体层面来说，主要是"点"的考虑，表现为在客站及其周边区域产生促进多种城市功能高度聚集的联动效

应；从区域和城市层面来看，则是由"点"到"面"的考虑，表现为促进城市
结构调整、产业转型，以及城市群之间协作的同城效应。以客站为核心的都市
圈区域一体化，指的是在城市甚至是区域范围内，沿着铁路线路以及网络，以
客站建设为核心推进的、呈面状展开的一体化城区和都市圈建设。

　　都市圈区域内，由于城市之间的相互作用差异表现出了不同的空间结构
形态。在空间形态上表现为以沿高铁走廊轴线展开的多核心星云状结构。根据
都市区和城市间的空间关系，以及高铁的不同影响作用，高铁沿线大都市带的
空间结构形态可分为一体型、端点型、混合型三种[①]。

　　图 5-1（a），一体型是沿线站域在客站与城市的相互作用下，在走廊上
形成多个功能区域，区域一体化就是由这些功能区共同构成。如图 5-2（a）

图 5-1　高铁沿线大都市带
的空间结构形态（上）
（a）一体型；
（b）端点型；
（c）混合型
（来源：姚涵，柳泽 . 高铁沿线
大都市带的空间发展：基于国
际经验的探讨 [J]. 城市发展研
究，2013，20（3）：50–56）
图 5-2　高铁走廊沿线大都
市带的空间结构形态（下）
（a）日本东海道新干线；
（b）德国科隆 – 法兰克福高
铁沿线；
（c）法国巴黎 – 里昂高铁沿线
（来源：姚涵，柳泽 . 高铁沿线
大都市带的空间发展：基于国
际经验的探讨 [J]. 城市发展研
究，2013，20（3）：50–56）

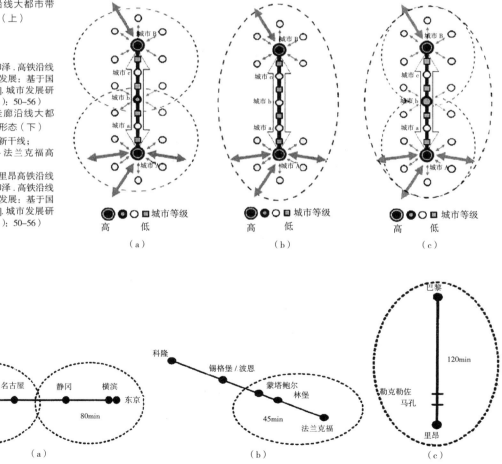

---

① 姚涵，柳泽 . 高铁沿线大都市带的空间发展：基于国际经验的探讨 [J]. 城市发展研究，2013，20（3）：
50–56.

（b）所示，日本东海道新干线、德国科隆—法兰克福高铁沿线区域一体化发展结构即为此种类型。

图 5-1（b），端点型是沿线站域在客站与城市的相互作用下，核心城市站域与沿线城市站域影响能级差异较大，核心城市站域相互作用而成，此模式强化了核心城市的集聚效应。如图 5-2（c）所示，法国巴黎—里昂高铁沿线站域的一体化发展就属于此类型，巴黎和里昂站域空间在高铁与城市的作用下获得了较大发展，但中间的城市站域空间发展不明显，对城市的影响作用较小。

图 5-1（c），混合型为一体型与端点型的复合。走廊端点站域空间各种经济活动密集，但同时存在由端点核心城市与邻近设站城市所界定的功能区。

都市圈区域一体化是站城空间在城市一体化下发展的高级阶段，而交通走廊和网络的建立则是其形成和成长的关键因素，多个客站的协同作用为都市圈空间发展带来新的契机。

区域一体化对站域的促进作用主要表现在两个方面：首先，客站对都市圈内各城市或节点的社会、经济和文化活动的集聚作用增强，尤其是第三产业，这将成为区域发展的开始。客站带来的可达性成本节约和综合效益增加又将进一步强化这种集聚功能，并不断向周边辐射，在这种集聚和扩散的共同作用下，站域的建设规模得以不断扩大。其次，站域与其他城市或中心组团的联系得以增强，促进区域空间结构发生改变，铁路客站将成为区域中重要的集聚因子。

2. 城市多中心环状枢纽体系

城市社会经济活动在城市内分散化布局的过程中往往会产生新的经济活动中心，并推动城市由单中心结构向多中心结构转变，从日本东京、美国纽约、中国香港、新加坡等地区的发展来看，这种多核结构是大城市发展的必然趋势。而作为重要交通枢纽的大型铁路客站往往是城市多中心结构的关键节点，而且往往也是城市转型的功能节点，成为促使城市多中心发展的关键因素。而在城市系统化发展阶段，多个节点之间的相互关联、错位竞争对于城市的网络化发展具有更为深远的影响。以客站为未来发展的中心引导城市多核发展，是从着重于某一节点的发展转变为对整个城市交通网络联系范围内各交通中心之间的功能整合，更加有利于实现城市功能区之间的协同，形成高效的城市空间体系。在这一过程中，客站作为城市职能区，引导城市功能空间重构，不再仅仅是基于站域空间的研究，而是从城市系统整体的功能配置与整合的综合视角出发，重新度量不同站点之间的联系（图 5-3）。

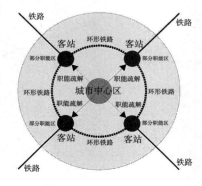

图 5-3 城市多中心环状枢纽体系示意图
（来源：作者自绘）

5.2.2　线层面：站线一体化发展

　　站线一体化开发模式是一种集铁路投资、建设、运营和沿线土地综合开发于一体的综合开发模式，是以城郊铁路为发展轴，以站点为核心，在城市郊区将客站建设与城市建设进行一体化开发的模式。一方面可以保证优质的居住环境，另一方面，由于城郊多为未开发地区，通过新客站的建设以及生活服务设施的配置，使得城市整体附加值得以提升，再通过房产销售，可以给铁路开发企业带来更大的利益，反哺铁路建设和新城镇开发（图 5-4、图 5-5）。近年来随着亚洲国家轨道交通的快速发展以及城郊铁路的建设，铁路作为重要的通勤工具，发展迅速。基本思路如下 [①]：

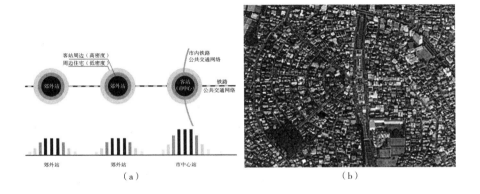

图 5-4　站线一体化开发
（a）新市镇模式示意图；
（b）多摩田园调布
（来源：作者自绘）

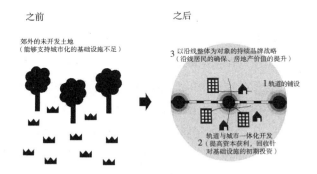

图 5-5　沿线一体化开发的
概念示意图
（来源：日建设计站城一体开发研究会 . 站城一体化开发——新一代公共交通指向型城市建设 [M]. 北京：中国建筑工业出版社，2014）

　　（1）铁路运营公司在郊区铁路工程开工之前，预先购买沿线土地（郊区未被开发的土地），在郊区铁路建设的同时进行沿线住宅区的建设和销售，将资本收益作为项目收益，用于郊区铁路的建设和城区开发项目。

① 日建设计站城一体开发研究会 . 站城一体化开发——新一代公共交通指向型城市建设 [M]. 北京：中国建筑工业出版社，2014.

（2）随着开发计划的实施，通过沿线站点的综合发展规划，整合沿线站域的土地利用性质，促进双向客流的产生。同时，通过高品质的居住区销售和就业的支持，确保初期开发成本的回收和运营的稳定。

（3）建设富有吸引力的公共设施（学校、科研机构等），提升沿线站域的品质，进一步吸引市民来此居住，而增加的人流也会使郊区铁路客流量进一步增长。

这种模式是在城市基础设施特许经营体制下，政府采取转移支付方式，给予郊区铁路建设者在土地开发方面的特许权，以保证郊区铁路建设的部分外部效益能够返还给投资者，是解决郊区铁路建设资金筹措问题的创新模式[①]。

5.2.3　点层面：以客站为核心的站域空间一体化发展

1. 客站综合体模式综述

综合体建筑，在《中国大百科全书建筑·园林·规划卷》中作了如下所述："综合体建筑是指由多个使用功能不同的空间组合而成的建筑，又称建筑综合体。其优点在于节约用地、缩短交通距离、提高工作效率、发挥投资效益等。"[②]沈中伟和郑健认为铁路客站综合体与其他综合体一样，是传统建筑类型和其他功能单元复合而成的多功能交叉的立体空间系统，既要进行交通换乘服务，又融合了多种城市功能，是客站向全方位服务发展的高级阶段[③]。王新认为客站综合体通常是将各种城市功能通过合理的竖向叠加和有序的垂直交通联系形成一个有机的整体。其本质是充分发挥客站站场土地高可达性优势，高效集约利用客站上部空间[④]。

综上所述，"客站综合体"是以铁路运输为中心，以满足铁路客运（包括高速铁路客运专线）与城市交通设施之间的交通换乘功能，同时通过竖向叠加商业、服务业、办公等其他城市职能的建筑综合体。其本质是节约用地、提高效率，高效集约的利用客站上部空间，是客站本体空间综合发展的模式。这类客站主要承担着交通枢纽职能中心角色，同时在客站上方配置高附加值的物业，将多种城市功能进行一体化整合（图5-6）。此模式在我国得到了较为普遍的发展，如杭州东站、南京南站、合肥南站等站点，但目前配置的物业比较少，且仅仅服务于客站，未能充分发挥客站的土地价值，而在日本、中国香港等地区这类模式发展比较成熟，如新横滨站、小仓站等，交通效率提高的同时，站场土地也得到了充分利用。

---

① 薛磊，杨宇彤，姜殿斌. 轨道交通与土地一体化开发的盈利模式探讨 [J]. 都市快轨交通，2011, 24（5）：14-17.

② 李健华. 商业综合体节点空间设计研究 [D]. 西安：西安建筑科技大学，2015.

③ 郑健，沈中伟，蔡申夫. 中国当代铁路客站设计理论探索 [M]. 北京：人民交通出版社，2009.

④ 王新. 轨道交通综合体对城市功能的催化与整合初探 [D]. 北京：北京交通大学，2014.

图 5-6　客站综合体模式（上）
（a）客站综合体模式图示；
（b）新横滨站；
（c）小仓站
（来源：作者自绘）
图 5-7　城市综合体模式（下）
（a）城市综合体模式示意图；
（b）城市综合体模式示意图；
（c）龙山站
（来源：作者自绘）

2. 城市综合体模式综述

　　城市综合体指自身由若干城市功能单位组成，并建立一种相互依存、相互助益的能动关系，形成一个多功能、高效率的城市实体，这种综合体建筑内部空间（包括交通空间）可以成为城市公共空间，相对于建筑综合体更加强调城市性[①]。本书城市综合体主要指的是客站与相邻城市建筑综合开发的模式，属于城市综合体的一种类型（图 5-7）。此模式是以客站为核心，通过多项内

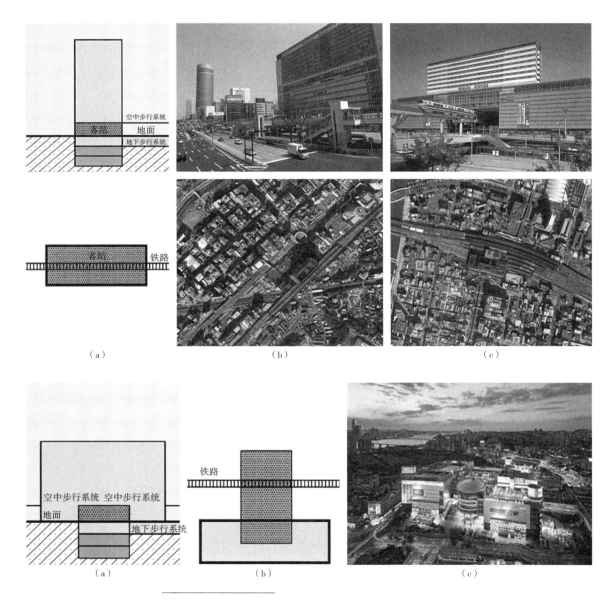

（a）　　　　　　　　　　（b）　　　　　　　　　　（c）

（a）　　　　　　　　　　（b）　　　　　　　　　　（c）

---

① 董贺轩，卢济威 . 作为集约化城市组织形式的城市综合体深度解析 [J]. 城市规划学刊，2009（1）：54-61.

容的整合，将客站与周边城市建筑联系成一个相互依存、相互补益的整体，可能是城市巨构，也可能是多幢建筑组成的建筑群。其与客站综合体的区别是客站建立了与周边建筑的连接，形成了一个功能多样、高效率的综合体，除了完成本体的交通职能外，还引入多项城市职能并进行整合发展，由单体转向城市综合单体或群体。客站的发展不再仅仅局限于交通枢纽本身，更加注重节点功能和城市功能的均衡。其主要表现为：客站的规模和尺度的社会化、巨型化；客站不再是综合体的职能主体，仅为其中的一小部分，功能更为复杂化；空间领域也越来越向城市层面靠拢，并形成彼此交织的密切关系。总而言之，可以概括为以下三个方面：

一是城市综合体的产生。它是依托高铁的集聚效应和导向效应，客站核心区域整合，多功能复合化发展的产物。

二是城市综合体的功能。客站除了完成自身的交通服务功能，还复合了多种其他城市职能，一体化发展，形成互为补充，相互依存的整体。客站成为城市功能体系的组成部分。

三是城市综合体的范围。突破客站本体，将客站与周边城市建筑联系成为一个功能多样、高效率的整体，客站作为所处区域中的一个开放性环节。

另外，"城市综合体"是一个紧密联系的整体，而步行是其最重要的联结方式，因此"城市综合体"要发挥其整体性，应将范围控制在步行可达的范围之内。

3. 站域综合开发模式综述——客站社区

站域的综合开发是以客站为核心，在客站与其所带动和影响的核心区域（步行圈内）进行有机联系而形成的功能多样、空间立体、高效率的整体，是站域空间圈层化发展的一种新型城市功能区。此模式下站域多承担着城市副中心的职能，客站的发展不再拘泥于客站本身，而是利用城市解决车站的问题，同时利用车站解决城市的问题，将车站、城市存在的问题在站域范围内一体化解决，促进站与城相互融合。其与城市综合体的区别是车站发展上升到地段、区域的高度，通过一组或多组建筑综合体来实现，车站成为城市区段的关键节点并与城市整体结构形成有机渗透、交叠等延展性关系，形成一个功能复合而统一的城市空间系统（图 5-8）。

5.2.4 立体网络：站域地上、地面和地下空间的一体化发展

综合交通枢纽地下空间的开发是站域空间整体性发展的一种特殊模式，可以有效连接车站与周边地区，通常表现为地下街。"地下街"一词在日本最早是因在地下空间开发与地面上的商业街相似的街道空间而得名，在发展初期，

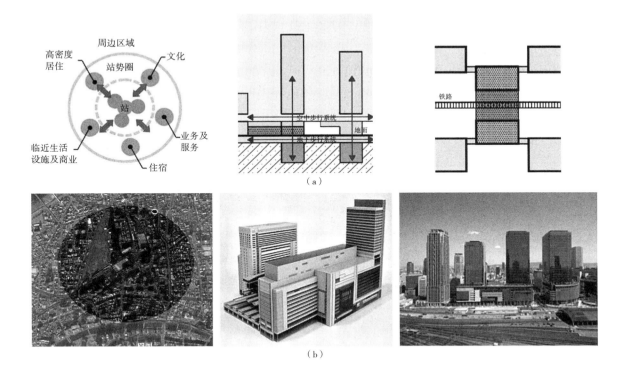

图 5-8　站域的综合开发模式
（a）站域综合开发模式示意图；
（b）大阪站
（来源：作者自绘；大阪站图
片来自 http://www.earthol.com/）

其主要形态是利用地下步行通道两侧开设一些店铺。经过几十年的建设，如今地下街在内容和形式上都有了很大变化，早已从单纯商业街发展成为商业、交通及其他设施相互协同的地下综合体 ①。车站地区地下综合体得到快速发展，主要是由于车站地区的广场和街道，通常都因为客流量大、车辆多而交通问题突出。地下空间综合开发以车站建筑的地下空间为中心，以地下的步行通道为交通骨干，形成一个各种交通线路在地下互相连通与便捷换乘的网络系统，再加上繁华的商业设施和便利的地下停车设施，以及空中步行道的联系，可以吸引大量乘客和顾客在地下和空中空间中活动，从而缓解站域交通矛盾，紧密联系周边区域交通和城市设施，实现地上、地下交通一体化，其通常伴随着立体交通设施的建设而建设。在车站地区的再开发过程中，地下综合开发的核心是地下交通系统的网络化，应该考虑地下、地上交通的平滑衔接，做到快速有效地疏散出入客站的客流，提高交通设施的可达性与便捷性。同时，为旅客提供适当规模和数量的购物、休闲场所（图 5-9）。为了有效支持枢纽的正常运作还需要开发市政基础设施、防灾与生产储存设施等。

---

① 童林旭 . 论日本地下街建设的基本经验 [J]. 地下空间，1988（3）：76-83.

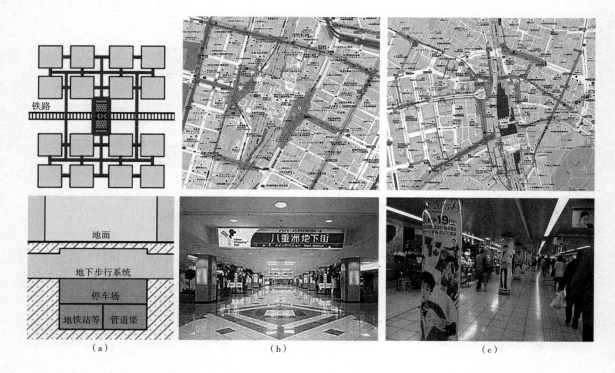

图 5-9　地下空间综合开发
（a）地下空间综合开发示意图；
（b）东京站地下街；
（c）新宿站地下街
（来源：作者自制；图片资料
http：//image.so.com/）

5.3　大型铁路客站站域空间整体性发展模式特征分析

5.3.1　都市圈区域一体化模式发展特征

1. 引导都市圈功能分工

客站作为城市触媒，不仅为区域人口和产业集聚与扩散提供了交通支持，也为城市功能空间分工与合作提供引导和支撑。区域一体化强调区域的系统化发展，住宅多个中心之间的协作与分工，因此，在这种模式下客站作为功能中心的作用被强化，而且这种功能协作往往跨越多个行政区，形成区域之间的互补发展[①]。比如东京都市圈，千叶新城、多摩新城、筑波新城等城市职能核心，除了承担居住职能之外，也担负了其他城市职能。多摩新城和筑波新城沿线站域在满足通勤服务的同时，吸引大量高附加值、高技术产业、大学和科研机构集聚，逐渐成为日本最大的研发中心和科技新城。

2. 功能分级定位与合作

由于高铁的时空压缩，各类产业可以在便捷联系的区位之间形成多维度、

---

① P.Taylor，M.Hoyler，D.Evans，J.Harrison.Balancing London? A Preliminary Investigation of the "Core Cities" and "Northern Way" Spatial Policy Initia-tives Using Multi — City Corporate and Commercial Law Firms[J].European Planning Studies，2010，18：1285-1299.

多等级的分工合作。而由于沿线各站点等级的差异，站域的功能定位和产业配置也有所不同。通常首位度较高的城市，站域的集聚效应更强，因此站域扩展范围也更大，定位多基于都市圈层面，重点发展总部经济、金融、法律、保险等服务功能。而首位度较低的站域，高铁影响区域较为有限，根据区域一体化协作需要，主要承接由首位度城市溢出的城市功能。功能定位多基于城市本身层面，重点发展办公、商服、旅游等方面产业，集聚价值链相对较低的生产性服务业，进而形成区域内多等级、多维度的功能分工体系。以德国 ICE 法兰克福站为例，高铁发展轴的形成，不仅推动了南北经济一体化进程，也推进了法兰克福站站域的重新定位，其产业逐渐由第二产业向服务业转型，成为商业、商务、会展的集聚区域，尤其是会展业在世界享有盛誉。站域空间随着区域功能的升级和旅游业的兴起逐渐重构，开始建设城市中央公园、商业中心以及住宅等项目。

3. 加速资源要素的流通与交换

客站和高铁建设改变了城市间的时空距离，加快了沿线城市"同城化"进程。而这种同城化一方面表现在出行时间和成本的降低，另一方面表现在加速人流、物流、资金流和信息流的流通和交换，使打破行政壁垒成为可能，加快发展区域内交通、居住、工作以及公共产品的跨城共享。研究表明，尤其交通时间在 2 小时以内的城市是最佳范围。以德州市为例，德州东站作为京沪高速铁路的中间站，由于客站的运营，其与北京和天津的联系更为紧密，截至2014 年，北京和天津有将近 300 家企业落户德州，同时高铁也导致了德州劳动力向中心城市转移，每年有近 40 万劳动力转移到北京和天津[1]。

5.3.2　城市网络化环状枢纽体系模式发展特征

1. 功能高端复合化

这种站域作为城市功能系统化布局的要素，承接城市中心区的溢出功能，与中心区和其他功能节点形成分工协作，成为新的城市功能节点[2]。因此，站域在发展和培育的过程中，其功能定位不再仅仅局限于交通枢纽和城市交通节点，而是作为城市副中心和某一功能中心。以大阪站为例，通过客站与周边区域的整合发展，形成了集购物、住宿、办公、会议、商务活动等为一体的城市智能中心，并与海、陆、空一体化联运，形成了国际化的城市中心节点。从国内外经验来看，随着城市空间布局由单中心向多中心网络化的发展，城市功能

---

① 史旭敏. 基于京沪高铁沿线高铁新城建设的调研和思考 [M]// 中国城市规划学会. 新常态：传承与变革——2015 中国城市规划年会论文集. 北京：中国建筑工业出版社，2015：201–209.

② 于晓萍. 城市轨道交通系统与多中心大都市区协同发展研究 [D]. 北京：北京交通大学，2016.

节点必然会经历"单一低端—功能专业化—高端复合化"的转变过程[①]，客站作为交通节点和城市功能节点的重叠处，也必将从单一枢纽走向功能专业化，以及高端复合化。

2. 空间结构网络型分散化

基于功能的互补与协作，各个职能中心和中心区之间的联系日益紧密，而随着都市圈内的职能中心分工的深化，城市中心区与职能中心的协同发展，最终形成多圈层网络型分散化的空间结构。比较典型的如东京、巴黎、中国香港等大型城市，随着城市功能的扩展与重构，不同职能中心之间产生了物质要素和非物质要素的流动，而这种流动性使得各个不相邻的职能中心形成了网络组织，由此城市体系也将逐渐呈现出开放的网络式结构。站域作为城市的职能中心，各站域之间的密切联系推动了城市功能联系的网络化竞合关系的建立，也为城市功能分工的协同发展奠定了基础[①]。

5.3.3　站线一体化发展模式特征

铁路建设与城市空间发展之间存在紧密的相互促进和影响的作用关系，其特征可以归纳为：

1. 土地规划与交通设施建设同步实施

由于站线一体化开发建设，在线路铺设的同时，进行以站点为核心的新市镇建设，使得土地规划与客站建设得以同步实施。其优点是不仅可以防止传统站域的道路隔断和交通阻塞，还可以创造出舒适的道路环境。特别是站域空间，其交通设施、交通组织以及道路规划，可以根据预期的人口密度及容积率来制定，确保高效的交通设施配置和路网建设的实现。其次，同步实施可以确保良好的城市空间环境，从而提升以客站为中心的社区品质和综合价值。再者，城市尺度的景观和绿地建设是非常困难的，但在这种一体化建设的模式下，可以合理配置和建设公园，从而形成由街区、城市公园、绿地所组成的网络型城市空间，且良好的城市环境也可以提升城市的价值（图 5-10）。

2. 结构梯度化和功能设施布局圈层化

站点地区的特性是距离站点越近区位可达性越高，因此在土地使用强度、功能以及土地收益等方面形成了以城市站点为核心的梯度分布的特征。例如日本多摩田园都市的开发分为市中心、近郊、远郊，密度逐级降低。涩谷作为副都心，其容积率高达 10.0，主要功能为办公、商业、酒店；近郊区域容积率

---

① 于晓萍. 城市轨道交通系统与多中心大都市区协同发展研究 [D]. 北京：北京交通大学，2016.

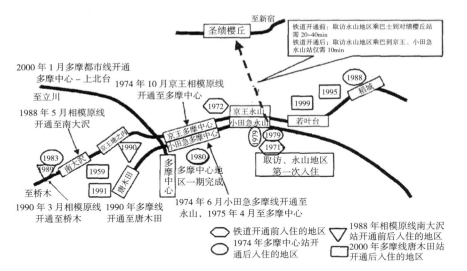

图 5-10　多摩新城轨道交通
与沿线土地开发的关系
（来源：谭瑜，叶霞飞 . 东京
新城发展与轨道交通建设的
相互关系研究 [J]. 城市轨道交
通研究，2009（3）: 1–5）

保持在 3.0~5.0，中等密度开发，主要功能为办公、商业、住宅；远郊区容积率为 2.0~3.0，低密度开发，主要为住宅、商业等基础设施。而站点作为联系城市和铁路交通设施的重点地段，其密度会比周边区域高出一倍，在功能设施布局时，以客站为核心，在步行可达范围内集中，并在这里积极配置日常生活服务设施，形成了圈层化结构。比如，结合客站建设较大型的购物中心等生活服务设施，进一步带动周边商业娱乐、文化、医疗福利等生活援助设施，形成了完善的社区设施，吸引更多居民入住。

3. 以客站为核心紧凑城市形态

沿线一体化发展多以客站为核心，将市镇中心区域、商业广场和客站密切结合，居住区以站域为中心沿步行系统向外扩散，形成了以客站为核心的紧凑城市形态。以中国香港为例，在所有 80 多个港铁车站中，为了优化利用土地，尽量发掘土地潜能，有近 40% 修建成了紧凑的站域发展模式。将军澳站占地 34.8hm^2，容积率为 5.0，容纳约 6 万人居住，商业开发面积达到5 万 m^2。再如新加坡的榜鹅新镇，在 9.57km^2 的用地上，建设了 9 万个住宅和相应的商业、社会、娱乐休闲设施，容纳了 30 万人的居住和生活，容积率也达到了 4.0~5.0。一体化开发可以使站域内的建筑物尽量向高层发展，这样可以留出更多的空间，拉大建筑的距离，以容纳公园、休憩地、学校、商场、社区中心等，从而在整体上增加了绿化面积和活动空间，提高了环境质量[①]。

---

① 胡玉娇 . 香港新市镇"三代"变迁 [J]. 开发研究，2009（2）: 53–59.

5.3.4　客站综合体模式发展特征

1. 核心特征：多种交通工具一体化整合

　　客站综合体的核心功能依然是交通功能。因此，客站综合体以最大程度方便乘客出行为目的，从只服务于一种交通方式的"单式枢纽"转变为多种交通方式复合的"复式枢纽"，形成多种交通方式的一体化整合[①]。适宜与客站整合的交通模式主要包括地铁、轻轨、城铁、普铁、公交、小汽车、长途客运汽车等，不同的交通方式根据自身特点承担的运输范围和作用各有不同，它们合作运营可以保证高铁站综合体的高效率运输。这类案例众多，例如南京南站首先依据在城市空间区位、发展定位以及交通预测，确定了南北方向为主导流向，因此选择了跨过绕城公路在更大的空间范围内疏解交通的模式，以满足未来交通为需求，并提出了以轨道交通为主导，常规公交网络作为重要支撑的区域交通发展战略。客站将长途、公交、社会大巴、出租车、社会小汽车分区域布置于站房地面层，并通过集散大厅和地铁、高铁形成便捷换乘。站内设计微循环系统方便车辆内部的交通组织[②]。通过"客站—站域—城市"这三个空间层次高效衔接，不仅解决了枢纽交通的问题，还解决了其与地区交通及背景交通之间的矛盾（图 5-11）。而多种交通工具的整合既形成了高效的交通节点，也提供了高品质的城市环境，支撑城市社会经济活动的发展。

　　立体交通换乘是客站综合体的又一明显特征。如北京南站（图 5-12），在车站地下一层设置了整个车站的换乘层代替了常规的出站通道，既有利于高铁、地铁、公交的换乘，也有利于出站乘客和地下二层、地下三层的乘客在此集散，极大地提高了换乘效率。立体交通换乘对于整合多种交通工具起到关键作用。在中国香港，70% 左右的综合体建在了轨道交通线路上，多种交通工具在综合体内部换乘，创造出一种舒适高效的换乘模式。通常地下层连接地铁，地面层连接道路交通，地上二到三层连接空中步行廊道，中庭作为交通换乘空间，实现多种交通工具间的转换，达到了建筑综合体与交通的相互促进、相互支持的效果。两者的整合，既为综合体带来了客流，增加了活力，也增加了轨道交通的运营收入。可见，对地下、地面、地上三个空间层次进行人流组织，不但可以提高换乘效率，还可以形成富有活力的建筑空间，

[①]　所谓交通一体化就是在客站内，以铁路客运为中心，集多种交通方式于一体，将多种对内及对外交通方式共同整合，形成一体化联运，实现地面、地下、地上各个层面交通的融会贯通，形成城市、区域乃至较大范围的交通枢纽。

[②]　姚涵 . 基于整合策略的城市高铁枢纽地区规划探析：以南京南站地区为例 [J]. 建筑创作，2012（3）：65-71.

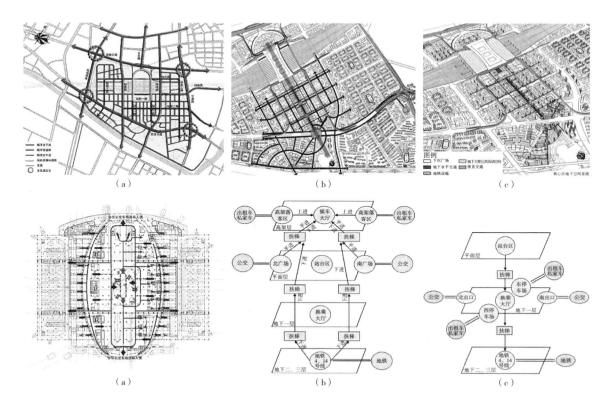

（a）　　　　　　　　　　　　（b）　　　　　　　　　　　　（c）

（a）　　　　　　　　　　　　（b）　　　　　　　　　　　　（c）

图 5-11　南京南站核心区交通规划（上）
（a）核心区交通规划；
（b）核心区步行系统规划；
（c）核心区地下空间规划
（来源：东南大学城市规划设计研究院提供）
图 5-12　北京南站的交通换乘组织（下）
（a）地下一层交通组织；
（b）交通换乘进站示意图；
（c）交通换乘出站示意图
（来源：韩一萱，晁阳.北京南站与城市交通换乘组织优化探讨 [J].现代城市轨道交通，2016（5）：78-82）

促进城市建筑复合化发展 [1]。

2. 复合化发展——客站与多种城市功能一体化整合

客站综合体与城市功能的整合主要有两种方式：一是将城市功能包含于客站内，复合购物、餐饮、休憩、办公、旅馆、文化及其他服务设施。如成都东站将商业服务设置于各交通方式的衔接换乘空间内。在地下二层设置商业步行街，在站台、候车大厅夹层设置为旅客服务的商服，这种在站内包含商业的模式主要用于满足到发旅客、中转旅客的商业购物、娱乐休闲需求 [2]。

二是竖向叠加模式，在客站本体范围内，对客站进行地上、地面和地下的综合开发，将多种城市职能整合到综合体建筑内部，促使客站空间进一步立体化、复合化，并大大提升了客站空间使用效益。如中国香港又一城（图 5-13），在购物中心内，从地下 3 层至地上 2 层，在五个层面组织与地铁、火车、城市隧道、城市干道、公交车站和的士站等交通设施的连接，而其上部又是一个购物中心，交通设施与商业设施叠加，成为既便利又丰富多彩的城市功能空间 [3]。

① 林燕.浅析香港建筑综合体与城市交通空间的整合 [J].建筑学报，2007（6）：26-29.
② 张兴艳.基于一体化理念的综合交通枢纽设计 [J].高速铁路技术，2013（4）：35-41.
③ 林燕.浅析香港建筑综合体与城市交通空间的整合 [J].建筑学报，2007（6）：26-29.

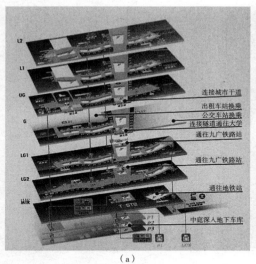

连接城市干道
出租车站换乘
公交车站换乘
连接隧道通往大学
通往九广铁路站
通往九广铁路站
通往地铁站
中庭深入地下车库

（a）

（b）

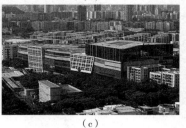

（c）

图 5-13　中国香港又一城交通换乘分析示意
（a）交通组织；
（b）内部效果图；
（c）鸟瞰图
（来源：林燕.浅析香港建筑综合体与城市交通空间的整合 [J].建筑学报，2007（6）：26-29。https：//www.jianshu.com/p/76bfe12fc274?utm_campaign=maleskine&utm_content=note&utm_medium=seo_notes&utm_source=recommendation）

3. 便捷换乘——零换乘

　　零换乘的概念最早由日本中央复建工程咨询株式会社（CFK）公司提出，对客站而言，主要指将火车与其他多种交通方式有机地结合起来，整合在交通枢纽内，当旅客从一种交通方式转向另一种交通方式时，能够方便顺畅地在最小的步行范围内实现各交通无缝连接，而不需要出站或穿越室外的机动车交通。要实现零换乘就需要控制换乘的距离，尽可能做到最短、最便捷，日本客站通过精细设计，一般将对轨道交通的换乘控制在 100m 以内，公交控制在 200m 以内，出租车控制在 300m 以内，换乘便捷鼓励了公共交通的使用，由于鼓励公共交通出行的方针，私家车一般设置在离出站口较远的地方。另外，零换乘要求各种交通运输工具在运行时间要尽量衔接和匹配，这样可以减少旅客的滞留[①]。日本东京站历经多次改造（图 5-14a），每天仅铁路到发列车共 2677 列，日上下客流量最高达 160 万人。其显著特点就是零换乘和高效的空间组织，乘客平均换乘距离只有约 200m，铁路与地铁的公共人流集散空间宽敞，四面开放，而铁路、地铁各自的独用空间仅限于比站台大一点的范围，因而它具有每天百万人以上的人流吸纳能力。柏林中央火车站是柏林集高铁、普铁、S-Bahn、U-Bahn、道路交通于一体的大型综合交通枢纽（图 5-14b），通过高效的空间组织，该站的平均换乘距离约 150m。我国也将零换乘作为客站综合体设计中的一个重要目标，如上海南站作为集公交、城际、省际客车、地铁、出租车、私家车等于一体的综合交通枢纽，

---

①　肖曼.综合运输枢纽内"零"换乘问题研究 [J].交通企业管理，2011（5）：1-3.

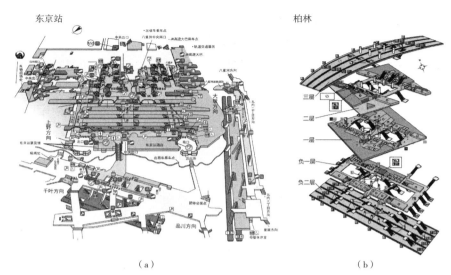

图 5-14　客站交通组织
（a）东京站内部空间组织图；
（b）柏林中央站内部空间组织图
（来源：https://en.wikipedia.org/；http://www.jreast.co.jp/）

（a）　　　　　　　　　（b）

通过立体空间组织，其 1 号线及 L1 线至铁路站台的平均换乘距离约 340m，3 号线站台至铁路站台的平均换乘距离约 480m，由公交汽车换乘铁路北广场平均换乘距离约 405m，南广场平均换乘距离约 305m，铁路与郊区汽车、长途汽车之间的平均换乘距离约 515m，出租车约为 230m，基本控制在一个良好的距离范围内[①]。

　　零换乘理念对于客站综合交通枢纽空间整合而言具有普遍意义：一是可以提高综合交通枢纽的通行能力，保证整个运输过程的连续性；二是可以提高交通枢纽的运行效率和效益；三是可以降低运输成本、节约资源。

5.3.5　城市综合体模式发展特征

　　城市综合体由多个功能区块各自为政的割裂状态转向各个构成要素融为一体和有机联系的状态。客站空间的立体开发是将地下、地面、地上进行统一设计、多维度开发，使之成为一个立体的、高效的城市公共空间体系，其最大优势就是在节约土地资源的同时，造就了富有吸引力的交通空间，整体呈现出高度整合、立体开发的趋势，具体表现如下：

1. 功能空间：广场、站房和站场的一体化整合

　　传统铁路客站大多只具备单一的铁路作业功能，通过站前广场平面式的组织交通，与周边的交通设施换乘距离长，与城市内部交通联系松散，导致广场人流量大而且复杂，成为城市里脏、乱、差的代表区域。而城市综合体模式

---

① 顾保南，黄志华.上海南站的综合交通换乘系统 [J]. 城市轨道交通研究，2006（8）：19–23.

的客站把站前广场、站房和站场作为一个整体，在平面位置和空间关系上相互重叠、复合，用立体的建造手法将铁路客站与航空港、轮渡、地铁、公交、出租车、长途汽车、私家车等组合在一起，形成集多种交通方式于一体的客运交通枢纽，可以很方便地在客站内部做到不出站即可实现与城市多种交通方式之间的转换，缩短旅客换乘距离，将城市之间的外部联系转化为城市内部的交通网络。另外，这种整合逐渐突破了交通建筑的单一功能，演变成为集商业、办公、文化、娱乐等为一体的客站综合体。客站综合体内涵盖城市功能的每一个方面，转变为城市的生活中心[①]。

2. 土地利用：由单一土地利用向集约化综合利用转变

由于新型铁路客站的集聚效应和城市触媒效应的增强，大量的人口聚集和流动必然促使客站土地结构调整和重新分配，对有限土地进行最大限度利用。这种集约利用主要表现在两个方面：一是地上空间的立体化、高强度使用；二是地下空间的综合利用。对于日本、韩国和中国香港这些土地紧张的地区，在客站建设时均采用了紧凑、高强度的商业开发模式，同时重视地下空间的利用，形成土地高强度开发利用的模式，发挥出了客站的整体效益。比较典型的如日本京都站，集结了交通、酒店、百货、文化设施等，通过层叠手法，对车站进行土地集约化利用，最终车站面积仅占总建筑面积的 1/20[②]，高效集约利用土地的同时，也创造了丰富多彩的城市生活场所，从而使客站成为有生命力和聚合力的市民活动中心。

3. 建筑形态：由"城市大门"向"宏大的综合性空间"转变

铁路的复兴，大型铁路客站再次成为城市发展的焦点，作为城市复兴的引擎，客站立足于城市，着眼于交通换乘，延伸到商业服务，成为大型人流集散的宏大综合性空间，这个空间的明显特征就是大空间的运用[③]。而这种大空间特征使得铁路客站成为所有公共建筑里最容易辨识的建筑之一。如德国的柏林中央火车站（Berlin Lehrter Banhof）、英国伦敦的圣潘克拉斯车站（St Pancras Int.Station）、马德里阿托查火车站（Madrid Estacion Atocha）、巴黎北站（Paris Gare Du Nord）火车站等，站台空间宽敞明亮，传统风貌和现代精神并存。我国目前的新型铁路客站也呈现出对这种宏大的综合性空间的追求，其主要表现在宽敞明亮的新型站房的设计，空间多采用网架结构，整

---

① 刘江, 卓健. 火车站：城市生活的中心——法国 AREP 工程咨询公司及其作品 [J]. 时代建筑, 2004（2）: 124-131.

② 钱才云, 周扬. 谈交通建筑综合体中复合型的城市公共空间营造——以日本京都车站为例 [J]. 国际城市规划, 2010（6）: 101-107.

③ 高志荣. 铁路车站建筑风格的演变 [J]. 中外建筑, 2005（4）: 72-75.

传统
现代
并存

地域
文化

（a）　　　　　　　　　　（b）　　　　　　　　　　（c）

（d）　　　　　　　　　　（e）　　　　　　　　　　（f）

图 5-15　火车站的文化性
表达
（a）阿托查火车站；
（b）巴黎北站；
（c）圣潘克拉斯车站；
（d）苏州站；
（e）杭州城站；
（f）拉萨站
（来源：网络搜索）

体屋盖，尺度巨大，其中有不少对客站的文化性做出探索的优秀案例，如杭州城站、苏州站、拉萨站等（图 5-15）。

5.3.6　客站社区模式发展特征

从当前已经建成的新型大型客站来看，东京、首尔、中国香港等人口密度较高的大城市的站域，已经展现出明显的站城一体化发展趋势，站域内各个系统不再是独立的个体，而是相互叠加和关联的有机整体，客站区域多种城市功能集聚在一座或组群式建筑物内，形成客站综合体建筑，具体特征表现如下：

1. 集约高效

客站带来的大量的人口聚集和流动必然促使站域的土地结构调整和重新分配，对有限的土地进行立体化和集约化利用需求也进一步增强，因此，当前大型铁路客站站域综合化和立体化的发展趋势越来越明显。最突出的是许多客站让乘客不出地面就能换乘或进入周边建筑，既减少了地面的交通量，快速集散人流，也成为建筑向更高发展的重要支持。目前，日本、韩国和中国香港这些土地紧张的地区，由于土地价值提升，客站及其周边开发更多采用了垂直叠加的方式，将各种功能空间在轨道以及客站区域向地上和地下空间进行立体化扩展，在节约土地的同时，也激发了客站的综合效益，而车站自身成为一个具有高度集聚性的综合体，形成车站地区的集约化发展态势。目前集约化趋势主要表现在三个层面：首先是站域土地利用的节约与高效的趋势，即在客站地区以更少的土地资源获得更大的经济效益，如东京涩谷站（图 5-16），项目用

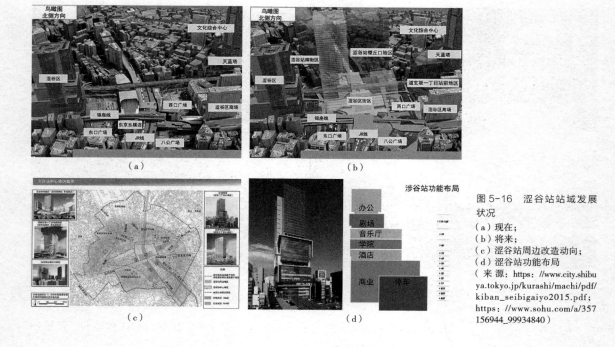

（a）
（b）
（c）
（d）

图 5-16　涩谷站站域发展
状况
（a）现在；
（b）将来；
（c）涩谷站周边改造动向；
（d）涩谷站功能布局
（来源：https://www.city.shibu
ya.tokyo.jp/kurashi/machi/pdf/
kiban_seibigaiyo2015.pdf；
https://www.sohu.com/a/357
156944_99934840）

地面积大约 9640m²，总建筑面积 14.4 万 m²，容积率高达 14.9。其次是站域土地的立体化使用和一地多用的趋势，站域内除了地面作为城市活动基面外，还有地下城市活动基面和空中城市活动基面，共同构建多维的城市公共空间，如涩谷站设计成地下 4 层，地上 34 层，高度 182.5m 的超高层综合设施，在极其有限的土地上，除了在底层设置了商业和车站设施，还在其高层设置了景观办公，中层设置了 2000 人的音乐剧场、展厅和学院等文化设施，加强了客站的文化影响力，并将各种设施与街区通过"城市核"沟通连接，形成了一个立体动态的城市活动广场，通过立体化的布局极大地提高了土地的使用效率。再者是土地的混合利用，将办公、商业、居住、文化设施等多种用地进行混合布局，如"交通 + 商业 + 居住""交通 + 办公 + 居住""交通 + 文化设施 + 居住"等多种组合模式。在这样的用地布局下，不但可以降低单次交通出行需求，减少对汽车的依赖，而且有助于提升站域空间活力，形成良好的社区品质。

2. TOD 模式紧凑发展

　　TOD 模式比较明显的特点是站点建设与土地利用的一体化，以及在步行范围内的紧凑发展模式。与传统的铁路客站相比，基于 TOD 模式的新型铁路客站充分发挥交通枢纽区位可达性的优势，在客站步行可达范围内，实现城市功能的高效积聚，形成一个多元与秩序并存的社区。这已经成为日本和西方发达国家减少日常生活对汽车的依赖和应付老年社会的必要措施，在哥本哈根、东京、中国香港和巴黎这些高度依赖轨道交通的城市，这种模式得到了大量的实践，市民们依靠站点满足各种日常行为是最正常和典型的生活体验[①]。在中国香港有 41% 的人口居住在站点 500m 范围内，在市区更高达 75%[①]。1948 年，根本哈根的"手指规划"被命名为《首都地区规划建议》并正式出版公布，该规划主要是为了阻止老城区城市以"摊大饼"方式向外无休止的蔓延，依托从城市中心向外放射状布局的铁路为发展轴线，以铁路为"手指"，站点或附近社区为"珍珠"，老城区为"掌心"形成"指状城市"[②]（图 5-17）。其成功主要来自于鼓励低碳出行，以车站为中心形成步行社区，节约了土地和能源，成为 TOD 模式的典型案例。

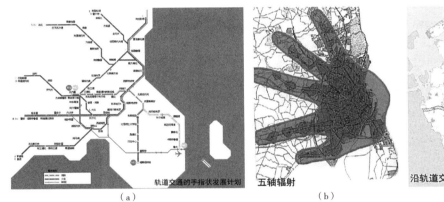

（a）　　　　　　　　　　　　　（b）

沿轨道交通的卫星城走廊
（c）

图 5-17　哥本哈根手指计划
发展脉络
（a）轨道交通的手指状发展
计划；
（b）五轴辐射；
（c）沿轨道交通的卫星城走廊
（来源：http://image.baidu.co
m/search/detail?ct=503316480&
z=0&ipn=d&word= 哥本哈根手
指规划）

3. 步行空间网络化

　　大型铁路客站以火车站为依托，以其网络化的轨道交通为基础，将公交车、出租车站、长途汽车、私家车等集中布设，构成一个集多种交通工具于一体的、同时兼具内外交通转换功能的大型换乘枢纽。客站在完成对外交通和对内交通的转换，机动车流和停车场转换的同时，促进步行交通的衔接与转换，客站更加注重各种交通系统的衔接，通过对换乘空间的形态与空间组织的合理设计以及人性化设施的应用，为旅客提供舒适通达的行走空间和体验。

　　步行交通的可达性是交通职能高效利用和综合体开发成功的先决条件[③]。因此，提高站域公共空间的可达性，对步行环境的设计以及城市步行系统的建设成为当今客站建设的重要因素。在日本，步行体系作为交通系统的组成部分

---

① 卢济威，王腾，庄宇. 轨道交通站点区域的协同发展 [J]. 时代建筑，2009（5）：12-18.

② 哥本哈根指状规划 [EB/OL]. 2016-06-01.http：//baike.baidu.com/link ?url=h2fAVqCuTIU6qoiUiRja2oEhFq
1JeKOPhzgz8EPo1M1VNtpX5qeielQY3w0QXWLphL1t5IVfjqOQNJ7XiScrma.

③ 杨熹微. 日本首届一指的交通枢纽——涩谷站周边大规模再开发项目正式启动 [J]. 时代建筑，2009
（5）：77-79.

和街道的延伸，提供从建筑内部穿越的通道、中庭、架空层、内街等空间，从多个层面（地面、地下和空中）将客站与区域内的步行交通进行连接，形成层次清晰和立体高效的步行网络体系，通过整合和优化，实现乘客向潜在消费者的转化，以及综合体与周边街区的"共生"①。涩谷站，由于多个轨道交汇，存在多个层面的站台和换乘空间，人流动线非常复杂。另外，车站周边被山谷状地形、道路和轨道等元素切割成了零碎的几个部分，站域空间零碎，且与周边街区的连接脆弱。为了解决这些问题，涩谷 HIKARIE 以步行者为中心，围绕山谷状地形以及周边轨道交通网汇集的特点，为了保证地下、地上行走的顺畅，在 HIKARIE 设置了纵向的城市核心（Urban Core）②，在一层、二层和三层强化与周边道路的连续性和可通过性，在地下三层则提供了东急东横线与副都心线直接连通的场所，为乘客提供便利和舒适的空间。并进一步在周边的其他三项开发中，也设置了跨地面、天桥和地下的多层城市核，最终，HIKARIE 克服了区域内种种不利条件的限制，形成了从车站延伸到城区的立体步行者网络，确保了客站与周边城区的顺畅衔接。通过这种步行网络的建立，强化了客站与周边区域形成的连续性和环游性（图 5-18）。

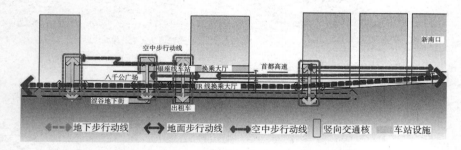

图 5-18 涩谷站域空间交通组织
（来源：作者自绘）

4. 功能复合化与特色化

客站不仅是交通功能的载体，也是办公、零售、娱乐、居住、文化艺术、购物和公共服务设施等融合聚集的场所。为了满足人们出行过程中的多样化需求，同时也能充分发挥客站的综合效益，大型铁路客站的功能日益复合化。另外，多样化的功能之间相互支持与竞争，使功能更为特色化，产生区域协同作

---

① 胡映东，张昕然.初探城市轨道交通与建筑综合体的"共生"——以日本多个新近落成的建筑综合体为例 [J]. 华中建筑，2013（6）: 89-93.

② 城市核心（Urban Core）概念定义：（1）将多层城市基础设施与街区整体上下相连、将地下和各层次廊道上的人流引导到地面上，并且横向连接水平流线的纵向流线轴空间；（2）坐落于能够连通广场等公共空间的交叉点上；（3）便于人们移动的，舒适的休息与聚集空间；（4）识别性高、针对城市而开放的车站前标志性空间。参考杨熹微.日本首屈一指的交通枢纽——涩谷站周边大规模再开发项目正式启动 [J]. 时代建筑，2009（5）: 77-79.

用。站域的功能通常会受到地域和客站本身的双面影响，呈现出不同的功能复合。因此，挖掘城市内涵和地区文化内涵，特色化的功能设定可以提升区域的核心竞争力。如日本东京的池袋、涩谷以及美国亚特兰大的欧尼商业中心等（表 5-1），既是多条铁路、地铁、公交的交汇处，也是城市商业、文娱、会议和展览中心，乘客在换乘过程中完成日常购物活动，成为市民良好的休闲活动场所，既提高了服务质量，也增加了乘客的回流。

日本主要站点功能分析　　　　　　　　　　表5-1

	涩谷站HIKARIE	六本木山	东京中城	博多站	小仓站
项目位置	东京涩谷区	东京六本木	东京六本木	福冈博多	北九州小仓
占地面积（hm²）	0.964	11.5	10.2	2.2	1.5
建筑面积（hm²）	14.4	75.91	56.9	20	7.6
容积率	14.9	6.6	5.58	9.1	5.1
建筑高度（m）	182.5	270（森大厦）	248	60	约56
与城市轨道交通设施的关系	紧邻	通过地下通道相连	通过地下通道相连	包含车站	包含车站
零售	●	●	●	●	●
办公	●	●	●	●	○
酒店	●	●	●	○	●
娱乐	●	●	●	○	●
文化艺术	●	●	●	○	○
公共服务设施	●	●	●	●	●
休闲（绿地、公共空间）	●	●	●	○	○
住宅	○	●	●	○	○
停车	●	●	●	●	●

（来源：胡映东，张昕然.初探城市轨道交通与建筑综合体的"共生"——以日本多个新近落成的建筑综合体为例 [J]. 华中建筑，2013（6）：89-93）

5.3.7　站域地下空间综合发展模式特征

地下空间的综合开发，总体来说是与城市发展和经济增长进程相一致的。例如，加拿大多伦多的"PATH"，瑞典斯德哥尔摩市中心的地下综合体，巴黎 Les Halles 菜市场的地下空间改造（改造成为巴黎最重要的交通枢纽和一个大型商业中心）等，都是与该国城市发展阶段相关的，每一阶段特征有所不同。以日本为例，根据不同时期日本城市的发展目标，其站域地下空间发展主要经历了四个阶段：

（1）第一阶段（1955—1964 年）：萌芽期。这一阶段主要是由于站前广场的改造，对广场的非法摊贩进行收容，结合地下停车场的建设设置地下街的模式。功能有三：配合客站设置地下停车场；客站地下人流集散过街通道；收容安置商业摊贩。这一阶段的地下街道较狭窄，各种业态混合，与周边建筑的衔接也没有明确的规划，因此地下空间复杂而且不安全，目前已经很少存在。代表性的主要有涩谷名店街、名古屋站前地下街等。

（2）第二阶段（1965—1969 年）：规模化阶段。日本经济高速增长，以及1964 年新干线的运行，结合站前广场的整建计划，大规模的地下街工程在日本得到了蓬勃发展。这一时期特征是地下空间的综合开发：地下空间结合车站一体化开发，以站点为中心向周边辐射，在功能上地面作为城市广场，地下用作商业、人流集散和与周边区域的连接通道，形成了连接范围更广、功能更复杂、规模更大的"地下城市"。代表性的主要有新宿西口地下街、八重洲地下街等。

（3）第三阶段（1970—1980 年）：向城市公共空间的转化阶段。日本处于快速城镇化向稳定期转变的时期。此阶段的特征是地下开发结合车站和周边街区的一体化综合再开发。日本如今的地下街 80% 以上都是在这一阶段建设的（表 5-2）。这一时期地下街规模越来越大，抗灾能力越来越强。一方面加强了防灾、安全的性能，另一方面，将地下街与地面空间有机结合，塑造地上、地面和地下共同承载城市各种活动的公共空间结构。比较典型的有名古屋中央公园地下街、新宿南口地下街等。

（4）第四阶段（1980 年至今）：规模和品质提升阶段。日本处于城镇化的稳定时期，这一阶段由于安全的考虑和建设门槛的提高，开发数量大为减少，但建设规模更大，更加强调舒适性和安全性。同时，地下街多配合都市再发展事业展开，由"量"向"质"的提升发展。比较典型的如名古屋"荣"中心、汐留中心区地下街等。

总体而言，地下空间的发展主要是一个不断演变和品质提升的过程，其空间和功能随着城市的发展而逐渐复杂多元，主要有三个方面特征：

（1）地下空间与地上空间立体化整合，提升了城市步行系统的完整性和连续性，提高了步行效率，改善了城市交通环境。

（2）功能多元复合，已经由通道、商业和停车转变为换乘、商业、休闲娱乐、文化传播、停车等多元功能的聚合（表 5-3），一旦形成规模，可以成为地面商业的补充，在城市生活的多个方面起到积极作用。不仅扩大了城市空间的容量，还有利于城市环境的综合治理和商业繁荣。

（3）空间环境越来越人性化，注重安全性、舒适性、导向性以及人们的审美需求，由量的积累转向了质的提升。

日本主要地下空间综合开发概况（部分）　　表5-2

名称	位置	营运时间	规模	说明
八重洲地下街	东京	1966	64000m²，地下三层	地下空间与东京东站和周边16个大型公共建筑连通，建设之初空间环境较差，但在随后的整修中得到了很大提升
天神地下街	福冈	1976	约22000m²	道路型地下街，5个休闲广场，地下街与两个地铁站相联系，与周边数十座公共建筑地下空间连通，形成了复杂的地下空间网络
中央公园地下街	名古屋	1978	56000m²	设置在公园地下，通过下沉广场与公园和周边设施巧妙联系，将20多条公交站点设置在地下一层。公园和地下街、高铁成为名古屋市立体发展轴
梅田地下街	大阪	1995	40500m²，地下两层	在地下一层，形成车站、高楼在地下街相联系的网络，在地下二层形成以公共停车场与大楼附带停车场相连接的机动车网络
长掘地下街	大阪	1997	81800m²，地下四层	人车立体分流、地下街有4条轨道交通线穿过，与3个站点联系便捷，大规模的公共空间与下沉广场。利用天窗采光，内部空间开始关注地域文化
横滨未来港21世纪城	东京	1997	496000m²	现代的集交通、商场、写字楼、公寓、酒店为一体的城市综合体。采用天窗和反射光采光，设计处处体现着实用和人性化的特点
"荣"综合交通枢纽站	名古屋	2002	7500m²，地下三层、地上三层	集交通、休闲、娱乐、购物、信息等多元功能复合的交通枢纽站，与周边大型公共建筑和地下商业网点连通的主题式综合交通枢纽站，人行系统完善，注重节能环保
六本木之丘	东京	2003	760000m²，地下六层	集住宅、办公、酒店、商业、文化于一体，整合城市公园、轨道交通、公路、人行通道成为多层立体的城市公共空间基面系统

（来源：李春红，阮如舫. 从"地下街"到"地下城"：日本地下空间发展演变及启示 [J]. 江苏城市规划，2013（7）：19-22）

日本六个城市地下街功能组成情况　　表5-3

城市	地下开发面积	公共通道		商店		停车场		机房等	
		面积（m²）	占比（%）	面积（m²）	占比（%）	面积（m²）	占比（%）	面积（m²）	占比（%）
东京	223082	45116	20.2	48308	21.6	91523	41.1	38135	17.1
横滨	89662	20047	22.4	26938	30.1	34684	38.6	7993	8.9
名古屋	168968	46979	27.8	46013	27.2	44961	26.6	31015	18.4
大阪	95798	36075	37.7	42135	43.9	—	0	17588	18.4
神户	34252	9650	28.1	13867	40.5	—	0	10735	31.4
京都	21038	10520	50.0	8292	39.4	—	0	2226	10.6

（来源：童林旭. 论日本地下街建设的基本经验 [J]. 地下空间，1988（3）：76-83）

5.4　大型铁路客站站域空间整体性发展的实证研究

　　由于城市所处发展阶段不同，站域的定位和发展模式有较大的差异，欧美高铁客站发展时期，城市发展已经趋于稳定，人口已经完成了外迁，因此更多地表现为对商务功能的集聚。日本新干线发展时期处于快速城镇化向稳定期过渡阶段，人口仍然以集聚为主，因此客站的建设形成了对人口和功能的集聚，而且日本与我国一样属于人口高密度地区，其发展模式具有较强的参考价值。因此，本章将选取这些具有对标性的案例展开系统分析，以期为我国站域的整体性发展找到合适的借鉴和参考。

5.4.1　区域一体化——日本东海道太平洋沿岸区域一体化

日本东海道太平洋沿岸区域一体化是指东京、名古屋、阪神三大都市圈构成的位于日本东部靠近西太平洋沿岸的城市群，包括各等级城市 310 个[①]（图 5-19）。

东海道新干线的修建使得日本"一日交流可能人口比率"[②]迅速提高，从 1975 年的 42.5% 提升到 1998 年的 60.5%，东京至大阪从之前的 7 小时减少到 2 小时 25 分[①]，这使得城市间的交流更为频繁。根据 1995 年的调查，平均每天流入东京都的人口达 369.3 万，比十年前增长了 23%[③]，而城市之间时间距离缩短到原来的 1/9 左右。正是由于这种时空距离的压缩，经济距离缩减到了原先的 1/25 左右，许多地理位置上接近的城市之间出现"公共区域"[④]。随着城市间合作的加强，形成了三大都市圈，而三大都市圈之间紧密联系，又形成东海道太平洋沿岸城市群[⑤]。

图 5-19　日本东海道新干线
（来源：http://image.so.com/）

区域一体化主要特征是人口与产业的集聚。从东海道新干线来看，1960~1965 年东京都市圈、大阪都市圈和名古屋人口增长率分别为 19.7%、16.9% 和 12.9%；1965~1970 年分别为 15.9%、13.0% 和 11.1%，人口增长率连续 10 年都超过了 10.0%，远远高于全国平均值 5.3%。另外，在产业上，20 世纪 60 年代东海道区域集中了日本国民生产总值的 70%，工业生

① 郇亚丽.新形势下高铁时代到来的区域影响研究[D].上海：华东师范大学，2012.
② 一日交流可能人口比率是指以某地为起点单程三小时以内可以达到的范围内居住的人口占全国总人口的比例。
③ 张善余.世界大都市圈的人口发展及特征分析[J].城市规划，2003，27（3）：37-42.
④ 杨策，吴成龙，刘冬洋.日本东海道新干线对我国高铁发展的启示[J].城市师，2016（12）：136-141.
⑤ 柴彦威，史育龙.日本东海道大都市带的形成、特征及其研究动态[J].国外城市规划，1997（2）：16-22.

产额的 60%，工业就业人数的 63%，产业基础设施投资额的 50%[①]。

东海道新干线将京滨、中京、阪神工商业地带连接起来，加快了区域的人流、物流、资金流和信息流等要素流动，促进了沿线城市群的形成，从而推动了区域的一体化进程。

5.4.2　城市网络化环状枢纽体系——客站对东京都多中心体系的引导和优化

东京多中心环状枢纽体系的形成大体包括四个阶段[②]：

（1）1925 年之前：不同方向的铁路线在中心相互衔接围绕成环（山手线）。京王线、京急本线、田园都市线等私铁纷纷连接到环上。

（2）1925—1950 年：构建起"环线 + 放射线"的铁路网络骨架，突破了单个枢纽的线路限制，形成彼此之间的衔接，手环线的优势得以凸显。

（3）1950—1987 年：环状枢纽体系支撑"一核多心"城市格局。该阶段东京城市轨道交通网络快速发展，多条地铁线与山手线交接，车站成为重要的交通换乘节点。东京利用这些节点的区位优势，促使城市向多中心结构发展，建设城市的副中心。

（4）1987 年至今：站域功能强化，形成城市中心。此阶段由于大量的通勤需求，山手线环状交通功能得到了强化，同时站域开发趋于成熟，站点地区综合多种城市功能，形成高效的站城协同发展结构，随着城市的发展，在第五次区域规划时，形成了一核七心、九个周边特色新城的城市空间结构（表 5-4）。

山手线环形通道日均客运量约 400 万人次，年客运量达 15 亿人次，与其形成衔接换乘关系的各类线路达 47 条，为东京大都市区形成了一个高效率的环形通道和客运走廊，成为东京城市发展的重要支撑。依托枢纽发展城市功能中心，在这一过程中，东京城市空间结构由单极集中向多中心结构演化，实现了东京城市功能的空间分工与合作。一核七心、九个周边特色新城都依托客站的集聚作用而兴起，但在功能上却具有明显的差异。涩谷、新宿、池袋等距市中心距离在 10~15km，主要以商务办公、商业、娱乐、时装、信息和服务业等第三产业为主；横滨、千叶、筑波、八王子等距离中心在 50km 以上，主要担负着规模较大的工业和制造加工业功能。

---

① 柴彦威，史育龙 . 日本东海道大都市带的形成、特征及其研究动态 [J]. 国外城市规划，1997（2）：16–22.

② 王晓荣，荣朝和，盛来芳 . 环状铁路在大都市交通中的重要作用——以东京山手线铁路为例 [J]. 经济地理，2013，33（1）：54–60.

东京"一核七心"的城市功能　　　　表5-4

名称		地区主要功能定位
核心	东京	国际金融中心、政治经济中心
副中心	新宿	第一大副中心，带动东京发展轴的商务办公、文化娱乐中心
	涩谷	交通枢纽、信息中心、商务办公、文化娱乐中心（年轻人的时尚娱乐型中心）
	池袋	第二大副中心，商业、百货、文化娱乐、会展、会议中心
	临海	面向未来的国际文化、技术、信息交流中心
	上野	以上野公园、国立西洋美术馆等为代表形成了文化中心和繁华商业街
	大崎	高新技术研发中心
	锦丝町	商务、文化娱乐中心
新城	多摩	居住、新科技新材料产业
	横滨	造船业、钢铁制造业、石油化工业、居住区
	千叶	国际空港和海港工业
	筑波	科研
	幕张	国际展览中心、会展业

（来源：作者自绘）

这种多中心环状枢纽体系的建立加强了整体网络的活力，最终促进整个城市竞争力的提升。东京大都市区依托客站形成多中心体系化发展的城市格局是城市紧凑发展的典型案例，为众多大城市发展提供了借鉴和参考。

5.4.3　站线一体化开发——多摩田园都市线

1. 多摩田园都市发展背景和概况

城镇化导致了人口向城市集中，而过多的城市人口带来了交通、住房和环境等方面的问题，使得城市生活质量和运行效率下降。日本的快速城镇化以大城市为中心，高度集中在东京、大阪和名古屋城市圈，随着经济活动和就业迅速向东京都的中心区集中，带来了大城市圈中心区人口密度过高的问题，同时住房短缺的问题也越来越严重，成为制约经济与就业继续快速增长的关键因素。为了解决住房问题，日本采取了以铁路为导向的新市镇发展计划，使得住房需求向郊区转移，而多摩田园都市线就是在这样的背景下发展起来的。多摩田园都市位于东京西南距离市中心约 15~35km，沿东急都市线约 20km 的范围内（梶骨站—中央林间站之间），开发面积约为 42km²，规划人口 50 万人，是日本规模最大的新市镇（图 5-20）。经过 20 多年的发展，截至 2012 年多摩新市镇总人口已经达到了 60 万人，沿线各站点日均乘降总人数已超过 100 万，相当于新市镇居住总人口的 1.7 倍。此线成为东京最繁忙、运营效益最好

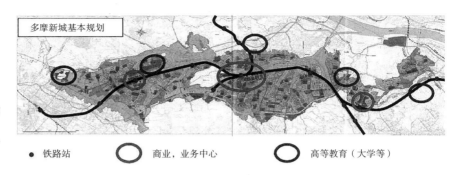

图 5-20　日本多摩新城的结构与功能分布
（来源：https://wenku.baidu.com/view/71169426453610661ed9f438.html）

的郊区轨道交通线路之一 ①。东急田园都市线的主要任务是满足东急田园都市居民的通勤，在其终点站"涩谷"站通过地铁半藏门线，可直接将旅客运送至东京的其他车站，交通非常便利。东急巧妙地运用了这种优势，并通过多种策略将田园都市建设成为一个高品质居住区。

2. 发展历程

（1）初期策略：铁路投资的回收时期。在这一阶段，以"先吸引人口，后建设相应的生活服务设施"为策略，而沿线房地产开发和土地拍卖成为轨道交通公司回收成本的主要手段。东急不但出售高品质住宅，还大量卖地给开发企业，以期快速回收成本。并向全社会公布了田园都市开发构想和理念，打造配套设施完善的居住区。1966 年东急田园都市线开通，不仅建设了与生活相关的公共设施，还在规划中明确了学校、市场和集会场所等各种设施，以期稳定长期居住的人口。这一时期，政府也出台了降低长期贷款利率和贷款所得税减税政策，促进工薪阶层买房。但由于初期的目标主要是回收成本，吸引居民前来居住成为首要目标，结果导致生活相关基础设施落后于人口增长速度。

（2）中期策略：舒适计划，由量到质的发展。随着人们在沿线定居，收入趋于稳定，开始将原本散落在各个街道的生活设施集中于车站附近，并集中建设社区活动中心、购物中心、医院等生活服务设施，创造出居民生活的社区中心。

（3）后期策略：进一步扩大范围。首先，对车站前广场进行调整，完善巴士线路，使原本局限在以车站为中心的步行范围内的居住区进一步扩大。其次，东急积极引进大学等教育设施，形成早晚出行的反向客流，使得轨道交通的利用效率得到进一步提升。最后，东急针对居民年龄比较接近，高龄化现象比较明显，进行住宅更替促进项目（A.LA.IE），通过该项目收购和更新高龄家庭住宅，并转卖给年轻的育儿家庭，以此促进年龄较低的新人口的流入。同

---

① 谭瑜，叶霞飞. 东京新城发展与轨道交通建设的相互关系研究 [J]. 城市轨道交通研究，2009（3）：1–5.

时，原有的高龄居民搬入设备齐全的老人住宅，而且提供看护服务，使老年居民也能安度晚年。

通过这一系列的措施，多摩田园都市至今还维持着高品质住宅区形象（表 5-5），而此规划获得了包括日本建筑学会奖和日本规划学会奖在内的三次大奖。获奖理由是："和轨道交通一起成功的计划性的都市建设，和固定人口增长同步的生活环境整备"，在学术界得到了很高的评价。

车站附近住宅用地公示价格表（2010年）　　　表5-5

轨道线路	车站	价格（千日元/m²）
东急田园都市	多摩广场	443
东急东横线	日吉	323
小田急线	登户	140
JR 中央线	三鹰	412
西武池袋线	云雀丘	303
东武东上线	和光市	132
东武伊势崎线	新桥谷	101
JR 总武线	船桥	208

（来源：日建设计站城一体开发研究会.站城一体化开发——新一代公共交通指向型城市建设[M].北京：中国建筑工业出版社，2014）

3. 经验和启示

（1）客站与土地利用的一体化发展。多摩田园都市成功的关键在于住宅区与田园都市线同步建设、同步开通。这种同步实施的方式使多摩田园都市开发的住宅一开始就具有交通便利的优势，新城人口增长迅速。而大量居民使用轨道交通又提高了田园都市线的运营效率，形成相互促进的良性循环。两者同步规划、同步建设、同步投入使用，充分发挥其在时间上和空间上的同步性，既能为新城营造便捷顺畅的交通环境以增强其吸引力，又能通过新城高效的土地开发为轨道交通提供长期稳定的客流支撑，保障其运营效益，形成良性循环。

（2）多主体在建设时机和时序上的协调。开发主体的多元化有时会因各自的特点和开发时机的不同而产生不同的开发效果。多摩田园都市的成功主要得益于新市镇与铁路建设企业为同一开发主体（东京急行电铁公司），因而能够兼顾土地开发需求与铁路建设的投资效益，协同两者在发展中的需求和时机，保证铁路建设与新区同步发展。

（3）郊区线路与建成区交通衔接的便利性。加强轨道交通线路与市区轨道交通网络间的高效衔接，减少换乘距离及换乘时间，对于提高整个轨道交通体系的运行效能及提升沿线站域的吸引力具有一定作用。东急田园都市线在建设初期就考虑了与其他公司轨道线路直通的可能性。通过线路的相互直通为上班族带来了便利，这也是多摩田园都市保持高人气的原因。田园都市线 1979 年 8 月就实现了与新玉川线、营团地下铁半藏门线的全面直通。新玉川线直通涉谷站，加强了沿线站点与城市中心区的联系，减少了居民到市区的换乘次数，极大地方便了居民出行。新市镇在直通后发展也更加快速了。

（4）站点地区土地的高效利用。在车站及线路紧邻处布置商业功能，达到土地资源高度利用的目的，同时以商业建筑作为屏障，隔绝轨道交通对住宅的不利影响。由于郊区铁路多为地面线路，会带来相应的震动和噪声。因此，田园都市线将公共设施设置于客站周围，并建设公园、绿地等活动场地，这一方面减少了铁路对居民生活的干扰，另一方面也便利和丰富了居民的生活。

5.4.4　客站本体的综合发展——新横滨站（Cubic Plaza）

1. 发展历程

新横滨站是远离主城区发展为城市中心的典型案例。1964 年日本东海道新干线开通时共设有 12 个车站，其中 3 个位于城市外围的车站，新横滨站就是其中之一，位于横滨北部欠发达山丘地区，距离市中心 7km，经历了 50 年的发展，已经从一片农田逐渐发展成为日本当今屈指可数的 IT 产业中心和横滨市的新中心，其发展过程主要分为四个阶段（图 5-21、图 5-22，表 5-6）。

2. 客站空间构成

新横滨是集宾馆、商业、餐饮等于一体化的综合体型枢纽设施。建筑高度 75m，地上 19 层，地下 4 层，容积率 5.3。其中商业设施 34000m^2、办公 16000m^2、旅馆 11000m^2、交通广场及车站相关设施 7000m^2，停车场面积 22000m^2，车站设施综合体占面积不到 10%。1~2 层为交通广场、客站和少量商业设施，3~9 层为商业，11~19 层为办公和宾馆（图 5-23），地下二到四层为停车场。综合体利用二层的交通广场将车站、商业、办公、宾馆等城市功能联系起来。二层的交通广场为净高 7.5m 的开放型空间，将通往各处的轨道线路转换和人行天桥联系起来，不仅改良了综合体的功能，还形成了与周边街区的联系，在二层联系了周边设施、出租车停靠点和公共汽车等城市基础设施，减少了对地面交通的干扰。

在交通上综合体日乘降客数超过 205 万人，停靠了未来港线（-5F）、东横线（-5F）、横滨线（1F）、东海道线（1F）、京急本线（1F）等多条铁路线路，还综合了地铁 3 号线（-3F）、巴士、长途汽车和市公交线路等 10 多种交通方式。同时，为连接东西，综合体在地下一层设置了 3 条地下连

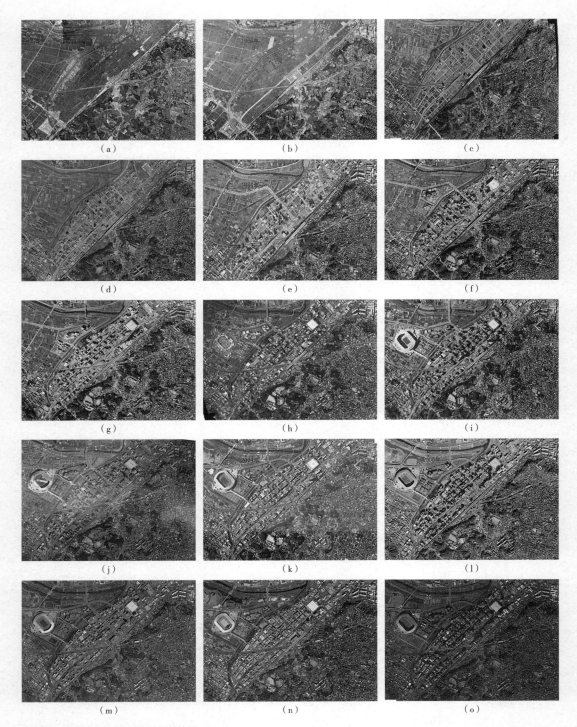

图 5-21 新横滨站域空间发展历程航拍图
（a）1963 年；（b）1969 年；（c）1974 年；（d）1979 年；（e）1984 年；（f）1989 年；（g）1992 年；（h）1995 年；
（i）1997 年；（j）2001 年；（k）2004 年；（l）2006 年；（m）2008 年；（n）2012 年；（o）2016 年
（来源：http://www.geocities.jp/shinyokokun/index1.html）

图 5-22 新横滨站的发展历
程定点鸟瞰图
(a) 2003 年;
(b) 2007 年;
(c) 2008 年;
(d) 2009 年;
(e) 2010 年;
(f) 2015 年
(来源:http://www.geocities.jp)

(a)
(b)
(c)
(d)
(e)
(f)

新横滨站的发展历程   表5-6

时间	阶段	开发时序	发展特征
1964 年之前	初始期		新干线开通前,只有 JR 横滨地铁线,没有设站,新横滨地区还是一片农村景象
基础设施 1964—1980 年	启动期	客站居住	1964 年新干线开通,1967 年 JR 横滨线开始进行复线化处理,1969 年站域道路网骨架确立,1974 年环状 2 号线(高速公路)建成。以住宅开发为主,建设了一些生活必备设施,处于发展起步阶段
城市品质 1981—2003 年	发展期	交通发展 商业	1985 年连接横滨市中心和新横滨的横滨市营地铁 3 号线开通,并于 1988 年完成全线复线化处理,新横滨站的利用率大大提高。住宅持续开发,带动周边商务商业发展,体育事业的发展和 IT 产业的进一步聚集为新横滨发展打开了新局面
城市更新 2004 年至今	成熟期	企业	开通了从新横滨到成田机场的大巴、高铁与空港联运,吸引了更多 IT 企业进驻。2008 年新横滨大楼竣工,成为横滨市陆路门户,站区办公物业稳定增长,商业大量发展,总部功能凸显,新都心的地位确定

(来源:李文静.日本站城一体化开发对我国高铁新城建设的启示——以新横滨站为例[J].国际城市规划,2006(3):111-118)

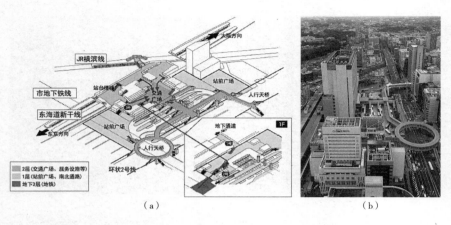

图 5-23　新横滨站内外交通系统组织
（a）内部交通组织；
（b）外部交通组织
（来源：http: //www.geocities.jp/; http: //www.city.yokohama.lg.jp/toshi/toshiko/shinyokosta/ ）

接线，西口、东口皆有数层复杂的地下街，地上设置了空中步行连廊与周边建筑连接。

3. 经验总结

（1）提升节点的魅力是提高站域土地价值的关键。客站区域不应仅仅作为交通节点，而应承担起体现城市特征的角色。新横滨站通过前广场的立体化改造，复合化城市功能和文化设施等的导入，形成了 24 小时充满活力的场所空间，完成了从"工作在新横滨"向"生活在新横滨"的转变，提升了新横滨站作为区域中心的形象，成为新横滨的标志。

（2）区域交通一体化联运是触媒激发的关键。站域及高铁新城的发展仅依靠高铁站点是远远不够的，想要发挥触媒作用，吸引人流、物流和信息流，就必须多方位加强站域与外界的交流，因此海、陆、空联动发展是关键。首先，通过多条地铁加强与老城的联系，方便通勤，吸引建成区人口来此就业；其次，重视与道路交通系统的联系，与环状 2 号线和高速横滨环状北线的联系，增强新横滨公路运输能力，可以快速集散客流和物资，建立与其他城市的联系；再者，建立与空港的联系，加快其产业发展。高铁和空港联运可以进一步节约时间成本，吸引对时间敏感的产业，如展览、高新技术产业、物流业等，进一步引领城市产业升级。

（3）产业是站域集聚人气、形成内在发展动力的基础。单一产业结构会增加城市风险，因此新横滨除了工厂产业，还大力发展商务办公、体育竞技、文化和旅游观光等产业，形成相互独立又彼此联系的产业群。同时与老城产业联动，功能互补且不趋同，形成双核结构，这是新横滨得以持续发展的关键。

（4）新横滨除了 IT 产业，还大力发展商务办公、体育竞技、文化和旅游观光等产业，形成相互独立又彼此联系的产业群。同时与老城产业联动，功能互补且不趋同，形成双核结构，这是新横滨得以持续发展的关键。

（5）步行空间缝合站域可以有效提高站域品质和交通环境。在建成区内铁路不同程度上对城市空间具有割裂作用，客站两侧城市往往难以均衡发展，周围街区之间的有机联系和城市的连续性容易受到割裂。新横滨为消除隔阂，在火车站二层设置交通广场，并组织空中廊道，形成步行网络，将站域周边城市功能体有机地连成一体。这种步行空间的意义在于"缝合"，可以将客站与周边城市要素连接成系统，有效提高站域空间品质、改善区域交通环境。

5.4.5　客站与相邻建筑的一体化发展——KTX 龙山站

1. 车站的发展历程与背景

韩国客站主要经历了 3 个发展过程，见表 5-7。第三时期为复合型车站时期（2000 年至今），这一时期主要得益于高铁的发展，使得地域间的联系加强，站域空间人流量增加，商业范围开始扩大，车站与周边地域的开发产生了密切的联系。车站内导入新元素，除了完善车站功能之外，还具有高密度居住、生活设施、住宿、商业、文化等各种城市功能。比较典型的有龙山站、东大丘站，形成了具有国际化业务的社区。龙山站也是在这一大背景下发展起来的，站点位于韩国首尔市龙山区，1905 年，随着京釜线的开通，龙山站成为连通釜山的交通枢纽，但随着首尔站的发展以及物流设施的外移，这里面临

韩国铁路客站演化过程　　　　　　　　　　　　　　表5-7

第一时期：　车站独立时期	第二时期：　民资车站时期	第三时期：　复合型车站时期
（初期—20 世纪 70 年代）	（20 世纪 80 年代—90 年代）	（2000 年至今）
车站的主要功能是运输旅客，功能空间主要是站台和候车室	民营资本建设，车站复合商业的空间	高速铁路运营（2004 年），车站与周边区域的一体化发展
全州站	永登浦站	清凉里站

（来源：Nikken Sekkei ISCD Study Team.The basic conditions needed for executing intergrated station-city development[J].A+U，2013，10：150-153）

着发展缓慢甚至经济衰退的局面。1997 年，首尔的城市基本规划中城市副中心（清凉里、往十里、永登浦、永东、龙山）的开发计划正式执行，以此为契机，由民营资本进行的龙山站开发得到推进。龙山站被赋予了承担国际业务功能的副中心地位。车站北侧是首尔著名的电器用品街，车站东面是业务设施和公共机构，南边是居住区。2004 年高铁开通，龙山站完成了车站和大卖场的一体化建设，规模是首尔站的 3 倍，成为首尔新的城市节点。

2. 龙山站的空间构成

龙山站占地 12.69 万 m²，总建筑面积 27.2 万 m²，地下 3 层，地上 10 层，日均客流量 35 万人（周末平均 60 万人）（图 5-24）。客站中央大厅处于建筑的中心位置，有台阶直接连通站前广场，可以方便到达各商业设施。内部空间除去第三层中央大厅和第四层候车室（80m×120m）的一部分为客站设施等功能外，还集合了大型数码产品中心、商服设施（大卖场、时尚购物中心、餐饮服务）、文化娱乐设施（电影院、展览厅）和公共设施以及大型的停车设施。龙山站拥有 KTX 高铁和地铁，具有很高的便利性。客站通过对站场空间的综合开发，不但提高了区域综合服务水平，还提升了站域空间品质，成为首尔市城市建设发展的典范。

图 5-24　韩国龙山站的综合发展
（a）龙山站车站地区航拍图；
（b）龙山站总体结构；
（c）龙山站功能分析图；
（d）龙山站功能构成
（来源：www.googleearth.com；
[EB/OL].www.iparkmall.co.kr）

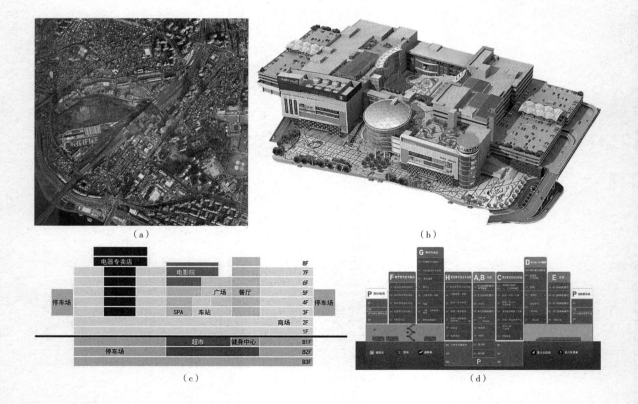

（a）　　　　　　　　　　　　　　　（b）

（c）　　　　　　　　　　　　　　　（d）

3. 发展经验

（1）站场上空的综合利用。我国客站由于用地和开发模式的限制，站场上空一般仅作为候车室使用。但在龙山站中，车站设施仅仅占据了地上三层和四层的一部分空间，以客站为中心，针对地域发展的需求，在站场上空布置了大量的商业设施、公共设施和文化设施，并将这些叠加和一体化开发，最终形成了对站场多用途一体化开发。车站站务设施仅仅占总建筑面积的 10%，商业设施占 57%，文化和集会设施占 4%，停车站占 20%，其他占 9%，这种站场上空综合开发的模式对我国客站的发展具有较大的参考价值。

（2）立体交通组织，改善区域环境。由于 30 条左右的公交巴士线路经过车站周围，再加上出租车及自驾车等车流，造成了车站周边的交通混乱。针对这个问题，新的综合体通过在车站第三层新设置出租车乘降、公交车换乘中心等措施，使其他设施直接连接车站，从而缓解了站前的交通混乱。通过排除站前混乱的交通带，设置站前广场增加步行空间等，车站周边地区的环境得到了全面改善[①]。

（3）将客站作为城市活动场所建设。针对之前没有候车室的情况，在第三层设置了中央大厅，第四层设置了候车室，大厅处于整个建筑的中心位置，与站前广场通过大台阶直接相连，可以方便地到达各商业设施。另外，车站还设置了屋顶花园、博物馆等文化设施，为周边的居住区和商业街的活动提供了场所[①]。

5.4.6　站域的综合开发——日本大阪站城

1. 核心区的改造与发展背景

大阪站是日本关西地区最主要的交通枢纽，使用人次高达每日 236 万。

（1）核心区的发展历程（图 5-25）。大阪站从 1872 年至今，经历了五代的发展。可以说，它是日本铁路发展的一个重要节点，更是站城一体化进程中最为典型的一个篇章。

第一代大阪站：始建于明治 7 年（公元 1874 年）。建筑式样采用近代西洋式风格，坡屋顶，瓦屋面，共计两层，一层建有廊子，可以供旅客休息和停靠。并在建筑前面设有广场和庭院，可供接送旅客的车辆简单休息停靠。

第二代大阪站：明治 29 年（1896 年）开工，明治 34 年（1901 年）竣工，位置在第一代东面大约 200m，靠近现在的位置。扩大了广场的面积并增

---

① Nikken Sekkei ISCD Study Team.The basic conditions needed for executing intergrated station-city development[J].A+U，2013，10：150-153.

设了一些公共设施，诸如茶室、银行、邮局等。这一时期的车站是具有象征意义的，以体现中央集权国家的诞生和文明开化为宗旨，建筑壮观绚丽。

第三代大阪站：昭和 15 年（公元 1940 年）完工，站前广场、平面布局做了比较大的调整。新增了地下铁路和私铁（阪急、阪神）。车站的特点是车站大楼的出现，车站大楼是国铁在当地权贵的资金资助下，将商业设施设置在一起的站舍建筑。此时的大阪站共有五层，一层中央有一个 24m×48m 的售票广场和进出闸机，二层是车站设施。车站转变为功能高度复合化的综合楼。

第四代大阪站：北大楼于昭和 54 年（公元 1979 年）开业，南部高层于昭和 58 年（公元 1983 年）完工。建筑地下 4 层，地上 27 层，高 122m，占地 48800m²，总面积 138500m²。建筑立面全部采用铝合金外墙，富有浓厚的时代气息。与此同时，梅田地下街的开发也是飞速进行。在国铁修复及新建站前广场的时候，原本占据站前空间的露天商铺被拆迁到地下空间，形成"地下街"，同时客站开始真正实现站城立体化发展。

第五代大阪站：平成 23 年（公元 2011 年）陆续开业运营。增建了 28 层，高 150m，是集商务办公、餐饮娱乐等多种城市功能于一体的城市综合体，总建筑面积超过 21 万 m²，并新建了跨越轨道的城市地标——时空广场。

（2）大阪站核心区域空间构成与发展。核心区域规划于 2005 年 12 月完成，标志着大阪核心区开发的正式实施，规划内容见表 5-8。改造后的大阪站被称为大阪车站城市（Osaka Station City），在客站南侧加建了一座 28

图 5-25　大阪站的演化发展历程
（a）第一代大阪站；
（b）第二代大阪站；
（c）第三代大阪站；
（d）第四代大阪站；
（e）第五代大阪站；
（f）第五代大阪站
（来源：作者整理，图片来源 http://www.iarch.cn/）

大阪站核心区更新建设项目表　　　表5-8

	大阪站新北大楼	Acty大阪扩建	阪急百货重建	大阪Sankei大厦
用途	百货、专卖店、办公、娱乐	百货、酒店	百货、办公	办公、商业、剧院
建筑面积	约216000m²	约171000m²	约254000m²	约79000m²
用地性质	城市再开发		城市再开发	城市再开发
容积率	6~8		10~18	6，8，15
建成时间	2011年		2011年	2008年

（来源：胡映东．城市更新背景下的枢纽开发模式研究——以大阪站北区再开发为例 [J]. 华中建筑，2014（6）：120–126）

图5-26　大阪站南北交通联系示意图
（a）南北交通联系方式；
（b）南北交通联系方式；
（c）大阪站内部空间组织；
（d）大阪站核心区的功能布局
（来源：http: //osakastationcity. com/）

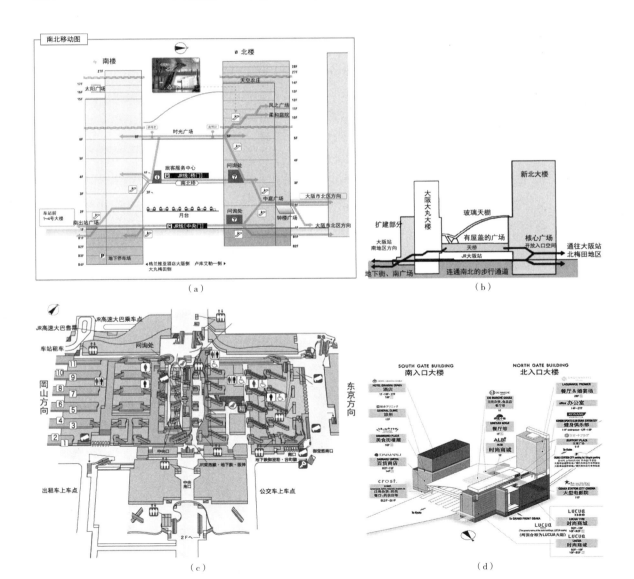

层综合体大楼，并采用高架候车和空中广场联系南北，城市功能也更为多元，区域复合了办公、商业、文化等多方面的城市功能，客站与周边城市空间紧密联系成了一体（图 5-26）。

在功能空间组织上，大阪站结合旅客主流线，在低层设置大型商业广场，中高层设置办公、酒店和文化交流设施，地下设置餐饮和零售，形成了高效集约发展的站域形态。为了保障高效集散，大阪站在 1 层设置换乘大厅，3 层设置高架站房，5 层设置沟通南北的空中广场，衔接车站两侧的站房。同时一体化考虑与公交站点和出租车的换乘，并通过空中通道和垂直交通设施的设置，形成了区域内立体化的交通联系，提升了站域核心区域交通联系的高效便捷。

2. 区域发展

大阪站周边有新大阪、梅田、中之岛、难波等各具特色的商务基地，彼此联系，形成了关西的中心地。目前，随着大阪站核心区功能的不断提升与完善，催生了一系列围绕大阪站的开发与建设项目。2011 年 12 月以大阪站为中心，形成了集中投资生命科学和环保领域、面向世界创造新的产品和服务的关西革新国际战略综合特区。以客站为中心的圈层特征也越来越明显。综合区以客站为中心，在步行可达范围内，形成了五个各具特色的街区，分别为：JR 大阪站城区、梅北地区、茶屋町地区、JR 大阪站南地区、西梅田地区（图 5-27）。以梅北地区为例，目前，梅北地区一期工程（Grand Front Osaka）已经建成，正在实施二期的规划建设。其目标是建设世界级门户枢纽和具有国际竞争力的新产业群。

区域交通以提高交通可达性和交通环境质量为目标（图 5-28）。首先，完善连通南北和东西的主干道路网络，加强城市南北和站城的交通联系，增强区域可达性；其次，对地面线路进行地下化改造，减少铁路对城市空间的割裂；

图 5-27 关西革新国际战略综合特区
（a）大阪站站域鸟瞰；
（b）大阪站站域内多功能发展区块
（来源：http：//umeda-connect.jp/concept/index.html）

（a）

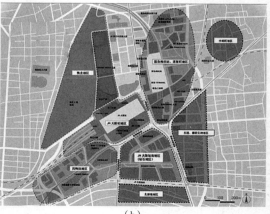

（b）

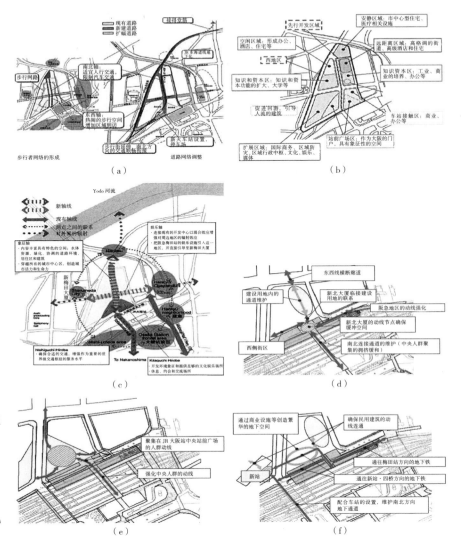

图 5-28 大阪站站域功能组织和交通组织

（a）交通网络；
（b）功能分区；
（c）功能定位；
（d）南北 2 层、3 层步行联系；
（e）南北地面步行联系；
（f）南北地下步行联系
（来源：http：//translate.osakas
tationcity.com）

最后，形成步行交通网络，以车站为中心向周边蔓延，使得步行交通更加便捷。

土地利用突出城市复合功能导入。城市再开发中探寻一种多功能（商业、办公、文化、娱乐、住宅）土地利用模式，多功能整合提高了城市生活的效率和便利①。这种垂直开发使得交通与城市功能空间相叠加，最终形成了枢纽核心区"高层、高密度、地下深度开发三者相结合"的城市空间形态①。

空间上将站域整体统一规划设计，形成整体连续的空间，并结合"水都"城市特色，用绿化和水景创造新景观，使城市重新焕发活力。东西向娱乐轴联

---

① 胡映东 . 城市更新背景下的枢纽开发模式研究——以大阪站北区再开发为例 [J]. 华中建筑，2014
（6）：120–126.

系一期与二期及相邻的新梅田大厦、阪急商业区，以增强再开发的整体影响力。并利用建筑灰空间和连廊，创造充满活力、舒适的步行环境，丰富城市空间的层次①。而且地下、地面步行动线的整合和广场的建设，大大提高了旅客的洄游性。

　　另外，区域的开发通过西梅田开发协会和西梅田地下道管理协会制定了共同的管理规则，通过建筑的整体运营以谋求公共空间符合大阪门户的空间效果，高档酒店、餐厅、精品店和演奏厅不计其数，增强其作为世界级交通枢纽的服务水平。

3. 经验总结

　　（1）客站融于城市，作为城市的增长核。在我国，客站也同样作为城市的增长核心，但站与城完全孤立发展，而未能形成客站与周边城市空间的一体化发展。在日本客站不仅作为重要的交通节点，也作为城市的商务活动和生活中心，是整个城市生活中最重要的休闲娱乐和活动场所，以及各种人流、物流、资金流和信息流交换流通的场所。因此，开发定位一般都以促进城市功能调整为目标，而成为城市增长核心。如日本约 2/3 的城市再开发项目是与站域开发项目密切相关的，大阪站就是典型的城市再开发项目。

　　（2）以客站改造为触媒点促进区域发展。以客站改造为触媒点，促使客站与周边城区互动，形成以客站为中心的城市级商圈，焕发客站与城市活力，已经成为当今日本一种成熟的客站发展模式。大阪站的开发建设对城市影响重大，其强大的聚集能力使得客站极易发挥城市触媒效应，推进城市设施、功能的完善，推动城市产业结构和空间结构的有益调整。

　　（3）土地资源的最大化利用，实现了土地资源、空间资源的有效整合。大阪站将站域作为城市发展的最后一块宝地，进行了高密度高强度的发展。事实证明这种最大化利用土地的模式不但没有造成交通的混乱，还为城市发展注入了新的活力，实现了中心区的复兴。

　　（4）制度保障是站域整体性发展的前提。大阪站再开发项目的实施得益于城市再开发制度与相关法律法规的保障。大阪在项目开发之初便推出了联合开发理念和多主体参与的组织制度，使得政府、推进协议会事务局、国企与私营、项目关系人（土地等当地权利人、商会观察员等）、专家学者、城市设计机构等参与其中，实现了多利益主体的参与和利益共享，有效地促进了站域的开发①。

---

① 胡映东. 城市更新背景下的枢纽开发模式研究——以大阪站北区再开发为例 [J]. 华中建筑，2014（6）：120-126.

5.4.7 站域地下空间综合开发——东京站

东京站是每天有 4000 趟列车进出的超级大站（图 5-29），容积率高达 16.04。其地下开发主要体现在丸之内和八重洲的地下空间综合开发。地下街与地面商业的交叉定位，最大程度实现了地下空间资源的开发利用。

丸之内地下商业街共分为 3 层，建筑面积约 6 万 m²，其中商业面积约 2 万 m²。地下街与办公、商场和交通设施直接相连，出入口的数量达 42 个。其地下一层主要为各类零售百货和餐饮设施，地下二层主要设停车场，地下三层为设备与管道用房 ①。

八重洲地下街占地约 3.5 万 m²，总建筑面积约 13.8 万 m²，地下为 3 层，是日本最大的地下商业街之一。地下一层主要由车站地下街、站前广场地下街和从广场向前延伸的地下街共同组成，地下二层为停车场，地下三层主要为 4 号高速公路、高压变配电室和管线廊道（图 5-30）。

八重洲每日客流量高达 80 万 ~90 万人，但地面交通井然有序，这主要得益于地下步行街和地下交通的组织。在客站周边街道的 23 个出入口可使市民从地下穿越广场和道路进入客站，从而实现"人车分流"，有效缓解了地区周边交通矛盾和确保行人安全。另外，社会车辆从周边通过地下通道进入停车场，减少了地面的车流量，有利于人车分流，形成有序的交通环境。

（a）

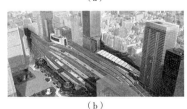

（b）

（c）

图 5-29 东京站
（a）东京站的区位；
（b）东京站鸟瞰；
（c）八重洲入口的鸟瞰
（来源：http://www.iarch.cn/thread-30747-1-1.html）

---

① 王新 . 轨道交通综合体对城市功能的催化与整合初探 [D]. 北京：北京交通大学，2014.

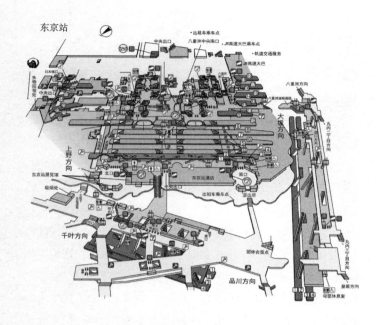

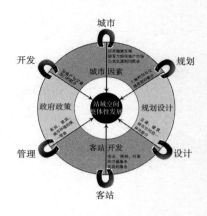

图 5-30　东京站地下街（左）
（来源：http：//www.iarch.cn/
thread-30747-1-1.html）
图 5-31　四个环节在站域整
体性发展中的关系（右）
（来源：作者自绘）

5.5　我国站域空间整体性发展的可行途径研究

在城市交通与城市空间演化的漫长发展过程中，城市交通与城市空间演化之间相互影响、相互作用，不断由较低水平向较高水平演化。然而，两者之间往往不能处于协调状态。有时一方的发展能够推动另一方快速演化，但有时一方的发展过快又会阻碍另一方发展。那么如何促进城市交通与土地利用的协调发展呢？这两者之间协调发展涉及不同经济主体之间利益的分配与协调，需要市场管控和政府引导。大型铁路客站站域公共空间整体性发展不仅涉及规划的土地利用方式，还涉及联合开发、统一管理等具体问题。一个项目的顺利实现，从最初的投资决策到最终的建成实施，除了需要相关政策和法律的保障之外，还需要经历四个关键环节：规划、开发、设计和管理。这四个环节紧密联系，互为基础，缺一不可[①]（图5-31）。

5.5.1　规划的整合——铁路交通规划与土地利用整合

土地利用与城市铁路交通规划的协调，对于客站来说，主要是客站的选址及其周边地区的规划与城市规划的协调。大型铁路客站本身就包括两个核心要素，即交通节点与城市空间场所，涉及站域层面的交通与土地利用的关系。同时，客站作为城市发展的一部分，牵引着城市的发展方向，作为城市发展的

---

① 林燕 . 建筑综合体与城市交通的整合研究 [D]. 广州：华南理工大学，2008.

增长极，极有可能发展成为城市的副中心乃至区域的核心，对城市空间发展影响深远。站域的整体性发展是将土地开发利用与铁路规划相协调，使两者相互促进，提升土地价值。在这个环节里，整合的主体与客体主要包括：

整合的主体：国土规划、铁路、城市规划、交通规划、环保等部门；

整合的客体：区域开发范围、地区空间形态、地下空间利用、综合交通规划等。

该环节是整个建设过程的基础环节。从交通系统方面来看，城市健康发展的根本保证，需要能提供符合交通需求特性、支撑城市空间发展的综合交通系统的反馈和引导。从城市规划方面来看，城市需要集约化的土地利用，合理的城市结构，需要实现就业岗位与居住布局协调一致，留有适当的绿地和城市有机体生长发展的余地 [1]。

由前文可知城市交通与土地利用是相互依存、相互促进的，并且通过站域整合，可能达到"互补共生"的平衡状态。规划整合是站域建设前的统筹安排，在铁路交通规划时，考虑客站与周边区域联合开发的可能性，整体筹划客站及其周边区域的房地产。客站作为铁路网和城市交通网络的共同节点，在其宏观选址确定后（前面章节已有论述），与城市公共交通一起形成城市的"主动脉"，串联城市的社会、经济和文化，形成发展新契机。而其双重属性的特征，要求在处理好城市交通问题的同时，充分利用土地，形成一个功能多元、生活便利的场所。这需要协调好交通与土地利用的关系，从前面的章节中，我们知道城市土地利用与交通之间是一种互馈关系，而两者的规划也将是这种关系的延伸。客站作为铁路网络和城市交通廊道上的共有节点，会在不同规划层次上取得与城市的协同，协调城市土地利用与客站建设。在相应机构的组织下，规划整合注重客站建设与城市规划之间的衔接综合。铁路规划部门在进行客站规划时，首先考虑线路的发展需要，同时兼顾城市发展、土地利用的合理布局，让客站发展带动城市发展，最后在站点选址确定后，城市规划部门尽快做出土地利用的控制性详细规划和修建性详细规划，并且进行调整。在站城的相互作用中，其整合主要表现在以下四个方面：

1. 客站选址规划与城市空间发展规划相一致

纵观客站的发展历史，客站与城市的关系密切，两者一直处于变化中。大量的客站经历了从城市边缘到城市中心的空间转换，随着城市的发展，车站中心环境恶化，甚至限制和割裂了城市的发展，对城市形象造成了破坏，客站与城市形成了相互干扰的尴尬境地。如今随着高铁技术的改进，客站与城市的

---

① 　周铁征 . 铁路客运枢纽规划建设管理机制与设计理念 [J]. 城市交通，2015（5）：24–29.

关系也在不断改善，目前铁路大多通过立体方式接入城市大运量公共交通，这不但可以拉动客站周边经济，还能引导城市空间形态转变，提升交通工具的运行效率，实现内外交通的一体化。比如，九龙站位于九龙半岛，而九龙半岛上的油麻地、旺角和尖沙咀是中国香港最早开发的地区，也是 20 世纪初以来香港地区最拥挤的地方，香港地区早在 1990 年都会计划确定九龙站选址的同时，便已超前储备该土地，而土地储备与城市经营的紧密结合，是促成综合体"交通枢纽、顶尖功能、景观地标"三位一体的成熟机制。商务人士通过九龙站综合体的换乘，只需花 10 分钟，即可从九龙站 ICC 环球贸易广场到达维多利亚海港对岸香港站 IFC 国际金融中心；26min 即可到达机场；在香港高铁总站建成后，60min 即可到达广州南站。将交通需求作为设计的第一因素，方便乘客，是实现顶尖功能的重要保障，高度交通集聚也带来了高度资本集聚，产生了巨大的经济效益。日本大阪站位于"大阪城市心脏地区仅存的上等、大规模再开发用地"，通过对原有客站的多次改造与升级，将交通枢纽、零售商业、酒店、办公等城市要素连成系统，建立客站与周边城区的步行网络、打造步行生活圈，有效提升了城市活力和洄游性，客站从一个交通通勤点已经演变成了下班后设施发达、极具活力的区域，成为城市里最受市民欢迎的场所，也成为21 世纪城市中心区典范。大阪站最重要的开发理念就是发挥区位优势，建设成为世界级门户枢纽。大阪站一小时之内可到达两大国际机场和两个国际港口，日客流量 200 多万人次。

目前，在我国正在大规模进行的铁路客站规划建设中，多数城市高铁站为了降低成本以及提高建设效率，都放弃了城市中心区位，选择远离主城区，位于基础设施欠缺的郊区，以降低市区内铁路对城市发展造成的分割和干扰。到2011 年底，长三角 16 市中共有高铁站点 46 个，新建站点 32 个中仅宁波东站、苏州站、昆山南站位于主城内，其余全部位于城市外围。客站的中心区位没有得到应有的保护和充分利用。例如广州新客站，虽然位于广佛城市圈的地理中心，但距佛山市中心 18km、距广州市中心 17km、距番禺区中心 10km、距"广州新城"更是大于 20km，如此不仅降低了运输效率，而且增加了城市基础设施投入。然而根据国际经验，日本新干线铁路客站站点大部分的选址与主城区的距离在 2~4km 左右的，利用老客站发展。虽然法国 TGV 受制于地形以及政策，但也还有 73% 左右的高铁站点与主城区的距离不超过 5km。反观我国的高铁新区选址，大城市的站区与中心区的平均距离超过 12km，中小型城市的站区距离中心区的平均值分别为 10.5km 和 9.6km[①]。从前面的九龙

---

① 李传成. 基于可达性的中国高铁新区发展策略研究 [J]. 铁道经济研究，2015（10）：8–15.

案例，我们知道客站的规划理应首先考虑人们出行的便利。这种将客站放于城外，短期内可能回避了问题，实则造成日后乘客出行和换乘困难，缺乏远见。在城市内部前往高铁站点的时间甚至超过了高铁缩短的时间，增加了旅客出行成本，降低了铁路的竞争力，也增加了城市的运行成本。另外，由于客站脱离了与主城区的联系，站域空间的发展也更为孤立，这不仅使得乘客利益受损还使得铁路和城市的长远发展受阻。事实证明，铁路车站是唯一能够留在大城市中心区的大型交通枢纽，也是根本上解决城市内外交通衔接的最好方法。原有的市中心车站一般都是最有价值的铁路车站区位，决不应轻易放弃①。

　　德国的交通节点建设值得参考。经历 10 余年建成的德国柏林中央站，向世界展示了利用中心城区交通区位优势，阐释了一体化铁路枢纽建设新理念。德国柏林中央站综合利用多种运输方式，"零距离"垂直换乘提高了换乘效率，除此之外最大限度地减少与城市地面交通矛盾。最早在 19 世纪 30 年代，柏林到德国各地的铁路都是各自为站，这些车站伸入城区的干线铁路。从 19 世纪 80 年代起，柏林开始修建市郊铁路、环线铁路，逐步形成了公共轨道交通，原本分离的长途铁路尽头站也被连接起来。但尽头站过于分散，无法使所有主要干线直接连接的中央车站，即便有了环线和城市公交，旅客换乘仍十分不便。这不仅成为铁路系统中的重要缺陷，还阻碍了柏林城市生活和经济的发展。"二战"以后，德国分裂，城市环线铁路丧失作用。为维持铁路网络的完整性，东德当局沿着西柏林边界修建了新的环线。柏林的铁路网络本就缺少南北方向的铁路贯通线，那时就连东西向铁路也被人为隔断。城市公交系统在城铁和地铁的不断建设下在一定程度上得到了完善，但仍无法解决由于铁路系统早期缺陷而引起的城市内外交通不协调的显著问题。柏林再次错失德国铁路网中的重要位置。两德统一对柏林铁路发展是一大转机，这一次，"让乘客方便同时对城市无妨害"（trouble-free train services）的铁路建设与运营新理念在工程中得到完全体现①。新柏林中央火车站致力于发展长途运输、区间火车和本地交通，逐渐成为欧洲最大的火车站。

　　再者，如位于城市中心区边缘的法国里尔欧洲站，如果按照基于节约成本和路程时间最短的立场应设于里尔南部的赛克林（seclin），但作为市长的皮埃尔·马龙坚持认为"不能让高速列车停在沙漠中，我们建设的是城市，而不仅是一座车站"。最终通过 8 亿法郎的补偿，车站改线到了市中心。高速铁路连接了伦敦、巴黎、布鲁塞尔三座城市，里尔接受三城的经济辐射，极大地振兴了社会、经济、文化各个领域，老城区重新焕发活力。车站选址的变化将

①　荣朝和. 德国柏林中央车站的建设理念与启示 [J]. 综合运输，2007（3）：82-86.

车站选址与地区发展联系起来，一方面打破了高速铁路站点仅作为交通网节点的陈规陈说；另一方面，提醒人们重视利用既有条件，选择适宜的中心发展 [①]。日本东京至大阪新干线有 12 个车站，9 个位于城市中心区的车站都是利用旧站改建的，3 个位于城市边缘区的车站都是新建的。相比之下，位于城市中心区的高铁车站更容易获得成功 [②]。据不完全统计，目前巴黎在城市中心有 6 个客站，伦敦在城市中心有 10 个客站，柏林在市中心有 9 个客站 [③]，东京更是依靠客站和轨道网形成了一核七心的城市结构，促进了城市的高效发展。

由上可见，恰当的选址是客站建设的起点，合理的区位选择才会符合铁路与城市发展的需求。城市中心区位是方便乘客换乘的最佳区位，也是促进城市社会、经济和文化复兴的最佳区位，因此，绝不应该轻易放弃。如同城市交通系统在城市中的地位，客站在城市交通系统中非常重要，其选址布局应当引起足够的重视。客站选址不仅能引导城市交通网的走向，同时也影响了城市的空间结构和发展方向。将客站选址规划纳入城市空间发展规划，可以有效发挥客站的触媒作用，是缩短站域初期发展阶段时间、有效提升发展阶段的重要途径之一。对于高铁驱动下的中国城市郊区化模式来说，急需从区域层面对高铁沿线及周边城市的功能定位和相互关系进行协调，并且针对城市自身的空间发展规律和阶段特点，将高铁新城的选址、规划、开发和建设过程纳入到城市整体的空间发展脉络之中。在满足城市空间规模扩张的同时，提升高铁新城的空间发展质量，彰显其城市特色 [④]。

2. 客站建设与公共交通走廊规划整合

客站作为铁路线和城市公共交通走廊的共同节点，其整合主要表现在两个方面：一是客站作为城市公共交通走廊的节点，与城市公共交通走廊的整合发展；二是作为铁路沿线的节点，与铁路沿线走廊其他客站的整合。

铁路客站地区是内外交通优势叠加的重要节点，对城市公共交通走廊影响较大，因此，在客站选址确定后，需要对客站所依赖的公共交通线路（铁路或轨道交通）沿线 1~2km 范围内的站点建设及沿线土地开发利用方向的总体把握。比如日本东京，城市通过铁路联系周边主要的城镇和经济中心，密集开发沿线区域，在车站附近集中了居住、工作、商业多个中心，而多个站点随轨

① 孟宇. 把握时代机遇的优势整合——浅析法国高速铁路车站地区综合开发的实践经验 [M]// 中国城市规划学会. 生态文明视角下的城乡规划: 2008 中国城市规划年会论文集. 北京: 中国建筑工业出版社, 2008: 4910–4923.

② 郑德高, 杜宝东. 寻求节点交通价值与城市功能价值的平衡——探讨国内外高铁车站与机场等交通枢纽地区发展的理论与实践 [J]. 国际城市规划, 2007, 22 (1): 72–76.

③ 李松涛. 高铁客运站站区空间形态研究 [D]. 天津: 天津大学, 2009.

④ 于涛, 等. 高铁驱动中国城市郊区化的特征与机制研究 [J]. 地理科学, 2012, 32 (9): 1041–1046.

道有限延伸形成了城区"珠链式"的开发布局，其成功主要得益于以铁路为轴的沿线开发。这种开发模式是以铁路为轴，轴上围绕各个站点形成站点由内到外，开发强度由高到低的圈层式开发结构，多个站点随铁路延伸形成了城区"珠链式"开发强度布局。作为一种快捷的大容量公共交通，城市公共交通廊道将提升站点及沿线地区可达性和土地价值，进而引导空间形态的变化，形成独特的土地利用模式。从国内外轨道交通的发展经验，我们知道通过对城市交通廊道开发，可以确保土地开发的利润和人流的培养，是全面调整城市发展形态及土地利用的机遇和有效手段，也是公共交通经营的有效手段之一。例如，斯德哥尔摩规定没有轨道交通的地方，就不允许建设大型住宅区，良好的土地机制和城市规划会提高交通可达性，加快轨道交通沿线土地的开发速度，进而成为城市的发展轴。走廊规划的作用主要表现在两个方面：一是内聚性，其表现在于提高土地利用强度；二是外延性，其表现在于人口分布在更广的区域[①]。

另外，还需要对客站所依赖的铁路沿线廊道进行土地利用的整合，促进沿线站点的协同发展，避免无序竞争。因此，必须按不同类型城市进行分类研究，除了宏观研究人口、经济数据，还要具体研究车站与城市的关系。之所以区别对待同一沿线的各个站点，是因为沿线的城市设站位置千差万别，并且人口数量、构成、经济发展水平差异很大。除此之外，有的城市甚至没有可开发土地，或是根本不具备开发潜力。此外，铁路沿线的开发，要避免一哄而上，应根据铁路建设规划，制定各站点综合开发的先后顺序[②]。

3. 站域规划整合

在走廊规划整合的指导下，站域规划整合是对车站周围约 1500m 半径内用地的详细规划。主要内容包括：依据功能混合原则并结合客站功能定位，深化与调整规划范围内的功能配置与用地性质；明确公共控制区与联合开发区的边界；完善相关交通设施、合理组织站域交通系统，进而为客站的详细设计做准备；依据强度梯度递减原则提出土地使用开发强度控制要求；依据所处地块的法定图则，制定联合开发区域的开发引导准则。为了充分利用可达性的优势，需要建设由内向外递减的土地利用形态，发挥客站核心影响力，实行圈层化土地利用和功能布局。

研究表明，最有效发挥车站土地价值效益的方法是车站 2km 范围内高密度规划住宅和商业建筑。以东京站为例，商务、金融、零售距车站 1km 内占比约 80%，距车站 2km 内占比约 65%；而 2km 内文化娱乐产业的占

① 司美琳. 深圳市轨道交通与土地利用的联合开发策略研究 [D]. 哈尔滨：哈尔滨工业大学，2008.

② 张世升. 基于多层面的铁路沿线综合开发研究 [J]. 铁道标准设计，2014（9）：125–128.

比约 6%[①]。

　　另外，需要关注的是在考虑地上空间资源利用的同时，也要注重地下空间的发展。在站域规划整合中，一是要优化内部土地利用，通过多元功能和便捷设施，满足市民的日常生活需求，为市民提供便捷、高效的服务；二是促进区域客流培育，通过交通组织，扩大客站吸引范围和形成循环客流；三是加强客站核心区域与周边组团的空间组织，强化功能联系，共同形成完善的功能系统，促进循环客流产生。

4. 核心区规划整合

　　核心区是铁路时空压缩效应在城市内的核心作用点。因此核心区的中心性越明显，其对城市空间的作用越明显。而客站核心地区规划整合是指对客站地区 500~800m 范围的地上地下空间的各种城市要素的整合与系统化组织。主要内容包括：出入口的设置、客站地上地下空间的一体化开发、交通组织模式与接驳的综合规划和与周围建筑的衔接及设计。该层面的整合注重城市功能与客站的整体效益，旨在将客站的开发融入城市环境中，与其形成一个整体。比较典型的如日本东京站、新大阪站等，均以客站为核心实现了高度复合、集聚型的站城一体开发，形成了区域的标志和中心，带动了站域的整体开发。

　　从国际经验来看，整合重点在于车站出入口和联系通道的设置，这将直接影响站城联合的效果。

　　（1）出入口位置的选择。出入口设置不仅影响客站本身的功能，还会影响站城联合发展的结果。乘客对客站和开发商的意义不同。对客站来说，为乘客提供便捷舒适的进出站服务是其重要目标，因此希望快速疏散人流。但对开发商来说，乘客在商场内滞留的时间越长越好，这可以增加其消费的可能性。空间的整合使得这两者的矛盾加剧，一方面需要引导乘客快速进出客站，另一方面又需要引导乘客进入商业区。以大阪站为例，从车站出来的乘客经过一个巨大的入口灰空间，可以快速分散到两边的商业设施，另外通过中间的空中连廊，可以将乘客快速引导至梅田先行区的商业综合体中，这样在乘客被及时引导出客站的同时，又进入了商业开发区域，客站快速疏散了人流，而周边商业设施也从大量的人流中得到收益[②]。

　　（2）连接通路的设置与预留。核心区整合最具吸引力的地方是客站与周边物业之间链接。通过联系的通道，乘客进入周边商业区的概率变大，从而成为商场的隐形消费者，给开发商带来利润。而这个通路的设置也使得在商场内消

---

① 杨策，吴成龙，刘冬洋 . 日本东海道新干线对我国高铁发展的启示 [J]. 规划师，2016（12）：136–141.

② 陈丽莉 . 我国轨道交通站点与周边地区联合开发方法研究 [D]. 长沙：中南大学，2013.

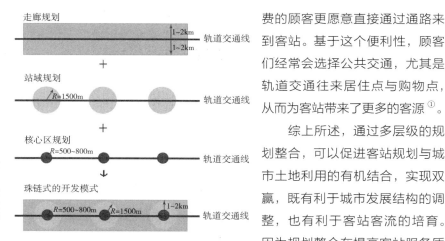

费的顾客更愿意直接通过通路来到客站。基于这个便利性，顾客们经常会选择公共交通，尤其是轨道交通往来居住点与购物点，从而为客站带来了更多的客源[①]。

综上所述，通过多层级的规划整合，可以促进客站规划与城市土地利用的有机结合，实现双赢，既有利于城市发展结构的调整，也有利于客站客流的培育。因为规划整合在提高客站服务质

图 5-32　规划体系与珠链式开发模式的关系
（来源：司美琳.深圳市轨道交通与土地利用的联合开发策略研究 [D].哈尔滨：哈尔滨工业大学，2001）

量的同时，还可获得较好的物业发展收益，而且有利于形成良好的城市景观环境。在客站规划与土地利用的开发过程中，通过逐步叠加规划整合，可以最终建立"珠链式"土地开发模式（图 5-32）。

土地利用与交通规划整合是推动城市可持续发展的重要动力，也是客站能否带动周边地区发展的关键环节，因此需要政府与铁路等部门的协同，必须将客站建设作为城市规划的一部分，纳入城市总体规划，与城市规划、土地规划、交通规划协作，才能使客站建设与周边土地利用一体化实施，形成土地与交通的相互促进。

城市规划具有重要的控制和指导作用，能够促进城市交通与土地利用的协调发展。因此，城市规划必须兼顾物质空间设计和经济—社会—环境—技术的综合协调安排，实现铁路规划与城市规划一体化编制和城市交通与土地利用的综合一体化规划，两个规划互为依托，同时进行，相互反馈，在不同规划层次上取得密切的配合与协调，从而达到未来城市土地利用与铁路交通系统的相互协调。特别是详细、科学的规划铁路客站的土地开发类型、规模和强度，严格按规划实施，这样才能保证城市交通与土地利用的协调发展。其优点是 [①]：

1）从区域规划的角度出发，注重城市对外交通系统布局的合理性，与相邻城市土地利用的相互衔接；

2）从城市的角度出发，这两种规划紧密结合，使得城市内部的路网构架、主次干道、用地功能布局等不致相互脱节，甚至产生矛盾，促进城市内部交通系统的优化整合；

3）在实施分区规划和详细规划时，与铁路运输与城市土地利用可以相互反馈，相互协调；

---

① 陈丽莉.我国轨道交通站点与周边地区联合开发方法研究 [D].长沙：中南大学，2013.

4）在规划实施和管理上，能及时沟通，综合处理发现的矛盾与问题。

5.5.2 开发的整合——铁道部分与房地产的联合开发

联合开发模式是由铁路客站运营企业和房地产商联合开发的模式。这种模式均由企业提供用地，房地产商提供资金、经验及操作，盈利后按协议分配利益。企业将所得到的利润转化为新的建设资金。联合开发模式的关键在于建立并维持铁路客站运营企业和房地产商的合作关系，前提是保证铁路客站运营企业在建设前期就已取得周边地区的土地发展权，并邀请房地产商签订合作协议，共同发展交通枢纽上盖或周边地区的物业。

联合开发涉及私人企业与公共部门等的合作问题。只有当公私合作能够实现互惠互利且双方协同合作时，城市的空间一体化设计才有成为现实的可能。至于具体如何联合开发的实施，一方面，可以优化城市结构、改善交通，提高交通和土地资源的利用效率，降低市政服务成本；另一方面，可以通过房地产开发等其他方面的收入来补偿铁路客站运营企业的经营成本，解决铁路和客站投资短缺问题，为交通运输项目的建设提供部分资金来源。

1. 建立促进联合开发的政策导向

站域空间的整体性发展不会自然而然的产生，其成功需要依赖一个合适的制度框架，而且这个框架涵盖运营的全过程。比如中国香港，其站域空间整体性发展的成功主要依赖四个方面的因素，如图 5-33 所示。

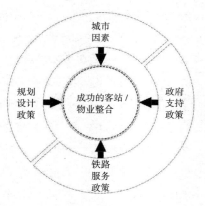

图 5-33 客站与物业协同发展模式的影响因素
（来源：BS Tang,YH Chiang, AN Balbwin, et al.Study of the integrated rail–property development model in Hong Kong[D]. Hong Kong: The Hongkong Polytechnic University, 2004）

（1）城市因素：健康发展的城市经济和强大的房地产市场；公众普遍接受紧凑、高密度发展；鼓励使用公共交通；

（2）政府支持政策：支持性的政策主要表现在区域规划、土地出让、站域高密度发展、城市增长的管理，以及控制其他交通形式的互补性的公共交通政策，如车辆税和交通补贴等；

（3）铁路服务政策：提供与票价相符的安全、方便、可靠的运输工具；换乘、发车频率、清洁度和安全等方面的一流管理；

（4）物业规划和设计政策：围绕客站的高强度发展；土地的混合使用；具有吸引力的车站和物业。

四个方面的因素共同作用，才能保障客站与周边物业的整体性发展。我国目前形成了客站和城市空间各自为政的局面，其根本原因在于土地政策的限制，画地为牢，互相不能共享，严重限制了站域空间的整体性发展。因此，下文以土地政策为例说明政策在站域整体性发展中的基础性作用和保障性能。

2. 建立联合开发参与鼓励机制

房地产开发商是联合开发的主体之一，也是联合开发中重要的投资者。在这样的模式中，客站物业拥有地理和市场优势。对此感兴趣的开发商需要独自承担开发的全部风险。因此，为了吸引投资者参与联合开发，需要采取相关的鼓励措施。主要表现在三个方面：

（1）降低前期投入成本。为了鼓励投资者参与，可以降低开发商在前期投入的费用，降低其投入的成本，或向国内外银行和政府机构贷款，或延长土地出让金的时限等。

（2）提高土地开发强度。作为对公共利益的支持，政府也应当提供一定的奖励措施。常用的奖励方式主要有资金奖励和容积率奖励。容积率奖励则是指在开发商所允许开发的容积率的基础上增加一定的建筑面积。容积率奖励是案例中运用较多的奖励策略，因其充分利用了开发商追求利润最大化的心理，从而调动了开发商参与开发的积极性。

（3）加快项目运行效率。可以通过加快该项目的启动与审批，加快开发商的开发。

3. 构建整体性发展的法律保障体系 [①]

法律法规的制定在我国城市规划中一直十分薄弱。而法律法规的制定是站域空间整体性发展的重要保护。从法律角度规定联合开发的内容可以保障联合开发得以健康发展。面对客站规划与土地利用联合开发所涉及的诸多问题，以及联合开发发展前景的考虑，通过土地拍卖和挂牌经营等方式招募优质的开发商作为合作伙伴，同步实施客站周边土地开发。联合开发制度下的土地取得流程如图 5-34 所示。从根本上说，这种土地储备制度并不违背我国的土地制度，在这一方式下，轨道交通与其他开发商是公平的竞争，政府并没有赋予其直接取得土地开发权的权利。在这一模式下，土地的交易行为就是开发公司与开发商两个主体之间的交易，这种关系会促使土地发挥最大价值及最优化社会效益。在该制度下，联

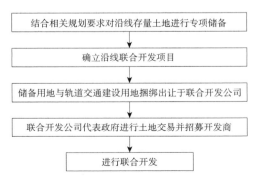

图 5-34　联合开发土地储备制度下的土地取得流程
（来源：陈丽莉 . 我国轨道交通站点与周边地区联合开发方法研究 [D]. 长沙：中南大学，2013）

---

① 司美琳 . 深圳市轨道交通与土地利用的联合开发策略研究 [D]. 哈尔滨：哈尔滨工业大学，2001.

合开发的土地会被用于补贴建设，这样就形成了可持续的良性循环。升值了轨道交通建设的土地，产生的外部效益回馈了自身使用，减少了外部效益的流失，不但能使建设维持稳定的资金来源，减轻政府财政压力，还有利于可持续性轨道交通投融资的建立。此外，因为建立了联合开发土地储备制度，轨道交通与周边地区的开发能够同时进行，更有利于城市居民生活，有助于合理化城市功能及结构，而且可以避免土地所有权不集中。

因而，建议在我国设立关于联合开发用地的专用制度，正如前文提到的土地储备，通过制定专门的法规，以使其有法律可依，避免因为一些其他原因而阻碍了土地的取得，从而影响了联合开发。

5.5.3 设计的整合——客站站域空间的整体性设计

站域空间的整体性发展，是整个建设过程的核心环节。在设计过程中，设计师既是参与者，又是协调者。其工作不仅要将土地规划、交通部门、业主的要求一一落实，还要协调好三者的关系，既要满足业主的要求，又要创造出舒适、丰富的城市交通空间整体[1]。在空间上，将城市公共空间、建筑空间（私有物业）和交通空间一同考虑，消除不同功能或物业权属所带来的行业分隔，重新定义交通建筑与城市空间之间的关系，有助于城市外部空间与交通空间的界限消融，站域空间开始逐渐向立体化方向发展。在功能组织上，以快速换乘为基础，促进办公、居住、旅馆、展览、餐饮、会议、文娱等城市功能，与客站及其物业开发进行一体化设计，通过多种城市功能的聚集，提升站域的服务水平，进而改变交通空间的单一面貌，并且在互动过程中形成一个多元复合、高效集约的站域空间，产生更为广泛和优越的整体功能，达到客站空间与城市公共空间相互渗透的目标。在土地利用上强调混合利用和集约高效。在经济上强调经济效益，反哺客站发展。通过多种策略和手段，促使交通、建筑、城市空间整体性发展。在前面的章节中已有详细论述，在此不再赘述。

5.5.4 管理的整合——对客站、建筑、城市环境的统一管理

该环节是对建成项目的维护和保证，以及能够按原设计顺利使用的重要保障。站域空间整体性发展的本质特征决定了整合的成果应是服务于公众的，是为多数人利益服务的空间体系。因而，管理的层面应涵盖客站及其周边相连部分，打破行业、部门之间的界限，使城市交通空间能够在城市、建筑之间自由穿插，实现综合统一的规划设计、建设管理、运营管理。而完善的物业管理

[1] 林燕.建筑综合体与城市交通的整合研究 [D].广州：华南理工大学，2008.

能为业主维持一个安全和谐的居住环境。所以，对客站及其周边城市环境进行统一管理，能够促使客站的交通职能更好的实现。

1. 建立有效的组织协调机制

大量的研究表明密度、多样性、可达性和到达公共交通的距离只是影响城市客站与周边区域协同发展的一个方面[①]，只有在健康成长的经济条件下和政府的支持下，才能明显的影响土地价值的改变，促使客站与周边区域协同发展。政府干预特别是交通投资、规划策略、监管、税收政策和激励体制影响了城市形态。瑟夫洛认为定时的资金注入对交通设施与周边区域的发展是至关重要的，当交通投资在区域增长上扬之前，对站区的影响最强（Cervero，1998）。他指出多伦多央街轨道交通发展成功的主要原因：一方面是强有力地区域规划，再加上政府的积极主动和轨道站点的战略规划；另一方面是允许交通经营单位获得交通用地以外的战略发展用地，并且允许车站附近的用地转变用地性质。Porter（1997）持有相似的观点，同样把重点放在了制度保障和区域管理上，认为铁路与地产的联合发展也需要相应的政策辅助，尤其是当轨道穿过多个行政区的时候，需要协调各级政府和部门的利益。

另外，兰迪斯（Landis，1991）等人认为车站地区联合开发项目的成功，仅仅依靠大规模的交通设施来激发土地价值的潜力是不够的，还需要一个恰当的保障措施，其中有四个关键性措施：（1）有活力的、健康的和蓬勃发展的地产市场；（2）企业性质的，开发为导向的机构占主要地位；（3）多机构的统筹协调，包括公共和私人的股份持有者；（4）必须有目标和效益，例如，增加客流量和良好的城市形态。由此可见，有先见的规划、强大的执行力、政府及民众的大力支持是高铁车站发展的先行条件，政策不同对高铁车站的发展也会产生不同的影响[②]。

在我国，站点地区开发存在着大量的"条块分割"现象。铁路客站的选址有很多问题，在我国的背景下，政府层面的主体包括从中央部门到地方各级政府及相关部门，中央层面需要管理交通、发改、住建、国土等各部门，又需要管理中国铁路总公司等国企；地方的则有省级政府及市、县级政府等；具体包括地方的规划、交通、城建等，其企业包括代表政府的国有企业和民营企业。每个主体在追求自身利益的同时，优化开发模式和路径非常困难，更别说站点地区与城市发展的协调。

① Ewing R ., R.Cervero.Travel and the Built Environment[J].Journal of the American Planning Association，2010.

② Frank Bruinsma，Hugo Priemus，et al.Railway Development Impacts on Urban Dynamics[J].Physica-Verlag，2008：60-70.

另外，我国的城市规划没有可以综合管理的部门，各个部门彼此分离甚至在规划上有冲突。经济与各种规划分别由不同部门负责，规划各自为政，导致了交通与土地之间难以协调，交通规划与其余建设规划之间的差别导致发展资源难整合，制约了站域空间的整体性发展[①]。

再者，客站选址与站域的规划发展是规划主体在经济、技术及空间要素多方面考虑的结果，涉及站点及其周边地区的拆迁成本与工程造价，高铁线路的技术标准，站点如何接驳、站点周边地区的后续周边用地开发、站点地区开发对城市的影响等问题都需各方权衡协调。高铁站区土地开发主体包括中铁总局及其下属路局和省级铁路投资建设部门，以及包括高铁站所在地的城市政府，中铁总局及省级铁路投资建设部门对于高铁站枢纽开发的首要目的是融资，即以站养线，开发筹资金、促建设，而对城市空间布局优化、土地集约利用、关联产业要素融合开发、城市整体活力和效率提升等考虑不多[①]。因而，只有建立一个能协调不同部门的综合性部门，才可以考虑完善。而综合部门的建立，可以有效地促进站城的联合发展。以德国柏林中央车站为例，为紧密联系交通运输与城市和空间规划，1998 年德国联邦交通、区域规划、建设与住房部合并，成立了现在的联邦交通、建设与城市发展部，形成了统一机构统筹管理交通运输建设（图 5-35）。因此，德国几乎所有与交通运输和规划建设有关的工作都交由一个部门，保证了德国城市建设与各种交通方式的发展统一，避免了各自为政的现象，实现了交通方式与城市的共同发展。柏林中央车

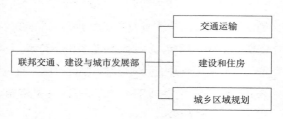

图 5-35 德国联邦交通、建设与城市发展部职责
（来源：周美辰 . 我国高铁客站 TOD 模式应用条件研究 [D].北京：北京交通大学，2016）

站就是由该部门解决了包括按比例筹集巨额资金等一系列问题，实现了各种客站与城市的协调发展[①]。与之相似的还有日本，2001 年日本成立了由日本运输省、建设省、国土厅、北海道开发厅 4 省厅整合的"国土交通省"，其目标之一就是加强国土交通省内各项事业间的相互合作，建设与经济发展相适应的交通运输网络，避免了多部门管理的弊端，有效促进了站域空间的综合性发展。

因此，基于我国现行规划体系庞杂，层级规划之间各自为政，各个体系之间关系复杂，为了保障站域空间的可持续发展，我国急需建立一个能协调各方的综合性部门，加强部门之间的衔接，强化政府的规划设计、市场监管、公

① 周美辰 . 我国高铁客站 TOD 模式应用条件研究 [D]. 北京：北京交通大学，2016.

共服务等职能。建立有效的组织协调机制，如完善相应的政策、法律、法规，联合办公机制等，尽可能减少协调成本，才能保障一体化整合发展。

2. 建立统一的运管部门

目前，我国之所以无法真正的协调综合客运枢纽的建设与运营，就是因为没有建立统一的管理、投资和协调机制。各投资主体采用各自管理的方式，导致运营的相互隔离，降低了效率。例如客站管理部门为减少管理成本封锁部分出入口和通道，造成旅客出行不便；多重安检增加了换乘的距离以及等待时间；为便于管理，非乘客难以进入客站空间，限制了站与城整合发展的可能。另外，整合发展也增加了投资主体划清产权界限的难度。可以说，没有统一的管理体制和协调机制，难以实现"零距离"，也难以实现客站与周边城市空间的协同。

在国外，大型项目的管理机构通常由政府与商业团体共同组成，能够维护双方的利益。如巴黎德方斯新区的 EPAD 机构，是一个受管理理事会管理的商业性的公营公司，理事会中政府代表和议会代表各占一半。EPAD 的主要职责是控制建设开发顺序，并承担基础设施的主要工作，促进德方斯全面发展。再如日本客运枢纽由于不同的交通工具、线路分别属于不同公司，还有属于政府的站前广场的部分，有着各个主体需要相互协调的问题。有关于线路引入，若有铁路公司引入客运枢纽，有关部门将出面保证引入。建设运营中的模式为：各投资主体分清相应建设费用，其余工作交由一家公司统一完成[①]。也就是说，所有权和运营管理权分离。统一的物业管理能为业主维持一个舒适、惬意的居住环境。

国务院于 2013 年发布的《国务院关于改革铁路投融资体制加快推进铁路建设的意见》（国发〔2013〕33 号），国务院办公厅于 2014 年发布《国务院办公厅关于支持铁路建设实施土地综合开发的意见》（国办发〔2014〕37 号），吸引了民营资本参与城市基础设施建设的 PPP 模式。同时迫切需要打破行业之间的界限，实现综合统一的设计和管理。而站域空间的整体性发展，其优越性能否发挥的重要一点，就是对客站、建筑、城市的统一管理。

综上所述，四个环节在客站建设与使用过程中共同作用，才能促进站域空间整体性发展的成功。环节一土地利用与铁路交通规划的整合是环节二和环节三顺利进行的条件，即具备混合利用客站及其周边城市空间的规划用地，才有可能促使房地产商与铁路部门进行联合开发和设计。而环节一、二又是环节三进行整合设计的依据，即规划用地具备整合开发条件，且房

---

① 林燕. 建筑综合体与城市交通的整合研究 [D]. 广州：华南理工大学，2008.

地产商又与铁路部门达成了联合开发的协议后，设计师方可根据规划部门的要点、业主和铁路部门的要求对城市、建筑、交通进行功能与空间的整合设计。环节四是在以上三个环节完成的基础上，对建设项目的维护与管理，是实现城市、建筑、交通空间一体化使用的重要保障，也是确保公众受益的关键环节[①]。

5.6 本章小结

　　站域发展的复杂性，迫切需要从城市系统整体出发，以整体性思维的视角进行全面思考，并按系统方法进行构建，把铁路客站建设与地区发展看成一盘棋，从城市乃至更大区域整体出发进行整合策略的引导，将涉及的各个层面相互协调，将交通空间、建筑空间和城市空间进行系统地整合设计，最终实现大型铁路客站地区的健康可持续建设。因此，要想充分发挥客站的触媒作用，不能仅仅局限于客站本身，更要将其放置到更高的系统层级去综合考虑，从城市乃至沿线都市圈的区域范围，综合思考其与城市总体发展的协同关系，实现站域对城市发展的带动作用。从客站与城市相互作用的空间体系来看，根据层级性原理，按照空间尺度的不同，可区分为区域、城市和站域三个尺度，不同尺度层面的研究所关注的焦点各异。从站域发展的特征来看，站域除了具有 3 个发展圈层特征之外，还具备"节点—场所"的双重特性，各要素在三维空间中处于相互重叠的复合状态，是一个错综复杂的复合系统。需要从微观层面处理好客站核心功能的同时，在宏观层面处理好客站与城市和区域协同发展问题，在中观层面处理好客站与相邻城市区域的整合发展问题。基于以上分析，结合高铁点、线、网的空间形态层次，本章提出站域空间的整体性研究应该遵循从宏观到微观，从区域到核心，由面和点到线的研究方法，将客站整体性发展的解决策略划分为"三个尺度七种模式"：面层面关注城市、区域的一体化发展，线层面关注站线的一体化发展，点层面关注站区、邻里、地块的综合发展，从而实现站城协同，站域空间的整体性发展。

　　站域空间整体性发展的特征因模式不同而有所区别。客站综合体模式的核心特征是交通一体化整合，实现多模式交通的一体化布局和零换乘。在功能空间上实现了与多种城市功能的整合，主要表现为包含和叠加两种方式。城市综合体模式将多个功能区块各自为政的割裂状态转向各个构成要素融为一体和有机联系的状态。客站空间将地下、地面、地上进行统一设计、多维

---

① 林燕.建筑综合体与城市交通的整合研究 [D].广州：华南理工大学，2008.

度开发，使之成为一个立体的、高效的城市公共空间体系，其最大优势就是在节约土地资源的同时，造就了富有吸引力的交通空间，整体呈现出高度整合、立体开发的趋势。客站社区模式展现出明显的站城一体化发展趋势，站域内各个系统不再是独立的个体，而是相互叠加和关联的有机整体，客站的多种功能集中体现在一座或组群式建筑物内，形成区域的综合发展。沿线一体化开发模式使得土地规划与交通设施建设得以同步实施，不仅可以防止道路隔断和交通阻塞，而且可以确保优质的城市景观环境，从而提升以客站为中心的城市整体价值。都市圈区域一体化模式发展特征主要表现为客站成为引导都市圈功能分工的重要基础，站域功能分级，以及加快同城化进程。城市多中心环状枢纽体系化模式的站域的功能不再局限于交通网络节点的作用，而是承担更多城市功能，通过对站城的协同开发实现商业、商务等多种城市功能的综合发展，站域开始走向高端化、复合化，而且站域之间的联系也更加网络化。站域地下空间的综合开发提升了城市步行系统的完整性和连续性，在提高城市交通效率的同时，促进了多种城市功能的系统化聚合，有利于城市环境的综合治理和商业繁荣。实证研究多选择人口高密度地区的客站作为典型案例分类分析，如日本、中国香港、韩国等地区的客站，与我国内地客站有着相似的发展背景和过程，而且目前处于世界较为领先的水准，具有较强的参考性和对标价值。

第6章

我国大型铁路客站站域空间整体性发展策略研究

由于城镇化水平、人口、高铁建设定位等因素的不同，我国大型铁路客站发展模式与其他国家有着很大的差异性，因此要在正确认知和深入分析我国大型铁路客站发展内在机制的基础上，探索我国高速铁路影响下客站与城市空间互动发展的新特征，理性借鉴西方经验，审视我国客站与城市空间的关系。需要因地制宜，全面、综合地考虑多方面的因素，建立站域空间与城市空间演化之间的良性互动关系。本章通过分析国内外大型铁路客站站域空间整体性发展模式分析，归纳其整体性发展的经验，结合站域空间点、线、面、网一体化发展的整合途径，提出针对我国站域整体性发展的策略，以期促进站域的整体性发展。

6.1　启示：国内外站域空间整体性发展的典型模式分析

整体性发展在国内外得到了广泛运用，中国香港、新加坡、东京这些人口高度集中的大城市，在人口、资源、环境等方面的压力以及基本背景与我国内地大城市相似，因此，这些地区的发展经验对于我国内地大型铁路客站所依托的大城市地区具有积极的指导和借鉴意义。

6.1.1　中国香港——"沿线站点一体化经营 + 站域的整体规划和开发"

中国香港作为全球人口密度最高的都市之一，通过轨道交通体系保持城市交通高效运行，成为世界城市交通发展的典范。城市公共交通运营大多依赖于政府补贴，但香港地区却通过行之有效的模式赢利，其成功主要来自于三个方面：沿线站点一体化经营，站域紧凑布局，良好的运营体制。

1. 沿线站点一体化经营 ——"珠链式"开发模式

沿线站点一体化经营模式即以轨道为骨干的交通系统与城市空间格局高度融合的模式，具体为"珠链式"的土地利用开发模式。这种开发模式是以铁路（轨道交通）为轴，轴上围绕各个站点形成站点由内到外，开发强度由高到低的圈层式开发结构，多个站点随铁路延伸就形成了城区"珠链式"[①] 开发强

---

① 城市公共交通廊道作为一种大容量快捷的公共交通方式，将带来站点及沿线地区可达性提升、土地价值升高，并进而引导沿线空间形态的变化，形成独特的土地利用模式。

度布局。沿线站点一体化经营在中国香港发展过程主要表现为两种模式：

（1）初期——线随人走：由于城市人口急剧增长导致城市内部住房紧张，环境品质下降，并引发了交通、犯罪、环境污染等城市病，香港地区实施了"新市镇拓展计划"。为了服务新市镇外移人口，解决新市镇与建成区交通联系，修建了轨道交通，因此"线随人走"就是当时的发展思路。香港特别行政区政府为鼓励开发商参与旧城区重建提出了一种优惠的政策区划：对于轨道交通车站及其附近设施用地在规划上设置 CDA[①]，为轨道交通周边土地的混合、高密度使用创造条件，为地铁物业整合提供便利。这一时期线路建设主要是根据新市镇的设置，作为交通廊道联系建成区，站点地区由于政策的鼓励，开始了区域整合，高密混合使用站点地区的土地。

（2）现在——人随线走：如今，在较为完善的城市交通网络支持下和改善居住环境的需求下，香港轨道建设从被动应对转向主动出击，运用"TOD"理念，在站点地区积极筹划新市镇，进入了"人随线走"的发展阶段。这种以城市轨道交通为发展轴，以站点地区为节点的"珠链式"开发，促进了城市土地资源的集约利用、加速了公共交通体系的发展，有利于减少环境污染、促进城市社会经济的可持续发展。

香港地区的独特之处在于其轨道交通建设的运作机制。与西方不同，香港地区放弃依赖财政补贴的发展模式，而是采取让轨道建设企业直接参与轨道交通发展规划等工作，确保轨道交通建设与沿线土地综合开发的有机结合。具体运作机制可以分为四个阶段[②]（图 6-1）：

谋划阶段：这一阶段核心是轨道线路规划与城市规划、土地利用规划同步编制，这也是整个项目的运作核心。轨道建设企业港铁公司作为工作小组成员直接参与各层次城市规划的编制。这不仅是这个阶段的核心，也是整个模式运作的核心。

明确阶段：港铁公司制定轨道线路与沿线站点土地综合开发模式并提交政府，与政府签订明确开发权和地块范围的项目合同。

开发阶段：政府集中于提供清晰政策，并从社会利益角度关注建设项目，将土地协议出让与港铁，港铁发挥统筹及监管作用。

运营阶段：港铁的综合开发，让站点从交通节点变成了城市场所，充分

---

① CDA（Comprehensive Development Are），综合发展区，最初设立综合发展区的目标是促使市区重建及重整土地用途。综合发展区和其他地带不同，整个地带内的土地必须一起发展，善用土地的发展潜力。此地带土地用途多数以住宅或商业发展为主，而发展区内亦会一同提供政府、机构或社区设施、运输及公共设施和休憩用地。

② 秦静，吕宾，等 . 香港"轨道交通＋土地综合利用"模式的启示 [J]. 中国国土资源经济，2013（11）：43–46.

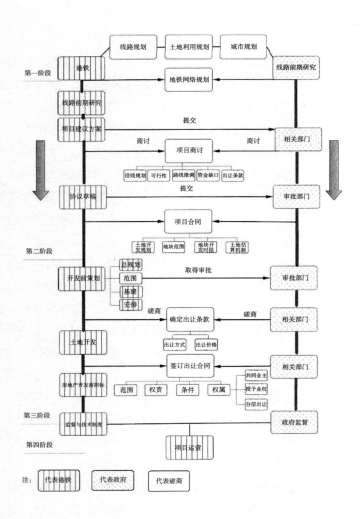

图 6-1　香港地区"轨道交通＋土地综合利用"运作流程
（来源：秦静，吕宾，等.香港"轨道交通＋土地综合利用"模式的启示 [J].中国国土资源经济，2013（11）：43–46）

挖掘其商业价值，而公共服务设施成为令其商业价值得以体现的辅助性工具。

商业价值主要体现在三个方面：一是轨道交通和站房内的广告展位；二是站房内的商铺租赁；三是轨道上盖及周边区域一体化开发的物业，也是商业价值体现最重要的部分。截至 2012 年港铁的非客运业务占全年业务利润的 77%[①]。

通过这种沿线一体化开发模式的经营，促进了香港地区的有序扩张，实现了城市 TOD 化发展。按照分区人口统计分析，1992 年，香港地区约 45% 的人口住在距离地铁站约 500m 范围内。而在新九龙、九龙和香港岛区域这一比例更是高达 65%。在新界约 78% 的就业岗位集中在占新界总面积 2.5%

① 秦静，吕宾，等.香港"轨道交通＋土地综合利用"模式的启示 [J].中国国土资源经济，2013（11）：43–46.

的 8 个站域内[①]。

常规模式轨道投资建设和沿线土地开发是分开的，轨道建设企业仅仅负责轨道和站点建设，难以获得轨道建设带来的外部效益，这些外部效益被站点周边开发商和业主在不承担开发风险的情况下所获取。而香港轨道投资建设和沿线土地开发是由港铁公司一体化经营，港铁公司在线路建设的同时，完成沿线站域的综合开发，用沿线土地综合开发的增值收益反哺轨道交通建设和运营，让港铁收获轨道建设的外部效益，从而促进了轨道交通建设的可持续融资方式，有利于实现政府、企业、社会三赢[②]。

2. 站点（R+P）——站域的整体规划和开发

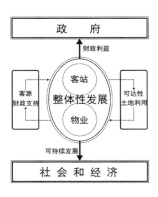

图 6-2　中国香港客站协同发展模式示意图
（来源：BS Tang, YH Chiang, AN Balbwin, et al.Study of the integrated rail-property development model in Hong Kong[D]. Hong Kong: The Hongkong Polytechnic University, 2004）

"R+P"是中国香港以港铁公司（MTR）为运作实体的站域开发模式，轨道站结合上盖或邻近物业共同规划发展的策略（图 6-2）。在香港特别行政区政府的支持下，港铁公司依据站点周边情况进行站域的整体规划和开发，让站点与周边建筑紧密相连，充分挖掘土地利用的潜力。其意义在于：土地混合使用，设施使用高效、出行距离缩短、能源消耗减少。青衣城站和九龙站就是这种模式的典范。关键措施主要有：

（1）围绕车站紧凑布局，提高站域吸引力和土地收益。站点作为区域开发的核心，围绕站点一体化布局城市各级功能中心，将商务、办公、商业和生态开敞空间集中在站点步行可达范围内，可以提高站域吸引力和土地收益。主要体现在三个方面：一是功能一体化，轨道交通站场的功能和商业、服务业、办公、居住相结合，统筹考虑，最大程度发挥场站设施的衍生辐射效应。二是用地一体化，整合开发站点及其周边土地，形成地下、地面和地上空间的网络联系、建立站点与周边城市功能体的衔接，形成高度集中、立体化的建设。三是景观、空间一体化，强调站点周边用地的混合发展，以复合开发的方式融合各类设施，留出更多生态空间提升站域空间品质。客站与周边土地一体化紧凑布局，有机整合，可以使得客站融入城市和区域整体发展之中。

（2）站域高强度开发。高强度开发除了可以最大化利用土地资源，还可以为公共交通带来大量客流（图 6-3）。以站点为核心，在步行 500m 半径范围内提高开发强度，可以在站点周边集中人口和人流，形成"珠链式"城市空

① 张晗. 西安市地铁沿线土地开发利用研究 [D]. 西安：长安大学，2006.
② 赵翰露. 港铁公司珠三角区域房地产总经理梁秉坚：香港轨交建设"不花钱"有秘密 [N]. 解放日报，2015-08-20（016）.

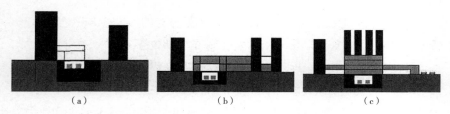

图 6-3 香港站点与周边城市空间综合开发模式示意图
（a）客站综合体模式；
（b）城市综合体模式；
（c）站域综合开发模式
（来源：殷子渊. 摩天轨道新市镇——香港城市拓展的新维度 [J]. 新建筑，2013（2）：136–138）

（a）　　　　　　　　　（b）　　　　　　　　　（c）

间格局。目前，香港地区商业中心区站域开发容积率大多在 9.0~15.0 之间，而旺角、尖东、铜锣湾、中环等站点，城市周边新建站域开发容积率大多在 5.0 左右，如机场铁路、将军澳支线的站域。

（3）四通八达的慢行网络。轨道交通约 70% 以上的客流依赖步行换乘，四通八达的网络化步行体系可以提高步行交通连贯性，提高站点地区可达性，有利于提高客流和公共交通的吸引力。

（4）多模式联运和高效换乘系统。高效换乘依赖于两个方面措施的建立：一是构建多种交通方式之间良好的换乘环境；二是建立多交通方式之间的联运。轨道交通由于其在城市交通网中的骨架作用，必然需要多种交通工具和设施支撑，扩展其服务范围，因此高效换乘系统的建立，可以实现对人流、物流快速集散，也是提高出行效率的重要措施。

以上两种模式的综合运用造就了香港地区"网络 + 节点"型城市空间结构，形成一种对公共交通高度依赖的城市形态和生活方式，而这种盈利模式的建立也为香港轨道交通可持续发展提供了保障。

3. 运作机制——公私合作开发

公私合作开发模式奠定了香港轨道交通开发成功的基础。港铁是一家由政府及市场资金组成的项目公司，主要负责统筹香港轨道交通发展，其中政府占 76% 的股份、市场占 24% 的股份。也就是说，港铁公司作为合资公司，需要利用政府和市场的钱向政府购买土地建设轨道，通过轨道线路及土地开发获取盈利。该模式的核心是政府不直接参与投资，将土地按照未开发之前的市场价格授予港铁公司，港铁公司在拥有土地后承担轨道建设和运营的全部费用，其收益主要来自于土地增值[①]、综合开发和广告收益。此模式的优点是：一方面，政府不承担轨道建设资金和运营补贴，还可以获得土地收入；另一方面，政府作为控股方可以从港铁公司的盈利中获取回报。此模式的运用减轻了公共财政负担，为轨道交通的可持续发展提供了保障。截至 2012 年底，香港

---

① 香港特区政府划一块空地，以"无轨道交通经过"的市价卖给港铁公司；港铁公司在其上建设地铁线路和站点后，再以"有轨道交通经过"的价格卖给开发商。

特别行政区政府通过向港铁公司转让土地收益 979 亿元，受让部分股份获利105 亿元，作为股东所获得的现金股息 176 亿元，持有约 76.5% 的港铁股票市值约为 1244 亿元。除去前期注资 322 亿元，政府自港铁所获得的财务收益累计达到 2182 亿元港币，而且仍在持续增长中①。

港铁公司依照商业原则，进行成本与效益核算，因此其考虑轨道建设和沿线站点开发的出发点与依靠政策补贴模式就完全不同了，始终将经济效益作为最重要的考虑因素。而客观上，这样考虑又完全符合站点地区发展规律和城市健康发展需求，因而奠定了香港轨道交通成功的基础。2014 年港铁数据显示（图 6-4），公司税后利润中车站商务、物业租赁及管理、中国内地及国际附属公司、客运业务、其他业务分为站占 12%、10%、31%、40%、7%②。

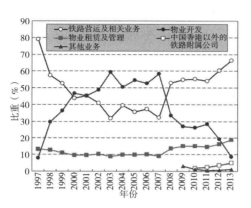

图 6-4　港铁公司经营利润来源结构示意（来源：香港铁路有限公司.历年财务年度报告[EB/OL].2014-11-12.http://www.mtr.com.hk/）

6.1.2　日本——土地经营和铁道经营同时进行

日本东京、大阪、名古屋三大都市圈人口占全国总人口 45%，90% 的人口在城市，10% 的人口在农村，人口在城市高度集中。因此，日本集约化利用土地模式成为城市发展的必然选择③。

1. 轨道建设与沿线开发统筹

日本轨道交通企业最主要的经营战略是在充分考虑铁道双方向运输特点的基础上，土地经营和铁道经营同时进行，即以铁路运输经营业务为中心，以围绕土地开发的房地产销售租赁、车站商业开发、宾馆经营、旅游观光、公共汽车运营、广告业务等相关配套综合产业为兼业，形成多元化经营模式④。沿线土地规划由铁路公司负责，获取最大经济效益就成为其主要目标。利润获取主要通过两个方面措施：一是最大化发挥土地效益，二是增加客流，回收投资和运营费用。站域由于圈层结构特征和竞租原理，站域物业价值和密度由中心向外圈层递减。为充分发挥铁路这种催生效应，铁路公司在车站区域

① 李孟然.深度"捆绑"的价值[J].中国土地，2013（10）：8–11.
② 郑捷奋，刘洪玉.香港轨道交通与土地资源的综合开发[J].中国铁道科学，2002，23（5）：2–4.
③ 郑捷奋，刘洪玉.日本轨道交通与土地的综合开发[J].中国铁道科学，2003，24（4）：133–138.
④ 叶霞飞，胡志晖，顾保南.日本城市轨道交通建设融资模式与成功经验剖析[J].中国铁道科学，2002，23（4）：11–15.

进行综合经营，如设置商业、酒店、宾馆等城市功能，既可以利用铁路客流也可以增加铁路客流，对铁路的发展极为有利（图6-5）。沿线开发策略大致可归纳为以下三类：

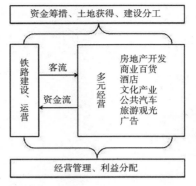

图6-5　日本铁路与多元经营模式框架
（来源：李传成，毛骏亚.日本铁路公司土地综合开发盈利模式研究 [J].铁路运输与经济，2016，38（10）：83-88）

（1）沿线开发型。铁道经营以沿线土地开发为辅助手段，通过对轨道沿线土地开发利用，增加非通勤时段客流，保障土地开发利润。比较典型的如起终点的大型商业设施，中间段的游园设施等，主要目的就是增加客流（图6-6）。

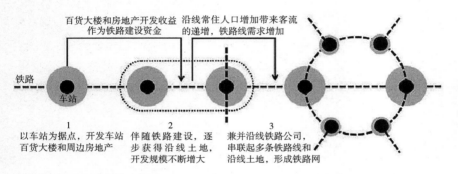

图6-6　以铁道为轴的沿线开发型模式
（来源：李传成，毛骏亚.日本铁路公司土地综合开发盈利模式研究 [J].铁路运输与经济，2016，38（10）：83-88）

（2）土地开发主导型。以沿线土地开发为主要手段，兼营其他业务。如千叶新城的住都公团铁道企业等就是这种类型，土地经营和地产开发成为主要业务。

（3）与铁道事业完全无关，在沿线及其以外地区进行土地开发业务。在经济高速增长时期，由于土地热销，这一模式成为铁道企业的支柱产业。

这三种经营模式对私铁企业发展贡献巨大，长期稳定了私铁企业利润。但近年，由于可开发土地减少和开发成本提高，土地经营已经不再是铁路企业的支柱产业，正在逐步把沿线站点大楼的建设与经营作为重点，尤其是起终点大楼，通过综合开发谋求依靠房屋租赁获取稳定收益。

对日本私铁企业来说，修建铁路不仅可以在为城市提供交通服务中获利，也是房地产开发的重要商机。众多私铁企业都将铁路建设与房地产、商业、公共汽车、宾馆等产业综合经营，统一进行铁路建设与土地利用规划，以及公共设施配套，然后出售部分土地以补偿配套费用，其余用于自行开发[①]。比较典

---

① 姜小文.东京轨道交通与土地综合开发模式对北京的借鉴 [D].北京：北京交通大学，2016.

型的就是前文中提到的田园都市的开发项目，以铁路带动沿线土地综合开发，以土地综合开发培育客源，促使东急公司成为日本最成功的财团之一。

2."区划调整 + 多元经营策略"

为保证上述各利益相关体的收益合理分配，以及综合开发项目的顺利推进，一般通过项目前期土地区划调整的开发收益及其附加价值提升，以及项目后期结合铁路的多元化商业经营实现多方共同受益[①]：

（1）前期区划调整与价值提升

1）土地开发收益返还。土地综合开发过程中将从土地所有者处得到的土地进行区划调整后得到保留地，除去用作公共设施建设的土地外，其余部分进行销售，从而获得保留地处分金。另外，对区划调整后的基地进行高强度开发，产生返回后多余的面积同样可以进行销售和租赁，以获得保留面积处分金。保留地处分金和保留面积处分金作为土地开发的直接收益返还，用于平衡线路建设和土地开发的前期建设资金，以达到项目整体的资金平衡[②]。

2）交通、社区环境改善的附加价值提升。一方面，铁路、道路等交通基础设施的完善，压缩了出行时间和距离，提高了居民出行舒适度，由此扩大了站点周边居住和商业圈层半径，增加了沿线土地的利用效率和价值，并促使沿线人口和轨道使用效率增长，最终体现为后期开发收益的大幅增加；另一方面，土地区划调整通过对用地性质的合理规划、集约化的开发、城市功能的更新，以及生活基础设施、公园、绿地的配套，明显改善了社区环境，与开发前相比具有显著的土地价值提升。

（2）后期多元化经营盈利模式

多元化经营盈利模式是充分利用铁路的交通优势，依托铁路车站周边和铁路沿线的综合性商业开发和多个渠道来源的盈利模式。国际惯例是通过铁路运营的客票收入回收对铁路设施的投资，而多元经营除了铁路的运营之外，还涉及写字楼、酒店、居住区开发，长途汽车，旅游观光，以及文化娱乐、广告传播、零售业等多种与铁路相关的业务，通过商业的合作开发和经营获得收益。主要从三个方面实现。

1）在铁路沿线开发住宅区，提供高品质的居住环境并配置完善的生活服务设施，如购物中心、医院、体育馆、美术馆等公共服务和文化设施，从而吸引居民入住。常住人口的增加实现了以住宅销售为主的房地产开发收益的最大

---

① 李传成，毛骏亚. 日本铁路公司土地综合开发盈利模式研究 [J]. 铁路运输与经济，2016，38（10）：83–88.

② 日建设计站城一体开发研究会. 站城一体化开发——新一代公共交通指向型城市建设 [M]. 北京：中国建筑工业出版社，2014.

化，同时还促进了铁路利用率，保证了铁路的稳定收益。

2）在铁路车站针对以通勤通学为主要出行目的人群，完成写字楼、酒店、购物中心等多种商业设施和文化娱乐设施的一体化开发，以此产生汇聚于车站的客流。凭借高品质的商业运营管理和连锁品牌效应的影响，站点周边土地附加值得以体现，实现开发收益的最大化。

3）在铁路以外的其他领域充分发掘市场。例如，东京急行电铁公司除去铁路运营和地产开发外，拥有专属品牌的百货店、购物中心、大型综合超市、专卖店等，在公司产业结构上成为继房地产、铁路运营之后的第三大支柱产业，并且盈利远大于前两者[1][2]。

3. 体制保障

（1）多元经营主体

日本在轨道交通发展过程中建立了多经营主体共同经营城市轨道交通的良好局面[3]（表 6-1），建立了有各级政府和私营部门共同出资组成的第三经济部门[4]，此部门的特征是既有民营企业所具有的经营灵活性，又有各级政府出资所具有的公共性，从而可以得到公共援助，这种协作开发模式如图 6-7 所示。

（2）资金筹措途径

日本城市轨道交通的建设资金筹措途径主要有政府补助方式、利用者负担、受益者（或原因者）负担、发行债券、贷款五大类[5]。

1）各级政府补助。日本各级政府往往不直接参与轨道交通建设投资，而是通过各种政策对轨道交通投资者进行补助。

2）利用者负担。日本于 1985 年设立了"促进特定城市铁道建设的特别措施法"，允许将实施双复线化等既有线大规模改建工程建设费的一部分追加到票价中，列入成本，并将其用于改建工程费。

3）受益者（或原因者）负担。日本城市轨道交通的受益者（或原因者）负担制度简况见表 6-2。

---

① 朱艳艳，李秀敏 . 日本国铁改革的过程及其发展现状 [J]. 日本学论坛，2006（4）：18-23.

② 郑捷奋，刘洪玉 . 日本轨道交通与土地的综合开发 [J]. 中国铁道科学，2003，24（4）：133-138.

③ 日本城市轨道交通的经营主体从资本所有者角度可以分为三类：a. 民间资本；b. 民间资本与国家或地方公共团体（相当于我国各级地方政府）的组合；c. 国家或地方公共团体；而从法律角度又可以分为：a. 私法人；b. 特殊法人；c. 地方公共团体。

④ 其中由各级政府等公营部门和私营部门公共出资组成的轨道交通企业国际上称之为第三部门，它是为了建设经营社会效益较好、但完全依赖私营企业又难以实现自负盈亏的轨道交通而设立的半公半私的轨道交通企业。

⑤ 日建设计站城一体开发研究会 . 站城一体化开发——新一代公共交通指向型城市建设 [M]. 北京：中国建筑工业出版社，2014.

日本城市轨道交通经营主体分类说明　　　　　　　　表6-1

经营主体		概要	资本所有者
私法人	私铁公司	民间出资的轨道交通经营主体	民间
	第三经济部门	由地方公共团体等公营部门和私营部门共同出资的轨道交通经营主体	民间、国家及地方公共团体
特殊法人	日本铁道建设公司	以转让或完全供其他企业使用为目的的设立的专门从事铁路建设的特殊法人	国家
	帝都高速交通营团	经营东京都市区及周边地区地铁的公益法人	国家及地方公共团体
	特殊公司（JR 集团）	根据日本国有铁道改革法（1986 年 12 月 12 日颁布），1987 年 4 月 1 日以国家全额出资的株式会社等形式成立的国铁继承法人	国家
地方公共团体	公营地铁	地方公共团体是地铁的经营主体	地方公共团体

　　（来源：叶霞飞，胡志晖，顾保南 . 日本城市轨道交通建设融资模式与成功经验剖析 [J]. 中国铁道科学，2002，23（4）：11-15）

图 6-7　公司"官民协作"开发模式

（来源：李传成，毛骏亚 . 日本铁路公司土地综合开发盈利模式研究 [J]. 铁路运输与经济，2016，38（10）：83-88）

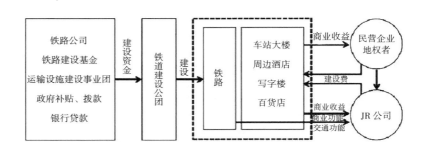

受益者（或原因者）负担制度一览表　　　　　　　　表6-2

制度名	负担方法
新城区开发者负担制度	新城区开发商按基价提供轨道交通建设用地，负担施工基面以下工程费的 1/2 以及其他费用
基于住宅开发指导纲要负担	沿线开发商无偿提供轨道交通建设用地，全额负担施工基面以下工程费，并部分负担其他建设费
基于协议负担	沿线开发商按协议承担线路延伸及运输能力加强工程的部分费用
请求设站负担	车站周边开发商全额负担工程费、无偿转让车站用地、建设站前广场及相关道路
铁道事业者所得外部利益内部化	开发商用保留地向轨道交通事业者支付代行实施分区规划事业的报酬，铁道事业者将所得土地的升值部分用于轨道交通建设资金
旧城市规划法的受益者负担金制度	沿线土地的所有者、长期租佃人等承担旧城规划法受益者负担金以及建设费的 1/4
超额征税以及法人住宅税、事业所税等特定财源的运用	超额征收法人住民税，其增收部分作为基金积累，以补助轨道交通建设事业
联络工程分担金	分担轨道交通车站与大楼之间的联络通道工程费

　　（来源：叶霞飞，胡志晖，顾保南 . 日本城市轨道交通建设融资模式与成功经验剖析 [J]. 中国铁道科学，2002，23（4）：11-15）

4）发行债券。日本为城市轨道交通建设而发行的债券主要有地方债券、交通债券、铁道建设债券等。

5）贷款（含无息、低息、一般贷款）。

综上所述，日本作为全球人口密度最大的国家之一，前期采取以轨道建设与土地一体化经营策略，后期采用站点地区多元经营策略，通过对沿线土地综合开发利用，成功地解决了城市交通问题，并实现了轨道交通的商业化建设与运营，促进城市社会经济与交通的协调发展。

6.1.3 哥本哈根——交通规划与土地利用整合

公共交通系统建设引导城市发展是哥本哈根得以成功的重要因素。首先是宏观层面，在长远规划的指导下，哥本哈根利用公交引导城市发展的模式（TOD）构建了"手指"城市形态和交通系统，这种放射形的轨道交通线网对引导城市有序扩张起到了决定性作用（图6-8）。其核心是通过在已被清晰界定的轨道交通走廊上进行沿线开发，以保证区域内很大比例的就业人口能够使用轨道公共交通通勤。用绿化带分隔开来的手指，可以形成有效的、放射形的向心通勤模式，也有助于维持一个有生命力的市中心。由此产生的城市安居模式同样有利于保持自然环境及抑制城市基础设施的投资。

其次，站域规划层面为了减少不必要的区域车行交通和集约化用地，城市规划要求所有的开发必须集中在轨道交通车站附近，1993年规划修订版要求规划区域到距离轨道交通站点1km范围内集中进行城市建设。因此，轨道交通车站附近的建筑密度在持续增加，形成了以客站为核心在一定区域内集约发展的模式[①]。

图6-8 哥本哈根城区发展阶段示意（黑色为铁路，红色为城区）
（a）1947年的哥本哈根市；
（b）规划中第一阶段示意图；
（c）规划中第二阶段示意图
（来源：杨滨章.哥本哈根"手指规划"产生的背景与内容[J].城市规划，2009，33（8）：52-58）

（a）　　　　　（b）　　　　　（c）

---

① Robert Cervero.The Transit Metropolis[M]. Washington，D.C.： Island Press，1998.

按照此模式，哥本哈根在这些轨道交通走廊上形成了轨道建设与土地开发相互促进的状况：轨道交通出行的便利性与舒适性使市民愿意选择在车站周边区域工作和居住，而这些市民的到来又为轨道交通提供了大量乘客，同时促进了沿线站点的商业开发，而这种集多种城市功能的综合开发会进一步方便乘客，进而继续推动轨道交通建设和沿线土地开发，形成交通发展和土地利用的良性循环①。

当前我国站域空间发展，由于对土地开发和客站建设的整合在规划前期考虑不足，往往出现客站建设之后，城市发展被动跟进的局面。而哥本哈根"指形规划"的成功就在于充分发挥了轨道交通的"引导"作用，实现了公共交通引导城市可持续发展。

6.1.4　不同发展模式成功经验借鉴与启示

1. 从交通需求发展转向协同供给导向发展

交通设施与土地利用的关系可以分为供给导向型和需求导向型两种模式。供给导向型以土地集约利用为目标。需求导向型以解决交通为目标，使人流尽快流向城市各个目的地，而不是流入枢纽地区。从日本、中国香港以及哥本哈根的发展经验来看，更多的是政府、企业和非营利组织之间的协同合作供给，通过多种机制的建立，将多种经济成分引入交通基础设施建设中，实现同台竞争，不仅可以解决政府供给能力不足问题，而且可以充分调动政府、企业和社会公众的积极性，实现社会公共利益最大程度的满足。目前，我国多数城市交通基础设施建设依然是政府主导的需求导向型，站点建设更多关注的是客站的公共产品属性，满足社会发展基本需求，因此投资成本、工程复杂度以及对交通问题解决成为焦点，而较少考虑客站与周边土地利用的协同问题，市场因素的缺位，使具有发展潜力的城市节点难以获得恰当的开发。以上海南站为例，站点建设重点是各种交通方式的便利转换。多种交通工具的集中设置带来了相互间换乘的便捷，而南站及其周边的商业开发却相对较少，周边居民的生活便利性较差。这种政府主导，交通规划与土地规划相对分离的规划编制方法，缺乏区域发展的统筹协调，使站点建设与城市发展脱节。

2. 交通规划与土地规划同步

日本、中国香港、哥本哈根在站域开发上各有创新。中国香港成立港铁合资公司，负责站点建设与沿线土地一体化开发，把沿线站点与土地资源一体化经营，在站点地区高强度综合开发，配置住宅、商场、酒店、写字楼等多种

---

① 冯浚，徐康明. 哥本哈根 TOD 模式研究 [J]. 城市交通，2006，4（2）：41–46.

物业，"以地养铁"，不仅解决了轨道建设资金问题，还获得了盈利，形成了在站点周边聚居的生活方式。日本轨道交通企业深刻认识到修建铁路不仅可以在为城市提供交通服务中获利，也是房地产开发的重要商机，因此多采用土地经营和铁道经营的双策略，一方面追寻土地利用效益最大化，另一方面尽可能增加客流，促使轨道运营盈利。哥本哈根手形状的城市形态是在指形规划及其随后更新版本的引导指挥下，精心整合轨道交通与城市发展的产物，其基本途径是通过轨道交通建设与沿线站点区域土地利用同步规划设计。与中国香港、日本、哥本哈根等地区的发展模式相比，内地的站域建设仍然处于初始阶段，更没有形成"轨道交通 + 土地综合利用"以及沿线一体化开发模式。因此，在大规模的客站建设发展浪潮中，这些地区的站域土地综合开发利用经验对内地有一定的借鉴和启迪作用。

3. 充分发挥土地的复合利用功能

日本、中国香港、哥本哈根在站域土地利用上，均由传统单一土地利用模式向复合利用模式发展，促使土地利用效益增加。日本和中国香港通过对沿线站域土地的综合利用、高强度开发，形成了成熟的集约发展模式，促进了城市空间发展模式的转型。日本的立体开发模式和中国香港的分层出让政策①，都实现了土地利用的多元化和综合效益的提升。内地目前实施的是土地用途管制制度，站点建设用地多属于基础设施用地，大多无偿划拨，但物业开发不属于划拨范畴，必须通过招拍挂程序有偿使用。因此，如何充分发挥不同空间资源的作用与价值，可以借鉴香港地区分层出让的做法，鼓励在垂直空间内规划多种城市功能，有效促进城市空间的合理利用，增加土地收益。

4. 多种保障措施的建立

日本和中国香港等地区的成功经验之一是建立客站建设运营的利益还原机制，将客站建设带来的外部效益返还给投资者和经营者，实现客站建设外部效应的内部化，形成客站建设与周边土地开发之间的良性互动。但我国目前客站和周边地区开发各自独立，高铁和客站作为公共属性的基础设施由政府主导，而周边土地由其他市场主体进行开发，这些市场主体享受了高铁和客站建设带来的外部效益并未付出相应的成本，导致的结果是高铁和客站建设与运营依赖政府财政支持，给政府带来了巨大的资金压力，限制了高铁和客站的可持续发展。另外，客站作为大型基础设施具有"规模大、成本高、回报期长"等特点，这需要长期、集中、大额的资金来源，因此，需要建立政府主导的多渠道融资

---

① 香港地区沿用英国的土地法规，允许土地分层业权，鼓励在土地垂直空间内多层规划公共交通、住宅、商场、社区配套甚至是大型绿化。最终采取分层出让的形式，使各种土地功能之间能够相互加强，减少不必要的重复建设，节约了成本，同时也增加了土地收益，实现了土地价值最大化。

体系。其次，土地整合机制。沿线站点地区土地开发效益主要受到土地的所有制形式限制。香港特别行政区政府对土地拥有完全意义上的控制权，可以保障土地所有权与使用权统一，从而为站域综合开发奠定了坚实基础。内地实行的是土地所有权与使用权相分离的两级政府管理的土地管理制度，导致政府无法完全控制土地的使用，期望通过土地出让以及站域综合开发来实现利益还原，操作难度更大，所以多种保障机制的建立就尤为重要。

6.2　面层面：增进区域一体化发展的策略

我国站域发展的复杂性，迫切需要从我国国情出发，理性借鉴国内外的发展经验，以整体性思维的视角进行全面思考，并按系统方法进行构建，把铁路客站建设与区域发展看成一盘棋，从城市乃至更大区域整体出发进行整合策略的引导，将涉及的各个层面相互协调，促使交通空间、建筑空间和城市空间系统地整合设计。

6.2.1　区域一体化的优化策略

（1）完善高铁交通网络，放大"同城效应"。同城化的门槛条件是快速便捷的交通网络。国内外都市圈发展的经验表明，快速交通设施是城市间沟通的"桥梁"，也是城市群区域一体化开发的前提条件。站点地区在区域协同发展的宏观背景下发挥触媒效应带动区域发展，就必须依托高效的交通网络（高铁、地铁等），减小城市间的时间和空间距离，进而使得资源配置优化，形成人流、物流、资金流和信息流的聚集与扩散中心。并且通过"2 小时生活圈"的构建，使居民生活、工作和出行可以朝出夕归，如同在一座城市生活，使城市进入同城化发展时代。

（2）与周边城市合作，从区域层面重新定位站域开发。区域一体化对城市的影响不仅存在客站所依赖的城市中，对站点地区的影响更为直接和明显，这需要客站突破常规，从区域层面考虑自身发展，与周边城市空间合作，形成区域结构有序发展和区域整体利益最大化，实现多赢格局。如日本挂川、小田原等中小城市，为了抓住新干线的发展契机，积极参与区域内的产业分工和合作，大力发展休闲旅游业和会展业，有效促进了当地经济发展。挂川在新干线站点连续 4 年就业增长率达 8%，商业产出增长率达 38%，工业产出增长率达 39%[1]。

---

①　世联地产 . 日本新干线案例 [R]. 2013.

　　（3）错位发展，形成产业优势互补。我国高铁时代的到来，沿线城市雷同发展模式带来了严重的同质化竞争。另外，对于产业优势不明显的城市，定位雷同与模糊必然会导致各种城市资源要素向首位度程度高的城市集聚，导致"虹吸效应"产生[①]，使得沿线中小城市丧失原有的发展优势。因此，对于那些缺乏产业竞争优势的中小城市来说，立足区域整体，谋求专业化、特色化的分工才是出路。这需要建立区域的分工合作体系，明确整体发展方向，形成区域内合作机制，依据城市自身特征发掘各自潜力，实现区域的健康、可持续发展。如日本名古屋，在新干线运营后，与东京错位发展，着力于汽车、纺织、电子、商贸等制造业和现代服务业，进而跻身为日本第三大都市[②]。

　　（4）加强宏观统筹，强化政府政策导向作用。一体化发展需要从沿线整体确定站域的发展定位，这需要加强宏观统筹，减少地方政府的各自为政，引导沿线城市基于自身的特征完善站点地区的产业结构，优化沿线站点的产业布局。

6.2.2　城市网络化环状枢纽体系优化策略

　　（1）以客站为中心进行城市空间结构重构。站点地区作为高铁时空压缩效应在城市内的直接触媒点，因触媒效应和集聚效应不断增强，站域的扩散效应和虹吸效应也在不断加强，站域在城市空间结构中的中心性越来越明显，随着人口和经济活动逐步向站域空间的转移，形成以客站为核心集约发展区域，促使城市空间重构，形成城市大分散下若干高聚合的核心区。以新横滨站、涩谷站和新宿站等为例，均以车站为核心实现了高强度集约化站城一体开发，带动了客站与城市的整体发展，促进城市结构的多中心改变。再如阿姆斯特丹站点，地区发展之初已经是国际顶尖的商务中心，在客站建成和运营后，由于可达性增强，区位优势更加明显，站点地区逐渐向综合城市职能中心转变，功能定位由单一商务功能向商务、居住、休憩等多种功能复合的职能中心转变，促进城市空间从"单中心"向"多中心"的空间结构转型[③]。

　　（2）客站作为"城市触媒"对城市空间发展的催化。城市触媒观点认为催化作用主要体现在激发、强化、修复、创造四个方面。客站的建设与运营，

---

① "虹吸效应"一词来源于物理学，原指由于引力和位能差所造成的水的单向流动现象。随着高铁的开通运营，"虹吸效应"被引入了经济学研究领域，赋予新的内涵：由于城市之间存在着发展梯度差，高铁的到来同样将加速人才、资金、信息、技术等要素由中小城市向中心城市单向转移，产生"虹吸现象"。高铁缩短了城市间的时空距离，可能会加速都市圈各种要素资源向中心城市集聚，壮大中心城市实力，但是却抢走了中小城市的优势资源，这种"虹吸效应"对于都市圈的其他城市的发展是很不利的。

② 郇亚丽. 新形势下高铁时代到来的区域影响研究 [D]. 上海：华东师范大学，2012.

③ 殷铭. 站点地区开发与城市空间的协同发展 [J]. 国际城市规划，2013（6）：70-77.

带来大量的人流与物流,促进了城市要素在此集聚,激活了站点周边地区发展;客站作为城市发展的增长极不断带动城市社会经济的整体发展;并推动产业调整、功能逐渐完善和空间结构调整,逐渐改变城市空间环境品质,为城市发展注入新动力。

（3）站域专业化发展。客站对城市产业结构的影响分为两个阶段：第一阶段是铁路和客站的建设,对多个行业有直接的拉动作用,第二阶段是客站作为触媒点,吸引周边生产要素集聚,形成城市的活跃点,促进经济和社会发展。通过国内外相关研究发现,客站地区对城市产业结构的转型作用主要体现在两个方面：一是以提供各种服务为核心的第三产业需求的增加,尤其是第三产业;二是由于生产要素的集聚和流动性的提高,促进了高科技产业的发展,加快城市向技术密集型转变。比较典型的如里尔欧洲站,一期围绕车站已建成会展中心（2 万 m^2）、欧洲办公大厦（2.5 万 m^2）、银行大楼（1.5 万 m^2）、Euralille 大型商业中心（9 万 m^2）,该站域以会展、商业、酒店、金融等为主,加速了城市由传统工业城市向现代服务业的转型。因此,以客站建设为契机,制定专业化、互补的发展方向是保持站域自身快速发展的途径之一。如东京"一核七心"的七个副中心,由于山手线的环状联系,使得各职能中心交通可达性和区位差别都不大,但专业化和互补发展实现了城市整体的综合发展。

（4）枢纽对于大城市社会经济及城市交通体系的重要性,使得城市发展不应该只关心单个站点地区的发展,而要尽早重视相关的枢纽体系[①]的网络化发展。城市多中心枢纽体系的构建和完善,不但有助于解决城市当下的内外交通问题,而且对城市可持续发展所需要的合理功能形态和时空结构都具有关键性影响。

6.3　线层面：提升站域沿线价值创造的策略

随着铁路向城市外围的延伸,铁路引导城市开发的理念受到了重视,一批外围新市镇依托铁路车站迅速发展起来,这些新市镇成为大城市新的人口容纳地,进而促成了城市的有序扩张。在日本、新加坡、中国香港不乏成功案例,这种站线一体化发展模式对我国大城市的有机疏散具有极强的参考价值,值得深入研究、学习借鉴。

6.3.1　土地取得机制的建立是站线一体化开发的重要保障

土地取得是站线一体化开发的必要条件。站线一体化建设需要大量的用

---

① 城市枢纽体系是由决定城市内外交通基本格局的重要节点、通道及界面组成的功能性网络。

地，铁路建设、房地产开发以及公共设施和基础设施建设都需要大量的用地。除了铁路公司自身拥有的土地之外的开发用地主要通过购买获得，其过程存在由于涉及多主体的协商、购地时间长，以及土地直接收购需要大量前期资金、融资压力大等问题。铁路公司通常采用的方法是：

（1）将铁路开发作为城市公共利益项目，获得政策和法律支持，进行土地所有权转化；

（2）引导土地所有者共同参与土地开发，通过开发利益归还的方式推进项目。

以日本为例，日本土地私有，但在沿线一体化发展过程中，采用了《宅铁法》的购地和集约换地过程，以及基于《都市再开发法》的土地区划调整和再开发过程，很好地完成了土地所有权的转换，保障了客站综合开发所需土地资源的取得。具体措施如下：

（1）土地区划调整。土地区划调整工程主要指在城市基础设施尚不完善的地区和即将实现城市化的地区，以形成基础设施完善的城区为目标，进行道路、公园、河流等公共设施的整备和改善，这是一个谋求规整土地和提高宅基地利用率的工程[①]。区划调整是将区域内土地进行统一规划开发，一部分用作道路和公园等公共设施，另一部分用于开发出售。私人用地调整了形状，同时公共设施也得以配套，对土地所有者来说，虽然用地面积相对减小了，但由于配套的完善，土地价值却提升了（图6-9）。

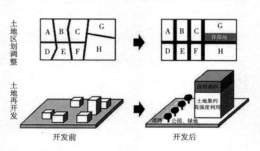

图6-9　土地区划调整和再开发过程
（来源：日建设计站城一体开发研究会.站城一体化开发——新一代公共交通指向型城市建设 [M].北京：中国建筑工业出版社，2014）

（2）城市再开发。城市再开发项目是指在低层建筑密集、生活质量低下的平面型城市建成区中，整合零碎的宅基地，高强度建设公共建筑，并且通过公园、绿地、广场、街道等公共设施确保开放空间，这是一个追求城市土地合理利用、高效利用及城市功能更新的项目[①]。区划调整主要是在平面上进行的，而城市再开发是立体进行的。共同点是通过土地统一规划和公共设施配置，提高环境品质，获取多余土地或建筑面积的利益。

这两个措施的优点是将城市单一要素设计转变为集基地整合、公共设施建设和建筑物建设三者一体化建设，提高土地利用效率，同时通过公共设施的

---

① 日建设计站城一体开发研究会.站城一体化开发——新一代公共交通指向型城市建设 [M].北京：中国建筑工业出版社，2014.

再配置和土地集约化利用形成高品质的城市空间。

另外，日本为了保障铁路和土地的一体化开发，还实施了《宅铁法》，此法最重要的特征是运用土地区划调整、城市再开发和预先收购等手法保障沿线铁路铺设和开发所需土地，在进行轨道建设的同时进行居住区开发和销售，获取利润反哺铁路建设（图 6-10）。其优点是铁路建设与城市开发同时进行，可以通过沿线住宅所带来的票价收入增长回收铁路建设投资，这可以有效避免单一开发资金过大的问题。另外，一体化开发可以从宏观城市角度指导沿线站域的城市开发，导入城市职能，这样可以实现一体化的城市开发和可持续开发建设。

图 6-10 宅铁法的购地及集约换地机制
（a）用地先行购买；
（b）集约换地；
（c）开发建设
（来源：日建设计站城一体开发研究会.站城一体化开发——新一代公共交通指向型城市建设 [M]. 北京：中国建筑工业出版社，2014）

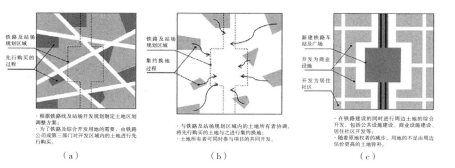

由上可见，土地取得机制的建立是沿线站点一体化开发的重要保障。日本通过系列化的土地管理法律制度保障了铁路的开发与运营。中国香港通过土地存储机制保障了站线开发的土地需求。当前我国对铁路开发缺乏明确的土地区划调整政策及相应法规和措施，因此在具体操作过程中受限较多。而要使站线一体化开发顺利推进，国家必须制定完整的土地取得机制。

6.3.2 沿线价值创造与高品质社区环境营造

沿线价值创造[①] 不但能给轨道交通开发商带来这些业务本身的收益，还能保证轨道交通经营的稳定性。沿线一体化开发的关键点在于如何创造、提升沿线整体价值（图 6-11）。因此，沿线一体化开发不应局限于铁路建设上，通过住宅、商业、生活服务设施的配置多元化经营，以及绿化、建筑等来提升城市整体魅力，使得沿线城市的生活便利性提高。除此之外，还需根据社区的发展通过品牌战略增加地区的附加值。可以说，沿线一体化开发模式对铁路运营公司是一个能够获得利益、富有魅力、极具可持续性的发展策略。具体主要有以下两点策略：

———————————

① 沿线价值这一概念是在以关西的阪急电铁、关东的东急电铁为首的开发手法中产生出来的概念，主要指在轨道交通沿线开展居住区开发、百货公司经营等多种相关业务，使其与轨道交通开发相辅相成的模式。

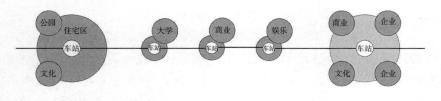

铁路开发商———— 一般开发 ⋯⋯⋯⋯
已有开发 ＿＿＿＿

图 6-11　沿线价值的提升
模式
（来源：日建设计站城一体
开发研究会. 站城一体化开
发——新一代公共交通指向
型城市建设 [M]. 北京：中国
建筑工业出版社，2014）

（1）高品质生活设施建设提升站域品质。沿线社区除了提供优质的居住
环境之外，还要注重对与生活相关的设施的建设。如田园都市线，一方面建设
与生活水准相关的较高档购物中心等生活设施，提升街区品质；另外，加强建
设与运营文化体育设施，并随着项目升级不断对设施升级，提升街区形象。在
多摩田园都市线沿线的一体化开发中形成了大约 60 万人的新城，为铁路的运
营提供了稳定的票价保障（图 6-12）。

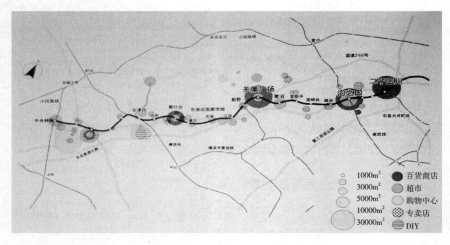

图 6-12　东急田园都市线沿
线生活配套设施设置
（来源：日建设计站城一体
开发研究会. 站城一体化开
发——新一代公共交通指向
型城市建设 [M]. 北京：中国
建筑工业出版社，2014）

（2）核心营造提升站域活力。客站是沿线的节点，因此，车站地段成
为社区最具活力的地区，也是社区最繁华的区域，在车站附近建设商业核
心可以激发街区整体的活力。以多摩田园都市为例，在 1966 年公布了"梨
城规划"阐明了田园都市的发展理念。将新城镇的核心分层级为：Cross
point（城市发展初期阶段所建立的节点，它位于交叉路口，为满足日常生
活需要而设立的小规模的生活服务设施）、Village（主要节点的大规模公共
服务设施，包括商业、公益设施、娱乐设施等）、Plaza（位于车站前，像
购物中心之类的更大规模的设施）三个层次，并通过依次追加功能满足社会

需求的变化。但随着居民的入住，发现这样反而不方便，于是将原本散落在
"Plaza""Village"和"Cross point"3 个层面的生活设施集中在各个街
区的车站附近，形成居民"生活核"的社区中心。田园都市的核心多摩广场站，
原本由于轨道的通过，车站的南北被隔断，之后通过一个 3hm² 的人工地盘，
将车站周边商业设施与车站一体化集约设计，并通过土地用途变更，将一部
分住宅用地变为商业用地，保育所、学童保育、社区中心等日常生活设施的
建设，加上广场和室外空间的组织，形成了区域核心，最终激发了街区整体
的活力（图 6-13）。

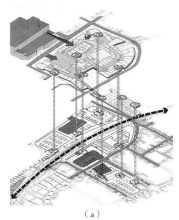

图 6-13　日本多摩广场站
（a）流线设计；
（b）室内效果图
（来源：http://image.baidu.com/）

　　　　　　　（a）　　　　　　　　　　　　　　　　　（b）

6.3.3　站域社区基础设施的系统化整体性开发

　　沿线社区在轨道交通、道路、公园、绿地等基础设施建设上，多采用整体
性开发理念。将地铁、轻轨和公共汽车整合成为一个系统的模式，主要有四个
方面的特征：一是层次分明的道路等级体系；二是客站与社区中心高度重合、
整体开发，而且位于社区的中心位置；三是利用公交作为补充，便利居民出
入；四是轨道站点周边、邻里内部布置了完善的步行系统。这种高标准的整体
性开发可以营造高标准社区，为生活带来便利，吸引城市居民入住（图 6-14）。
以多摩田园都市为例，首先在外围形成 246 干道绕行，避免干道通过住宅区
内部，与居住区道路交叉的地方采用立体交叉，保证内部交通顺畅；其次，铁
路与公路立体交叉，防止内部道路被铁路隔断，实现巴士等公共交通的通畅；
再者，道路灵活分级，分为：干线道路、地区干线道路、居住区道路、街路，
并设置了不同的道路等级宽度；最后，不同区域的道路栽种不同的树种，提升
地区的标识性。

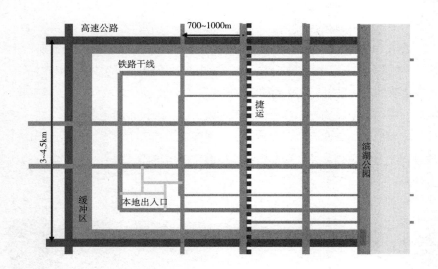

图 6-14　新加坡站域社区骨架"细胞"组成图示
（来源：作者根据相关资料整理）

6.3.4　通过公交整合扩展站点社区开发区域

　　通过公交线路的建设，使得车站步行范围之外的区域也能成为具有交通便利性的居住用地，进而推进住宅开发（图 6-15）。如东急田园都市线车站间的距离结合人的步行距离进行考虑，形成了以客站为中心的连续步行圈。另外，还通过公交扩大开发区域。这主要得益于两个方面：一是公交预定道路的建设，二是车站前广场的完善。由于铁路站点是公交的固定目的地，东急在规划整理中提出"将公交和出租车与站点直接相连"的方针，提高了列车与公交之间换乘的便利性，促使公交项目步入了正轨。

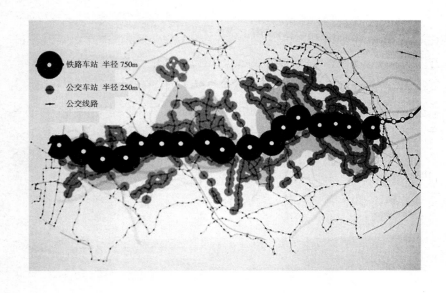

图 6-15　轨道交通与公交线路整合的开发区域
（来源：日建设计站城一体开发研究会 . 站城一体化开发——新一代公共交通指向型城市建设 [M]. 北京：中国建筑工业出版社，2014）

6.3.5　增加逆向需求提升线路逆行效率

　　铁路的运行效率也是站线一体化发展的一个重要问题，因为通勤时间段比较集中，早晚高峰时段容易出现拥挤，而且反向客流少，容易导致运行效率低下。日本轨道交通公司采取了一系列的措施增加逆向客流：一是在轨道交通沿线设立名牌大学和私立高中；二是吸引大型集客设施入驻轨道交通沿线（图 6-16）。以东京为例，1929 年将 23hm^2 土地赠送给了庆应义塾大学，从而实现了吸引大学入住的愿望，之后还邀请了东京都立大学、东京艺术大学、多摩美术大学等名牌大学设立校区，1968 年成功邀请了东京工业大学，之后还有森村学园、东京女学馆和私立高中入驻，成功地吸引了早晨流向田园都市方向、晚上经由东京中心返回的稳定客流。而田园都市线南町田站前设置的奥特莱斯商业设施，更是吸引着更大范围的人流，开业当年，轨道交通流量就增加了 9000 人次 / 日，为交通企业带来了 5 亿日元的增收。可见，逆向需求的创造有效提升了轨道交通的运行效率。

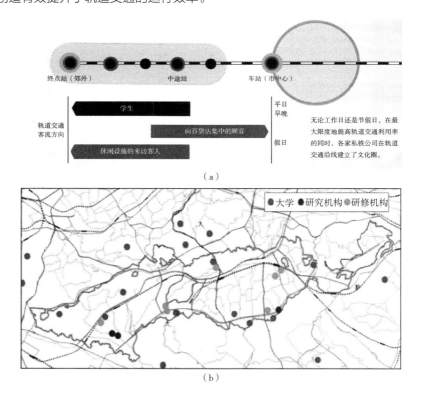

图 6-16　日本轨道交通逆向人流的创造
（a）东急田园都市线沿线逆向人流创造理念；
（b）东急田园都市线沿线逆向人流创造理念
（来源：日建设计站城一体开发研究会 . 站城一体化开发——新一代公共交通指向型城市建设 [M]. 北京：中国建筑工业出版社，2014）

6.3.6　职住平衡提升站点社区内部就业机会

　　沿线一体化开发最主要的问题之一就是社区内就业机会缺乏，职住难以平衡。较为理想的沿线站域建设是在新市政内解决本地居民的就业和社会生活活动需求，减少不必要的通勤，但现实是国内外大部分站点社区都无法做到这点，无法满足就地解决就业的需求。中国香港在沿线站域建设初期，主要是承接从市中心迁移出来的工业，发展工业村，但进入 20 世纪 80 年代中后期，制造业大规模向内地转移，导致制造业衰落，之后在政府有意引导下，沿线站域又成为高科技工业首选的投资基地（表 6-3）。经过多年的建设发展，中国香港各沿线站点地区逐渐形成较为明确的功能定位。日本和新加坡的沿线社区主要还是卧城，是为了疏解城市人口，解决集聚在城内工作人群的住房问题。如日本多摩新城，由于规划时以解决住宅短缺问题为首要任务，新城中就业机会缺乏，加上年轻一代的迁出，导致了人口流失。虽然在 20 世纪 80 年代，政府积极引进企业、科研机构、大学等与转型有关的企业，但依然没能阻止人口迁出和老龄化的趋势。这种短期需求的满足会给民众生活和地方的可持续发展带来巨大的负面影响。因此，沿线社区建设应更多地从长远的角度考虑城市的可持续发展，实现从解决一时之需的"经济增长型的社区建设"向"可持续发展的社区建设"的转变。

中国香港各新市镇的功能定位　　　　　　　　表6-3

新市镇名称	与市区距离（km）	土地面积（hm²）	功能定位
荃湾	5	3285	商业、制造业、货柜码头与仓储运输
沙田	5	3591	工业
屯门	32	3259	商业、货柜码头与仓储运输
大埔	19	2897	制造业、科学园区
粉岭/上水	27	768	
元朗	40	561	商业、小型制造业
天水围	4	430	
将军澳	5	1738	高科技工业园区
东涌/大蚝	35	155	临空型产业、机场配套服务业、物流园区

（来源：解永庆.香港新市镇紧凑发展的经验与启示[J].城市发展研究，2014（7）：100-106）

6.4　点层面：激发站域内核活力的策略

　　提升枢纽节点的魅力是提高沿线土地价值的关键，车站空间不应单纯作为连接车站本体与城市的移动空间，而是应该负担起体现城市特征的角色[①]。节点魅力提升应重视交通网络"节点"和城市"场所"的双重功能，既要满足汽车和步行者安全便捷地到达，又要吸引城市功能的集聚。从日本、中国香港、韩国等人口密集地区的经验来看，大型铁路客站建设的普遍规律是以交通功能优化为核心，逐步形成一个集交通、商务、办公、商业、娱乐等于一体的城市综合体，成为城市的职能中心，而不仅是一个枢纽，实现交通节点和城市场所功能的均衡发展。

6.4.1　触媒激发，建构站域空间的紧凑城市结构

　　城市空间的紧凑结构主要表现为城市空间集约利用，而城市集约利用[②]在时空尺度上通常表现出兴起、成长、繁荣、稳定和衰退等阶段，集约利用水平表现为粗放利用、中度利用、适度利用、集约利用、过度利用和通过更新改造向更高层次的集约利用演化[③]。从图 6-17 可以看出，处于繁荣期的城市空间会向集约利用方向发展。我国当前城市空间正处于繁荣期，因此，站域空间的集约利用将成为必然趋势。另外，按照级差地租理论（图 6-18），站域开发是以客站为中心向外递减，距离客站越近土地价值越高。为平衡成本，站域空间的土地使用性质、开发强度等也将按照市场规律发生改变，实现城市功能在枢纽地区的高度集聚。

　　站域空间紧凑城市结构的形成需要将高密度、混合使用的土地利用模式与客站建设结合，提高交通空间使用效率，形成一个将交通、商业、办公、文化等多种城市功能有机结合的系统，通过各功能之间的相互作用，共享资源，追求整体效益最大化。而站域的紧凑城市结构必将带来人流和车流的复杂性，如不妥善处

图 6-17　城市空间集约利用
生命周期阶段划分（左）
（来源：乔宏 . 轨道交通导向
下的城市空间集约利用研究
[D]. 重庆：西南大学，2013）
图 6-18　城市交通的级差地
租理论示意（右）
（来源：胡映东 . 城市枢纽站
域开发的必要性研究 [J]. 华中
建筑，2014（5）：24-28）

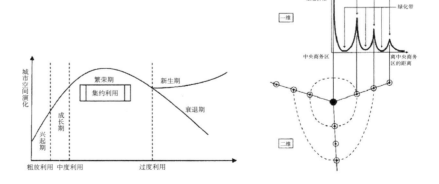

① 日建设计站城一体开发研究会 . 站城一体化开发——新一代公共交通指向型城市建设 [M]. 北京：中国建筑工业出版社，2014.

② 城市空间集约利用的实质就是强调与城市社会、经济、生态环境发展阶段相适应的高密度、混合化、立体化开发，提高城市空间的利用效率和经济效益。

③ 乔宏 . 轨道交通导向下的城市空间集约利用研究 [D]. 重庆：西南大学，2013.

理反而会带来站域空间的混杂。从国内外的发展经验来看，主要有以下两个策略：

（1）将交通作为第一要素。站域高密度、混合使用的土地利用模式，必然带来更多的人流集散，如不妥善处理极易造成区域交通混乱和拥堵，此时要将交通功能排在第一位，不能为了追求商业利益而损害和牺牲基本的交通功能，不能为引入商业空间而损害交通空间的便捷性，是站域高强度开发和构建城市核心的主要策略之一。从日本的客站空间发展来看，虽然站域空间建筑密度和开发强度都很高，但却是在充分考虑乘降流线和交通组织，满足乘客必要的流动空间的前提下再考虑引入商业设施。交通功能属于区域的核心功能，只有流线清晰、便捷才能实现便捷高效的换乘，才能提高人群的移动效率。而交通功能的损害，不仅直接影响客站交通枢纽功能的使用，也会影响站域商业、办公、休闲、文化等城市功能的运作。

（2）构建以公共交通为导向的城市发展结构。高密度集中型的城市空间开发模式仅仅依靠常规的公交疏解，极易造成交通拥堵，难以满足居民的出行要求。因此，这对城市交通的整体集散能力提出了更高的要求，同时，也影响着交通方式的选择，会限制小汽车的发展，促进大运量、快速公共交通如BRT、轻轨、地铁等优先发展。通过对国内外众多站点地区的数据分析发现，采用大运量、快速公共交通系统为主要出行方式的城市，如东京、大阪、中国香港、首尔等，站域空间建设强度都非常高。如东京站在城市中心区域完成了山手线、山阳线、东北线、东海道线等多条地铁、轻轨及新干线的交换。相反，若客站地区不能提供大运量快速公共交通服务，主要依靠地面疏解，即使不进行综合开发，也难以避免站点地区道路拥堵和交通混乱。如合肥南站，高铁开通后，地铁才开始建设，时间上严重错位，加上公交线路对城区覆盖的较少，导致大量人流要依靠出租车出行，根据笔者统计，最长的等待时间可以达到2小时，内部等待时间超过了高铁所压缩的时间，严重影响了交通效率的提升。

可见，站点地区集约发展强度与其交通疏解能力直接关联，站点地区高强度发展应通过构建以大运量公共交通为基础的城市交通系统，控制流入车站周边的机动车流量，确保安全舒适的步行环境，发挥客站地区的综合职能和中心地作用，形成以公共交通为导向的城市发展结构，带动周边地区的高强度发展，这也将是我国大城市大型铁路客站站域空间建设的必由之路[①]。

6.4.2　功能集聚，激发区域空间系统活力

多种城市功能聚集是增强站域空间活力的主要因素之一。功能多样性是

① 李胜全,张强华.高速铁路时代大型铁路枢纽的发展模式探讨——从"交通综合体"到"城市综合体"[J].规划师，2011, 27（7）：26–30.

由于人们生活需求的多样性而产生的，大量人流聚集在客站产生了不同的生活需求。因此，无论从使用者角度，还是从经营者角度，客站都需要多样性的功能来满足人们的生活需求和提高客站综合价值。

客站的城市功能主要分为两个层次：基本功能和从属功能。基本功能指的是满足日益增长的城市流动性需求，高密度、大流量、高流动性的城际快速客运服务。这需要铁路客站快速联系多种交通方式，需要实现包括区域、城际、郊区铁路交通，市内轨道交通、公交、汽车、步行等多种交通方式之间快速舒适的换乘联系，以满足多种出行方式的需求和提高换乘效率。从属功能指的是客站作为城市区域的关键节点，不仅是一个客运交通换乘中心，也是重要的城市节点和公共生活中心，它集合了购物、金融、餐饮、酒店、娱乐等于一体，形成富有经济活力的城市中心，而这些功能是响应基本功能而出现的、为交通功能吸引来的人提供某种服务的城市功能。单一基本功能只能在特定时间对特定人群产生影响，只有多个功能集聚才能有效形成一个富有持久活力的城市中心，中心内的各个功能体因为有了持续的客源，在数量和类型上都会更加繁盛，从而使这一区域的活力得以提升[①]。如德国莱比锡中央火车站，为了提高站域的城市影响力，在改造过程中定位于营造一个生活场所，融入了大量的商业和服务功能（上下 3 层，约有 140 间店铺），改造后每天光顾这里的客人由 7 万人增加到了 15 万人。再如日本新宿站站域，在确保高效换乘的同时，拥有 1 个大型地下商业街和 8 个大型商场。而且多种功能集聚有效促进了站域各类产业的繁荣，形成了以东京市政厅为中心，西口的办公区，南口的购物、娱乐综合设施区，东口的大型商业区以及娱乐为主的不夜城歌舞伎町地区。多样化的功能集聚使新宿站域成为东京最具活力的节点之一。

城市活力源于功能多样化，基本功能和从属功能交叠，相互作用产生了比自身更大的功效职能，而且多种功能单元聚集与交叉可以幻化出新的城市功能，使得客站更具吸引力和活力，从而带动城市经济发展。客站本体功能的集聚主要有两种方式：

（1）将城市功能包含于客站交通空间内，在客站内复合购物、餐饮、休憩、办公、旅馆、文化及其他服务设施。如成都东站，在交通换乘空间内穿插设置不同业态的商业服务，满足旅客的生活需求。

（2）竖向叠加模式，对客站用地进行地上、地面、地下三维综合开发，功能竖向叠加，提升空间使用效益。如前文分析的新横滨站，将交通设施、商业、办公、旅馆、集散广场等高效集聚在客站综合体中竖向叠加。

---

① 叶红 . 整体·连续·活力——"城市碎片"空间形态整合设计研究 [D]. 重庆：重庆大学，2004.

　　多功能集聚对内核激活起到了巨大的推动作用，主要有以下两个方面：

　　（1）增强客站的经济集聚效应和经济活力。从微观角度看，客站的多功能集聚，将客站基本功能和从属功能整合到以站点为核心的综合系统中，有助于转变站点地区单一土地利用，提高站点服务效率和经济活力。

　　（2）有助于站点地区的系统化开发。从宏观视角来看，对沿线站点进行集约化、多功能融合的物业开发，有利于形成"珠链式"的发展廊道，可以更好地实现沿线站点土地利用的系统化，更好地协同各地区城市功能。

6.4.3　步行缝合，加强区域资源网络链接

　　由于铁路对城市空间的分割，周围街区之间的有机联系容易受到割裂。步行空间的意义在于"缝合"，从地下、地面和地上三个维度构建步行系统将客站与其他城市功能要素联结，放大了客站服务的强度和能级，形成核心区的增长内核。另外，步行系统构成的慢速公共空间连接周边公共服务设施以及公共绿地，能使客站地区成为具有强大吸引力的公共交往场所，这也将成为考验客站地区能否充分具有城市活力的关键。提高站域空间步行范围内各种功能区的联系，创造完善通畅的步行网络，可以有效提升设施的使用效率，形成一个交通便利、功能完善的站域经济圈。大阪站在客站改造中就有意加强了南北的步行联系，采用"分层分流"和"联结成网"的设计方法设置了地面和空中的联系系统。在梅田先行区的发展中更是将步行体系的规划作为站城连接的重点，控制地面机动车的发展，对建筑物退线等做了明确规定，营造良好的步行空间，活络了地区的活力循环。

　　多摩新城中心车站，利用抬起的平台，将车站和多个公共空间连在一起，形成了一个步行连接的社区中心，也成为多摩新城最有活力的地区（图6-19）。大阪站在客站改造中有意加强了南北的步行联系，设置了地面和空中的联系系统，在大阪站梅田先行区的发展中更是将步行体系的规划作为站城连接的重点，控制地面机动车的发展，对建筑物退线等做了明确规定，营造良好的步行空间，促进步行空间的发展。并且设置了客站直达先行区（GRAND FRONT）的空中连廊。在客站周边区域的发展上，以客站为中心，在步行可达的范围内高密度发展，结合各具特色的功能街区，丰富了步行生活圈的内容，增添了城市活力，有效提升了城市的洄游性。我国香港地区在商务区建立的空中走廊，既加强不同功能建筑之间的联系，又实现人车分流，促进了区域空间的高效利用。港铁公司借鉴这种模式大量运用到了轨道交通物业开发上，形成地下、地面和空中与城市空间立体衔接的建筑群组，这种立体接驳提高空间使用效率的开发模式为站点地区一体化发展提供了极好的范本 [①]。如今，在我国香港地区人们的活

---

① 马路明，董春方. 香港都市综合体与城市交通的空间驳接 [J]. 建筑技艺，2014（11）：34–39.

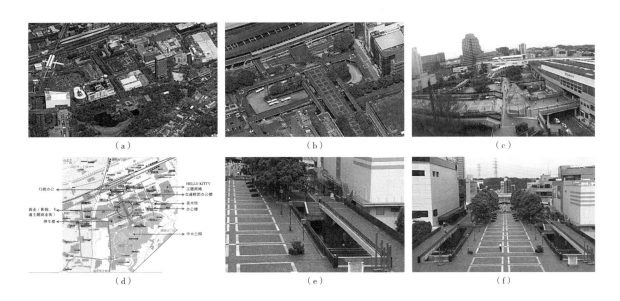

图 6-19　多摩中心站城市平
台空间
（a）城市区位；
（b）整体鸟瞰；
（c）局部鸟瞰；
（d）周边设施；
（e）架空平台；
（f）停车位布置
（来源：作者整理）

动可以分成三个层面，市民来往家、购物中心、写字楼、交通站点等场所可以完全不落地，同时行车道路很少出现拥堵状况，路面、地下铁和空中连廊在街块狭小建筑密集的我国香港地区立体交织，尤其是在商业、办公和交通设施密集的区域。空中连廊穿插于城市中参与创造了丰富的城市观景空间，同时将不同街区的建筑联系到一起，将小街块整合纳入大范围街区的群体环境。空中连廊接入建筑后使高层建筑多了一层进入的方式，因此连廊空间也复合了门厅空间的功能，最后过街天桥、大厦中的二层走廊及各种零售店、轨道交通站等活动场所，有机地连接在一起，形成了一个四通八达的空中步行系统。

　　舒适便利的步行空间的建立，除了对步行系统进行统一规划和设计外，还需要对区域的格局做出调整，形成一个完整统一、步行者能够环绕的区域：

　　（1）增加市民步行可达性和交通多样性。通过提高客站周边区域的路网密度（图 6-20），完善道路等级，减轻了道路的交通负担。

　　（2）增加建筑密度，创造连续的城市界面。连续的城市界面更易于限定

图 6-20　涩谷站与东京站周
边路网结构对比
（a）涩谷站；
（b）东京站
（来源：作者整理）

清晰积极的外部空间。

（3）减小街区的尺寸和周边公共建筑的体量来调整城市尺度，尤其防止高层建筑形成的壁垒现象。

（4）安插一系列广场和"城市核"设置，强化公共空间的层级秩序和场所感。

站域步行网络系统的建立有以下几方面好处：

（1）通过地下、地面和周边建筑综合体的一体化设计，利用地下通廊、空中廊道、地面广场、平台等设施打造客站与周边建筑之间网络化的立体步行系统，可以实现人车分流，提高行人行走的连续性和可达性，有利于交通疏解，同时促进站域行人漫游。

（2）可以联系客站与周边城市建筑形成网络化的空间体系，丰富空间的维度和趣味性，激活多层面的城市空间，提高空间利用效率。

（3）促使公共空间网络化发展。立体步行体系将分散的商业、办公、城市公共设施和城市公共空间联系成网络，形成了集约化的交流和交通集散场所，除了可以便捷游客到站和离站，在各种交通方式之间安全换乘，还可以提高商业空间价值，促进站域的整体性发展。

（4）资源整合，增强商圈聚合竞争力。立体步行体系有助于整合站域商圈资源，形成各种资源的协同互动，提高站域商业服务整体竞争力和丰富性。

可见，形成客站与周边地区的立体化步行系统，可以形成更为舒适、充满活力、环境优美的城市空间。

6.5 网层面：推动站域立体网络建立的策略

6.5.1 以城市规划为基础，促进地上地下和地面空间统一规划

应结合区域总体规划统筹考虑，从站域整体角度进行地下空间开发利用规划，合理制定开发利用时序，从先地上开发后地下转变为一体化开发或地下先开发和规划预留，高效统一衔接地下公共空间、交通体系及周边建筑，进而实现站域地上、地下的互动与衔接[1][2]。地上、地下的整体性发展主要表现在三个方面：

（1）在规划设计方面，应遵循地下空间与地面和地上空间统筹规划，互补发展。地下空间与地上空间实施一体化开发与管理，避免各自孤立，各行其政。日本地下空间开发十分重视与周边建筑的衔接，八重洲地下街与周边建筑的一体化设计，加上富有特色的商业街的设置，形成了极富活力的区域地下空间。

---

① 杨振丹.简析日本轨道交通与地下空间结合开发的建设模式[J].现代城市轨道交通，2014（3）：93-99.

② 万汉斌.城市高密度地区地下空间开发策略研究[D].天津：天津大学，2013.

（2）在建设施工方面，由于地下空间建设对城市生活具有较大影响，应尽量在客站地下工程建设的同时，完成与城市公共交通体系的连接和站域内地下空间的综合开发，避免后期重复施工对区域交通和生活环境的干扰。

（3）在法规制度方面，明确地下空间规划制度与法规。我国目前缺少地下空间发展规划，其结果是导致了盲目和秩序混乱。国外地下空间利用已经从雏形发展到了成熟阶段，其中最重要的就是完善的规划编制。以日本为例，其地下空间规划体系包括五个部分，从总体层面到区域层面分层控制（表 6-4），有效地提高了城市机能，促进了区域空间集约化发展。另外，地下空间法规包含了地下空间建设与运营的各个方面，为地下空间开发提供了有效的保障[①]。作为城市规划的一部分，地下空间建设与运营的各个方面，为地下空间开发

日本地下空间规划体系　　　　　　　　　　　　　　　　　表6-4

规划层级	规划内容	规划要求
地下都市计划	地下利用的 Master-plan；推进地下都市设施的都市计划；地下利用规划地区的指定及地区规划的确定；地下利用规划的特殊区域	地下都市计划制定：是在都市计划组成部分基础上，延伸考虑地下都市计划制度
地下利用的总体规划	地铁站、地下停车场等大规模的地下交通设施；立体的交通枢纽及动线；大都市的城市中心地区，公共处理设施等的地下利用聚集地区；大规模的都市再开发实施地区；综合地下计划的策定区域	规划书以 1：2500 比例的地形图成为都市规划的参考图，将纵剖与横剖图进行详细表达，以作为现行制度的补充，并将三维立体的都市规划制度化
地下空间 Guide-plan	把握市街地整备情况及都市发展的现状及预测将来；把握地下设施整备的现状及预测未来；地下规划地区基础地下设施的配置规划及策定	①地下利用规划地区主要制定地下设施规划；②地下利用规划地区地下利用规划的制定；③地下规划地区基础地下设施的配置规划及制定；④地下利用规划地区地下利用的立体分层规划
地下交通网络规划	步行者网络规划；停车场网络规划	①构成网络设施的位置及区域；②设施的区域及大概深度；③设施的大概情况及规划手法
地下街规划	地下街的基本方针；地下街规划的基本要素；公共地下步道的计划；其他设施的连接计划；附属设施设备及管理规划	地下街规划是与地面商业街相对应的街区概念，不仅指"某一条地下街"而是指"整个地下街区"

（来源：袁红 . 日本地下空间利用规划体系解析 [J]. 城市发展研究，2014（2）：112–118）

[①]　日本经过 70 年的发展已经建立了完善的法律体系。首先是法规具有全面性，除了加大地下空间开发深度的属于综合立法的《大深度地下公共使用特别措施法》与《综合土地利用纲要》及专项管理地下街的《基本方针》外，也包括道路《道路法》（1952 年）、下水道《下水道路法》（1954 年）、自来水《上水道路法》（1957 年）、煤气管路《煤气事业法》（1954 年）、电气电话管线《电气通信事业法》（1984 年）、共同管道《共同沟法》（1964 年）、《城市公园法》（1956 年）、《河川法》（1964 年）、《都市计划法》（1968 年）、《建筑基本法》（1950 年）等，几乎已经将地下街开发时会遇到的其他问题都进行了立法管理，使得地下街设计与开发的过程具有法律上的指导与依据。

提供了有效的保障①。作为城市规划的一部分，地下空间规划首先通过容积率、聚集化程度明确重点发展区域，其开发利用具有明显的控制性和系统性。而且，地下空间规划是以城市规划为基础制定，其目的是提高城市活性②。再者，日本地下空间的法规特性，主要是采用先专项立法，而后综合立法，最后与综合立法相结合的方式，进行地下空间的管理。这样的方式除了能够特项针对管理目标的范围，还能解决与其他管理目标的整合或协调问题，不会发生个别目标的互相侵权与破坏③。

6.5.2　以客站为基础，进行地下空间网络化开发

以客站为基础，向空中、地下和站点周边地区辐射，形成区域空间网络化发展，可以说是站域高效集约化发展的必然需求。客站通常是多条城市轨道交通的集合点，而轨道交通在地下的分层交通，拓展了地下空间开发的需求，特别是大型铁路客站地下各种交通设施之间换乘联系，成为地下空间立体化开发的重要动力，而地下空间开发既有利于提高客站换乘效率，也有利于促进站域的集约化发展。日本规模排名前十位的地下街均是结合客站而发展起来的（表6-5），形成了以客站为核心的枝状蔓延态势，究其原因，主要有以下三个方面：

（1）站域人车交通矛盾严重，人流和车流量大而且混杂，单一依靠地面难以解决，利用地下空间疏解，有助于人车分流，提高交通效率，提升站域环境品质。大型铁路客站通常都是多条地铁线路的换乘站，以地下轨道交通和客站建设为契机，建立立体交通换乘体系，可以有效缩短换乘距离，自然分解客流走向。另外穿越广场和道路的地下街，可以减少地面人流，解决站域空间容量不够和人车相互干扰等问题，实现步行空间的连贯性，提高站域交通效率。

---

① 日本经过70年的发展已经建立了完善的法律体系。首先是法规具有全面性，除了加大地下空间开发深度的属于综合立法的《大深度地下公共使用特别措施法》与《综合土地利用纲要》及专项管理地下街的《基本方针》外，也包括道路《道路法》（1952年）、下水道《下水道路法》（1954年）、自来水《上水道路法》（1957年）、煤气管路《煤气事业法》（1954年）、电气电话管线《电气通信事业法》（1984年）、共同管道《共同沟法》（1964年）、《城市公园法》（1956年）、《河川法》（1964年）、《都市计划法》（1968年）、《建筑基本法》（1950年）等，几乎已经将地下街开发时会遇到的其他问题都进行了立法管理，使得地下街设计与开发的过程具有法律上的指导与依据。
② 袁红.日本地下空间利用规划体系解析[J].城市发展研究，2014（2）：112-118.
③ 以地下街为例，地下街按《基本方针》进行设计与开发后（专项立法），当遇到与下水道管线迁移的问题时，则除了参考《下水道路法》《道路法》《都市计划法》等其他法规外（专项立法），也需要同时按《综合土地利用纲要》的架构进行修正（综合立法）。而与综合立法相结合的方式则可进行整体策略的修正，整体地下空间的开发战略也能得到调整。日本地下空间法规体系的完整，也是让日本地下街事业能够一直保持蓬勃发展的主要因素。

日本地下商业开发面积比较　　　　　　表6-5

排名	站名	地下商业街名	总面积（m²）
1	东京新宿站	Odakyu-Ace（北馆南馆）、京王 Mall、京王 Mall Annex、Subnade、Lumine Est	104500
2	名古屋荣站	森地下商业街（荣地下商业街、荣中南地下商业街、荣东地下商业街、荣北地下商业街的总称）、中荣地下、中央公园	84100
3	名古屋站	Sun Road、Shimmei Food、名站地下商业街、大名古屋大厦地下商业街、Miyako、名古屋近铁大厦地下商业街、Unimal、Esca、Termina	82400
4	大阪长崛站	Crysta Nagahori	81800
5	横滨站	Porta、Thediamond、New Building Block D Sotetsu	80600
6	大阪梅田站	Whity 梅田、Diamor 大阪	77000
7	东京站	八重洲地下商业街	64300
8	川崎站	Azalea	56900
9	札幌大通站	Aurora Town、Pole Town	47900
10	大阪难波站	Nambawalk、Namba Nannan	45000

（2）高密度开发站域扩大空间容量。从国内外发达地区的发展经验来看，高强度利用站域空间是符合城市发展需求的，但集约化利用容易导致站域空间环境恶化。因此，利用地下空间承接部分地面功能，既可以扩大站域空间容量，又可以有效改善地面环境品质。

（3）带来更多商机。客站作为城市内外交通的节点，为地下空间带来了大量的人流，而且大部分人流通过地下空间换乘，可以给地下商业带来更多的商机，促进地下空间的发展。如京都站，地下与地铁换乘通道全部设置了商业街。

地下空间开发可以减少地面交通容量，增加地面生态空间环境，并将公共空间体系由地面和空中延伸到地下，形成立体的城市公共空间网络，改变单独的通道式设计，立体格局形成的主要措施有[1]：

（1）配合城市地面步行网络形成步行交通空间连续性

地下空间设计重点主要在于人流疏解，在连贯的地下空间中完成人流疏散，而与城市步行网络节点的贯通，可以形成一个连续的立体有机网络。如涩谷站利用竖向交通核将地下、地面和地上的步行系统连接成立体网络，与周边建筑形成了良好的衔接，将旅客自然地引入城市空间的各个层面（图 6-21、图 6-22）。

---

[1]　刘皆谊.日本地下街的崛起与发展经验探讨 [J]. 国际城市规划，2007（6）：47-52.

（a）

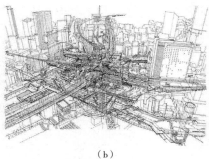
（b）

图 6-21 涩谷站的步行系统组织
（a）涩谷站彩绘效果图；
（b）涩谷站效果图
（来源：http://honyaku.j-server.com/）

（a）

（b）

图 6-22 涩谷站的"城市核"
（a）涩谷站交流节点分析图；
（b）涩谷站剖轴测图
（来源：http://honyaku.j-server.com/）

（2）垂直与水平流线交汇处的特色化处理

地下空间在水平向伸展和连接的同时，必须与地面的步行网络形成舒适和便捷的交通联系，而且在这种节点引入广场、绿化、阳光和休息设施，既可以打破地下空间的封闭性，又可以为地下空间带来阳光和绿化，形成宽敞、富有变化和趣味的特色空间。例如大阪长堀地下街，位于大阪的中心地段心斋桥，是大阪市营地铁"长堀桥站"-"心斋桥站"-"四桥站"之间全长达 730m、横跨东西的地下商店街（图 6-23）。作为日本规模最大的地下街之一，其地下一层为步行商业街，地下二至四层为停车场，在步行街设置了 8 个各具功能的城市广场，形成地下与地面步行系统联系的节点空间，并在节点处提供让人惊喜的花园、喷泉等有特色的环境空间和多样的休闲娱乐空间，宽阔舒适的街道使人心旷神怡，这种节点空间的特殊化设计，既有利于行人辨别方位，也有利于改变地下空间环境品质，在保障便捷与安全的同时，也为市民提供了舒适的行走体验。

（3）核心转换节点的性能化设计

地下空间横向流线与竖向流线交汇处作为"城市核"，往往布置大量的垂直交通设施形成地下空间的核心节点。这种空间贯通地下和地面以及地上多个空间层次，联系城市多个层面的功能设施，为市民步行和活动提供了多样化的

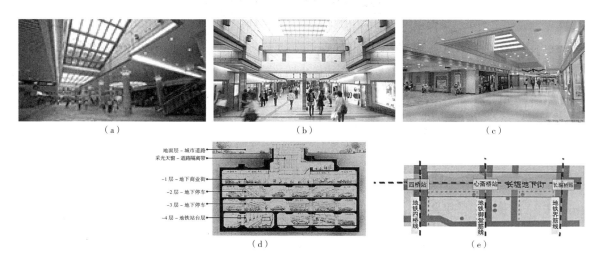

图 6-23 长崎桥站地下街
（a）节点空间；
（b）地下商业街；
（c）地下商铺；
（d）剖面分析；
（e）周边线路
（来源：http：//www.crysta-blog.jp/multilingual）

选择，成为集散和转换的核心场所。节点空间性能化设计措施主要有：首先，设置于连通城市重要设施和公共空间的交叉点上，便于市民流动与集散；其次，应该具有较强的标识性，便于人们寻找；再者，要加强节点与地面城市设置和步行空间体系的联系，促进地下横向联系向竖向联系流动；另外，对街道最小宽度、防火间距、节点广场等均做了明确的规定，使地下空间在满足功能的基础上，创造出了民众更为满意的地下街空间。

6.6 本章小结

　　日本、中国香港、哥本哈根在站域开发上各有创新。中国香港成立港铁合资公司，负责站点建设与沿线土地一体化开发，把沿线站点与土地资源一体化经营，在站点地区高强度综合开发，配置住宅、商场、酒店、写字楼等多种物业，"以地养铁"不仅解决了轨道建设资金问题，而且还获得了盈利，形成了在站点周边聚居的生活方式。日本轨道交通企业深刻认识到修建铁路不仅可以在为城市提供交通服务中获利，也是房地产开发的重要商机，因此多采用土地经营和铁道经营的双策略，一方面追寻土地利用效益最大化，另一方面尽可能增加客流，促使轨道运营盈利。哥本哈根手形状的城市形态是在指形规划及其随后更新版本的引导指挥下，精心整合轨道交通与城市发展的产物，其基本途径是通过轨道交通建设与沿线站点区域土地利用同步规划设计。与中国香港、日本、哥本哈根等地区的发展模式相比，内地的站域建设仍然处于初始阶段，没有形成"客站建设＋土地利用"综合发展模式和站线一体化开发模式。因此，在大规模的客站建设发展浪潮中，这些地区的站域土地综合开发利用经验对内地有一定的借鉴和启迪作用。

　　站域的整体性发展需要点、线、面、网的整体优化与协同。在点层面，提升客站节点魅力是促进站城协同发展的关键，车站不仅要满足汽车和步行者安全便捷地到达周边街道，还要吸引城市功能集聚，实现了交通节点和城市场所功能的均衡发展。主要从三个方面实现：一是建构站域空间的紧凑城市结构，形成将高密度、混合使用的土地利用模式和将交通、商业、办公、文化等多种城市功能有机结合的功能系统，共享资源，追求资源效益最大化；二是功能多样性，客站城镇化公共空间功能的聚集是增强活力的主要因素之一；三是利用步行网络系统连接区域资源，促进城市功能要素整体协调联动，增强区域竞争力。在线层面，站线一体化开发的关键点在于如何创造、提升沿线整体价值。因此，沿线一体化开发不应局限于铁路建设上，还需根据社区的发展通过品牌战略增加地区的附加值。可以说，站线一体化开发模式对铁路运营公司是一个能够获得利益、富有魅力、极具可持续性的发展策略。在面层面，需要从区域层面重新定位站域发展，相互支持和错位竞争，实现区域整体效益最大化，并产生站、城与沿线区域共同发展的局面。而制定专业化、互补的发展方向是保持站域自身快速发展的途径之一。在网层面，实现地上空间、地下空间有机的衔接，统筹考虑，以及不同时期的互动与衔接，形成立体化的城市公共空间网络。

　　在点、线、面三个尺度引导城市的功能和产业在不同空间区位进行有序组织，三个层面之间的整体性发展可通过功能协同而实现分工合作和功能互补，并以"整体性发展"的方式实现大城市铁路客站整体绩效大于各个节点绩效之和的效果，有利于促进城市机能的高效化运转。因此，对高铁沿线城市而言，要想发挥客站以及高速铁路对城市发展的正面效应，需要多维度的促进站城的一体化分析，由面到点，共同作用，发挥客站触媒效应，并最终实现站城的可持续发展。

第 7 章

实证研究：京沪线站域空间演化特征与价值评价

　　大型铁路客站站域空间发展影响因素众多，但大多与站点空间布局和周边城市空间形态关系的认知没有关系，所以本节结合站城互馈关系，重点对影响站域空间发展的城市类型、站点区位关系和站点地区发展的阶段性三个方面开展梳理工作。以京沪线为研究对象，进行聚类分析。京沪高铁纵贯四省三市共 24 个站点，连接了中国最大的两座城市北京、上海，以及环渤海和长三角两大经济区，沿途既有沿海经济发达地带，也有欠发展的苏北、皖北等地区，而且是中国建设较早的高铁线路之一，其建成标志了中国高铁时代的来临，对我国高铁的发展具有重要意义。而且站点地区经过多年的发展，目前已形成了一定的规模，具有较强的代表性，为站域空间发展研究提供了条件。因此，以此线路为典型案例来认知我国目前站域空间发展的状况。

7.1　京沪线沿线站域空间发展类型划分

7.1.1　城市能级对站域空间发展的制约

　　客站与城市相互作用过程中受城市规模影响较大。沿线城市的规模首先决定其是否能够设站，对于设站的城市而言，城市规模又决定了列车停靠频率、高铁客运站的规模、等级和站点地区建设范围。一般而言，城市规模较小、经济发展水平较低的城市，其客站停靠频率低、建设规模小、等级低布局简单，如定远、宿州、枣庄等；相反，城市规模越大，客运站数量越多，而且其站点停靠频率高、规模和等级高、布局也较复杂，如北京、天津、上海。

　　通过对京沪线沿线 24 个站点的研究发现，站点所在城市以大城市为主，共有 15 个站点位于大城市，占全部站点的 62.5%，其中超大城市有 4 站点，与城市的平均距离是 10.23km；大城市有 9 个站点，与城市的平均距离是 7.51km；特大城市有 2 个站点，与城市的平均距离是 12.3km；中等城市有 7 个，占全部站点的 29.2%，与城市的平均距离是 9.21km；小城市 2 个，占全部站点的 8.3%，与城市的平均距离是 20.3km。另外，站房面积的大小和城市规模呈正比，城市规模越大站房面积越大，如超大城市中的北京南站和上海虹桥站分别是 25.2 万 m²、10 万 m²，而小城市中的宿州东站和定远站

分别只有 4993m² 和 4000m²（表 7-1、表 7-2）。由此可见，城市规模大小
对客站的规模设置和站点区位选择有较为直接的影响。

京沪线24个站点所在城市的规模等级　　　　　表7-1

城市等级	城市常驻人口	城市数量（个）	站点数量（个）	站点名称
超大城市	1000 万以上	3	4	北京南站、天津南站、天津西站、上海虹桥站
特大城市	500 万~1000 万	2	2	南京南站、苏州北站
大城市	100 万~500 万	9	9	济南西站、泰安站、枣庄站、徐州东站、镇江南站、常州北站、无锡东站、昆山南站、廊坊站
中等城市	50 万~100 万	7	7	沧州西站、德州东站、曲阜东站、滕州东站、蚌埠南站、滁州站、丹阳北站
小城市	50 万以下	2	2	宿州东站、定远站

（来源：作者自绘）

京沪线沿线站点所在城市类型、站房面积和与城市中心距离　表7-2

站点	城市	城市类型	站房面积（m²）	站点到城市中心的距离（km）
北京南	北京	超大城市	252000	4.4
廊坊	廊坊	大城市	9889	2.1
天津西	天津	超大城市	26000	8.7
天津南	天津	超大城市	3999	12.7
沧州西	沧州	中等城市	9992	6.8
德州东	德州	中等城市	19970	16
济南西	济南	大城市	62534	9.7
泰安	泰安	大城市	23156	5.7
曲阜东	曲阜	中等城市	9996	7.9
滕州东	滕州	中等城市	7968	8.9
枣庄	枣庄	大城市	10000	6.6
徐州东	徐州	大城市	14984	7.1
宿州东	宿州	小城市	4993	24.6
蚌埠南	蚌埠	中等城市	23996	4.7
定远	定远	小城市	4000	16
滁州	滁州	中等城市	4000	11
南京南	南京	特大城市	281500	9.9

续表

站点	城市	城市类型	站房面积（m²）	站点到城市中心的距离（km）
镇江南	镇江	大城市	42314	6.1
丹阳北	丹阳	中等城市	5978	9.2
常州北	常州	大城市	12253	5.1
无锡东	无锡	大城市	10988	18.7
苏州北	苏州	特大城市	7846	14.7
昆山南	昆山	大城市	10373	4.8
虹桥	上海	超大城市	100000	15.1

（来源：建成区面积参考中国城市建成区数据根据住房和城乡建设部中国城市建设统计年鉴 2011 整理）

7.1.2　区位选择对站域空间发展的影响

客站区位选择决定了铁路与城市的空间关系，这种空间关系主要是站点与城市建成区的距离，是影响站域开发的主要因素，是影响最显著的指标之一[①]。

通过对国内 40 多个车站的区位关系数据统计发现（表 7-3），客站与建成区中心的距离在 1.3~27.5km 之间，平均距离为 9.89km。其中距离城市中心在 5km 以内的有 10 个，5~10km 的有 14 个，10~15km 的有 9 个，15~20km 的有 5 个，20km 以上的有 2 个。京沪线客站与城市中心的平均距离是 9.40km，京广线站点与城市中心的平均距离是 15.4km。直辖市站点与城市中心的平均距离是 9.29km，省会及副省级城市站点与城市中心的平均距离是 10.96km，地级市站点与城市中心的平均距离是 9.42km，县级市站点与城市中心的平均距离是 9.63km。

从表 7-3 中可知，距离城市中心较近的客站（0~10km）主要有：北京南、上海站、重庆北、郑州、石家庄等站，其城市规模较大，发展水平较高，一般都是利用城市内原有客站改造而成。这类站域由于深入城市内部，其周边城市空间发展成熟度高，因而具有较好的站城联合发展的条件，周边配套也较为完善。

距离在 10~15km 的主要有北京丰台站、星火站、天津南站、新武汉站、新长沙站、苏州北站、承德新站、滁州站、孝感北站，站点所在城市水平差异比较大，相比较而言定远站、滁州站等站点周边配套较落后。

距离 15 公里以上的有 7 个站点，其中广州北站和宿州东站离城市最远，分别达到了 27.5km 和 24.6km，远离建成区为站区的发展带了一定的不确定

[①]　姚涵．高速铁路对区域、城市和站点区的影响研究——以京沪高铁为例 [D]．北京：清华大学，2014．

我国部分客站与城市中心区的距离表（单位：km）　　　　　表7-3

城市类型	城市	站名	京沪线	京广线	京沈客运专线	郑西客运专线	沪汉蓉高铁	平均值
直辖市	北京	丰台站	—	11.4	—	—	—	9.29
		星火站	—	—	13.7	—	—	
		北京南站	4.4	—	—	—	—	
	上海	上海虹桥站	15.1	—	—	—	—	
		上海南站	9.9（沪杭）	—	—	—	—	
		上海站	2.9（沪杭）	—	—	—	—	
	天津	天津南站	12.7	—	—	—	—	
		天津西站	8.7	—	—	—	—	
	重庆	重庆北站	—	—	—	—	4.8	
省会及副省级城市，以及重要的地级市	石家庄	新石家庄站	—	4.6	—	—	—	10.96
	济南	济南西站	9.7	—	—	—	—	
	徐州	徐州东站	7.1	—	—	—	—	
	南京	南京南站	9.9	—	—	—	—	
	郑州	新郑州站	—	—	—	3.3	—	
	武汉	新武汉站	—	11.5	—	—	—	
	广州	广州南站	—	16	—	—	—	
		广州北站	—	27.5	—	—	—	
	沈阳	沈阳北站	—	—	1.3	—	—	
	长沙	新长沙站	—	15	—	—	—	
	苏州	苏州北站	14.7	—	—	—	—	
地级市	洛阳	洛阳南站	—	—	—	9.6	—	9.42
	廊坊	廊坊站	2.1	—	—	—	—	
	沧州	沧州西站	6.8	—	—	—	—	
	泰安	泰安站	5.7	—	—	—	—	
	承德	承德新站	—	—	10.2	—	—	
	宿州	宿州东站	24.6	—	—	—	—	
	阜新	阜新北站	—	—	4.8	—	—	
	德州	德州东站	16	—	—	—	—	
	枣庄	枣庄西站	6.6	—	—	—	—	
	蚌埠	蚌埠南站	4.7	—	—	—	—	
	滁州	滁州站	11	—	—	—	—	
	镇江	镇江南站	6.1	—	—	—	—	
	常州	常州北站	5.1	—	—	—	—	

续表

城市类型	城市	站名	京沪线	京广线	京沈客运专线	郑西客运专线	沪汉蓉高铁	平均值
地级市	无锡	无锡东站	18.7	—	—	—	—	9.42
县级市	曲阜	曲阜东站	7.9	—	—	—	—	9.63
	滕州	滕州东站	8.9	—	—	—	—	
	昆山	昆山南站	4.8	—	—	—	—	
	大悟	孝感北站	—	11	—	—	—	
	定远	定远站	16	—	—	—	—	
	丹阳	丹阳北站	9.2	—	—	—	—	
平均值			9.40	15.4	7.5	6.45	4.8	9.89

（来源：作者依据站点所在城市政府网站和相关新闻报道整理）

因素。这一类型客站由于远离城市建成区，与建成区的交通联系不紧密，导致站区周边配套设施欠缺。

　　同时，我们也可以发现，在不同规模的城市中客站到城市中心相同距离所反映的站点区位差异较大。即使相同距离也有可能因为城市规模的差异而处于不同的区位上。比如天津西站和滕州东站与建成区中心的距离分别是 8.7km 和 8.9km，距离极为接近，但与建成区的关系却差异很大，天津西站位于建成区内，滕州东站却位于远郊区。因此，为了可以准确表征站点在城市中的区位关系，我们构建了距离指数。假设城市形态的发展具有趋圆性，定义距离指数为高铁站到城市中心的距离（km）与城市建成区面积（km²）开方的比值，若将距离指数设为 q，高铁站到城市中心的距离设为 d，城市建成区面积设为 p，则距离指数 $q=d/\sqrt{p/\pi}$。因此，距离指数越大，高铁站与城市中心的相对距离越大，高铁站的区位越偏[①]。京沪线区位指数如表 7-4 所示。

　　从表 7-5 中可以看出，京沪线的平均距离指数是 2.10，说明京沪线站点离城市距离整体偏远，多数居于城市边缘和郊区，另外，距离指数随城市规模的减小呈现急剧增大的趋势。超大城市的平均距离指数为 0.62，特大城市的平均距离指数为 1.04，大城市的平均距离指数为 1.28，中等城市的平均距离指数为 2.53，小等城市的平均距离指数为 8.25。

　　由上可见，城市规模不同车站的区位选择也不同。城市等级越高，距离指数就越低，客站就越贴近城市中心，城市等级越低，距离指数就越高，客站离城市中心就越远。例如指数最高的宿州东站，城市等级较低，站点位于城市

① 赵倩，陈国伟. 高铁站区位对周边地区开发的影响研究——基于京沪线和武广线的实证分析 [J]. 城市规划，2015（7）：50-55.

京沪线所经城市与建成区的距离指数关系　　　　表7-4

站点	城市	城市类型	建成区面积P（km^2）	站点到城市中心的距离d（km）	距离指数q
北京南	北京	超大城市	1268	4.4	0.22
廊坊	廊坊	大城市	61.3	2.1	0.48
天津西	天津	超大城市	605	8.7	0.63
天津南	天津	超大城市	605	12.7	0.92
沧州西	沧州	中等城市	47.1	6.8	1.76
德州东	德州	中等城市	66	16	3.49
济南西	济南	大城市	310	9.7	0.96
泰安西	泰安	大城市	81.1	5.7	1.12
曲阜东	曲阜	中等城市	23	7.9	2.92
滕州东	滕州	中等城市	46	8.9	2.32
枣庄西	枣庄	大城市	36.1	6.6	1.95
徐州东	徐州	大城市	108	7.1	1.21
宿州东	宿州	小城市	27.3	24.6	8.34
蚌埠南	蚌埠	中等城市	53.3	4.7	1.14
定远	定远	小城市	12	16	8.16
滁州	滁州	中等城市	36.5	11	3.23
南京南	南京	特大城市	502	9.9	0.78
镇江南	镇江	大城市	52.3	6.1	1.50
丹阳北	丹阳	中等城市	33.2	9.2	2.83
常州北	常州	大城市	307	5.1	1.89
无锡东	无锡	大城市	372	18.7	1.72
苏州北	苏州	特大城市	411	14.7	1.29
昆山南	昆山	大城市	150	4.8	0.69
虹桥	上海	超大城市	1563	15.1	0.68

（来源：建成区面积参考中国城市建成区数据根据住房和城乡建设部中国城市建设统计年鉴 2011 整理）

京沪线分城市规模的站点数量与距离指数比较　　　表7-5

城市等级	城市数量（个）	平均距离（km）	距离指数平均值
超大城市	4	10.225	0.62
特大城市	2	12.3	1.04
大城市	9	7.51	1.28
中等城市	7	9.21	2.53
小城市	2	20.3	8.25
站点均值	—	—	2.10

（来源：作者自绘）

外围，与市中心距离约 24.6km。距离指数较高的定远站，虽然站点离城市距离为 16km 比无锡东站的 18.7km 小，但由于其城市规模的差异，距离指数远远高于无锡东站，实为很偏远的站点。城市规模较大的城市根据城市需求，客站通常接近城市中心区，距离指数都在 1.0 以内，如北京南站、上海虹桥站、南京南站。中小城市站点选址一般以选线平直为依据，因此整体距离指数偏高。

7.1.3　站域发展阶段性特征对站域空间发展的影响

站域空间发展除了受区位、功能定位和城市规模等级的影响外，还受自身的发展阶段影响，不同阶段的站域空间会有不同的空间形态和特征表现，如表 7-6 所示。

不同阶段站域空间发展特征　　　　　　　　　　表7-6

阶段1	阶段2	阶段3	阶段4
初始	发展	成熟	再发展
孤立场所	交通节点	交通节点 + 城市场所	潜在的城市副中心
客站与城市分离，客站仅仅作为交通节点，站城交通联系不便，孤立的场所空间，乘客上下站的场所	客站处于城市环境之中，整合多种交通设施，交通节点功能产生，成为重要的交通集散地	客站成为城市复杂交通网络的交汇点，高效的交通节点，承载越来越多的城市功能，两者功能同时发展	站域作为公共交通的中转枢纽区域，成为一种新型的社会、文化、经济交流地，未来的城市活力中心

（来源：Paksukcharern Thammaruangsri，K.NODE and PLACE：a study on the spatial process of railway terminus area redevelopment in central London[D].London：University of London，2003）

　　阶段 1 初始阶段：车站建于城市郊区，成为孤立的节点，周边服务设施较为贫乏与市中心联系不便，周边的土地价值也较低，其功能是作为交通基础设施，在有限的空间内发挥交通节点作用，站域空间属于培育阶段。

　　阶段 2 发展阶段：车站融入城市环境，客站与城市交通形成网络，交通环境明显改善，服务水平有所提升，站点的节点功能得到加强的同时，由于集聚效应，站点地区的城市场所功能逐渐增强，形成站域空间。

　　阶段 3 成熟阶段：随着站区面积扩大和城市空间的扩展，使得车站位于城市建成区内部，站区周边集聚了更多的城市活动，城市场所功能增强，逐步成为城市重要的公共空间，站域空间圈层化发展。

　　阶段 4 再发展阶段：车站地区作为城市发展的潜力中心，高效地交通连接带来了大量的人流，巨型的节点使客站内外的城市空间充满了活力，将促进客站进一步发展，作为"城市壁障"的车站地区成为完善和加强城市肌理的潜在发展区，站域空间成为城市内核，区域集约化发展。

　　欧洲、日本、韩国和中国香港等地区，城镇化水平较高，城市发展趋于稳定，原有客站多建于城市中心成熟区域，高铁的到来为城市带来了新契机，多数城市都以高铁站建设为机遇促进城市的再城镇化，因而站区都承担了城市复兴的重任，利用原有站区的废弃空间进行大规模的综合开发，形成了城市的交通中心和生活中心，因此多在第四阶段。

　　目前，我国处于城镇化进程的加速推进期，城市用地供应量较大，加上高铁的快速建设和体制限制，多数客站都选择了在城市边缘或郊区新建，因此，客站大多数处于第一阶，也有部分大城市利用原有城市中心站改造而处于第二阶段，但相对数量较少，加上城市用地的大量供应，短期内难以得到较大的发展。

　　另外，由于城市发展的差异，并非每个客站都能从第一阶段顺利进入下一阶段，比如定远站在没找到合适的定位之前，很难发展到第二、三阶段。再如北京南站，由于周边住宅的环绕，站点地区发展空间极其有限，因此也很难从第二阶段进入第三阶段，而且由于城市仍然有大量的可开发用地和目前体制的限制，第四阶段的到来也还要很长的时间去等待。

　　从京沪线来看，目前大多处于阶段 1 和阶段 2 的初始阶段。上海虹桥站、天津西站、济南西站、南京南站等站点主要为大城市中心或边缘新建的客站，其建设受到了所在城市的特别重视，一般都将其作为城市门户和城市经济发展的契机而做了新区规划，加上本身城市的扩展需求，因此周边配套设施较为完善，整体环境品质较高，所处阶段趋于第二阶段。沧州西站、泰安西站、枣庄西站、滕州东站、曲阜东站等客站也多为新建客站，但因是经济基础薄弱地区，周边配套相对薄弱，站区发展需要完善的基础设施投资较大，阻碍了站区的发展，处于第一阶段的较多。宿州站、滁州站等由于城市基础薄弱，远离老城区，站区周边公共及基础设施不完善，与中心区的交通联系不便，也多处于第一阶段。

总体来看，京沪线虽然已经多年发展，但整体依然处于初始阶段。

7.1.4 京沪线铁路客站站域空间类型划分

由以上的论述可知，单纯基于站点区位、城市类型、站域功能特征和空间发展阶中的某一因素都不够合理，也不能全面综合反映站点用地空间和区域空间两个方面空间形态的关系。除此之外，仍处于城镇化中期加速阶段的我国，部分城市区域的结构和形态变化较大。因此，基于本章节对京沪线沿线站点所属城市类型、站点所在区位和发展阶段的分析，采用这三个指标对京沪线站点分类，以便于继续站域空间形态研究。分类过程如下（表7-7）：

站域空间类型划分　　　　　　　　　　表7-7

分类因素	类型一	类型二	类型三	类型四
城市	A1	A2		
	超大城市、特大城市、大城市	中等城市、小城市		
区位	C1	C2	C3	
	中心型	边缘型	郊区型	
	≤ 0.85	>0.85，≤ 1.5	>1.5	
阶段	P1	P2	P3	P4
	初始	发展	成熟	再发展

（来源：作者自绘）

第一次分类首先按照城市类型对站点所处的城市类型分为两种类型：大城市A1，主要涵盖了超大城市、特大城市和大城市三种城市类型；中小城市A2，主要涵盖了中等城市和小城市。这主要基于我国城市发展的两极化趋势作的区分[1]。

第二次分类涉及站点与城市的区位关系，分为三种类型：C1城市中心型，区位指数小于0.85的客站；C2城市边缘型，区位指数大于0.85，小于1.5的客站；C3城市郊区型，区位指数大于1.5的客站。

第三次分类进一步将客站发展的时间因素纳入，对处于不同阶段的站域空间形态进行分类，分为四种类型，详见前一章节。由于京沪线客站与城市所处的阶段特征，目前主要为阶段1（P1）和阶段2（P2）（表7-8）。

采用这三个指标对站点进行分类可以得到站点的城市类型、站点区位特

① 魏后凯.中国城镇化进程中两极化倾向与规模格局重构[J].中国工业经济，2014（3）：18-28.

京沪线沿线站点空间类型划分 表7-8

站点	城市	城市类型	城市类型	距离指数（q）	区位类型	阶段特征	类型
北京南	北京	超大城市	A1	0.22	C1	P2	A1C1P2
廊坊	廊坊	大城市	A1	0.48	C1	P2	A1C1P2
天津西	天津	超大城市	A1	0.63	C1	P2	A1C1P2
天津南	天津	超大城市	A1	0.92	C2	P1	A1C2P1
沧州西	沧州	中等城市	A2	1.76	C3	P1	A2C3P1
德州东	德州	中等城市	A2	3.49	C3	P1	A2C3P1
济南西	济南	大城市	A1	0.96	C2	P1	A1C2P1
泰安	泰安	大城市	A1	1.12	C2	P1	A1C2P1
曲阜东	曲阜	中等城市	A2	2.92	C3	P1	A2C3P1
滕州东	滕州	中等城市	A2	2.32	C3	P1	A2C3P1
枣庄	枣庄	大城市	A1	1.95	C3	P1	A1C3P1
徐州东	徐州	大城市	A1	1.21	C2	P1	A1C2P1
宿州东	宿州	小城市	A2	8.34	C3	P1	A2C3P1
蚌埠南	蚌埠	中等城市	A2	1.14	C2	P1	A2C2P1
定远	定远	小城市	A2	8.16	C3	P1	A2C3P1
滁州	滁州	中等城市	A2	3.23	C3	P1	A2C3P1
南京南	南京	特大城市	A1	0.78	C1	P2	A1C1P2
镇江南	镇江	大城市	A1	1.50	C2	P1	A1C2P1
丹阳北	丹阳	中等城市	A2	2.83	C3	P1	A2C3P1
常州北	常州	大城市	A1	1.89	C3	P1	A1C3P1
无锡东	无锡	大城市	A1	1.72	C3	P1	A1C3P1
苏州北	苏州	特大城市	A1	1.29	C2	P1	A1C2P1
昆山南	昆山	大城市	A1	0.69	C1	P2	A1C1P2
虹桥	上海	超大城市	A1	0.68	C1	P2	A1C1P2

（来源：作者自绘）

征和站域所处发展阶段特征。通过京沪线 24 个站点的数据研究发现，总计有
5 种类型，分别是 A1C1P2、A1C2P1、A1C3P1、A2C3P1、A2C2P1。
其中 A2C3P1 类型最多，有 8 个站点，占总体的 33.3%；其次是 A1C2P1
和 A1C1P2 各有 6 个站点，分别占 25%；再者是 A1C3P1 有 3 个站点，
占 12.5%；A2C2P1 有 1 个站点，占 4.2%。可以看出目前京沪线大城市主
要表现为：A1C2P1、A1C1P2、A1C3P1 这三种模式，中小城市主要为
A2C3P1、A2C2P1 这两种模式（表 7-9）。

京沪线沿线站域空间类型　　　　　　　　表7-9

站域类型	站域特征	站域	数量	比例
A1C1P2	大城市中心发展阶段站域	北京南、廊坊、天津西、南京南、昆山南、虹桥	6	25%
A1C2P1	大城市边缘初始阶段站域	天津南、济南西、泰安、徐州东、镇江南、苏州北	6	25%
A1C3P1	大城市郊区初始阶段站域	枣庄、常州北、无锡东	3	12.5%
A2C3P1	中小城市郊区初始阶段站域	沧州西、德州东、曲阜东、滕州东、宿州东、定远、滁州、丹阳北	8	33.3%
A2C2P1	中小城市边缘初始阶段站域	蚌埠南	1	4.2%

（来源：作者自绘）

　　需要关注的是随着城市的发展，站域空间发展还会受到政策、资金、交通等多方面因素的影响，会随着时间的推移发生变化，更新站点类型的数据库，相关指标和类型的比例。比如原本位于城市边缘的客站，会随着城市和客站的发展逐渐融入城区，最终成为城市的中心区域，这是一个动态变化的过程环和与城市发展协同演化的过程。

7.2　京沪线沿线站域空间发展演化特征分析

7.2.1　A1C1P2 类型站域空间演化特征

　　京沪线属于 A1C1P2 类型的车站分别是北京南站、廊坊站、天津西站、南京南站、昆山南站、上海虹桥站 6 个站点。此类站域根据城市发展水平可分为两类，北京、上海、天津、南京为超大城市和特大城市，其城市规模和经济发展水平较高，集聚能力强，辐射范围广，站域发展较为成熟。廊坊站与昆山站与前面的城市相比，经济基础较薄弱一些，以交通节点功能为主的定位，更加强化区域交通整合与形成城市门户空间（表 7-10）。

　　从土地利用来看，由于大城市城市中心区客站位于建成区，周边用地发展已较成熟，呈现出高密度的特征，加上土地价值攀升，呈现出集约化发展的趋势。

　　从城市交通来看，随着城市对外交通功能的外迁，比如长途客运站，其对外交通功能反而有简化趋势，公共交通服务功能不断强化。多种公共交通工具的集聚与换乘，使得客站的公共交通服务功能更加强大，而且这种公共交通（含轨道）间的换乘功能可能超过其他交通方式辅助铁路客运的功能。以北京南站为例，北京南站是以京津城际列车为主，日均进出站量约 9 万人次 / 日，

A1C1P2类型站域空间发展状况　　　　　　　　表7-10

站点	城市类型	区位指数	阶段特征	站区规划面积	功能特征	站域定位	土地利用
北京南站	超大城市	0.22	P2	1.8km²	节点型	产业规划与南站改造同时并举，突出商务功能，筹划北京南站经济圈	
廊坊站	大城市	0.48	P2	10km²		城市之窗 综合商务中心	
天津西站	超大城市	0.63	P2	初次3.5km²，二次10km²		集商业贸易、商务金融、休闲文化居住于一体的，集中展现天津新型城市形象的综合性城市副中心	
虹桥站	超大城市	0.68	P2	27.3km²		依托综合交通枢纽和现代商务贸易，发展总部办公、商业贸易、现代商务等，形成面向长三角的商务中心。拓展区主要承担虹桥商务区的衣食住行和环境支撑功能，以及医疗、教育、居住	
昆山南站	大城市	0.69	P2	2.03km²		城市对外交通枢纽，城市门户与景观地区，城市商务商业聚集区，混合社区	
南京南站	特大城市	0.78	P2	32km²，规划面积164km²		南部新中心，集现代服务业、商贸商务、总部经济、文化、旅游、会展业和居住为一体的聚集区，枢纽型商贸商务中心	

（来源：作者依据站点所在城市政府网站和相关新闻报道整理）

京津城际乘客是北京南站的主流乘客，出站客流量约 4 万人次 / 日。每天约 58 列高铁往返于北京和天津之间 [①]，客流量增多使得中心型枢纽逐渐成为"都市区公共交通服务中心"。

　　从城市空间结构角度来看，大城市中心型站域的更新改造可以优化城市交通结构，提升城市空间环境品质，拓展城市场所功能，使旧城重新散发活力。一方面，客站的改扩建，会促进站域周边交通网络的重新梳理，更新与完善相关交通配套设施，车站的节点功能会得到加强，促进人才、资金、信息、技术的流动，成为城市公共交通的中转枢纽区域，给区域带来新的发展机会；另一方面，此类型高铁站区位于城市中心落后区，土地利用结构和产业结构不合理、区域功能不完善，与高铁相关的配套设施缺乏，公共空间局促。而客站更新将拉动商业投资，驱使地区政府重新规划，拓展站域公共空间，优化环境，实现改造升级 [②]。

　　从乘客属性来看，大城市中心站更多的是对时间因素较为敏感的商务乘客，因此站点及其周围要想吸引这些高端人群，关键是发挥场所效应，实现周边服务设施与乘客需求属性一致，而且这也将给区域带来新的发展机会。根据来自京津高铁乘客的 1400 份问卷显示，自京津高铁开通，在其较高经济成本与低时间成本并存的情况下，人们会根据自己的实际情况选择适合的交通方式，形成了城际出行交通方式的阶层分异。将城际出行的交通方式同个人相关属性进行 cross-tab 分析，京津城际出行客流的交通方式的选择同个人收入、职业具有较强的相关性，结果显示：月收入位于 3000~6000 元之间的乘客会更偏向于选择乘坐京津城际高铁；低于 3000 元的乘客更倾向于选择普通火车、大巴；而高于 7500 元的居民更倾向于选择乘坐私家车。而且月收入约 3000~6000 元的公司职员和企业管理人员，多是商务出行 [①]。商务出行人群属于中高端人群，有独特的消费观念，对消费品及周边环境的高标准要求也将促进站域空间功能的更新。

　　从国外大城市中心区客站的发展来看，中心型客站通常与周边城市设施完全融为一体，普遍提高了开发强度和密度，更高地价的金融、办公、公寓式住宅替代了普通的商业、服务业。周边土地利用功能以城市公共服务中心功能为主导，以综合体的面貌呈现，不仅服务乘客，而且是整个城市或更大的区域。大城市利用自身城市等级和城市竞争力的优势，高铁触媒作用将更显著，可以

① 侯雪，张文新，等 . 高铁综合交通枢纽对周边区域影响研究——以北京南站为例 [J]. 城市发展研究，2012，19（1）：41-46.
② 姚涵 . 高速铁路对区域、城市和站点区的影响研究——以京沪高铁为例 [D]. 北京：清华大学，2014.

增强对各城市要素的吸引力，加速其流动，从而促进高铁新区的发展。例如天津、上海、南京高铁周边区域发展势头明显，基础设施较为齐全。

7.2.2　A1C2P1 类型站域空间演化特征

京沪线属于 A1C2P1 类型发展模式的车站分别是天津南站、济南西站、泰安站、徐州东站、镇江南站、苏州北站 6 个站点。这一类型车站的共同点是位于大城市建成区边缘的新建客站，定位为城市新门户和新区，成为新的城市空间增长点。由于客站所处地区是城市门户地区，形象与审美也成为其重要的功能，因此客站的城市形象受到了普遍重视。

在此类型中，根据城市发展水平和区域条件可分为三种类型，其中天津属于超大城市，城市规模和发展水平较高，客流集散量大，带动辐射范围广，但天津南站由于高速铁路以停靠西站为主，目前发展水平与西站相比稍显落后。苏州属于特大城市，位于长三角地区，属于上海的辐射范围，区域发展环境良好，资源丰富，站区发展潜力较大。济南西站、泰安站、徐州东站、镇江南站与前面两种类型相比，站区发展依赖的城市与区域环境基础相对不足。济南属于北京和上海两大城市三小时经济圈的辐射范围，济南西站的地理位置尤为重要。因为京沪高铁沿线城市的现状经济状况呈现出中部地段的经济断层趋势，势必影响京津冀与长三角之间资金、技术、人才的流动速度。济南西站的有利区位在于既能被京沪经济圈辐射到，又与北京上海保持距离，避免各要素流失，而且在京沪高铁沿线所处的位置优势明显。京沪高铁的通车能够促进济南经济和城市发展，从而弥补京沪高铁中部的经济断层。徐州东站由于徐州先启动了高铁西区，而且位于城市中心，因此东区的发展基础相对薄弱，发展较为受限，不宜大规模高强度开发，需要在挖掘特色的基础上，依托交通廊道适度开发（表 7-11）。

A1C2P1类型站域空间发展状况

表7-11

站点	城市类型	区位指数	阶段特征	站区规划面积	站域定位	土地利用
天津南站	超大城市	0.92	P1	0.95km^2	标志性商业门户与生态时尚的宜居地，交通枢纽文化城镇，信息媒体产业集聚地，居住区	

续表

站点	城市类型	区位指数	阶段特征	站区规划面积	站域定位	土地利用
济南西站	大城市	0.96	P1	初期26km²，二期55km²	齐鲁新门户，泉城新商埠，城市新中心，以商务、会展、文化为主导功能的城市副中心	
泰安站	大城市	1.12	P1	25km²，核心区4km²	高铁泰安新区，彰显泰城新形象的门户新城区，宜商、宜居的新城区，高端商务区和休闲生活区	
徐州东站	大城市	1.21	P1	26km²，核心区5.2km²	综合交通枢纽、展示徐州现代化形象的重要窗口、带动徐州市东部地区快速发展的重要增长极，高铁生态商务区，汇聚高端服务业和高科技企业的全新平台	
镇江南站	大城市	1.50	P1	1.41km²	"港产城"融合提供重大交通机遇	
苏州北站	特大城市	1.29	P1	启动区4.7km²，核心区28.52km²	新门户、城市新家园、产业新高地、生态新空间，产城融合。着力打造一个集商贸、科研、居住、办公、文化、旅游等功能于一体的国际化、信息化、现代化新城	

（来源：作者依据站点所在城市政府网站和相关新闻报道整理）

7.2.3 A1C3P1 类型站域空间演化特征

京沪线属于 A1C3P1 类型发展模式的车站分别是枣庄站、常州北站、无锡东站 3 个站点（表 7-12）。此类型共同点是远离大城市建成区，在郊区新建客站定位为综合交通枢纽，成为新的城市空间增长点。在快速城镇化时期郊区型客站的设立有助于城市规模扩展和结构调整，因此，客站成为城市发展战略的重要组成部分，发展成为新的城市中心区。另外，由于新建客站用地比较宽松，客站一般都成为包括长途汽车、公共汽车、轨道交通、出租车和私家车在内的综合大型交通枢纽。城市在其交通枢纽的定位功能帮助下，提高自身区域竞争力成为必要和可能。此种模式的客站成为带动城市发展的触媒，以交通换乘为主的站域核心区，周边主要发展办公、会议、商业、金融、公寓式住宅及酒店等。

A1C3P1类型站域空间发展状况 表7-12

站点	城市类型	区位指数	阶段特征	站区规划面积	站域定位	土地利用
枣庄站	大城市	1.95	P1	10km²	以商务会展、行政办公、文娱、体育等为主导功能的市级城市中心，完美结合居住区，形成现代化新城区	
常州北站	大城市	1.89	P1	1.6km²，远期15km²	新龙国际商务城，由金融集聚区、商业商务区、综合交通枢纽区、公共服务区和科技研发区五大功能区组成	
无锡东站	大城市	1.72	P1	45.6km²	无锡城市副中心，锡山区行政文化商务中心，生产性服务业集聚中心和区域性客运交通枢纽	

（来源：作者依据站点所在城市政府网站和相关新闻报道整理）

7.2.4　A2C3P1 类型站域空间演化特征

京沪线属于 A2C3P1 类型发展模式的车站分别是沧州西站、德州东站、曲阜东站、滕州东站、宿州东站、定远站、滁州站、丹阳北站 8 个站点（表 7-13）。此类型共同点是位于中小城市，城市发展水平偏低，容易受沿线和区域经济走廊上不同等级中心城市的辐射影响，高铁停靠班次和客流量都比较小，高铁对城市发展的促进作用较为有限，其发展定位多为交通枢纽和城市发展的新区。

从其城市人口发展特征来看，京沪高铁沿线共设 24 个站点，除了北京、廊坊、济南、天津、南京、镇江、丹阳、常州、无锡、苏州、昆山和上海这 12 个站点是属于人口流入地，其他 12 个站点所在城市都是人口净流出 [①]。此类型的 8 个站点，除了丹阳北站，其他 7 个都属于人口流出城市。以安徽的宿州东站、定远站和滁州站为例，对比第五次人口普查和第六次人口普查的数据，虽然三个城市的户籍人口是在增加，但常住人口都在减少。宿州从 554 万人减少到 536 万人；定远从 80 万人减到 77 万人；而滁州则是从 402 万人减少到 394 万人。城市人口的流出意味着目前的城市规模已经足够容纳这个城市的发展，城市没有建设新城的必要性，高铁新区的建设更有可能导致土地资源的浪费。

从产业发展特征来看，沧州、滁州、宿州、德州 4 个城市第一产业比重较高，均在 10% 以上，第二产业工业化水平较低，第三产业欠发达均在38.0% 以下，处于产业发展初期阶段，整体落后于周边经济发展（表 7-14）。

从区位上看，德州东站、曲阜东站、滕州东站、宿州东站、定远站、滁州站这 6 个站点位于京沪线中段，由于受北京、上海经济圈辐射影响较小，承接的产业转移不足。从城市基础设施建设来看，宿州、沧州、德州、滁州、曲阜等沿线中小城市发展基础薄弱，且高铁新区设置在城市的远郊，发挥的交通功能单一，主要是快速铁路的客运集散。城市发展难以支撑高铁新城建设。

从城市发展方向来看，这类城市的中心普遍选择向高铁靠拢，以定远为例，虽然没有建设新城，但定远在原有县城的发展方向上，同样选择朝向高铁拓展。

综上所述，此类发展模式优劣并存。优点在于高铁选址地区简单的现状可根据需要为高铁站区的发展提供充足的建设用地和预留发展空间；劣势在于简单的现状意味着可利用的交通基础设施和公共服务设施较少，所以站区发展

---

① 兰渝铁路 .http://m.tianya.cn/b

A2C3P1类型站域空间发展状况　　　　　　　　表7-13

站点	城市类型	区位指数	阶段特征	站区规划面积	站域定位	土地利用
宿州东站	小城市	8.34	P1	核心区10.6km²，规划30km²	以发展新型工业和承接产业转移为主，目标是建设一个集生产、居住、交通、商贸、物流、休闲等功能为一体的综合新城	
沧州西站	中等城市	1.76	P1	28km²，核心区3km²	以交通枢纽、商贸服务、居住为主的生态城市门户活力区。打造绿色低碳、健康宜居、彰显生态文明建设的都市新区	
曲阜东站	中等城市	2.92	P1	2.5km²	以商贸、居住、休闲娱乐为主，环境优美，以高速铁路站点为特色，配套完善的城市综合发展区	
滕州东站	中等城市	2.32	P1	10.3km²	高端服务和研发新高地、生态和宜居城市	
滁州站	中等城市	3.23	P1	8.21km²	皖东重要综合交通枢纽中心、大滁城商贸物流中心、集商贸、交通、文化娱乐、居住功能为一体的城市新区	
丹阳北站	中等城市	2.83	P1	2.4km²	建成商务信息港，发展特色现代商务信息服务业，打造历史名城旅游形象，塑造现代与历史结合的崭新城市形象	
德州东站	中等城市	3.49	P1	56.39km²，核心区4km²	德州城市新区之一，是新型产业集聚区，重要的交通门户区和外向型功能拓展区	
定远站	小城市	8.16	P1	2km²	交通门户枢纽，科教发展区	

（来源：作者依据站点所在城市政府网站和相关新闻报道整理）

京沪线沿线城市产业结构　　　　　表7-14

城市	第一产业	第二产业	第三产业	产业结构
天津	201.5	7765.9	7755.0	1.28 ： 49.4 ： 49.3
沧州	317.7	1626.5	1189.1	10.1 ： 51.9 ： 38.0
德州	289.0	1338.3	968.8	11.1 ： 51.6 ： 37.3
济南	299.1	2215.2	3256.3	5.2 ： 38.4 ： 56.4
泰安	271.4	1447.5	1283.3	9.1 ： 48.2 ： 42.7
曲阜	33.6	134.2	194.1	9.3 ： 37.1 ： 53.6
枣庄	156.1	1099.8	724.3	7.9 ： 55.5 ： 36.6
徐州	480.0	2300.1	2183.8	9.8 ： 46.9 ： 43.3
宿州	270.0	474.6	381.5	24.0 ： 42.1 ： 33.9
蚌埠	182.1	572.3	354.1	16.4 ： 51.6 ： 32.0
滁州	218.4	633.7	332.7	18.4 ： 53.5 ： 28.1
南京	224.0	3671.5	4925.3	2.5 ： 41.7 ： 55.8
镇江	122.2	1662.6	1467.6	3.8 ： 51.1 ： 45.1
丹阳	49.8	484.1	391.4	5.4 ： 52.3 ： 42.3
常州	138.5	2458.6	2305.2	2.8 ： 50.2 ： 47.0
无锡	157.0	4186.3	3862.0	1.9 ： 51.0 ： 47.1
苏州	214.5	6849.6	5951.6	1.6 ： 52.6 ： 45.8
昆山	28.8	1687.8	1284.5	1 ： 56.2 ： 46.8

（来源：参考2014年国民经济和社会发展统计公报（丹阳、宿州为2013年））

需要大量资金、人力的投入，但站区对于城市空间影响则不明显。另外，这类城市若不注重合理定位、特色分工设置在跟大城市的资源要素争夺战中极可能成为虹吸效应的受害方。

7.2.5　A2C2P1类型站域空间演化特征

京沪线属于A2C2P1类型发展模式的车站是蚌埠南站（表7-15）。蚌埠南站位于中等城市边缘区域，城市发展水平相对较低，蚌埠南站是京沪高铁七大中心枢纽站之一，位于蚌埠市龙子湖区李楼乡境内大学园区东首东海大道以南，是安徽省境内规模最大、辐射最广的高铁枢纽，也是未来全国最重要的高速铁路交通枢纽之一，是未来京沪高铁与京福高铁、合蚌客运专线的联结点。

1. 发展背景

区域经济进步需要各个要素在区域内流动，从整体上讲京沪高铁的贯通加速了这一过程，但是因为沿线各个城市的发展程度和影响力不同，所以不同

A2C2P1类型站域空间发展状况 表7-15

站点	城市类型	区位指数	阶段特征	站区规划面积	站域定位	土地利用
蚌埠南站	中等城市	1.14	P1	核心区9.13km²，总用地面积23km²	城市门户，综合交通换乘中心，城市副中心、东部组团中心，商业商务聚集区	

（来源：作者依据站点所在城市政府网站和相关新闻报道整理）

的城市受到京沪高铁的影响也不同。京沪高铁对蚌埠发展的影响主要表现在以下几个方面：①缩短蚌埠与京沪两地时空距离，方便蚌埠接受产业转移与要素流入。从蚌埠到上海和北京分别只需要 2h 和 3h 左右，到合肥和南京分别只需 30min 和 40min。②对蚌埠城市可达性变化影响明显，成为周边地区经济发展的中心轴。③促进蚌埠周边地区的产业聚集。时空压缩成为蚌埠拓展经济合作范围的契机，可以得到与更多城市的合作的机会；可以承担中心城市的产业转移，尤其是第一、第二产业，而蚌埠则会吸引周边地区的商贸、金融、物流、教育等产业。

2. 功能定位

蚌埠的繁荣与铁路息息相关。由于蚌埠独特的交通区位，南站的发展主要定位为城市门户，综合交通换乘中心，城市副中心、东部组团中心，枢纽型商业商务聚集区。分为：交通枢纽、商业商贸、商务办公、创新服务、生态居住、文化休闲六大板块，重点发展教育、行政服务、金融、旅游、高新技术等第三产业。

目前，蚌埠城市空间功能具体阐述为"四横三纵、六核八组团"的结构，高铁站作为六核之一，定位于科技教育和交通集散中心，不仅要充分依托和利用好老城区的资源与优势，更重要的是吸收新增人口，避免老城过度发展。

3. 站区与城市的区位关系

新区位于蚌埠市建成区的东南方向，蚌埠市大学城以东，距老城区 4.7km，是围绕京沪高铁蚌埠南站建设的高铁新区，毗邻建城区，属于城市边缘型的开发区，总用地面积约 9.13km²。

4. 站区与城市的交通关系

对外交通：蚌埠规划 2030 年内形成以京沪高速铁路、京福高速铁路、京沪铁路、淮南铁路水蚌线、淮海铁路和沿淮铁路为主体的铁路网；以京台高速、宁洛高速、蚌淮高速、泗永高速联络线以及徐明、蚌五泗、宿州—固镇—沫河口高速构成的高速公路体系；以 G104、G206 等多条省道和县乡道为网架的公路网络；以淮河为主体的内河航运网络。城市交通便捷，公路、铁路、水路四通八达。

内部交通：目前轨道交通处于规划中，规划逐步形成以快速公交为骨干、常规公交为主体、出租车为辅助的公共交通体系，逐渐突出公共交通在城市交通中的优先地位。

5. 站域发展

总体为"TOD 模式 + 轴向带动"用地布局，即按照与高铁站的距离远近用地呈圈层式布局，同时，结合中央景观活动轴及高速铁路轴强化布设商业、商贸办公等公共设施用地。具体为：高铁站附近的中央景观轴属"内圈层"，主要为商业、商贸办公用地；中央景观轴两侧靠近轴带的街区属"中圈层"，主要为商务办公、金融、文化娱乐、创意产业以及商住办混合用地，外围属"外圈层"，主要以居住用地为主。居住用地运用社区理论对用地进行划分和组织，每个社区配有相应的公共服务设施（图 7-1）。

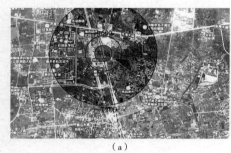 

（a） （b）

图 7-1 蚌埠站站域空间发展
（a）2010 年 10 月；
（b）2015 年 10 月
（来源：www.googleearth.com）

高铁新区目前以房地产作为其支柱产业，辅以商贸、餐饮、少量光伏、电子产业。未来园区应着力发展玻璃、新材料、光伏新能源等产业，并整合现有产业用地，形成空间上的产业集聚，打造集龙子湖工业园、凯胜工业园、高铁新区为一体的龙子湖东部产业空间。目前，园区的工业企业数量不多，占地比例依然较小，大学科技园、大学生创业园等创业基地已经建成。另外，龙子湖区还在加快开发东、西芦山太祖明文化生态旅游产业，围绕高铁站筹建行政办公中心，主动推动高铁新城建设。

7.3 京沪线沿线站域空间发展案例分析

7.3.1 A1C1P2 类型典型案例分析：北京南站

1. 建设背景

根据北京铁路枢纽总图规划，北京铁路拥有"3 条环线、8 条客运专线，10 条铁路干线"，整体布局为"四主两辅"。四主即 4 个主要客运站承担动车组始发终到任务（北京站、北京西站、北京南站、北京北站）；两辅指 2 个辅助客运站承担普通列车及市郊列车始发终到任务（北京东站、丰台站）（表 7-16）。北京南站作为北京铁路枢纽的主要客运站之一，在改造完成后，成为京津城际轨道交通的起点站，是集高速铁路、普速铁路、城市轨道交通与公共交通、出租、市郊铁路等市政交通设施于一体，规模大、综合性强的"亚洲第一交通枢纽"。站房主体建筑面积 25.2 万 m^2，站台雨棚投影面积 7.1 万 m^2。预计在 2030 年，日发送量将达到 28.7 万人次。

北京市铁路客站停靠线路　　　　　　表7-16

车站名	分工
北京站	京沈客运专线、既有京沪线、京哈线、京承线
北京西站	京广客运专线、既有京广线、京九线、京原线、丰沙线、京石城际
北京南站	京沪高速、京津城际、京九客运专线
北京北站	京张城际、既有京包线（含市郊）、京通线

（来源：姚涵.高速铁路对区域、城市和站点区的影响研究——以京沪高铁为例[D].北京：清华大学，2014）

2. 客站与城市区位关系分析

北京南站站址在东城、丰台、西城三区交汇处，南二环与南三环之间。高铁线路从市区穿过，为中心贯穿型。站场与北京市正南正北的城市格局形成 42° 夹角，站房采用近似椭圆形的建筑形态，即考虑到用地和线路走向等制约因素以及城市规划格局，目的是消除铁路站场斜向布置与北京市南北向城市格局的矛盾（表 7-17）。

3. 客站与城市交通关系分析

对外：北京南站西接京沪高铁、京山铁路、永丰铁路与北京动车段，东接北京站和京津城际铁路。作为京津城际和京沪高铁的始发车站，北京南站主要担负着高铁车站的客运任务，是汇集多种交通方式的大型综合交通枢纽。

对内：多方向、多层面、多种类的立体交通换乘体系是北京南站特色。北京南站竖向分为地上 2 层，地下 3 层。地上 2 层分别为高架层和地面层；地下 1 层是换乘大厅和双层汽车库，地下 2 层是地铁 4 号线，地下 3 层是地铁 14 号线,站台层进出车站车流通过 4 个层面、6 个方向与市区交通干线衔接。北京南站根据不同类型车流，进行分流。出租车和私家车通过高架环形桥到达高架进站层，出站从地下层停车场的 4 个方向驶入城市道路；公交车通过地面层南北两个入口进站，到达地下公交车场接客（表 7-18）。

北京南站站域空间信息汇总 表7-17

名称	基本信息	区位图	规划分析图
北京南站	● 核心区面积：500m 半径 拓展区：1500m 半径 ● 区位关系：位于建成区内，位于南二环、南三环、马家堡东路和开阳路之间 ● 功能定位为集高铁、地铁、公共汽车等多功能于一体的大型综合交通枢纽		圈层产业分布

核心区产业分布		拓展区产业分布		总平面	圈层产业增长趋势
分类	比例（%）	分类	比例（%）		
批发、零售业	27.0	批发、零售业	25.6		列车接驳交通方式选择
科研、技术	11.9	科研、技术	18.1		高铁
租赁、商务	11.1	租赁、商务	14.9		
住宿、餐饮	10.4	住宿、餐饮	5.3	站城关系	普铁
居民服务	6.4	居民服务	4.3		
房地产业	5.6	房地产业	3.2		高架层旅客流线分析
制造业	4.9	制造业	2.7		
公共管理及社会服务	4.0	建筑业	5.9	站内交通关系	
文化体育	3.3	文化、体育	9.6		
教育	2.4	其他	10.4		
其他	13	—	—		

案例分析

北京南站由于过于强调交通功能和周边建成区的限制，客站周边区域的节点效应和场所效应发展很不平衡，属于过多节点效应发展类型的客站。作为大城市中心型客站，若要增加北京南站对地方发展的效益，需要加强客站与城市以及各重大设施的联系，提高客站与周边城区的步行可达性，提升站域空间的活力，根据南站的客运量、乘客构成、城市经济发展阶段、城市性质等各种特点，营造与其特征相适应的产业，寻求其节点效应和场所效应的最优平衡点，加速站点地区的改造升级

（来源：侯雪，张文新，等．高铁综合交通枢纽对周边区域影响研究——以北京南站为例 [J]. 城市发展研究，2012（1）：41-46；孙明正，等．北京南站高铁旅客特征与接驳交通体系改善 [J]. 城市交通，2012，10（3）：23-32；张立威，等．北京南站综合交通枢纽站域发展探析 [J]. 城市建筑，2014（2）：41-43）

北京南站的交通组织　　　　　　　表7-18

功能层	主要功能
高架层 （相对标高 9.000m）	为铁路旅客进站层，中央为候车空间根据运营性质的不同分为普速候车区、高速候车区和城际候车区。东西两侧是与高架环道相连的进站大厅。在椭圆形的四角设置综合楼，主要功能是结合旅客进站流线设置售票、商务、商业等旅客服务设施
地面层 （相对标高 0.000m）	中央为轨道及站台，其南北侧为公交车旅客进站厅。在椭圆形中央站房外的四个角布置有相对独立的综合楼，主要为车站办公和各机电专业设备用房及地铁车站的风井
地下一层（相对标高 -11.750m）	中央换乘大厅和两侧汽车库及设备用房。国铁与地铁换乘及 2 条地铁共用的站厅布置在换乘大厅的中央部位，为方便自地铁到达车站的旅客能够快速进站，在东侧设置了快速进站厅。中央换乘大厅南北端在同一标高同市政公交车场相连
地下二、三层	为北京地铁 4 号和 14 号线的站台层，4 号线与 14 号线之间设有楼梯，可以直接台对台换乘

（来源：作者自绘）

4. 站域的发展状况

第一圈层：客站核心区域，是指距离北京南站约 5~10min 步行距离、半径为 600m 左右的空间范围，主要是对内服务功能，即"直接影响区"，为高密度开发区域，作为交通枢纽的北京南站，其核心区职能主要表现为高效的交通组织。一方面是内部客流转换主要通过竖向立体方式实现站内"零换乘"，即通过地下一层中央换乘大厅乘坐地铁 4 号线、14 号线与市区衔接，高效、快捷。外部客流转换主要是通过与站房连接的 4 座高架桥以及南、北侧广场。出租车、社会车辆由高架环形桥到达进出站区，公交车辆在南、北侧广场停靠，通过南、北进出站厅转换。通过这种内外的转换，大大提高了客站与城市市区的通达性，为其带动周边区域的发展提供了坚实的基础。一般来说，受作用最强烈的核心圈层，其发展规模及产业更新速度最为显著，但北京南站核心圈层目前主要是较低端的批发零售业和住宿餐饮业，缺少高端零售业满足高铁商务乘客的消费需求，而且 2008 年后的产业增长趋势仍然同 2008 年以前一样，核心区域的产业分布在这 5 年间的发展并未显现出对内服务的功能特征，也未能充分利用该区域便利的交通组织带动其产业规划，依然落后于第二圈层的产业发展速度。这一方面与其区域位置有很大关系，该站位于南二环与南三环之间即北京市区的中心范围，北京南站周围的 500m 区域基本上是以旧的生活小区为主的区域，此种现状挤占了交通系统的发展空间，已成为发展的一大阻碍。另一方面，受制于城市历史发展模式产业发展现状，以满足周边生活区的需求为主，而服务于南站中高端客流的基础设施及商业服务设施甚少，在一定程度上削弱了综合交通枢纽与周边区域的互动发展（图 7-2）。

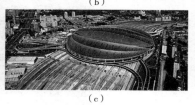

（a） （c）

（b）

图 7-2 北京南站站域空间
现状
（a）总平面图；
（b）鸟瞰图；
（c）站城关系
（来源：www.googleearth.com;
http://image.so.com）

第二圈层：拓展区域指的是距离北京南站 10~15min 乘车距离、半径为
1200m 左右的空间范围，主要是对核心区域功能的拓展以及与外围影响区域
功能的过渡，土地利用强度较高，是重点开发区域。北京南站拓展影响区域的
产业类型当前仍以批发、零售业为主，其次是科研、技术及租赁、商务服务业等。

第三圈层：为客站影响区，区域与城市界限不明确，一般以 2500m 为界
限，枢纽的辐射功能不显著，北京南站的影响区主要以居住、零售业为主还分
布有医疗、教育以及历史公园等，更趋于常态城市功能。

与城市功能空间的联系上，北京南站周围的街道、广场等一系列公共空
间没有有机的结合，步行 200m 区域较为空旷，车站与周边地区活动的延续
性较差，南北两个出口与周边区域的步行可达性较差，北京南站广场由于缺少
相关的商业联系很少有乘客在此逗留。

5. 小结

总的来说，目前北京南站在功能特征上更多地表现为交通节点型类型，
作为大城市城市中心型客站，由于没有良好的城市基础条件和产业条件，对于
周边地区城市的发展带动作用并不明显，客站未能与周边城市空间形成协同发
展。可见，高铁辐射作用的发挥受制于基于高铁影响下客站对城市发展的贡
献，而这需要两个前提条件：一是客站周边的基础条件、区位条件，这会影响
客站与城市的相互关系；二是客站本身条件，例如停靠车站的列车特点，乘客
的属性，车站本身的设计特点等。

7.3.2　A1C2P1 类型典型案例分析：济南西站

1. 建设背景

连接华北与华东，东部与中西部，位于国家铁路网"四纵四横"中京沪
线和胶济线的交汇口，济南毋庸置疑是中国重要的铁路枢纽之一。济南市主城

区各种城市功能过渡集聚，亟待疏解。东部城区为老工业区、高新技术开发区、奥体文博片区，以 2009 年第十一届全运会召开为契机，得到了迅猛的发展。济南逐渐形成"东强西弱"的城市发展格局，西部远远比不上东部轴线的发展速度、质量以及与老中心区的联系度（表 7-19）。

济南枢纽各站旅客发送量（万人）　表7-19

车站	2020年发送量	2030年预计发送量
济南站	2000	2500
济南西站	2970	3874
济南东站	2343	3846

（来源：作者自绘）

京沪高铁的修建，一定程度改变了济南多年来"东强西弱"的局面。城市空间发展格局更加平衡完善，城市发展引擎由单轴运转走向双轴联动，实现了济南地区的和谐发展。2008 年济南西站开工，西站周边地区兴起。2011 年高铁运营，西站周边地区配套设施逐步完善，多项重要的省级文化设施和基础设施都相继落成，其中主要有省文化艺术中心、会展中心、济南图书馆新馆、省城文化中心等。

2. 客站与城市区位关系分析

位于济南槐荫区齐鲁大道的济南西站为特等客运站，该站距济南市中心 8.5km，属于大城市边缘型新建客站。随着张庄机场的搬迁，京沪高铁的开通、大学科技园的形成、园博园的入驻，济南政府根据以打造"齐鲁新门户、泉城新商埠、城市新中心"为目标的城市空间发展战略，将济南西客站片区正式定位为城市新中心，并在此划出 26km^2 的土地作为接受高铁影响、开辟新城的预留空间，东到二环西路，西到京福高速，北到小清河，南到腊山分洪河，规划居住人口 35 万人（图 7-3 和图 7-4）。

3. 客站与城市交通的关系

济南西站在 2015 年旅客发送量为 1924 万人，2020 年达到 2507 万人。高铁具有发车频率高，客流疏散快的特点，因此需要与其他交通方式便捷换乘。

对外：京沪高铁南北穿过片区西部，高铁站位于大金路西侧，高铁线和高铁站采取全程高架形式，轨底标高 7m。片区西侧为现状京福高速公路，与经十西路有互通立交。在高铁站设置于家庄长途客运站，占地面积 3.98hm^2。

对内：客站包含了轨道交通、公交、社会车辆、出租车等多种交通，各种交通在站前广场统筹设置，形成综合交通枢纽，其中公交枢纽 0.20hm^2，

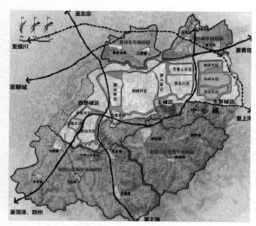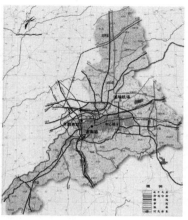

图 7-3 济南市空间结构图
（2006—2020 年规划图）（左）
（来源：史佳璐 . 高速铁路对
城市空间结构的影响研究 [D].
济南：山东师范大学，2015）
图 7-4 济南市主要交通网
规划示意图（右）
（来源：史佳璐 . 高速铁路对
城市空间结构的影响研究 [D].
济南：山东师范大学，2015）

社会停车 $3.0hm^2$，出租车停车场 $0.60hm^2$。预留轨道交通 1 号线和 6 号线的线路和站点。片区路网采取方格网结构，形成以快速路和主干路为骨架，以次干路为联系，以城市支路为补充的高效便捷的道路系统，在路网布置上中部密度较大，外围较疏，有效缓解紧邻高铁站区的交通压力。为了增加南北交通联系，有效疏解高铁站交通，在高铁站东侧增加了一条南北向次干路。目前，连接高铁站区的公共交通方式比较单一，尚未形成高效的快速集散走廊。

4. 客站与城市功能的关系

西客站片区是腊山新区的中心区，也是城市副中心，将以总部经济、金融、会展业为主导，以商贸休闲服务业为辅助，以房地产业为基础，使之成为济南西部的新中心。其功能分区主要有：交通枢纽区、区域商务区、城市公共服务区、主题园区和居住区。交通枢纽区是西客站片区的主要承载区；区域商务区主要汇集商务办公、高档宾馆、商业娱乐等设施，发挥区域性服务功能；城市公共服务区结合中心绿化布置了济南市图书馆新馆、济南科技馆新馆等重要的公共服务设施，面向济南和腊山新区服务；主体园区主要有中心公园、体育中心、文化创意产业园等；居住区规划有 7 个，每个容纳 3 万~5 万人（表 7-20）。

5. 站域的发展状况

虽然济南西客站建设起步晚，但是处于快速发展期，显示出圈层化发展框架（图 7-5）。

第一圈层，是高铁站的基本功能区，内部活动与车站紧密相关，外向性强。该圈层高密度开发，内布局有济南荣宝斋大厦、西城大厦、凤凰大厦、济南绿地美丽亚酒店等，多为高等级商务办公区，负担的基本职能包括广场停车场、汽车站、金融服务、办公管理、信息服务、旅游服务、宾馆餐饮。第一圈层范围是济广高速以东、腊山河西路以西、青岛路以南、烟台路以北的区域。

<h3>济南西站站域空间信息汇总</h3>

表7-20

名称	基本信息	区位图	规划分析
济南西站	●核心区：约 5km²，规划总面积 26.1km² ●区位关系：主城区西部，距离市中心约 10km ●功能定位：济南区域发展新的门户和窗口，以商务、会展、文化为主导功能的城市副中心		功能分区

功能设定			核心区总平面	规划分析
类型	数量（hm²）	比例（%）		
公共设施	269.74	12.6		站区规划结构
对外交通	140.84	6.6		
道路广场	581.69	27.2		
市政设施	62.16	2.9		
居住用地	762.29	35.6		建筑高度分析
绿地	289.31	13.5		
特殊用地	35.31	1.6		

案例分析	
济南西站的运营，一是拉近了济南与京沪两大经济中心的时空距离，有利于产业转移和要素流动。二是强化了济南区域中心的地位。三是完善了济南城市空间结构，形成了一城两区的空间格局，推动城市空间结构由单翼走向平衡。西部城区由于是新开发区域，空间相对比较充足，但缺乏大规模的空间，商务功能容易受限，这需要客站依据自身的发展条件，与主城区、东部城区形成协调分工，提升其区域性服务功能，发挥其各自优势	交通系统分析

（来源：http://www.docin.com/p-109219759.html?docfrom=rrela）

　　第二圈层是西客站城市功能区，距高铁站 15 分钟车程，借助西站车站功能和新城区位优势，主要具有带动区域发展的基本职能，兼顾拓展和补充第一圈层，功能组织由外向逐渐转变为内向发展模式。此圈层客站功能被显著削弱，主要功能由服务旅客转向满足城市居民要求，文娱、住宅、物流功能聚集于此，并为高新技术产业提供用地。圈层内建筑有省会大剧院、济南市美术馆、中建锦绣城、新华联购物广场等，此圈层面积总约 23km²，东到二环西路，西至京福高速公路，北到小清河，南至腊山分洪道内。

第三圈层为高铁外围影响区，该区域受到高铁的影响有限，影响其功能变化的主要因素不再是车站功能，因此与高铁相关的功能在该区域被进一步削弱，该区域的开发强度则由地块及开发内容决定。第三圈层为西二环以东的西部城区以及京福高速公路以西的城区。

6. 小结

高铁客运站是周边经济发展的引擎并且能够推动周边地区的城镇化进程。首先，济南西站的建设改变了济南城市空间的扩展方向，加速了西客站片区乃至槐荫区城市建成区的扩张，对济南西部城区发展产生了重要影响（图7-6）。解读遥感图像可知，虽然近年济南城市空间拓展仍以东西向为主，但西部拓展速度较快。其次，以西客站为中心形成了一个圈层特征明显的城市区域，站点对圈层的辐射强度呈现距离递减规律。最后，济南西站建设形成的第三圈层增强了土地开发强度，促使济南市规模最大的房地产交易市场形成。

图 7-5 济南西客站 2000m 以内站域空间发展（上）
（a）2010 年 1 月；
（b）2011 年 4 月；
（c）2013 年 4 月；
（d）2015 年 10 月；
（e）2016 年 1 月；
（f）2016 年 10 月
（来源：www.googleearth.com）
图 7-6 济南市建成区发展示意图（下）
（a）2006 年济南市中心城区示意图；
（b）2009 年济南市中心城区示意图；
（c）2013 年济南市中心城区示意图
（来源：史佳璐.高速铁路对城市空间结构的影响研究 [D].济南：山东师范大学，2015）

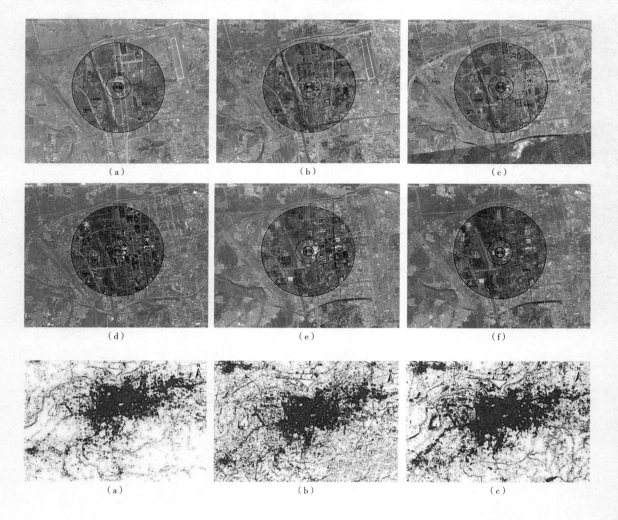

（a） （b） （c）

（d） （e） （f）

（a） （b） （c）

7.3.3　A1C3P1 类型典型案例分析：无锡东站

1. 建设背景

无锡市位于江苏省南部，东与苏州相邻，距上海 128km，西与常州相接，距南京 183km（图 7-7）。无锡所处的苏锡常都市圈区域是长三角地区经济发展速度最快、经济总量规模最大、最具有发展潜力的经济板块，是上海大都市圈的有机组成部分。无锡东站设置在位于市区东部的新兴区域。在成型的老城主中心和初具规模的太湖新城中心的双核城市中心模式下，以无锡东站为核心的东部副中心毋庸置疑将是推动无锡东部乃至整个无锡地区的新动力。

2. 客站与城市区位条件的关系

锡东新城的定位是长三角节点城市的战略枢纽之一，它是北京、上海等经济中心的产业转移承接地，是辐射范围内江阴、常熟等城市的区域中心，是与苏州、常州、泰州协同发展的大都市圈的枢纽。首先，无锡已经形成了机械制造、纺织、电子信息、冶金、化工五大支柱行业为主的现代制造业集群；其次，无锡已经形成了与外部城市连接紧密的交通网络，高铁的通车将进一步提升城市的交通优势，正式融入上海和南京的半小时经济圈；再者，受无锡市本身地理条件限制，京沪高铁从城市东北斜穿，因而无锡东站位于东部新城区，距离城市中心 18.7km，距离指数为 1.72，远离城市中心区域，这样的布局如果只是从无锡市自身使用来看造成了不便，但考虑到周边经济百强县前五位城市没有飞机出行方式，这一选址将会把服务对象扩大至苏州北部的张家港和常熟市。所以无锡东站不仅为无锡市服务，还将承担起苏锡常都市圈交通枢纽的作用。这即为无锡东站成为综合性区域服务车站提供了机会，还加强了无锡东站的区域辐射作用。另外，城市现有的制造业集群，为生产性服务业发展奠定了良好的产业基础。高铁建设不仅强化了无锡区域地位，还会激发周边地区的建设热情，促进苏州西北地区与无锡东部共同发展，形成更加综合和完备、经济量客观的城市东部板块（图 7-8）。

图 7-7　京沪高速铁路无锡站服务范围（左）
（来源：无锡市锡东新城商务核心区城市设计提供）
图 7-8　无锡东站与城市的关系（右）
（来源：无锡市锡东新城商务核心区城市设计提供）

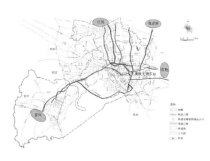

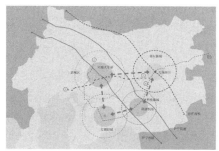

3. 客站与城市功能的关系

无锡处于我国城镇化工业化程度高的长三角辐射区，拥有雄厚的经济基础、密切的城际交流、庞大的客流量，这是高速铁路对区域城市发挥作用的基础，是促进多层次、高度综合的高铁新区形成的动力。高铁新城主要由三大功能板块构成：东部板块打造 s-park 高新技术产业园，实现优化发展；西部板块打造 v-park 服务外包产业园，实现跨越发展；中部板块依托京沪高铁站，打造高铁商务区，发展总部经济、文化创意、休闲旅游、商务办公、国际社区等现代服务业。区域将积极发展现代服务业，努力成为高端产业集聚中心；实现区域产业升级，成为无锡城市副中心、锡山未来政治经济文化中心；打造和长三角区域交通枢纽，实现城市功能的完善。

4. 客站与城市交通的关系

以无锡东站为中心的高铁新区是一个集京沪高铁、常规公交、社会车辆、出租车、城市轨道交通、长途汽车、城际铁路、旅游巴士等多种交通方式于一体，高效的综合交通枢纽。为了给游客提供明晰的出行指导，无锡东站避免流线交叉，不同的标高层面有不同的交通功能，主要有 3 个标高层面：高架层为高速铁路；地面层为机动车；地下层为轨道交通。

5. 站域地区发展

以车站站房为中心，南北主次关系为引导的现代服务业集聚区，根据无锡东站用地规模和形态、站房的空间关系、外围交通条件等因素，形成"圈层不均衡"功能布局模式，区域集商务、文化娱乐、休憩、居住办公、商业、酒店等多种功能于一体（表 7-21）。

第一圈层：围绕客站的 0.533km² 为高铁核心区，为了站区实现交通方式快速转换和人流快速集散，在无锡东站周围的地块，设置了集中的交通设施用地和大规模的站前广场，并以高铁站为核心，大力发展会展、旅游集散中心、公交枢纽总站、长途客运站等（图 7-9）。

第二圈层：为商业商务综合区和总部经济办公区，占地 3.98km²。站房以南的小型会展用地雕塑感强，较大的空间尺度保证了站前空间的开敞性，同时在高度上不会影响车站的核心地位。站房以北的中部区域为车站配套的商业、旅游服务区，与锡沪路两侧商业集中区联系紧密，较好地利用了两侧交通条件，总体尺度减小。站区南部的小型会展区、北部的商务办公区和便捷的交通体系，形成了良好的共生关系，前两者的服务范围因车站渐趋重要的地位而向外延伸。客站南面的商业商务综合片区划分为商业商办综合区、商住综合区、休憩商业区。设置商业购物中心、专业市场、大型超市、酒店、公寓、办公楼、文化艺术中心、广场等。

无锡东站站域空间信息汇总　　　　　　　　　　　　　　　表7-21

名称	基本信息	区位图	规划分析
无锡东站	●**核心区**：约 3.98km²，规划总面积 45.62km² ●**区位关系**：无锡市东部新兴发展区域，距离城市中心 18.7km ●**功能定位**：无锡市新兴的增长区和城市东部极具活力的中心，现代生产服务功能和旅游服务功能的主要空间载体，新的具有区域功能的现代化交通枢纽		无锡站服务范围
功能设定		规划平面	对周边区域的推动
发展总部经济、科研开发、文化创意，以及商贸服务、旅游休闲、高端地产等创新型经济和城市配套经济			
无锡站圈层完成比例			功能分区
圈层一	圈层二	圈层三	
12%	9%	39%	核心区鸟瞰
选址与总规的关系			
位于《无锡市城市总体规划（2001-2020 年）》确定的 6 个外围组团之一的安镇—羊尖组团内			
客流量			
现状 12000 人 /d		核心区鸟瞰夜景	圈层结构
资金来源			
市政府给予资金支持，无锡锡东新城建设发展有限公司负责商务区建设的投融资活动和资源开发、基础设施建设和其他项目建设			

案例分析

无锡东站的运营，一是缩短了与上海之间的时空距离，强化了与上海的社会经济联系；二是对苏州北部地区产生辐射作用；三是完善了济南城市空间结构，打破了无锡市单中心空间结构的重要机会动力。所以，无锡东站区应该承担起交通枢纽的功能，完善区域交通设施，加强区域的经济联系和对苏北地区的辐射，同时促进现代服务产业以及旅游业的发展，平衡城市产业结构，提高中心城区的综合服务功能

（来源：作者依据站点所在城市政府网站和相关新闻报道整理）

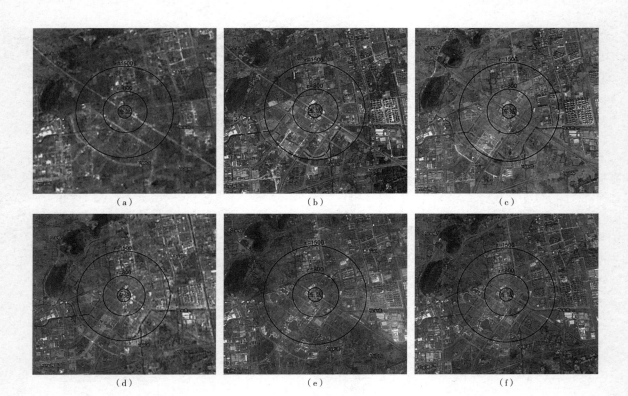

第三圈层：高端商住综合区，规划面积 45.62km²，主要分为文体综合片区和国际综合片区；由于导入了核心功能设施，又形成了颇具特色的高级商住综合片区。圈层内主要有奥体中心、休闲娱乐类的商业、酒店宾馆、国际会所、大型公共空间、高级酒店式公寓、大型居住区、邻里服务中心等，将车站的交通带动作用向外延伸。

图7-9　无锡东站站域空间
发展
（a）2010.12；
（b）2012.10；
（c）2013.07；
（d）2014.07；
（e）2015.10；
（f）2016.10
（来源：www.googleearth.com）

6. 小结

无锡东站选址于城市东部地区，放弃了城市中心区域，使之成为继太湖新城和无锡新区后，又一个打破单中心结构的力量。这主要得益于客站建设与城市发展的需求相一致，无锡市的长远目标是将无锡建设成为特大型城市，无锡市在空间结构和交通系统等物质空间层面上，建设成特大型城市的准备不足，这是无锡市以单中心为主的空间结构造成的。因此急需打破单中心结构；另一方面，无锡处于我国城镇化、工业化程度高的长三角经济圈，经济实力强，客流量大，城际交流密切，能充分发挥高速铁路对城市发展的带动作用。可见，经济走廊和可达性好的区域的整体性、扩张性，可增加站域空间的活力，促进站点地区的发展。另外，这种从区域出发设置站点的做法也是非常值得借鉴的，对城市长远发展非常有利。

7.3.4　A2C3P1 类型典型案例分析：宿州东站

1. 发展背景

淮海经济协作区的核心城市之一的宿州是安徽省最北部，也是距离出海口最近的城市，与苏、鲁、豫 3 省 11 个市县接壤，总人口 626 万人。现辖萧县、砀山县、泗县、灵璧县、埇桥区和一个省级经济技术开发区，总面积 9787km²。京沪高铁进入安徽省的第一站是宿州东站，在安徽省提出振兴皖北的要求下，宿州积极加强基础设施建设、突破重点产业、推进城镇化、发展金融；在距中心城区 23km 的东郊规划了高铁新城，又称马鞍山现代产业园区，规划人口 30 万。

2. 站区与城市的区位关系

规划区位于宿州老城区——埇桥区的东北方向，距老城区 23km，距徐州约 75km，是淮海经济一体化的重要一环（图 7-10），规划区是以京沪高铁宿州东站为核心建设的高铁新区，独立于中心城区和镇区以外的新区，属于城市新区型的独立开发区（图 7-11）。宿州随着淮海经济区一体化进程的加快，发展速度也逐渐加快。淮海经济区现已形成以徐州为核心的"十字轴"发展框架：纵轴是指依托京沪铁路以及京台高速公路而形成的城市轴线，串联济宁—徐州—宿州； 横轴是指沿陇海铁路、连霍高速公路形成的城市轴线，连接商丘—徐州—连云港。淮海经济区核心区涵盖徐州、连云港、宿迁、宿州、淮北、枣庄、济宁、商丘 8 市。淮海经济区一体化将为宿州带来更多的区域交通资源、人力资源以及产业发展资源。

3. 站区与城市交通关系

规划区北侧紧临宿淮铁路、泗许高速公路；东侧为连接北京、上海的京沪高速公路。

对外交通：高铁京沪线从规划区中南北穿过，在规划区内设有京沪高铁宿州东站，规模为设计近期年客运量 511 万人，远期 704 万人，布局为 2 台

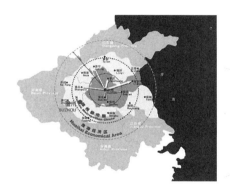
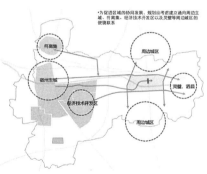

图 7-10　客站与淮海经济圈的关系（左）
（来源：宿州现代产业园区规划（2011-2030））
图 7-11　站点地区与周边区域城市空间的联系（右）
（来源：宿州现代产业园区规划（2011-2030））

6线。此外，泗淮铁路货运专线从规划区北侧通过，紧邻规划区中部设有铁路货运站场一处。高铁新城地处泗许高速公路沿线南侧，高速公路在产业园东西两侧设有出口。新汴河从规划区中部南北横穿，设计通行能力为国家五级航道。于汴北宿淮铁路货运站附近设置物流中心以及长途客运站各一处，于城东临汴河设置货运码头，满足外来的河道航运要求。

内部交通：以公共交通为主的交通模式，鼓励使用其他交通方式的乘客换乘公交；虽然不限制机动车的拥有，但城市私人机动车辆需要接受管理（表7-22）。

宿州站站域空间信息汇总   表7-22

名称	基本信息		区位图	规划分析	
宿州东站	●规划面积：约30.75km² ●区位关系：老城区的东北方向，距老城区23km ●功能定位：集生活服务、现代服务业与高新产业于一体的东部高铁新城			功能分区	
功能设定			城市发展结构	规划结构	
用地性质	数量（hm²）	比例（%）			双轴引领，一核三心，组团发展
公共设施	58.04	1.94		对外交通	
商务休闲	200.04	6.67			
工业用地	1044.93	34.88			
仓储用地	333.57	11.14	用地规划		
居住用地	387.98	12.95		内部道路交通	
道路、交通用地	546.38	18.24			
市政设施	20.55	0.69			
绿地	404.2	13.49			
案例分析					
宿州城市基础薄弱，产业与现代服务业集聚性差，高端人才资源不足，在高铁带来的区域经济要素流动中处于劣势地位，反而会产生人力、资本等资源流失的情况，因此，其发展近期应充分发挥土地资源、劳动力资源及交通优势，主要以承接长三角转移的劳动密集型产业为主				启动区用地特征	

（来源：作者依据站点所在城市政府网站和相关新闻报道整理）

4. 京沪高铁对宿州发展的影响

大量的高铁新城建设案例验证了京沪高铁是园区发展的重要发展动力。京沪高铁能够改善交通条件，有力推动现代服务业以及新城的建设，强化沿线城市的集聚效应。但是该区中心城市具有的强大吸引力会导致周边城市生产要素流失，使它们在资源重新分配和产业结构性重组中处于弱势地位，出现两极分化。通过对京沪高铁沿线不同等级的城市特征判读，宿州高铁新城在承接高铁带来的产业转移机会、区位价值提升的同时，也面临着失去高端产业的危险和丧失集聚服务功能的可能。

5. 站区与宿州市的规模关系

宿州－马鞍山现代产业园区（宿州高铁新区）位于新汴河两岸的宿州市东侧塘桥区蒿沟乡和苗庵乡境内，北临泗许高速公路和宿淮铁路，京沪高速铁路自南向北穿过现代产业园中部，规划面积 30.75km²。

6. 站区与宿州市的功能关系

宿马现代产业园区将依托高铁带来的机遇，通过产业的跨区域合作以及人流、物流的快速流通，成为宿州融入淮海经济区的发展桥头堡，是城市往东延伸衔接江苏的城市尖端。构建起汇聚区域发展能量的城市枢纽，成为展示宿州新形象的城市门户地区。其功能体系构成，将从区域发展以及自身的产业优势进行策划与分析，力求构建一个扎根于宿州发展基础，以及展望未来产业升级的功能发展体系。因此，提出四大板块的高铁新城主要发展功能。四大板块包括：文化创意及旅游业、居住和城市公共服务业、农业服务业、先进制造业。制造业主要是从承接淮海产业转移，以及与马鞍山合作的两个方面出发，发展建材、工程机械、纺织服装、汽车配件等先进制造业和物流仓储、总部经济、教育、研发等服务于工业的生产性服务业；文化创意及旅游业结合地区与宿州的发展禀赋，高铁新城未来将构筑成为宿州城市型旅游的目的地，以及城市旅游服务的集散中心。

7. 站域发展

站域空间目前发展的主要为近期启动区（表 7-23），以高铁线为界分成东西两部分，西侧 2.18km²，东侧 6.15km²，合计 8.33km²，分为七个园区，主要以承接长三角转移的劳动密集型产业为主，近期主要引进机械加工和服装鞋帽生产。启动区用地由居住用地、工业用地、公用设施用地、公共管理与公共服务设施用地、物流仓储用地、绿地与广场用地、商业服务业设施用地、道路与交通设施用地八大类用地组成，非建设用地由水域和其他用地组成。但现实是新区除了优美的环境没人欣赏外，宽阔的马路更是难见行人与车辆的踪迹，沦为了一个空城（图 7-12）。

宿州站启动区信息　　　　　　　　　表7-23

| 启动区土地利用 | 启动区现状（2016） |

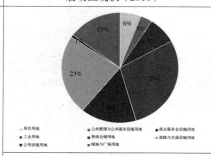

启动区建设用地构成

| 启动区建设用地平衡表 | 分区开发管理 |

（来源：宿州现代产业园区规划（2011-2030））

（a）

（b）

（c）

（d）

图7-12　宿州东站站域现状
（a）周边建筑；
（b）城市道路；
（c）宿州东站；
（d）城市道路
（来源：http://bbs.tianya.cn/post-78-594676-1.shtml）

8. 小结

A2C3P1 类型城市高铁的开通，时空收缩明显，区外可达性的改善比区内可达性的改善更为明显，如宿州高铁的开通使得宿州与南京、合肥、徐州三个区外中心城市时空距离大大缩短，各城市一日交流圈得到了普遍发展。但高铁开通给沿线城市带来机遇的同时，也扩大了局部地区的差异。Vickerman（1997），Preston & Wall（2008），Sasaki（1997）等国外学者通过研究发现区域发展依靠高速铁路具有两面性，他们认为："区域发展问题并不能依靠高铁建设本身解决，想受益于高速铁路，地方政府必须采取政策干预和配套规划"。

目前宿州正处亟待产业结构调整升级、实现各类加工与深加工产业规模化的阶段，地方政府大规模引进人才技术资金。但政府公共财政收入受制于宿州较低的经济发展水平，这直接影响政府对高铁新城的建设投入。所以产业基础薄弱的高铁新城对新兴产业与现代服务业集聚功能弱，对高端人才资源和长三角产业转移的吸引力不够，在区域经济要素流动中处于劣势地位。截至目前，宿州高铁新城共实现招商协议资金 457 亿元，但目前到账资金只近 71.1 亿元。

由上可见，高铁新城发展的关键问题在于如何利用高铁带来的巨大资源优势。高铁对地方经济有触动作用，但这种触动不是提升。对于中小城市来说，首先，高铁普遍建设于远离城市建成区的荒地，其发展需要较长的培育期，需要大量的前期投入。其次，需要区域统筹，实现与周边区域的快速连接，保证周边区域的快速到达，同时增加通往主城区以及邻近区域的快速通道，从而增强与主城的衔接，以及周边区域的衔接。再者，在这类站点地区的发展过程中，更需要定位适合自己的发展策略，做好未来应对城市区域竞争和全球化挑战的准备，处理好自身与区内、区外城市关系，形成城市间不同分工，错位发展、整体高效发展，最终实现"共赢"，为高铁新区的可持续发展提供保障。

7.3.5　A2C2P1 类型典型案例分析：蚌埠南站

具体见表 7-24。

蚌埠南站站域空间信息汇总　　　　　　　　　　　　　　　　　表7-24

名称	基本信息	区位图		规划分析
蚌埠南站	●规划面积：约 9.13km² ● 区 位 关 系：距 老 城 区 4.7km ●功能定位：城市门户，综合交通换乘中心，城市副中心、东部组团中心		用地布局	

续表

名称	基本信息		区位图	规划分析	
	功能设定		总体规划	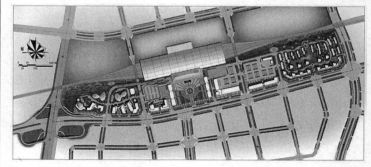	外部交通
商务办公、商业商贸、创新服务、文化休闲、交通枢纽、生态居住六大板块					
	土地利用				内部交通
用地性质	数量（hm²）	比例（%）			
公共设施	121.84	13.34			
居住用地	420.73	46.07			
道路交通	205.48	22.5			
对外交通	39.02	4.27			
绿地	113.04	12.38			
市政设施	13.11	1.44			
	案例分析		核心区规划		
蚌埠虽然是中小城市，但其作为华东铁路运输网的重要节点，全国重要的交通枢纽城市，为蚌埠更好地承接东部地区产业转移，实现长三角的无缝对接提供了良好的便利条件。站域空间具有居住、就业、购物等综合城市功能，但其区域功能不完全独立，受中心区影响较大					

（来源：作者依据站点所在城市政府网站和相关新闻报道整理）

7.4　京沪线沿线站域空间发展问题探讨

7.4.1　A1C1P2 类站域空间发展问题分析

　　由于大城市中心基础设施良好，城市轨道交通发展较早，客站可以与轨道交通系统联合发挥叠加效应，更有利于 TOD 模式发挥，有利于建立以客站为核心的公共交通指向型城市，形成集约化发展的城市区域。同时，中心站的建设可以全面提升地区功能与形象，促进城市中心区的更新改造和再发展，成为城市靓丽的风景线。根据京沪线的现状可知，此类模式下空间发展未达到预期状态，存在的问题涉及多重关系的协调。总的来说，客站地区要协调与整合两个主要方面的关系：一是功能实体方面，主要指土地利用、交通方式和功能空间；二是相关利益主体间，涉及许多非规划因素，比如开发方式、政策法规等。具体如下：

1. 空间区位：区位价值未能得到发掘，核心区成为价值洼地

在长期与城市的融合中，城市中心客站具有不可替代的区位优势，只要进行合理规划，这种区位优势变得不可扭转。作为城市交通网络中的重要节点，大城市中心型客站一方面可以实现城市内外交通无障碍对接、促进城市交通一体化并推动城市交通向综合交通系统发展；另一方面，对城市中心区域的经济发展、城市功能完善、产业转型具有越来越重要的作用。因此，城市中心地区客站发展的首要问题在于如何保持并发挥中心客站的区位优势。京沪线这一类型的客站几乎毫无例外选择了客站与城市的独立发展，仅仅将客站作为一个重要的交通枢纽，而放弃了客站本身区位优势和综合发展的可能。以北京南站为例，站域核心空间本应是最具有活力的空间，但现实是庞大的站房和毫无活力的交通广场，呈现出一个立体的交通广场的场景。再如南京南站，作为华东最大的客站和城市副中心，客站内部功能配置较完善，周边城市空间也在快速发展，但由于与周边区域的割裂，活力极其缺乏。这种孤立发展模式的结果就是核心区域成为价值洼地，虽然车站周边土地价值增值迅速，但车站核心区由于仅仅作为交通枢纽，反而限制了城市功能的增长，土地并未增值。究其原因最主要的是来自体制限制，条块分割，彼此利益难以协调，从而限制了核心区的价值提升。

2. 土地利用：可利用的建设用地较少，土地成本高，限制了站域发展

虽然有的大城市中心区客站和站前广场用地面积大，但既有开发量小，呈空心化特点，更容易成为城市中发展的洼地。其次，中心型枢纽周边需要新的城市风貌，旧区中心土地周边多为建成区，可利用的建设用地较少，土地成本高，利用和权属情况较为复杂，阻碍了站区发展。再者，土地资源利用效率因枢纽功能区分离而降低。如北京南站发展受制于旧的城市发展模式，现存街区挤占了现存交通系统的发展空间，周边基础设施的发展受限。南站周围 800m 区域基本上是多层和高层居住为主的小区，商业建筑较少，大型商业设施更少，这虽然满足了周边小区的生活需求，但基本不存在为车站设置的商业服务，无法改变车站步行可达性较差问题。整体呈现出一种分散的城市形态，未出现分层递减、高度集中的土地利用模式。

3. 交通组织：增加了城市中心交通压力，容易割裂城市

集普速铁路、高速铁路、城市轨道交通、公交、出租等多种交通方式于一体的中心型客站本身就是一个综合交通枢纽，用地规模较大，工程复杂，铁路和客站容易造成对城市空间的割裂，使得城市公共空间与站点地区缺少联系，最终导致城市空间的不连续和客站两侧城市空间发展的不平衡。其次，车站建设受到城市中心交通承载力的限制，大量人流的流入会增加车站周边城市道路的压力，增加高峰时段的拥堵。再者，由于客站与周边公共空间缺乏衔接，步行可达性较差，容易导致混乱。如北京南站及周边地区交通组织良好，通过高架层、地面层、地下联络通道充分组织好了各类交通。但由于受全市交通状况及地铁网络建设的影响，地面交通拥堵问题依旧存在，地下交通的网络化、便捷性发展有待完善。

4. 功能空间：现状功能与客站功能定位不匹配，站城功能未能有机融合

京沪线大城市中心客站目前主要承担交通功能，对城市功能整合不足。同时由于历史原因，周边城市空间的城市功能较为单一和低端（仓储用地、批发市场等），这样的功能结构已经不再适应高铁客站的发展，逐渐呈现出与高铁发展相脱节的状态，表现出"功能性衰退"的迹象，而这种衰退相比客站本身的物质性老化更具威胁，也使其功能空间更新更具有必要性和紧迫性。功能的单一与功能性的衰退，加上客站与城市的隔离，制约了枢纽功能及效率的有效发挥，难以形成规模效应。以北京南站为例整体产业类型以低端产业为主，客站被东庄、开阳里、洋桥北里等居住社区环绕，虽然圈内分布的住宿与餐饮业密度较高，但是大都集中在车站内部，即使车站外围有，也较为低端，无法匹配目前北京南站所服务的多数中高端乘客。而且，由于高铁对周边的房地产、商务、批发零售业、服务业等产业带动作用小，这些产业并未有大的更新过程。主要原因是客站规划更强调城市内外交通的集散功能，弱化了城镇化功能。

从整体上看，南站周边区域发展较为缓慢，比对南站改扩建前后的图片，发现南站周边除了增加住宅楼外，并没有大型项目建设变动。空间形态整体上还呈现出一种脱离的状态，地区圈层式发展并不明显，更多地表现为一种分散的城市形态。另外，由于步行可达性差，车站广场只是单纯的交通广场，客站地区缺乏能够支持人们活动的场所，极大地约束了客站地区商业价值的发挥（图7-13）。

5. 保障机制：多方利益难以协调，缺少联合开发的保障机制

京沪高铁沿线出现上述问题，除了城市本身的条件与资源问题外，更多的是我国客站发展保障机制的不健全。这一现象在北京南站地区表现得尤为明显。首先，铁路政府部门规划与区域土地利用规划的脱节，难以进行立体高效综合开发形成综合发展模式。其次，京沪线客站的建设主要是铁路部门投资，关注于交通效率和建设成本。地方政府拥有站前广场等配套设施，但是站区基

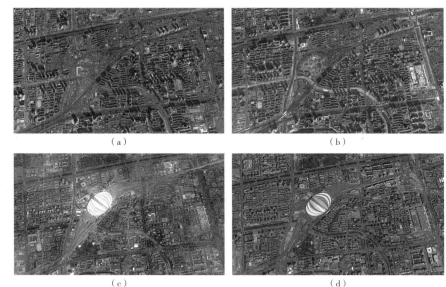

图 7-13　北京南站站域空间
演化
（a）2001 年；
（b）2005 年；
（c）2008 年；
（d）2016 年
（来源：http://www.earthol.com/）

础设施更新需要政府财政的大量投入，地方政府如缺少企业纳税就难以收支平衡。追求经济效益最大化的开发商支配周边的商业开发。但因为旧城中心拆迁难度大、地价较高，在短时间内难以见利；而周边居民关注的是自身利益，没有足够的拆迁补偿，不会考虑搬迁。利益主体的多元，而且没有统一的协调部门，缺乏联合开发的规章制度和策略，难以形成社会资源整合与互补。再者，土地利用的规划还是以二维平面为主，各地块功能较单一，利用效率低下，难以充分发挥土地资源的利用率。

综上所述，此类发展模式下建立一个有效的站域空间发展保障机制是必要的，想要有效地发挥高铁的触媒作用，各级政府还要拓宽融资渠道，督促铁路部门与开发企业良好互动，搭建合作体制框架。刺激城市中心区客站与周边城市空间的互动更新，提升站域空间的活力。

7.4.2　A1C2P1 类站域空间发展问题分析

从上一章节的内容论述可知，这类客站大多作为城市副中心，进行了以客站为中心的新城规划，以满足快速城镇化过程中城市用地规模快速扩张的需求，客站通常承担着城市多中心发展的愿望，以促进城市空间结构调整，这种模式在我国客站建设中得到了较为普遍的运用。另外，作为区域综合交通枢纽，通常将城市内外多种交通方式进行了一体化的整合，以强化客站在城市群中的中心地位，增强其区域竞争力，其周边用地可达性高且多为未开发用地，有利于远期发展和土地增值。另外，城市和站区的功能发展以及站区的交通组织和设施建设也是此类空间发展模式中存在的主要问题。

1. 土地利用：培育时间长，需要大量资金和政策扶持

这类客站最基本的功能是综合交通枢纽，大部分城市确定其为新的经济增长区域，按照城市副中心和新城区考虑，虽然位于建成区边缘，经济基础较好，发展潜力大，但由于城市新区一般规模较大，其功能成熟需要一定的发展空间和时间来培育，需要政府的长期关注和政策引导。以济南西站为例，在 2008 年高铁开工后，济南将图书馆、美术馆、省大剧院、会展中心等公共设施设置在新区，使得济南西站片区逐渐从中心城区的边缘地带扩展至中心城区内，极大地促进了新区的快速成长。统计数据显示，济南城市用地面积由 2002 年的 189.57km^2 增加到 2013 年的 371.67km^2，年均增长率为 6.31%，这得益于西城区的发展。西部新城包含商业商贸、商务会展、交通枢纽、居住、文娱旅游和预留用地等六大功能用地板块，已经成为济南总部经济和服务经济聚集地。除此之外，西客站周边楼市供应量大增、居住用地规模扩张显著，恒大、绿地、中建等一线地产在此区域均有楼盘销售。未来济南西部城区土地利用面积依然会呈现快速发展趋势。而这种快速发展离不开资金和政策的扶持。可见，站点区域的发展不仅要有综合交通等基础设施类项目，还要重点对公共服务项目进行策划、投资和建设，通过完善基础设施，形成高铁新城核心吸引力[①]。

2. 交通组织：交通可达性不高，大运量公共交通系统有待完善

此类客站位于城市建成区边缘区域，以客站为中心进行大规模的新城和新区开发，扩大城市规模和拉伸城市空间框架。新城区与中心区的距离较其他类型新城区近，受中心区的影响较大，由于只是城市的一个综合片区，独立性较弱，因此当高铁带来大量人流集聚时，其交通疏解的需求会更加重要，若没有成熟的交通系统，则不可避免的影响客站的可达性和人流疏散。为了促进区域的快速发展，客站与周边城市空间的密切联系尤为重要，而大运量的快速公共交通可以维持这种密切联系，支撑客站发展。大运量的骨干是轨道交通，主体是常规公交，需要地区支线公交补充，地面快速公交辅助。多种交通方式分工协作形成综合公共交通运输体系和布局紧密、功能等级分明的交通换乘枢纽体系。目前，天津、苏州已经拥有地铁，济南、徐州等城市的轨道交通系统还处于在建阶段，此外，济南东站设有 BRT 城市快速公交系统，其他城市都还处于规划阶段。加上个别城市因为条块分割，导致高速公路匝道出入口与高铁站错位较多，进一步削弱了站点的可达性。交通衔接不畅，阻碍了客站对城市的积极带动作用，降低了资源整合的效率。

---

① 史佳璐. 高速铁路对城市空间结构的影响研究 [D]. 济南：山东师范大学，2015.

3. 功能空间：重复定位，同质化严重，可持续发展能力差

从站点地区功能发展来看，功能定位重复。在这一类型的 5 个客站中：济南西站功能定位为以商务、会展、文化为主导的城市副中心；泰安西站功能定位为宜商、宜居的新城区、高端商务区和休闲生活区；徐州东站功能定位为高铁生态商务区；苏州北站功能定位为集商贸、科研、居住、办公、文化、旅游等功能于一体的新城；天津南站定位于商业、居住和文化城镇，商务和居住成为这类站域的主要功能业态，同质化严重。功能雷同化必然带来城市竞争力过剩，后续发展途径狭窄。其中，济南西站是以商务、会展和文化为中心的城市副中心，近期规划 26km²，远期达 55km²，片面追求城市服务功能，而相对忽视了产业支撑功能，有城无产，虽然近期在政府的大力扶持和房地产业的快速发展下得到了较快发展，但是从长远看其造血功能不足，可持续能力差。另外，在这类客站中，由于轨道交通的滞后，对机动车交通疏导较为重视，加上客站的独立建设和大量匝道的运用，导致了客站与城市空间相互割裂，未能形成有效地站城协同发展。

7.4.3　A1C3P1 类站域空间发展问题分析

根据 A1C3P1 类模式将站域空间未来发展主题定位为城市疏解型，即疏解大城市的压力，利用高铁站发展大都市区的副中心。远郊设站，改善城市交通通达度，增强城市竞争力，扩展城市辐射范围，提升城市地位。

分析京沪高铁沿线城市，不恰当的城市及站区功能定位和不合理的土地利用及设施建设是空间发展中普遍存在的问题。

1. 片区定位：基础薄弱，发展处于不稳定的状态

纵览国内外发展经验，高铁客站突出的交通优势基本上都能够带动所在区域经济的增长与城市更新。因此，每个城市都希望高铁新区在城市的未来发展中起到催化剂的作用，无论发展条件如何，大多定位为城市的商务区、新中心区或者副中心。如京沪线的枣庄西站（距离指数 1.95）和无锡东站（距离指数 1.72），分别定位于新城区和城市副中心，客站不仅承担对外客运枢纽本身客流的集散功能，还要满足周边地区土地开发的导向功能，但远郊型的客站本身基础薄弱，过远的距离是乘客出行不便及新站周边开发程度不足的客观原因，处于一种非常不稳定的状态。而政府主导的超前建设也存在沦为"鬼城"的潜在危机。

2. 土地利用：规模过大，难以与城市经济发展水平相匹配

此类客站位于城市远郊区，具有较强的独立性，对中心城区的依附性较弱，对于远郊型客站地区而言大多未进行城市开发，因此出于财政利益的考虑，许多政府通过高铁站区开发圈地，把高铁对城市的带动作用当成城市本身

发展的需要。但高铁站点离建成区较远，中心区的拉动力又有限，因此，城市远郊的高铁站难以依托原有城市中心，除非有特殊发展机遇，过大的开发规模和过高的定位将难以与客站催生效应，以及城市经济发展水平相匹配。以无锡东站为例，以高铁商务片区为核心建设的锡东新城，高铁商务区规划面积约45.62km²，其中建设用地面积 26.45km²，以发展总部经济、科技创意、休闲旅游、商贸流通、商务居住等产业为重点，功能定位为"长三角区域性交通枢纽、锡山行政商务中心、无锡城市副中心、无锡高端产业聚集中心"，规划居住人口约 25 万人，现状人口仅为 6.36 万人。类似围绕高铁站点地区的大规模"造城运动"在本类型的其他站点地区普遍存在，成为各站点地区当前空间发展中的突出问题。

3. 交通组织：公共交通系统不完善，给城市生活带来不便

　　该类型站点地区多为所在城市的重要交通枢纽，交通节点功能较为突出，因此建设大运量快速公共交通系统极为关键。无锡地铁已经开通，在一定程度上缓解了站点过远的不便，枣庄选了成本相对较低的 BRT 系统，但过远的距离给城市带来了不便，直接影响了区域竞争力的提升。另外，由于地方政府以打造城市新城区为重要发展目标，往往规划建设了占地面积广、功能高端化的站区，规模扩张较为严重[1]，如枣庄西站接近了中心城区的三分之一，无锡东站达到了 45.6km²。

4. 功能空间：地区开发与城市整体空间拓展联系薄弱

　　上一轮高铁建设优先考虑工程诉求，客站远离市区。然而实践证明，高铁客站对于金融、商贸等高端服务业有较强吸引力。以第三产业为主导的城区，客站外移将丧失新的商务办公空间增长契机。由于选址过远，站点规划未能及时融入城市总体规划，城市整体空间拓展与站点开发缺乏紧密衔接。站点地区的发展更多地只有根据地区经济和产业优势，合理引导适宜功能和产业的发展，才能有效参与区域协作与分工，避免过高的功能定位和过于超前的产业谋划。而本类型站点地区当前急需解决的问题就是将站点地区发展纳入城市整体发展策略当中，以及周边基础设施的完善和城市功能的培育。如何避免政府单一主导的、以房地产为主的开发模式，则是本类高铁站点地区空间发展有待探索的关键问题[1]。

7.4.4　A2C3P1 类站域空间发展问题分析

　　A2C3P1 类模式发展定位为交通功能完善，主要表现在促进城市交通系统的发展和完善，加强郊区与城市中心区的联系。京沪线沿线此模式站域空间

① 姚涵.高速铁路对区域、城市和站点区的影响研究——以京沪高铁为例 [D]. 北京：清华大学，2014.

发展过程中存在的问题主要表现为：站点地区如何准确定位，以及站区功能和
开发建设与所在城市经济发展相适应等方面。

1. 空间区位：选址缺少话语权，位置偏远，城市难以辐射高铁站区发展

从成本和收益的角度考虑，客流量是现阶段高铁选址主要考虑的因素。大
城市相较于中小城市，客源往往较大，因此牺牲速度有比较大的合理性，而对
于中小城市则没有这方面的需求，因此选址往往偏远。而且在调研中发现，中
小城市客站与城市总体规划布局关系较差，多数未纳入总规考量，城市实力和
规模又难以形成对新城的辐射和支撑，因此新区发展活力缺失，人气低落[1]。
京沪高铁沿线此模式的城市除了丹阳北站位于长三角，其他站点都位于皖北和
鲁西南地区，虽然客站建设改善了区域交通可达性，但由于区域经济发展落后，
接受中心城市的辐射作用较小（表 7-25）。

京沪高铁沿线主要城市客流量基本情况　　　　　　　　　　　　表7-25

城市	客流量	站点选址与总体规划关系
德州市	设计流量 10000 人 /d，现状 6000 人 /d	总规未考虑高铁因素，《德州市城市总体规划（2011—2020 年）》刚提出高铁新区概念、范围和人口，远期希望至陵县
济南市	日运送达 30000 人	位于《济南市城市总体规划（1996—2010 年）》规划的 4 个外围组团中
泰安市	到发人流 15000~20000 人 /d	位于《泰安市城市总体规划（2011—2020 年）》确定的六大功能组团之一的"新客站组团"中
曲阜市	—	《曲阜市城市总体规划（2003 年—2020 年）》规划的高铁组团面积为 1.87km², 新城规模明显扩大
滕州市	2000~3000 人 /d	—
枣庄市	到发客流 4500~5000 人 /d	位于《枣庄市城市总体规划（2011—2020 年）》新城核心区西南片区，但无新城专项规划
滁州市	现状 2000 人 /d，高峰 3500 人 /d	城市总体规划中将高铁新城定位为重要的商贸物流、金融服务、商务居住、旅游休闲、高科技加工业高地
宿州市	现状 3000 人 /d	《宿州市城市总体规划（2010—2030 年）》围绕老城区规划将形成中心提升区、外围拓展区和门户展示区三大片区，构建"133"的空间结构。门户展示区"1"：即高铁新城城市门户展示区
蚌埠市	现状 8000 人 /d，高峰 15000 人 /d	高铁地区位于蚌埠市总体规划中的东部组团中
无锡市	现状 12000 人 /d	位于《无锡市城市总体规划（2001—2020 年）》确定的 6 个外围组团之一的安镇—羊尖组团内
南京市	30000 人 /d	总体规划结合南京铁路环形枢纽总图，将南站地区作为长期预留控制的通道与地区，《南京市城市总体规划（2011—2020 年）》确定南站地区是市级中心城南中心的重要组成部分

（来源：史旭敏 . 基于京沪高铁沿线高铁新城建设的调研和思考 [M]// 中国城市规划学会 . 新常态：传承与变革——
2015 中国城市规划年会论文集 . 北京：中国建筑工业出版社，2015：201-209）

---

[1]　史旭敏 . 基于京沪高铁沿线高铁新城建设的调研和思考 [M]// 中国城市规划学会 . 新常态：传承与变
革——2015 中国城市规划年会论文集 . 北京：中国建筑工业出版社，2015：201-209.

2. 交通组织：与城市建成区联系薄弱，难以支撑新城发展

　　这一类型客站由于选址偏远，主要通过公交和机动车来解决与建成区的联系，由于公共交通服务水平不高，呈现小汽车为主的交通工具个体化发展。以宿州为例，由于宿州城市等级较低，加之高铁新城位于远郊区，没有轨道交通与之联系，只能通过公交和出租车来解决人流疏散问题，这无疑增加了城市交通负担。同时由于高铁新城距离中心城区较远，与中心城市的联系弱，无法给宿州带来资源要素效益。

　　然而，对于此类模式中的城市而言，公共交通服务难以在短期内得以改善。主要原因有两个方面：一方面是地铁、轻轨等轨道交通建设周期长、耗费资金巨大，政府有限财政实力难以支撑轨道交通的建设；另一方面是现状公共交通线路较少，公交覆盖率较低，服务水平不高，与市中心联系不便。因此，大力发展常规公交，方便高铁换乘，完善城市外围道路系统建设，提升交通环境品质才是政府重点考虑的问题。

3. 功能空间：站区功能较弱，难以把握高铁机遇

　　该类型站点多以新建为主，中小城市由于地方财力有限，且在与沿线其他城市的建设资金、产业发展竞争中处于劣势，站点地区的空间发展整体上滞后。高铁沿线的高铁新城众多，其中很多都是依托大城市发展，相比于小城市有更大的优越性。所以城市本身的发展阶段、资源禀赋以及经济实力会影响高铁为城市带来的效益。若是高铁新城超过了当地城市承载力或者与城市本身的发展方向不匹配，高铁反而会产生"虹吸效应"，即造成城市的资源、人才流失。可见，中小城市想要避免恶性竞争，应对这些大城市的产业定位进行分析，同时应发挥自己的优势，甘心充当配角，融入本区产业分工，错位发展，承接一线城市转移出的第二产业以及某些第三产业，如高等教育。以宿州为例，建于荒地的高铁新城发展需要较长培育期，前期需要对道路、水电气等基础设施进行大量投入，以及积极承接徐州、合肥、南京等城市转移出的产业，促进新城发展。

4. 支撑条件：融资手段单一，中小城市土地财政依赖严重

　　新区开发往往是提高财政收入的重要手段，尤其对于中小城市（表 7-26）。小城市政府对土地财政的依赖性强，圈地后低价出售给企业，提供税收优惠，以此获取新城开发建设的资本。这种做法也恰好符合企业低成本下利益最大化的意图。但结果会造成高铁新城不可持续性发展。如泰安和曲阜这样的城市政府财政支持成为主要的资金来源之一，在这种情况下就需要出让更多的土地来获得财政收入，对土地财政依赖就更为严重。泰安基础设施预计总投资 37.5 亿元，在已有的投资中借款和政府财政补贴占了很大比例，且未来预计尚有 4

亿元资金缺口。因此，对于城市新区开发来讲，尤其是中小城市，只有进一步拓宽资金来源渠道，加强土地市场化运营，才能够减少新区建设初期对政府财政的依赖，保障新区基础设施和公共设施建设顺利进行[①]。

京沪高铁沿线主要城市新区开发资金来源　　　　表7-26

城市	资金来源
德州市	市财政和开发区财政共同承担
济南市	土地成本和政府收益发还的资金，目前政府性投入累计 200 亿元
泰安市	自求平衡原则，城发投中心测算市政基础设施、公共设施、城中村回迁工程和片区开发收益，形成片区封闭运行、市场化运作
曲阜市	新区土地出让收益、项目建设配套费和曲阜财政支持
滕州市	1. 政府财政出资实施部分公共设施项目建设；2. 与中铁置业合作，由其投资 51.1 亿元实施高铁新区起步区土地一级开发，目前已签合同；3. 地方融资平台，实施重点项目开发建设
枣庄市	1. 利用外资，提供土地实施开发，先由开发商垫付，再返还；2. 融资建设，政府授权实施基础设施开发的公司举债；3. 资产置换，拍卖老城区办公用地、资产置换等方式，存量资产变现；4. 城建专项资金；5. 开放城市基础设施公用事业投资市场
南京市	将土地扣除必要的用地之外，交给铁投公司进行收储开发和综合利用收益进行平衡
宿州市	市财政主要负责，根据全省 "3+5" 南北合作共建园区实施方案，三家公司 5 年各投资 10 亿元
蚌埠市	土地一级开发和区域内基础设施建设交由蚌埠市投资公司（市政府下属全资国有公司）进行运作
滁州市	高铁站划归滁州经济开发区后，由经济开发区统一招商运营
无锡市	市政府给予资金支持，无锡锡东新城建设发展有限公司负责商务区建设的投融资活动和资源开发、基础设施建设和其他项目建设

（来源：史旭敏 . 基于京沪高铁沿线高铁新城建设的调研和思考 [M]// 中国城市规划学会 . 新常态：传承与变革——2015 中国城市规划年会论文集 . 北京：中国建筑工业出版社，2015：201-209）

5. 开发建设：开发规模过大、定位过高，阻碍城市空间正常发展

对于中小城市来说，高铁的到来是城市发展过程中不可多得的因素，为城市发展带来了前所未有的契机，因而具有要将这一有利因素发挥到极致而存在的规模过大、定位过高等问题。京沪线这一类型中新城和新区的规划面积普遍偏大，如德州东站建成区 69km²，规划新城区 56.39km²，沧州西站达到

---

① 史旭敏 . 基于京沪高铁沿线高铁新城建设的调研和思考 [M]// 中国城市规划学会 . 新常态：传承与变革——2015 中国城市规划年会论文集 . 北京：中国建筑工业出版社，2015：201-209.

了 28km²，宿州东站达到了 30km²，接近中心城区的面积。同时区域中心、生态城市、综合枢纽、宜居城市等功能定位与站点周边经济发展水平不匹配，超出了城市长期发展规划。

另外，站点地区基础设施超前建设。由于京沪高铁开通时间不长，中心城区支撑作用尚不明显，高铁站的人流集聚效应尚未完全发挥，基础设施使用率较低，浪费现象严重。滁州在新城已铺设了 5.13km² 的路网，完成了全部路网 1/5；宿州为了给高铁新城增加人气，宿州政府对新城地区前期开发投入了较大财力和物力来推进基础设施建设，50km² 的新区已实现道路、燃气、通信等基础设施全覆盖，但实际上由于安徽省是人口流出大省，加之中小城市本身的竞争力弱，规划的 30 万人口几乎是不可能完成的目标。这种不切实际的规划造成了前期投入的浪费。

7.4.5 A2C2P1 类站域空间发展问题分析

基于 A2C2P1 类模式中高速铁路车站和城市区位、规模、交通和功能的关系，可以把该类模式中站域空间发展的主题定位为亟待发展型。从上一章节的内容论述可知，蚌埠虽然是中小城市，但其作为华东铁路运输网的重要节点，全国重要的交通枢纽城市和安徽省重点打造的铁路、水路和公路运输中心，提升了蚌埠的交通地位，为蚌埠更好地承接东部地区产业转移，实现长三角的无缝对接提供了良好的便利条件，京沪线高铁的引入加快了蚌埠与周边城市的合作机制。

根据蚌埠城市现状分析可知，此类模式空间发展过程中存在的问题主要表现在如何发掘城市本身的特色，提升服务配套设施的质量承接产业转移等方面。

1. 产业发展：面临失去高端产业及服务功能集聚的可能性

发展城市特色应优先于高铁通车，因为搭乘高铁本身并非目的，而是因为当地有值得到此的原因。对于中小城市非中心区城市更应积极发掘可以发挥利用的因素，吸引更多的人口和资源，从而带动城市的健康发展。蚌埠为加快新城的吸引力，将龙子湖以东规划为大学城，搬迁学校、政府办公机构带动人气，将大学城等建设作为新城发展的引擎，带动整个新城的建设，但发展高科技、大学城具有一定的不确定因素，是否能够克服前期的不利因素，聚集人气，具有一定的不确定性。再者，由于综合实力较弱，与沿线的其他重要城市相比，其经济规模与政治地位均还有一定差距。因此高端服务产业，比如金融业、会展业等就不具有竞争优势，面临失去高端产业及服务功能集聚的可能性。

2. 区域条件：城镇化水平低，资金缺乏，限制了新区的发展

蚌埠城镇化水平低，工业总量不大，资金缺乏，在产业结构性重组和资源重新分配中处于弱势地位。蚌埠 2010 年全市规模以上工业增加值为 247 亿元，仅占安徽省的 4.4%，居全省第 10 位，制造业大部分处于价值链的低端，新兴产业没有形成规模，高新技术企业少，工业发展后劲不足。在资金方面，蚌埠地处皖北，皖北地区存贷比低于安徽省全省平均水平 20 多个百分点，本地资金被大量抽走，资金向优势地区和行业集中的趋势日益明显。2010 年一季度安徽省新增贷款中，八成以上都投向皖江城市带。可见，区域本身的虹吸效应已经很明显，高铁的开通只会强化这种效应，那么如何在中心城市的虹吸效应下找到自己的产业定位，就是新城发展首先要考虑的问题。

3. 交通组织：中心区交通压力大，城市交通组织与站区发展难以协调

蚌埠的交通结构呈现以小汽车为主要交通工具的发展趋势，公共交通服务水平不高，城市交通已经开始出现"拥堵现象"。主要表现为新城区的道路建设中，支路网密度较低，靠主要干道与中心区连接，增加了主干道的交通压力，不仅限制了城市公交在郊区的服务水平，也影响了城市环境和街道空间品质。蚌埠地铁项目目前处于规划阶段，有配套的交通设施较少，高铁与城市交通换乘不便，需要投入大量资金进行环境整治和基础设施建设。

4. 功能空间：近期高铁站点地区发展空间有限，功能空间完善需要较长时间

本类型高铁站点地区空间发展受区域、城市和车站宏观发展背景，以及站点地区自身发展建设条件的影响突出，建设体制和开发模式等方面的影响较小。在此影响机制下，站点地区的开发建设和功能完善注定是一个长期的过程，近期发展空间有限。

5. 开发建设：土地与人才紧缺，环境恶化，产业急需转型

蚌埠市过去发展较慢，随着国家加大宏观调控、土地闸门关紧及劳动力成本上升，蚌埠发展面临土地、高素质人紧缺的挑战。蚌埠市以高铁为契机，推动新区的发展毋庸置疑。按照规划，蚌埠市高铁新区规划面积为 $9.27km^2$，规划人口为 20 万人，基础设施建设总投资 26.5 亿元，分总部经济区、文化动漫产业园、国际外包服务区、低碳宜居社区四个功能区。站点地区功能发展面临的首要问题是在地方经济相对薄弱的条件下，如何避免高铁站点地区的大规模开发建设成为新一轮的地方各类产业园区的"圈地运动"，进而引导站点地区的合理开发。同时，随着宏观经济形势的变化，我国"十四五"期间将面临优化国土空间开发保护格局的重大任务，站点地区如何实现区域协调发展、绿色友好发展也是将要面临的一个重大挑战。

7.5 典型类型站域空间发展优化策略探讨

7.5.1 A1C1P2 类：大城市中心区城市更新模式下的站域空间再生

综合前面的分析内容可知，A1C1P2 类型特点在于高铁引入大城市中心建成区内，并且客站通常是在城市原有车站的基础上改扩建而成。城市规模的增加，周边设施的完善，车站建设和周边地区得到重新开发，中心区的基础设施得到改善，产业结构优化，这进一步使高铁站点地区成为拥有强大聚集功能的城市核心区。客站建设对于此类城市最大的影响在于：一是交通方面的意义，可以提高换乘效率，在城市交通网络中恢复了其核心枢纽地位；二是城市功能方面，带动周边地区的复兴，提升交通设施质量和公共空间水平，改善环境质量，实现高密度形态的旧城更新的触媒。但站区发展对于城市整体空间结构和形态影响不明显。对于此类模式的城市发展主要提出以下建议：

1. 空间区位：发掘站场用地潜力，保持区位优势

站点站场内距离优势明显，开发潜力大。乘客与车站接触最为紧密、空间距离最短、进出站最为方便的区域是站场内部，所以具有得天独厚的开发优势，应作为重点开发区域，挖掘有限站场用地的开发潜力。目前，京沪线此类站点除了交通用地外，有较大空间可供开发，空间容积率普遍较低。在日本和中国香港的都市圈中，商业区的分布越来越结合客站密集地分布，形成了以客站为核心的集约化发展趋势，客站地区容积率较高，大阪 8.0~8.9，东京 8.7~10.5，中国香港九龙站更是高达 12[①]。在有限的城市范围内容纳更多的城市活动，可以有效缩短旅客通行距离，并在步行范围内提供多种城市活动，减少人们对机动车的依赖，有利于紧凑型城市结构的形成，而我国客站目前普遍容积率较低，一般为 2.5 左右，甚至更低，特大城市北京也只有 3.1~4.6[②]。可见，站域核心空间的巨大开发潜力。

国外铁路车站开发方式多为上盖物业、地下空间，总建筑面积的 30% ~ 40% 为商业开发面积（表 7-27）。例如德国柏林中央火车站，建筑面积 4.6 万 m²，总建筑面积的 32.6% 为商业设施面积，购物面积达 1.5 万 m²，中间 3 层由 80 家商店组成"购物世界"，是集商场购物与车站候车于一体的现代化交通枢纽。这种综合发展的模式可以为我国站域核心空间的发展提供参考。

① 盛晖，李传成.交通枢纽与城市一体化趋势 [J].长江建设，2003（5）：38-40.
② 赵坚.铁路土地综合开发的相关问题分析及建议 [J].中国铁路，2014（5）：7-10.

国外城市铁路车站商业开发规模表　　　　表7-27

站点名称	建筑面积 （万m²）	商业设施面积 （万m²）	商业设施与总建筑面 积比（%）
日本京都站	21.9	15.8	72.1
日本品川站	5.57	1.22	21.9
日本大阪梅田站	2.65	0.99	37.3
德国柏林中央车站	4.6	1.5	32.6
柏林东站	2.15	1	46.5
德国法兰克福站	5.2	1.47	28.3
科隆站	3.42	1.25	36.5
莱比锡站	7	3	42.9
汉堡站	0.69	0.25	36.2
柏林（弗里德里希）站	1.16	0.46	39.7
柏林（亚历山大广场）站	0.6	0.25	41.7
旧金山港湾枢纽站	7.66	2.09	27.3

（来源：裴剑平，朱洁. 新建铁路土地综合开发模式研究——以沪通铁路为例 [J]. 交通企业管理，2016（3）：57-62）

2. 交通组织：提高交通换乘效率，强化中心地位

交通可达性决定了高铁站区的区位优势，是站区吸引人流、物流和信息流的基础。因此，实现旧城更新、促进站区多元化发展的首要条件就是有效缓解站区交通拥堵问题，提高站区交通可达性。

首先，完善轨道交通网络以及和客站的便捷换乘，接驳交通从小汽车为主向轨道、公交主导转变。我国内地轨道交通发展起步较晚，轨道交通网络不完善，常规公共交通仍然是城市交通的主体。中国香港客运结构为：轨道交通（含铁路）30%、专营巴士 34%、小巴 16%、电车 1.9%、缆车 0.1%、轮渡1.3%、的士 9.5%、其他 7.2%。目前全港共有轨道线路 21 条，其中地铁 7条、铁路 3 条、轻轨 11 条；日均载客量达到 1153 万人次，公共交通占机动车出行比例达 83%（2011 年我国公交出行比例为 40% 左右）。城市轨道交通已经成为香港地区公共交通运输骨干。虽然香港地区人口约为北京市人口的1/3，但公共汽车数达到了北京市的一半。相比而言，虽然我国内陆城市公共交通系统的建设取得了较大进展，客站作为城市门户，站点及其周边的交通情况对整个城市交通都有很大影响，地面的公共交通需要承担大量的客流，但大多数城市的轨道交通线路未形成网络。而且换乘效率的提高，可以使人们逐渐认同公共交通出行，建立绿色、低碳化的高铁快速集散系统。另外，鉴于大城

市中心区用地紧张，交通压力很大，客站不鼓励小汽车接驳。

其次，客站接驳交通设施一体化整合发展。①为了实现城市内部交通与对外交通的高效衔接，需要依托客站，整合城市轨道交通、公交、出租车等；②整合城市内部交通，实现城市内部不同交通工具之间的快速换乘；③依托客站和城市交通换乘设施，加强接驳交通与城市广场功能整合，与枢纽周边广场开发功能衔接，支撑高铁新城开发。例如北京南站立体化布局，二层为高架候车厅、一层为站台轨道层、地下一层为换乘大厅、地下二层和三层为北京地铁站台，最大限度保证了乘客换乘过程中的舒适性和安全性。

再者，促进换乘设施立体化发展，可以有效提高换乘效率。换乘设施立体化实际上是把不同特性的交通方式分层布局，可以分为二种方式。一是机动与步行的分层；二是机动性交通内部的分层，如公交车等大型车辆与出租车和小汽车等小型车辆的分离。

最后，步行优先设计，提升人行换乘环境的舒适性。城市中心型枢纽地区应引导以"步行＋公交"为主的出行方式，创造良好的步行环境。考虑步行者的身体尺度与人们对空间的舒适度要求，降低枢纽内部道路车速，减少行人换乘行走时间，提高行人的便利性。同时，还要提升换乘的舒适性。这一方面需要在枢纽与周边环境的衔接中，重视步行环境的连续性与舒适性；另一方面，要注意人行环境的舒适性，做到全天候、无障碍、人车分行的客站换乘环境。

此外，还要充分考虑枢纽与周边环境的结合与协调，重视与既有或拟建建筑设施之间的衔接设计。在保证满足客流换乘疏导的同时，为周边及枢纽本身用地空间的开发与充分利用做好预留（表7-28）。

北京市公共交通年客运量变化　　　　　　表7-28

指标	2003年	2004年	2005年	2006年	2007年	2008年	2009年
轨道交通	4.7	6.1	6.8	7.0	6.6	12.2	14.2
公共电汽车	37.1	43.9	45.0	39.8	42.3	47.1	51.7
出租车	5.2	5.9	6.5	6.4	6.4	6.9	6.8
合计	47.0	55.9	58.3	53.2	55.3	66.2	72.7

（来源：褚浩然.北京中心城区公共交通优先政策敏感性研究[M]//中国城市规划学会.生态文明视角下的城乡规划：2008中国城市规划年会论文集.北京：中国建筑工业出版社，2008：4933-4954）

3. 功能空间：加强区域的整体性与连续性，重新凝聚周边城市空间

大城市中心型枢纽的改建和新建，重要的目的就是在提高交通换乘效率的同时，缝合之前被铁路线割裂的城市空间，进而产生新的价值。传统枢纽布

局中枢纽功能区相互分离，首先是受交通承载能力的制约，与枢纽分离的功能区难以获得开发，降低了土地资源利用效率；其次是枢纽主要承担交通功能，服务城市的开发建设功能受限。因此，其改造应该从城市区域着眼，强调环境的整体性与连续性，使得枢纽的改造成为凝聚周边城市空间的原动力。这一方面需要对进入城市内部的铁路进行架空和下穿处理，减少对城市空间的割裂，另一方面需要加强综合客运枢纽与城市功能空间的有机结合，形成一体化的空间体系，进行高强度、高密度开发，实现客站与城市功能一体化布局。

首先，促进站域空间功能组织的立体化发展。客站中地面、地上和地下立体交叉着交通与非交通空间，这促进了交通和功能的整合。传统的集中于地面或近地面层、以公共性为主的功能和环境元素向地上地下两方向延伸和扩展，实现了车站地面的再造和增值。其构成成分为：①地上层：近地面层（2~3 层）为高架进站设施、高架天桥、高架车道、高架广场、商业和联系商业廊道，公共性较强；远地面层（3 层以上）为办公、旅馆等用地。②地面层：主要为公共性较强的站前活动区、与城市衔接的步行区，以及上下层衔接口、车道、车辆上客区、停车场地。③地下层：由商业开发等要素组成，主要用于换乘和地下连接，由车站地下出站通道、地铁、停车场组成地下转换系统。立体化发展，不仅可以避免以往平面式布局造成的换乘距离过长和站前空间无序等土地资源浪费，同时，实现了客站融入城市和周边街区空间。我国早已开始对大城市中心型客站功能立体化的探索，南京站对地铁线路的引入，就是枢纽功能立体化的一个例子。客站构建起空中、地面、地下三级公交网络，优化了城市整体交通结构，增加了城市中心交通容量，缓解了地面街道的压力，同时还有效改善了铁路对城市的分割效应。

其次，促进客站与城市功能高效融合，联动发展。大城市中心地区土地资源紧张，形成客站与城市功能区相互融合的发展模式，客站与城市差别不大，统筹考虑，实现地区的高度开发，可以集中土地资源，提高土地利用率。在传统枢纽布局中，枢纽与功能区分离，不仅有交通承载能力的制约，还有枢纽承担交通功能，未充分利用其开发建设功能。因此，打破站城空间的封闭，在一体化空间体系中，等候、换乘、购物、娱乐、餐饮等旅客互动，一面是流畅、便捷、舒适且充满生气，另一面则是无限商机。

再者，发展城市综合体和客站综合体。大城市中心功能区高密度、高强度开发必然加大客流量，应创建集多种交通方式于一体的综合客运枢纽。综合客运枢纽形成的区域，人气极高，也具有很大的商业价值，必然促进城市商务区的形成。因此，在大城市中心区集约化利用站场上空空间，发展城市综合体，一方面可以提高交通效率，另一方面可以提升站域的服务功能，使新中心发展成为可能。

在这一方面，柏林中央车站和日本大阪站的建设为我们提供了一些可资借鉴的案例。综合体模式可以使车站既充分利用土地资源又获取最大的经济效益。

另外，我国很多中心老站的建筑本身就具有很高的历史价值，如何在保留老站房建筑的同时创造新的车站环境，是各个具有历史中心车站面临的挑战。在这方面，杭州城站、武汉站、苏州站等客站建设得都非常好。

4. 土地利用：阶梯利用，弹性开发，发挥土地的最大效益

大城市中心区客站往往被城市建成区环绕，除了铁轨和车站建筑本身以外，还有废弃的货物或工业用地，即所谓的"棕地"（Brown Field）可以用以开发。因此，在有限的用地上进行充分的土地利用是"棕地"面临的难题。大城市中心客站的扩建改建，必然会改善交通条件和客站的可达性，促进经济发展及土地开发。网络化的城市轨道交通发展趋势是与步行结合更为紧密，呈现出很强的可达性制约型客站社区发展趋势，因此，一方面需要充分利用棕地，另一方面需要根据城市空间与站点的距离形成呈梯度变化的土地利用。以站点为中心，组织其辐射区域内的各项用地，对与站点相邻的城市公共与市政设施用地进行控制，优化土地资源配置，刺激和引导周边土地开发。在这一方面，德国的棕地再利用、中国香港的"R+P"模式和日本 TOD 模式的建设为我们提供了一些可资借鉴的案例。

另外，还要加强土地的混合利用与弹性开发。不同性质的用地交错分布，互为补充，降低对交通工具的需求。结合站点周边的高度开发，进行可持续的地区发展。根据商务功能和商业功能的特征，保持人群活动的延时性，注入活力，提升枢纽地区非办公时段的人流量。强调土地的弹性使用，发挥土地的最大效用。

5. 体制保障：完善综合规划的运用，保障站域空间整体发展

综合规划体制是大型铁路客站在城市中心区位优势的最大化重要保障。通过整合各种交通方式以及土地、环境等部门，可以确保大型铁路客站从计划到运行各个阶段责任明确，大型铁路客站的各个决策环节均由所在城市的综合交通主管部门负责，各交通方式和城市规划、土地、交通等部门相互配合，进而确保大型铁路客站起到整合交通资源的作用。

7.5.2　A1C2P1 类：大城市边缘区增长极模式下的城市核培育

A1C2P1 类模式的特点是位于大城市边缘区，有较为宽裕的建设用地，其功能发展受现状影响较小，承载着城市跳出老城建新城的雄心壮志，一般定位于城市副中心或者城市新区，是城市重要的增长极。城市发展的重点一方面在于缓解城市扩张压力，推动城市结构调整；另一方面在于促进城市的产业转型和升级，结合高铁的触媒效应，将客站功能区培育成为区域新型增长极，促进城市转型升级。此类城市实现发展目标的关键在于以下几个方面：

1. 土地利用：紧凑节约、高强度开发，提高土地利用效率

大城市客运枢纽的高节点价值决定其建设应以集聚的方式进行，将交通优势转化为经济优势，使空间的分布方式与铁路的高速化、高频化相契合。

首先，强化站区功能，合理控制站区用地规模。由于大城市的城市用地规模有限，客站周边地区的开发不应重复之前的粗放型发展方式，而是应该提倡精明增长、紧凑节约、高强度开发的土地使用策略。在强化站区功能的同时，合理控制站区的用地规模，以集约高效的方式，提高土地开发强度，避免一味地追求扩大规模而造成土地资源的浪费。可以借鉴日本、中国香港等人多地少地区的站域空间开发策略：站点地区一般用地规模不大，但是开发强度非常高，在向高度争取空间的同时，还进行了大规模的地下空间开发，将整个站点周边地区连接成一个有效的整体，提高了土地利用效率。

其次，提升对大运量交通方式的支撑。对边缘型客站集聚了多种大运量交通工具，从支持这些交通方式的土地使用强度特征而言，要使其成为主要的交通方式，基础就是得保证足够的人数。这也就意味着基于对交通方式的支撑，必须较高强度地开发临近站点地区的土地。

再者，递减的开发强度，混合的土地利用。由于大城市客站周边用地受到交通可达性的影响，土地利用强度具有圈层式梯度递减规律。借鉴国内外站域空间发展经验，核心控制区提倡较高强度开发以及混合开发，以增加核心区的多样性和活力，拓展区开发强度次于核心控制区，为中高强度开发，影响区为中低开发强度的公共设施，布置对外可以服务以及主体功能配套的区域。另外，通过土地混合使用保持人群活动的延时性，增加非办公时段地区人流量。

2. 交通组织：放大到区域统筹，统筹铁路枢纽与城市整体的交通

首先，边缘区新站点可以在一个大的区域里统筹整体交通组织，防止中心型客站布局客流过于集中，便于交通组织、降低交通风险。其次，重视边缘区新建客站与城市中心区的交通联系。在建设新城、疏解旧城时，新城缺乏自主性，对旧城中心形成严重依赖，城市单中心发展模式却得到强化。发生这种困境，一是由于在市场经济引导下，商业、办公仍倾向于在条件成熟的旧城区选址，大部分就业机会仍在市中心，城市外围组团集聚大量居住用地；二是由于缺乏交通路径，外围发展脱离了旧城中心的支撑，不容易短期内形成与旧城市中心平衡的功能中心。因而，在未来铁路客运枢纽建设过程中，既要考虑结合枢纽建设新城中心，也要新铁路客运枢纽与旧城功能中心的便捷衔接 [①]。

---

① 胡晶，黄珂，王昊 . 特大城市铁路客运枢纽与城市功能互动关系——基于节点—场所模型的扩展分析 [J].
城市交通，2015，13（5）：36–42.

再者，随着大城市的扩张，其铁路交通网络伴随着"多中心、网络化"趋势（图 7-14），边缘型客站与城市其他客站向"多枢纽、网络化"方向演进。一是在都市区布设"多枢纽"体系，实现铁路枢纽移向功能区，铁路枢纽贴近需求端。根据职能分工和服务范围划分功能区，作为铁路枢纽资源配置的基本单元，构建"多枢纽"体系，取代"大而少"的枢纽组织模式，来弥补末端对外联系不足。另一方面，通过枢纽间"互联互通"实现网络化运营。若铁路枢纽布局分散，增加铁路枢纽无法有效提升城市整体枢纽功能。若互相联通铁路枢纽，灵活运营线路，铁路枢纽灵活调配接入多条铁路，可形成交通节点。此外，调整铁路内部网络，组织铁路乘客流，减少对城市交通干扰。因此，必须从网络层面统一城市整体铁路，明确控制要求，以指导铁路建造[①]。

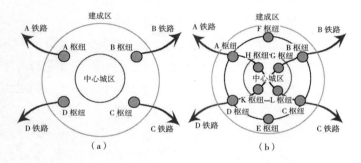

图 7-14　铁路枢纽模式对照图
（a）铁路"大枢纽"模式；
（b）铁路"多枢纽"模式
（来源：胡晶，黄珂，王昊.特大城市铁路客运枢纽与城市功能互动关系——基于节点—场所模型的扩展分析 [J].城市交通，2015，13（5）：36-42）

以济南西站为例，京沪高铁的修建一方面加强了济南与山东沿线各城市之间以及长三角、京津冀的经济联系，促进济南经济发展。另一方面，完善了济南城市空间。济南恰好位于京沪线区域中心，而中心地位的提升，客观要求济南带动中西部进而带动全省经济的全面协调发展。长期以来，济南市东、西部地区差异较大，东重西轻，单翼发展。京沪高铁开通，带来的大量人流、信息流，能够带动济南西部地区发展，推动城市结构平衡，有利于"一城两区"形成。

3. 功能空间：完善城市功能，使客站向区域发展城市核心转变

大城市边缘型站域空间发展应利用高铁站的集聚效益，完善城市服务的各项服务功能，提升站区的服务能力，使站区转向综合型城市中心，在站域核心区打造城市新的增长极，进而推进城镇化进程。首先，需要加强空间的综合性和混合性，不同的功能分区提供不同活动的支持。通过布局，引导城市功能均衡，使区域内部平衡发展。配置服务、商务、商业和居住功能，使地区发展为都市副中心，提升区域竞争力。其次，客站地区功能空间的规划设计必须考

① 胡晶，黄珂，王昊.特大城市铁路客运枢纽与城市功能互动关系——基于节点—场所模型的扩展分析 [J].城市交通，2015，13（5）：36-42.

虑地区未来的发展需求，为客站地区未来的发展预留空间。此外，功能空间设计应考虑其与周边用地功能的关系，并与城市整体结构相互协调，根据周边用地要求，建立双方的合作关系，发挥客站地区功能空间的城市作用。加强客站与城市空间的整合以及经济上的关联，通过客站站区建设诱发城市建设与开发，包括交通换乘枢纽开发、酒店开发、商务办公开发、商业开发、住宅开发，以及城市中心再开发等，使站点地区空间为城市增长的"发动机"。

7.5.3　A1C3P1 类：大城市远郊区交通疏解模式下的站域功能均衡

A1C3P1 类模式的特点是高铁绕城通过，车站位于大城市近郊区。站域空间发展由于时间上的不确定、规划范围的局限，城市各部门之间专项协调不够，高铁站场、城市轨道交通建设无法准确把握空间布局和土地开发目标。此类城市实现发展目标的关键在于以下几个方面：

1. 土地利用：控制规模，弹性发展，引导土地合理、集约、高效利用

新建铁路客运枢纽的位置依据国外高铁发展经验，若位于市中心则容易取得成功，若位于城市远郊则需要具备更多的条件才能成功。

首先，由于远郊地区面临多种不确定的发展机会以及区域环境的高度开放等问题，应在充分认识站点区位条件以及自身城市能级的基础上，控制合理的发展规模，避免过于乐观地估计高铁催化效应，导致过度开发。

其次，需要根据地区发展背景制定弹性发展策略，协调多因素的影响，纠正偏差，这有利于高铁站场地区持续发展，发挥高铁枢纽对城市发展的带动作用。如京沪高铁无锡东站站点地区发展规模并不清晰而且非常模糊（表 7-29）。其一，由于客站选址处于城郊的两个镇的行政交界处，不是独立行政单位，难以统计人口、经济、社会、产业等相关指标。其二，城市建设中，该地区是一个充满机遇的敏感地区，难以遵循"常规"发展轨迹。这可以从前文就各类层次规划对规模判断的结果存在较大差异的研究中得到印证。其三，高铁站位于城市边缘、大部分为水网密集的农业区，虽然建设量不大，但是仅仅依靠现有镇区的发展带动本区发展，其发展速度会大大低于设置高铁站场后的速度。因此，规划只写明了土地开发的大致方案，功能分区的确定依照土地使用主要属性，根据站场地区结构、圈层规模、功能组织特征，以及土地利用的建设兼容控制手段，确定各功能区布局的兼容内容，即换句话说，虽然理论上每个功能区都是综合的，但可以通过可开发用地的属性和最低比例限定主体功能。主体功能用地比例的下限为 65%，各类兼容功能合计用地比例不能超过 35%。限定主体功能可以保持该地区开发的整体性和结构完整性，兼容功能则是给予限定和指导。在下一阶段明确开发需求后确定功能区的控制指标。弹性的规划能灵活有效地促进地区开发，并为下一步土地利用控制规划提供依据，为规划管理的操作准备条件。

京沪线无锡东站各分区主体功能及兼容功能控制表　　　　表7-29

功能区	主体功能	主体功能用地占功能区比例	兼容功能用地占功能区比例	不得兼容的功能
商贸商务区	商业、商务、金融	≥70%	行政办公≤15%、文化娱乐≤10%、居住≤5%	工业、大型市政交通、仓储
生活区	居住	≥75%	行政办公≤7%、商业≤5%、医疗≤5%、科教≤8%	工业、仓储
生产区	工业	≥80%	办公≤8%、仓储≤12%	居住、商业、文化娱乐
现状保留区	商业、居住	≥80%	行政办公≤5%、商业≤5%、医疗≤5%、科教≤5%	—
枢纽区	站场、广场、停车场、公交场	≥65%	行政办公≤10%、信息服务≤10%、餐饮宾馆≤10%、居住≤5%	居住、工业、仓储、科教文化
综合区	商业、居住、文化	≥80%	行政办公≤5%、科教≤5%、文化娱乐≤10%	工业、仓储
休闲服务区	娱乐、文化、商业服务	≥70%	居住≤10%、科教≤10%、办公≤10%	工业、仓储、交通、大型市政
风景区	生态园林、景观环境	≥90%	园林设施+宗教≤10%	不得进行城市开发
生态区	农田、隔离带、防护带	100%	—	不得进行城市开发

（来源：郝之颖.城市功能与土地拓展反向控制思考——无锡高速铁路站场地区发展解析[J].规划师，2008，24（6）：63-66）

再者，需要明确阶段性开发目标，有序建设城市。由于站点建成通车到形成充满魅力的高铁新城之间有一段"时间差"，会给新城的发展带来波动，为了减轻波动，需要控制时间差引入时间管理，即明确不同时期的开发时序和预定目标[1]。

2. 交通组织：建设空铁港一体化联运系统，加强区域联系

远郊区高铁新城的发展不能仅依靠高铁站点，还必须实现新城与外界的全方位交流。因此，关键是多种交通要素联动发展。

此类发展模式中的高铁车站是综合性的交通枢纽，交通运营通常涉及机场、高铁、城市轨道交通（铁路）等多种交通方式，因此建立城市轨道交通、公共汽车、航空、铁路、海运港口为一体的换乘模式，并且重视各种交通方式

① 李文静.日本站城一体化开发对我国高铁新城建设的启示——以新横滨站为例[J].国际城市规划，2006（3）：111-118.

之间的结合（图 7-15）。集聚人流、物流和信息流的良好方式是高铁和空港联运。国际经验表明，由于高铁仅仅对中短途国内航空产业产生冲击，所以一旦实现高铁和空港联运，就可以缩减时间成本，吸引时效性高的产业（如展览物流业、高新技术产业及现代服务业），城市借此机会实现产业升级换代。

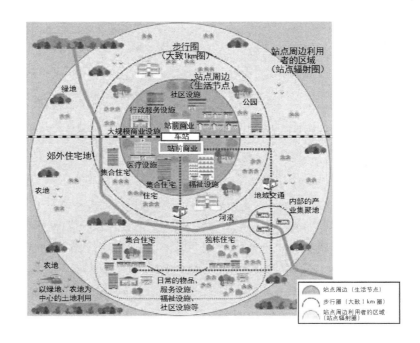

图 7-15 以站点为核心的城市图景
（来源：李文静.日本站城一体化开发对我国高铁新城建设的启示——以新横滨站为例 [J]. 国际城市规划，2006（3）：111-118）

此类型客站还要加强客站与周边区域的交通联系，建立客站与周边区域的快速集散廊道，形成区域的交通枢纽，巩固城市的区域核心地位。城市间协同发展需要提升这些地区的可达性，实现各城市面向区域功能中心之间的直达联系。因此，构建高速铁路、城际铁路、区域快线、城市轨道交通等多层次的轨道交通系统迫在眉睫。另外，道路交通系统建设也不容忽视。交通网络增强了货物运输能力，还可以快速疏散客流，加强客站与其他功能区的联系。

3. 功能空间：产业培育，促进新城功能的综合性、多样化发展

根据目前京沪高铁沿线新城的定位和发展来看，新城规划定位与实际发展情况出入较大，站区很容易发展成为职能单一的卧城，难以吸引企业投资，新城发展具有较大的不确定性。但根据国际经验，借助铁路客运枢纽构建新城市中心是有效的，铁路客运枢纽成为城市从单中心向多中心发展的重要工具。如日本的新横滨就是在城市边缘区建设城市基础设施，发展 IT 产业，同时聚集大量办公和商业设施，成为横滨的副中心。我国以增量发展为主的城镇化进程，出现一系列如资源浪费、交通拥堵、效率低等问题，城市功能的转型升级迫在眉睫。

产业的集群效应是城镇化的重要推力。产业的革新以及城市功能的拓展促进现代城市的发展。一个新城市如果过度集中发展产业而忽视生活配套建设，难免会成为"孤岛"，单纯建设住宅楼而缺乏产业支撑，难免会沦为"鬼城"①。虽然高铁主要以客运为主，无法显著提高大宗货物的运输效率，但是对生产要素有较大流动的第三产业影响很大。如新横滨形成四个各具特色的主导功能区，这种功能互补、错位发展既促进了新城的发展，也加强了新城与老城的联系。忽视产业的培养，有城无产，可持续发展能力差，有新城变鬼城的风险。在一定阶段内劣势主要是高铁新城本身产业基础薄弱造成的。但如果能根据区位优势和环境资源优势发展分工合作的聚合产业，没有产业反而能为新产业链集聚导入创造条件。

其次，新城职能的多元化发展，新城职能单一既影响新城本身的活力，又加重高铁配套交通系统的负担，影响城市环境。职能多元化也是新城自身发展的必然要求，可以提升城市的韧性，如新横滨新城开发在产业形成之后，根据市民对生活在新横滨的诉求，大力发展公共服务设施，改善居住环境，重视站点作为交通网络"节点"和城市"场所"的双重功能，通过功能复合、导入文化设施，营造充满活力的城区空间，实现从"工作在新横滨"到"生活在新横滨"的转变。

为有序实施大城市远郊区新城建设，应该制定明确的发展目标。首先完善基础设施建设；其次，利用基础设施和交通条件，考虑产业需求，吸引企业进驻。在通过提供工作岗位聚集人气的同时，逐渐丰富城市的生活功能，满足多样化需求；发展后期，改善城市环境，更新城市功能，实现职住平衡②。

7.5.4　A2C3P1 类：中小城市远郊区高铁带动模式下的站域空间发展

A2C3P1 类模式中高铁同样是绕城通过，不同之处在于城市经济水平较低，在和大城市的人才、资源争夺中处于劣势低位，城市发展基础薄弱，还处于初级阶段，高铁新城设置在城市远郊区，城市发展难以支撑高铁新城建设，高铁新城周边扩张缓慢。面对城市发展中遇到的问题，城市工作的重点应为：

1. 建设与否：客观看待城市发展阶段，适时启动新区

尽管欠发达城市比区域核心城市的综合成本更低，但受制于自身经济实力，欠发达城市内部依然处于成本敏感的发展阶段，缺少财政支持，使得解决

① 史官清. 高铁新城的建设前提与建设原则 [J]. 石家庄经济学院学报，2015（2）：36–39.

② 李文静. 日本站城一体化开发对我国高铁新城建设的启示——以新横滨站为例 [J]. 国际城市规划，2006（3）：111–118.

老城内部的诸多矛盾问题面临困难。

因此，建设新城需要深入研究，建设新城并非解决城市问题的唯一手段，盲目建设只会导致"鬼城""空城"的出现。高铁站周围建设新城至少要具备下列条件：（1）城市人口超负荷，旧城已经没有空间容纳迅速增长的人口和产业。（2）新城有明确的主导产业和发展动力。新城不是政绩工程，不能完全依靠搬迁政府部门和开发房地产。（3）政府财政盈余，有能力建设新城的基础设施。若城市人口有限，财力弱小，可承接的产业转移机会不多，且在老城经济能量尚不能充分发挥的情况下，则不适宜建设高铁新城。盲目地建设新城，不仅造成短期内公共资源的巨大浪费，更会对经济造成持久的损害[①]。

高铁新城的建设是一个漫长的过程。因此，我们要客观看待欠发达城市的新区战略。首先，新区建设之初应有针对性的研究，明确新区的发展阶段；其次，新区建设前期应有一定的积累，根据经济发展水平考虑对空间的需求程度，选择适宜的开发时机。

2. 建设规模：合理确定发展规模，避免大尺度跨越

梳理京沪线现有的高铁新城规划，规划面积与城市的规模和经济体量并非成正比，中小新城的新区规划中也有面积很大的，如宿州达到了 $30km^2$；大城市的新区规划中也有面积很小的，如昆山只有 $2.03km^2$。可以看出在规划高铁新城时，存在个别中小城市罔顾主城经济实力、片面追求"高、大、强"的现象，高铁及高铁新城被视为破解地方经济发展困局的抓手，夸大高铁效应，把新城变成了"空城"。因为，中小城市多数属于欠发达地区，如京沪线这一类型城市主要在皖北和鲁西地区，客站远离城市建成区，会增加基础设施的投入；但因为欠发达的城市新区受制于整体发展水平，建设资金有限，因此基础设施相对薄弱。这决定了欠发达城市新区建设更依赖于老城，城市的发展规模也不会过大。综上，欠发达城市新区在空间跨度、规模尺度方面的规划不宜过大（图 7-16）。

3. 功能：差别定位，体现中小城市特色塑造

高铁是一把双刃剑，可能为城市发展提供机遇，也有可能使城市开始走向没落。目前，京沪线商务办公、商业、行政、文化休闲等产业已经成为"标配"，而仅靠"标配"不足以支撑新城的成功。中小城市在区域层面的多数方面均处于弱势，更应错位发展，走发挥专业分工、突出特色的道路，集中发展优势产业，这样才能减少虹吸效应对中小城市的负面影响，凸显核心竞争力，稳定居住人口与产业活动。

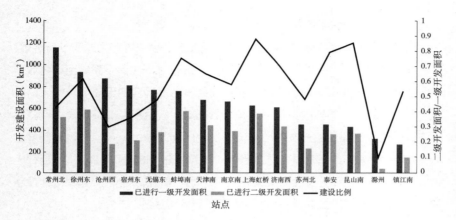

图 7-16 京沪线高铁站点地区空间开发建设进度统计图
（来源：许闻博，王兴平. 高铁站点地区空间开发特征研究——基于京沪高铁沿线案例的实证分析 [J]. 城市规划学刊，2016（1）：72-79）

　　我国台湾地区的高铁新城规划为大陆高铁建设提供了一定参考。新干线在修建以前，沿途城市就被纳入一个宏观规划中，实现协同发展。在大区域协作体系中，我国台湾地区根据各个区特定的区位、资源制定了不同的主题（表 7-30），如新竹站特定区发挥新竹县科技园的优势，开发为传播通信高科技商务园区，达成新竹科学城发展计划的目标；台中车站则结合交通、周边产业及人力资源等优势，定位为高品质运转中心及新兴商业特区；嘉义结合区域内玉山国家公园、阿里山、瑞里、太平等风景区构成阿里山系统等生态环境，定位本区为无污染的观光休闲产业，并融合精致农业技术与特有的乡土文化，开发以休闲功能为主体的观光游憩咨询中心；桃园则发挥桃园国际机场的有利条件，开发以观光购物、休闲娱乐、国际交易、商务办公为主的复合式生活园；台南配合台南都会区生活模式，规划本区为多样化的休闲、娱乐中心，并扩大组合观光游憩功能、消费购物功能、文化教育功能及旅游服务功能，开发本区为台南新生活圈。不同主题特色的高铁新城错位竞争，共建区域网络体系。

台湾高铁五大车站特定区开发构想　　　　　　　　　　表7-30

特定区	特定区面积（hm²）	开发定位	复合功能设施
桃园站	490	复合式生活园国际商务城	开发以观光购物、休闲娱乐、国际交易、商务办公为主的复合式生活园，吸引国内外访客，促进观光发展，提升消费层次，使桃园车站特定区发展成为面对国际第一线的现代化国际机场站
新竹站	309.22	传播通信高科技商务园区	融合以会议、展示为主的办公大楼及舒适的商务休闲设施，开发本区为传播通信高科技商务园区，加速新竹科学城发展计划的目标达成
台中站	273.35	高品质运转中心新兴商业特区	以开发 Mega Mall 主体，融合舒适的购物环境、四季皆宜的休闲观光旅游及多功能的教育文化设施，建设本区的高品质运转中心及新兴商业特区

特定区	特定区面积 （hm²）	开发定位	复合功能设施
嘉义站	135.24	休闲游憩城	结合区域内玉山国家公园、阿里山、瑞里、太平等风景区构成阿里山系统等生态环境，定位本区为无污染的观光休闲产业，并融合精致农业技术与特有的乡土文化，开发以休闲功能为主体的观光游憩咨询中心
台南站	299.72	台南新生活圈	配合台南都会区生活模式，规划本区为多样化的休闲、娱乐中心，并扩大组合观光游憩功能、消费购物功能、文化教育功能及旅游服务功能，开发本区为台南新生活圈
合计	1507.53		

（来源：刘曜华，王大立 . 高铁通车后对大台中地区的机会与威胁战略思考与策略方案）

7.5.5　A2C2P1 类：中小城市边缘型亟待发展模式下的站域发展

A2C2P1 类模式的特点是车站位于中小城市近郊区，高铁新城距离中心区距离不远，多在 10km 左右，与市区交通联系紧密。站域空间发展受到了所在城市的高度重视，由于距离老城区较近，新城的发展多被纳入城市的总体规划，新城规划更像是城市的一个分区规划。具有居住、就业、购物等综合城市功能，齐全的功能定位、高标准的配套设施成为新城建设的一致特征，但功能不完全独立，与中心区有较多的联系。此类城市实现发展目标的关键在于以下几个方面：

1. 土地利用：弹性规划，提高区域发展效率

城市中心对此类型客站的发展影响较大，容易被城市原有问题牵连，其发展具有较大的不确定性。其次，随着高速铁路枢纽功能的不断升级更新，客站周边的功能区渐趋复杂，新区的发展需要综合性较强的支撑区和不可预见的机遇区，因此，需要规划一定的弹性空间保证新区的健康持续发展。如整体规划带有功能及土地"预控制"的目的，注重对土地利用中建设兼容手段的控制，对各功能区的布局提出兼容内容。在空间结构上，每一类功能区可以是一个组团，也可以是多个组团。在充分论证各种可能之后，对肯定的部分留出很小的弹性空间，对不肯定的部分留出充分的调整空间。如无锡东站的土地控制方法（详见 7.3.3 章节）。其优点是：新城的可持续发展及城市发展效率依托关键要素遴选和刚性控制。新城空间发展在刚性控制保障下不会出现大的偏差，同时弹性协调也有了明确的变动空间（表 7-31）。

2. 交通组织：交通先导，打造高密度的支路网街区结构

此类型发展模式由于只是城市的一个综合分区，独立性较弱，其发展依托中心城区，受中心区影响较大，若没有成熟完整的交通体系，则会导致交通

站域空间功能构成　　　　　　　　　　　　　　　　　　　　表7-31

启动区	支撑区	机遇区
零售、酒店、会议、商务、信息服务、旅游服务	居住、多种形式的商业服务、生活娱乐、办公、都市产业、教育与医疗服务	大型主题游览区、大型专业博览区、其他区域级项目

（来源：袁博.京广高速铁路沿线"高铁新城"空间发展模式及规划对策研究[D].武汉：华中科技大学，2010）

拥堵。因为，此类型的客站核心和起点是高铁枢纽站，垂直于高铁线路的轴线为新区空间发展轴，在发展轴两侧面向城市中心区纵深发展，单轴线的空间发展模式会造成功能与交通同时集中于客站面向城市的一侧。因此，首要解决的问题是内外交通联系，这不仅需要与城市中心区保持快速便捷的交通联系，疏散中心城区的人口，有效分担城市中心的压力；还需要在道路网空间规划中，紧密衔接长途汽车站、地铁线、公交站点和高速铁路车站，使高铁新区成为城市的内外综合交通枢纽。此外，依据公共交通导向的 TOD 模式构筑高密度的路网，分散车辆、人流。

3. 功能空间：塑造环境，优化功能，发挥对城市中心区的"吸管效应"

首先，推进新城城镇化发展需要立足自然资源，发挥生态优势。此类型客站一般都位于城市边缘的未建设用地上，自然生态要素较好，新城吸引投资者以及大量移民的因素之一是拥有得天独厚的自然资源。因此，塑造优于城市中心的自然、生态宜居环境，能产生归属感的空间构成、宜人的街区，可以吸引人们由老城走向新区，成为良好生态环境的"发生器"。

其次，高铁新城居住与工作人群大多对时间成本和区域品质要求较高，是文化素质较高的城市白领。同时，宜居的重要基础是高品质的市政基础设施和公共服务设施，因而，在此类新城建设中，应施行多元、复合功能的"综合开发"策略，促进站点地区功能均衡发展。一方面需要完善新城发展的先决条件——大型基础设施，例如站前交通枢纽、长途客运站、公共汽车站、行政主楼等。另一方面需要适当发展娱乐、休闲旅游、观光等车站的相关产业和带动产业，形成综合性强的支撑区促进高铁新城的发展。比如在周边的房地产开始的同时，可以先引进高等职业院校入驻，为新城发展集聚动力。如蚌埠如今新区大学城的学生和教职员工就有 10 万人。维持新城后继发展还有赖于公共服务和基础设施体系配备的完善以及高标准的服务水平。

4. 产业发展

首先，在城市发展规划上，利用好蚌埠的地缘优势、区位优势，更加紧密地与长三角融合，吸引长三角资金和产业流向蚌埠；塑造成本最低、效率最高、政策最优、服务最好的品牌，营造具有吸引力的投资环境。依托已形成的新兴优势产业，结合长三角地区产业转移的特点，在产业延伸、接续、建设标准化厂房上有针对性地发展一批合作企业，吸引投资。其次，从交通城市的特征出发，将蚌埠市打造成物流中心。蚌埠本就拥有淮河第一大港和密集的高速公路网络，内外水陆运输便利。高铁站建成后，将充分释放货运能力，皖北地区乃至整个安徽地区的货物运输任务都将由蚌埠承担。因此，蚌埠全局考虑，统筹发展现代物流业，整合铁路、公路、水运仓储设施和运输方式，发展联运，逐步成为安徽省重要的物流中心。再者，从地域特征出发，发展成为长三角地区的"粮仓"和"菜园子"。目前沪皖已签订《食品农产品互认协议》，安徽农产品能够快速进入上海市场。想要脱颖而出，扩大在长三角地区的市场份额，蚌埠还应致力于提升农业产业化档次和实力，做好特色农副产品营销。最后，建设"两淮一蚌"城市群。蚌埠交通枢纽的地位在京沪高铁建成后有了提升，但要巩固这一地位，还应主动加强和淮南等城市的产业互补与合作，修建淮蚌快速通道，让淮南加入"京沪高铁"辐射圈。

7.6　基于节点和场所模型的京沪线站域空间价值评价

7.6.1　基于节点和场所模型的站域空间类型

根据贝尔托利尼"橄榄球模型"（rugby ball model）（图 7-17）的分析，站域空间基于交通节点价值和城市场所价值的功能表现可以分为五类：

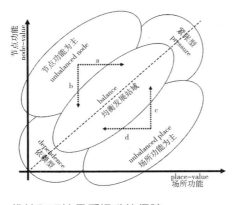

图 7-17　站域空间基于交通节点价值和城市场所价值的功能表现
（来源：Ari Hynynen. Node-Place-Model；A Strategic Tool for Regional Land Use Planning[J].Nordic Journal of Architectural Research，2006，4：21-29）

（1）均衡发展站域（Balance）：站域交通节点功能和城市场所功能都获得了有力的发展，节点价值与场所价值同等且相互支持，是系统维持和环境品质提升的保障。

（2）依赖型站域（Dependence）：客站处于一个没有竞争的自由空间，交通需求量低，在这些地方交通不是很便利，城市功能也相对较少，由于地方发展潜力的缺乏，交通也没有进一步发展的需求。

（3）局势紧张型站域（Pressure）：站域由于多样的交通设施和土地利用都已经接近最大值，将会出现紧张的局面。这种站域有高效利用土地的发展潜力，而且这种潜力已经被发掘。

（4）节点功能为主站域（Unbalanced Node）：站域内交通设施非常发

达而且高于土地利用活动，具有少量的城市职能。这种不平衡表现为交通设施带来的碎片化的土地利用和交通阻塞带来的环境质量退化。但这种站域从发展的角度来看很值得关注，因为这里可能有机会创造新的职能。

　　（5）场所功能为主站域（Unbalanced Place）：站域内活跃的土地利用活动相对于交通设施的供给来说更为强烈，具有多种城市功能和相对较少的交通设施。这类站域主要出现在那些创业依赖于传统技术支撑的区域，这类站域对于经济流动和大量基础设施建设来说太偏远了。此类地点从运输的角度来看很值得关注，因为这里可能有机会发展新的运输设施。

　　在（4）和（5）类型的站域空间都有倾向于平衡的可能，主要在两个方向上发展：节点功能为主站域可以通过增加场所功能（a）和减少交通节点功能（b）来获得平衡。场所功能为主站域可以增加其交通设施（c）和更多的地方发展定位措施，如减少城市功能（d）来获得平衡。

　　贝尔托利尼认为理想的站域空间节点功能和场所功能应该大致维持平衡，即在"橄榄球"区域内，在这个范围内没有任何依赖或紧张局势产生，不仅交通便利，站域环境品质也能得到较好的保障。因此，大型铁路客站站域空间的功能组成是否平衡，对未来站域空间的发展具有决定性作用。

7.6.2　节点和场所价值的测算方法

　　节点（交通）价值和场所（功能）价值是贝尔托利尼针对车站地区价值建设的"节点—场所"橄榄球模型。测算节点（交通）价值的主要指标是可达性，反映站点的交通属性；场所（功能）价值是对区域活动强度和密度的评估，包括商业设施数量、集聚程度、活动场所面积等方面的指标，反映站点区域的功能属性。若要实现站点地区可持续发展，两种价值不仅要相互协调，还要交互促进。

1. 节点（交通）价值测算方法 [①]

　　本书将站点可达性作为节点价值的测算指标。常用的可达性计算方法有：潜在可达性、加权平均旅行时间/成本、日可达距离和重力模型法等。其中，潜在可达性是计算交通节点区域可达性应用最为广泛的一种方法。其原理是：可达性对城市发展产生潜在经济影响的前提是基于"距离衰减效应"。即 j 城市对 i 城市所能产生的潜在经济影响与 j 城市的经济规模成正比，与 j 到 i 的距离成反比。公式如下：

---

① 宋文杰，史煜瑾，朱青，等.基于节点—场所模型的高铁站点地区规划评价——以长三角地区为例 [J].
经济地理，2016，36（10）：18–25.

$$PA_i = \sum_j \frac{D_j}{t_{ij}^\alpha} \qquad (7\text{-}1)$$

式中　PA_i——表示城市 i 的潜在可达性；

　　　D_j——城市 j 的经济吸引力度，一般用 GDP 表征；

　　　t_{ij}——i 到 j 的旅行时间；

　　　α——距离摩擦系数。

考虑到节点可达性与自身的经济吸引力度存在较大关联，故本书采用基于重力模型改进的潜在可达性计算方法。公式如下：

$$A_i = PA_i D_i = \sum_j \frac{D_i D_j}{t_{ij}^\alpha} \qquad (7\text{-}2)$$

式中　A_i——站点 i 的可达性；

　　　PA_i——站点 i 的潜在可达性，可由公式（7-1）计算得到；

　D_i、D_j——分别表示站点 i、j 的经济吸引力度，取站点所在城市的 GDP 数
　　　　　　据（2014 年）代入计算；

　　　t_{ij}——站点 i 到 j 的旅行时间，基于站点间的时间成本数据，通过
　　　　　　ArcGIS 得到高铁站点间最短路径的 OD 成本矩阵数据；

　　　α——距离摩擦系数，区域性的经济活动可达性研究通常取值为 1，故
　　　　　　此处 $\alpha=1$。

2. 场所（功能）价值测算方法 [①]

本章节对站点地区场所价值的测算除了基于高铁站点新城规划情况，还综合考虑高铁新城规划的规划定位、主要功能、用地规模等指标。高铁站点的场所价值测算公式如下：

站点场所功能价值 = 用地规模 × 规划强度系数　　　（7-3）

规划强度系数 = 等级系数 + 功能系数　　　（7-4）

式中，用地规模为高铁新城规划的用地面积；等级系数代表高铁新城规划中对自身等级、层次的定位，定位越高，取值越大；功能系数代表高铁新城承担各类区域功能的多样化程度，功能种类越多，取值越大（表 7-32）。

规划强度系数赋值表　　　　　　　　表7-32

高铁新城规划定位概括	等级系数取值	高铁新城主要功能	功能系数取值
城市副中心	1.0	综合功能	0.2

---

① 宋文杰，史煜瑾，朱青，等 . 基于节点—场所模型的高铁站点地区规划评价——以长三角地区为例 [J].
经济地理，2016，36（10）：18-25.

续表

高铁新城规划定位概括	等级系数取值	高铁新城主要功能	功能系数取值
城市门户、城市新区、功能中心	0.8	单一功能	0
功能示范区、功能区、功能平台	0.6	—	—
城市窗口、交通枢纽	0.4	—	—
居住社区	0.2	—	—

（来源：宋文杰，史煜瑾，朱青，等.基于节点—场所模型的高铁站点地区规划评价——以长三角地区为例[J].经济地理，2016，36（10）：18–25）

7.6.3 京沪线站域节点价值和场所价值测算

本章节对京沪线 24 个站点研究对象进行节点价值和场所价值的测算。由于不同等级规模城市站点的节点价值和场所价值等级不同，差异很大，不具备可比性，所以采取分类讨论，将 24 个站点以站点所在城市的规模等级分为两类：大城市站点（城镇人口规模大于 100 万）和中小城市站点（城镇人口规模小于 100 万），再进行数据处理和分析（表 7–33）。

京沪高速铁路站点地区规划定位与功能 表7–33

站点	城市	发展定位	站房面积（m²）	规划面积（km²）	站区规划主要功能
北京南	北京	产业规划与南站改造同时并举，突出商务功能，筹划北京南站经济圈	252000	1.8km²	批发和零售业、科研、商务、住宿、餐饮、居民服务、房地产
廊坊	廊坊	城市之窗	9889	10km²	集散、商务
天津西	天津	集商务金融、商业贸易、文化休闲居住于一体的，集中展现天津崭新城市形象的综合性城市副中心	26000	初次规划3.5km²，二次规划10km²	金融、商业、贸易及信息产业、商务办公、酒店、公寓
天津南	天津	标志性商业门户与生态时尚的宜居地	3999	0.95km²	商务、商业、酒店、会展、文娱、居住、仓储
沧州西	沧州	沧州新城，服务于高档休闲、旅游、娱乐、餐饮、服务业为主的商业区	9992	28km²	大型公共建筑群，市体育馆、展览中心、广场、大剧院、博物馆、图书馆、2个五星级酒店、国贸中心、高品质居住
德州东	德州	生态型高铁新区，宜业、宜居、宜学、宜游，交通商务区，城市居住及综合服务区和工业产业区	19970	50km²	主题公园、休闲娱乐设施、滨河生态社区、配套住宅片区
济南西	济南	齐鲁新门户，泉城新商埠，城市新中心，以商务、会展、文化为主导功能的城市副中心	62534	初期用地26km²，二期用地55km²	商业、休闲、娱乐、物流、商务、居住、公共服务设施

续表

站点	城市	发展定位	站房面积（m²）	规划面积（km²）	站区规划主要功能
泰安西	泰安	高铁泰安新区，彰显泰城新形象的门户新城区，宜商、宜居的新城区，低碳国际社区	23156	25km²	房地产、商贸流通、金融保险、餐饮娱乐、休闲度假、物流产业等现代服务业
曲阜东	曲阜	以居住、商贸、休闲娱乐为主，以高速铁路站点为特色，配套完善，环境优美的城市综合发展区	9996	35km²	广场、居住、商业
滕州东	滕州	高端服务和研发新高地、生态和宜居城市	7968	10.3km²	综合服务中心，政务文教、金融、商贸、居住、工业物流
枣庄西	枣庄	以行政办公、商务会展、文化娱乐、体育等为主导功能的市级城市中心，与居住区有机结合，形成现代化新城区	10000	10km²	行政办公、文化娱乐、商贸金融和体育场馆，花园式居住组团
徐州东	徐州	高铁生态商务，汇聚高端服务业和高科技企业的全新平台	14984	50km²	以研发、商务、商业、居住等为主的高端服务业聚集区、健康产业聚集地，创新研发中心、现代物流商贸区、生态宜居新城区和生态休闲旅游区
宿州东	宿州	宿马现代产业园区，一个与长三角接轨的功能复合化、产业多元化、服务规模化、生态和谐化的高铁新城，彰显城市门户形象的产业新城	4993	核心区10.6km²，规划30km²	集生产、居住、交通、商贸、物流、休闲等功能为一体的综合新城
蚌埠南	蚌埠	交通门户枢纽，商务办公及现代服务中心，生态低碳的宜居新城	23996	核心区8km²，规划23km²	金融、科教、贸易、居住
定远	定远	交通门户枢纽	4000	2km²	现代农业、观光旅游等
滁州	滁州	皖东重要综合交通枢纽中心、大滁城商贸物流中心、宜游宜居的城市新区	4000	36.5km²	以交通、商业、商务、宾馆酒店等为主的交通枢纽中心，居住片区
南京南	南京	南部新中心，集现代服务业、商贸商务、总部经济、文化、旅游、会展业和居住为一体的聚集区，枢纽型商贸商务中心	281500	32km²	地区中心，文化娱乐、体育、行政管理、社区服务、社会福利、医疗卫生、商业金融服务、商业商贸、办公文娱、居住
镇江南	镇江	"港产城"融合提供重大交通机遇	42314	1.41km²	商业、服务、办公
丹阳北	丹阳	以高铁站为中心，打造商务信息港	5978	2.4km²	大力发展现代服务业和文化旅游产业
常州北	常州	新龙国际商务城，由综合交通枢纽区、金融集聚区、商业商务区、科技研发区和公共服务区五大功能区组成	12253	1.6km²	科技广场、商务广场、财富广场和市民广场四大广场，国际酒店、金融街、大学城等现代服务业
无锡东	无锡	无锡城市副中心，锡山区行政文化商务中心，生产性服务业集聚中心和区域性客运交通枢纽	10988	45.6km²	交通服务、商贸旅游、商务办公、金融文娱、会展、信息服务的城市新型功能混合区，社会文化经济交流地

续表

站点	城市	发展定位	站房面积（m²）	规划面积（km²）	站区规划主要功能
苏州北	苏州	苏州新门户、城市新家园、产业新高地、生态新空间，产城融合示范区	7846	启动区4.7km²，核心区28.52km²	区域服务总部基地、高端非银创新金融服务中心、枢纽型商业旅游服务中心、数据科技研发培训基地、商务外包服务基地、创智文化交流中心
昆山南	昆山	交通枢纽	10373	1.4km²	交通集散、商务商贸、居住
虹桥	上海	上海面向长三角的交通中心和区域服务中心	100000	26km²	居住、商业、文化娱乐、商务办公、对外交通、绿化道路广场

（来源：作者依据站点所在城市政府网站和相关新闻报道整理）

1. 节点（交通）价值测算

数据获得：GDP 来自中国国家统计局网站公布的年鉴数据，两个城市间高铁最短时间可在 12306 网站上获得（表7-34）。α 是距离摩擦系数，区域性的经济活动可达性研究通常取值为 1，故此处 $\alpha=1$。根据公式算出节点价值（表7-35），节点价值按照大到小排列，可以发现城市规模与节点价值有关，大小城市之间差异很大，大城市的节点价值远高于中小城市（表7-36，图7-18）。这从侧面证实京沪线中小城市站点可达性低于大城市站点。节点价值在大城市站点间的分布也不均衡，上海虹桥、苏州北、天津西、无锡东、北京南的节点价值远高于其他站点；而且随着城市能级的减弱，节点价值也逐渐减小。中小城市节点价值较低而且较为均等。

京沪线高铁沿线城市GDP（2015年）　　　　表7-34

站点	GDP（亿元）	站点	GDP（亿元）
北京南	23014.6	宿州东	1235.8
廊坊	1080.3	蚌埠南	1253.1
天津西	16538.2	定远	153.5
天津南	16538.2	滁州	1305.7
沧州西	1521.5	南京南	9720.8
德州东	2750.94	镇江南	3252.38
济南西	6100.2	丹阳北	1085
泰安西	3292	常州北	5273.2
曲阜东	396.3	无锡东	8518.3
滕州东	1005	苏州北	14504
枣庄西	2031	昆山南	3080
徐州东	5319.9	上海虹桥	25123.5

（来源：中国国家统计局网站）

节点价值计算值   表7-35

站域	节点价值计算值	节点价值	站域	节点价值计算值	节点价值
北京南	31335437.27	0.626708745	徐州东	7905125.891	0.158102518
廊坊	3668196.025	0.073363921	宿州东	1998028.164	0.039960563
天津西	39053514.07	0.781070281	蚌埠南	1991831.278	0.039836626
天津南	43550044.36	0.871000887	定远	242067.0902	0.004841342
沧州西	3736085.762	0.074721715	滁州	2529603.584	0.050592072
德州东	5303230.098	0.106064602	南京南	18235056.75	0.364701135
济南西	10162646.44	0.203252929	镇江南	8514069.151	0.170281383
泰安	5465878.767	0.109317575	丹阳北	3171007.311	0.063420146
曲阜东	686948.9581	0.013738979	常州北	16298514.77	0.325970295
滕州东	1684043.562	0.033680871	无锡东	32239403.67	0.644788073
枣庄	3335298.181	0.066705964	苏州北	45896807.75	0.917936155
徐州东	7905125.891	0.158102518	昆山南	13625657.59	0.272513152
宿州东	1998028.164	0.039960563	上海虹桥	46161299.1	0.923225982

（来源：作者自绘，由马筑卿协助计算）

场所价值计算值   表7-36

站点	用地规模（km²）	等级系数	功能系数	规划强度系数	场所（功能）价值计算值	场所（功能）价值	规格化参数
北京南	1.8	0.6	0.2	0.8	1.44	0.020571429	70
廊坊	10	0.4	0	0.4	4	0.057142857	70
天津西	10	1	0.2	1.2	12	0.171428571	70
天津南	0.95	0.4	0.2	0.6	0.57	0.008142857	70
沧州西	28	0.8	0.2	1	28	0.4	70
德州东	50	0.8	0.2	1	50	0.714285714	70
济南西	55	1	0.2	1.2	66	0.942857143	70
泰安	25	0.8	0.2	1	25	0.357142857	70
曲阜东	35	0.8	0.2	1	35	0.5	70
滕州东	10.3	0.6	0.2	0.8	8.24	0.117714286	70
枣庄	10	0.8	0.2	1	10	0.142857143	70
徐州东	50	0.8	0.2	1	50	0.714285714	70
宿州东	30	0.8	0.2	1	30	0.428571429	70
蚌埠南	23	0.4	0.2	0.6	13.8	0.197142857	70
定远	2	0.4	0	0.4	0.8	0.011428571	70

续表

站点	用地规模 （km²）	等级系数	功能系数	规划强 度系数	场所（功能） 价值计算值	场所（功能） 价值	规格化 参数
滁州	36.5	0.4	0.2	0.6	21.9	0.312857143	70
南京南	32	1	0.2	1.2	38.4	0.548571429	70
镇江南	1.41	0.6	0.2	0.8	1.128	0.016114286	70
丹阳北	2.4	0.4	0.2	0.6	1.44	0.020571429	70
常州北	1.6	0.6	0.2	0.8	1.28	0.018285714	70
无锡东	45.6	1	0.2	1.2	54.72	0.781714286	70
苏州北	28.52	0.6	0.2	0.8	22.816	0.325942857	70
昆山南	1.4	0.4	0	0.4	0.56	0.008	70
虹桥	26	0.4	0.2	0.6	15.6	0.222857143	70

（来源：作者自绘，由马筑卿协助计算）

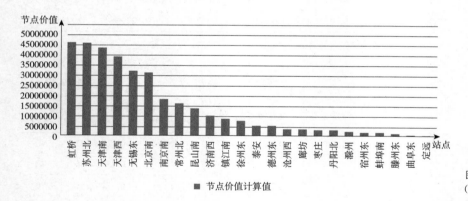

图 7-18　节点价值计算值
（来源：作者自绘）

2. 场所（功能）价值测算

　　根据公式计算得到的站点场所价值（表 7-37，图 7-19）并结合站点的规划数据资料，可知城市规模并不影响大城市和中小城市的场所价值，这说明部分中小城市的站域规划开发强度和规模甚至超过大城市，而有些大城市站域规模反而很小，比如北京南站，虽然位于超大城市的中心，但由于场地的限制，站域开发面积极为有限，场所价值相对较低。所以，地方政府对本地小城市大站域的开发需要避免盲目的采用大城市的站域规划开发模式。京沪线上规模不同的城市拥有的站点当中，济南西站、德州东站、徐州东站和南京南站的场所价值显著高于其他站点，而常州北站、镇江南站、定远站、天津南站、昆山南站等站域的规划开发规模较小，场所价值较低，其余站点的场所价值分布较为均衡，差异不显著。

京沪线站域节点与场所价值　　　　　　　　表7-37

站点	节点价值	场所（功能）价值	站点	节点价值	场所（功能）价值
北京南	0.626708745	0.020571429	宿州东	0.039960563	0.428571429
廊坊	0.073363921	0.057142857	蚌埠南	0.039836626	0.197142857
天津西	0.781070281	0.171428571	定远	0.004841342	0.011428571
天津南	0.871000887	0.008142857	滁州	0.050592072	0.312857143
沧州西	0.074721715	0.4	南京南	0.364701135	0.548571429
德州东	0.106064602	0.714285714	镇江南	0.170281383	0.016114286
济南西	0.203252929	0.942857143	丹阳北	0.063420146	0.020571429
泰安	0.109317575	0.357142857	常州北	0.325970295	0.018285714
曲阜东	0.013738979	0.5	无锡东	0.644788073	0.781714286
滕州东	0.033680871	0.117714286	苏州北	0.917936155	0.325942857
枣庄	0.066705964	0.142857143	昆山南	0.272513152	0.008
徐州东	0.158102518	0.714285714	虹桥	0.923225982	0.222857143

（来源：作者自绘，由马筑卿协助计算）

场所（功能）价值

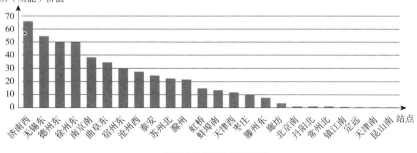

图 7-19　场所（功能）价值
计算值
（来源：作者自绘）

■ 场所（功能）价值计算值

7.6.4　京沪线站域的节点—场所价值评价

根据节点价值计算值和场所价值计算值，分别除以相应的规格化参数（规格化是将得到的计算值换算为 0~1，规格化参数等于或略大于所有计算值的最大值），得到规格化后的节点价值和场所价值（范围：0~1），如表 7-38 所示。由图 7-20 可以发现，京沪线沿线站域节点和场所价值基本平衡的有南京南站和无锡东站，占沿线站域的 8.3%；依赖型站域主要有定远站、丹阳北站、滕州东站、廊坊站、枣庄站、蚌埠南站、滁州站、镇江南站、泰安站 9 个站域，占沿线站域的 37.5%；节点功能为主型站域主要有昆山南站、常州北站、北京南站、天津西站、天津南站、苏州北站、虹桥站 7 个站域，占沿线站域的

京沪线沿线站域功能价值评价　　　　　表7-38

站域价值特征类型	站域	数量	比例
大城市中心节点型	北京南、天津西、昆山南、虹桥	4	16.7%
大城市中心依赖型	廊坊	1	4.2%
大城市中心均衡型	南京南	1	4.2%
大城市边缘节点型	天津南、苏州北	2	8.3%
大城市边缘依赖型	泰安西、镇江南	2	8.3%
大城市边缘场所型	济南西、徐州东	2	8.3%
大城市郊区依赖型	枣庄西	1	4.2%
大城市郊区节点型	常州北	1	4.2%
大城市郊区均衡型	无锡东	1	4.2%
中小城市郊区场所型	沧州西、德州东、曲阜东、宿州东	4	16.6%
中小城市郊区依赖型	滕州东、定远、滁州、丹阳北	4	16.6%
中小城市边缘依赖型	蚌埠南	1	4.2%

（来源：作者自绘）

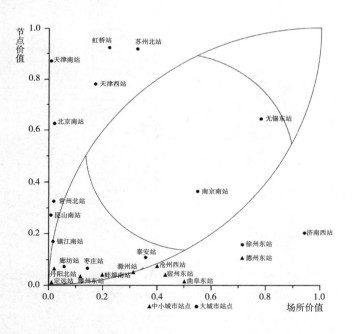

图7-20　京沪线站域节点—
场所模型评价结果图
（来源：作者自绘）

29.2%；场所功能为主型的站域主要有沧州西站、宿州东站、曲阜东站、徐
州东站、德州东站、济南西站6个站点，占沿线站域的25%。结果进一步说
明我国京沪线站域虽然经过了数十年的发展，但大部分依然处于初始状态，站
域空间功能价值发展较为不平衡，大城市站域主要以节点功能为主，中小城市
主要表现以场所功能为主（表7-39）。

京沪线沿线站域功能价值评价　　　　　　　　　　表7-39

站点	城市	城市类型	城市类型	区位类型	价值评价
北京南	北京	超大城市	A1	C1	节点型
廊坊	廊坊	大城市	A1	C1	依赖型
天津西	天津	超大城市	A1	C1	节点型
天津南	天津	超大城市	A1	C2	节点型
沧州西	沧州	中等城市	A2	C3	场所型
德州东	德州	中等城市	A2	C3	场所型
济南西	济南	大城市	A1	C2	场所型
泰安	泰安	大城市	A1	C2	依赖型
曲阜东	曲阜	中等城市	A2	C3	场所型
滕州东	滕州	中等城市	A2	C3	依赖型
枣庄	枣庄	大城市	A1	C3	依赖型
徐州东	徐州	大城市	A1	C2	场所型
宿州东	宿州	小城市	A2	C3	场所型
蚌埠南	蚌埠	中等城市	A2	C2	依赖型
定远	定远	小城市	A2	C3	依赖型
滁州	滁州	中等城市	A2	C3	依赖型
南京南	南京	特大城市	A1	C1	均衡型
镇江南	镇江	大城市	A1	C2	依赖型
丹阳北	丹阳	中等城市	A2	C3	依赖型
常州北	常州	大城市	A1	C3	节点型
无锡东	无锡	大城市	A1	C3	均衡型
苏州北	苏州	特大城市	A1	C2	节点型
昆山南	昆山	大城市	A1	C1	节点型
虹桥	上海	超大城市	A1	C1	节点型

（来源：作者自绘）

第 8 章

结论与展望

8.1　主要研究结论

　　本书以大型铁路客站与城市空间的协同发展作为研究重点，集聚整体性思维、系统论理论、交通引导城市发展理论等作为理论基础，构建了大型铁路客站站域空间整体性发展的分析框架，对大型铁路客站站域空间与城市空间演化的相互作用关系进行深入分析与研究。本书研究主要围绕客站与城市协同发展的内在机制、大型铁路客站站域空间整体性发展的策略和模式、我国大型铁路客站站域空间整体性发展可行性，以及我国大型铁路客站站域空间整体性发展途径等方面展开，并对我国京沪线沿线 24 个站点的站域空间演化进行了实证分析和评价。本书的研究结论体现在以下几个方面。

8.1.1　解析了国内外大型铁路客站站域空间发展规律的差异性

　　由于城镇化水平、站点区位、高铁建设定位等因素的不同，我国大型铁路客站发展模式与其他国家有着很大的差异性。

　　首先，欧洲高铁客站建设时期，城市发展已基本趋于稳定，进入城镇化平稳发展阶段，铁路客站的改扩建从整体空间形态和形态表征上可能不会对城市空间产生太大的影响，其交通容量和整体规模也往往被主动控制在一定的限额内，避免激增的人流交通量对城市历史街区空间形态产生过量的冲击和肢解性破坏。客站的开发与旧城保护相应，多以客站的改扩建为契机完成城市更新，站区承担起复兴城市中心区的重任，成为城市中重要的生活中心。我国铁路客站（高铁）建设正处在工业化和城镇化快速上升时期，这个时期城市空间快速发展，城市不仅面临着空间的快速扩展，也面临着内部空间结构的调整，因此，铁路客站的建设成为引导城市空间发展的重要因素之一。

　　其次，不同阶段下站域区位选择和产业功能的差异明显。欧洲国家在高铁建设时期大都进入了城镇化后期成熟阶段，城镇化水平大多在 75% 以上，城市产业结构基本上已经实现了从"二三一"到"三二一"的转变，城市间联系紧密，形成了多中心、网络化的城市空间形态。从空间功能布局的角度来看，注重城市整体功能的协调，城市环境整体改善。交通基础设施建设已经较为完善，形成了能保证高效通勤的运输体系。因此，西方高铁的开通提升优化了城市的产业功能，尤其是第三产业得到了快速发展，旅游业、商务、金融等高端服务业迅速发展。我国目前仍处于快速城镇化阶段，城镇化出现了中心城区改造和郊区化同时存在的情况，高铁到来为城市又一次大规模扩张提供了机遇，因此普遍选择在城市边缘区新建。在新城发展过程中，高铁带来的负面影响被"刻意回避"，而过于强调其对外部商务人流、资本的吸引作用，以促成在高铁站周边进行高端化、大规模开发建设，但整体对新城区的提升效果不明显，城市高端服务功能的开发仍依赖城市中心。

实际上，高铁主要是带来生产要素在区域的重新分配，由于我国经济发展尚未达到西方国家水平，产业结构仍依赖制造业，商务金融产业仅限于区域中心城市，非中心城市由于城市能级过低，很难通过高铁新城吸引外部商务资本，所以，我国中小城市高铁站点周边往往只能集聚零售、餐饮、住宿等低端服务功能。再者，西方通过一体化设计，形成综合换乘枢纽，采取多点集散方式，建立合理的路网级配，构筑开放式的结构，更加强调与周边街区的融合，通过步行化系统设计，营造了具有活力的城市空间。我国为便于管理，多采用站前广场集散、单点集散等交通组织方式，但易造成不同人流、车流的交织混乱，影响了客流集散效率和服务水平的提升。

另外，发达国家与我国在高铁建设速度和建设量上存在明显差异。我国高铁具有建设规模大和建设速度快的特点，我国在五年内建成了世界最大的高铁网络，这一特征将会深刻影响客站与城市的发展机制。综上所述，不难发现，由于城镇化水平、人口、高铁建设定位等因素的不同，我国高铁建设的发展模式与其他国家有着很大的差异性，因此，要在正确认知和深入分析我国高铁发展内在机制的基础上，探索我国高速铁路影响下客站与城市空间互动发展的新特征，理性借鉴和套用西方在控制城市开发速度、协调开发主体关系等方面的经验，更为重要的是重新审视我国高铁与城市产业、空间、交通的关系。需要因地制宜，全面、综合地考虑多方面的因素，建立高速铁路站点与城市空间演化之间的良性互动关系。

8.1.2 深化了客站与城市空间协同互动规律的认识

客站建设不是一个孤立的过程，它与城市空间发展紧密相连，是一个互馈的过程。

首先，铁路客站地区作为铁路运输和城市空间网络的双重节点，具有节点交通和场所功能两个方面的价值。场所功能主要表现为文化表达功能、引导发展功能、商业服务功能和公共空间功能；节点功能主要表现为换乘、停车、集散、引导四项基本交通功能。铁路客站不仅要满足交通功能的需求，还要满足场所功能的要求，需要均衡发展。

其次，城市交通建设具有塑造城市空间形态的功能，城市空间的演化又有强化交通方式选择的功能，两者之间存在复杂的动态互馈关系，铁路客站也是如此。一方面，铁路客站的建设改变了土地可达性，促进了城市空间向外扩展或内部优化重组，城市空间组织形态由最初的独立分散结构向单中心结构演化，或由原来的单中心逐步向多中心结构演化；另一方面，随着城市的发展，城市用地不断增加，城市空间向郊区拓展，对交通、市政等大型基础设施的需求日益增加，为高速铁路的建设带来契机。

再者，客站建设与城市空间发展有着多种影响效应，主要表现在廊道效应、外部效应、聚集效应和极化效应等四个方面。廊道效应即城市土地利用强度随着距离车站距离的增加而逐渐减弱，表明客站对城市的作用不仅仅局限于站点周边地区，还有沿线的整体区域。多个站点的连锁反应，整合成城市触媒带，形成交通廊道可以带动和激发城市空间发展。外部效应是指一个经济主体（生产者或消费者）在自己的活动中对旁观者的福利产生了一种有利影响或不利影响，这种有利影响带来的利益（或者说收益）或不利影响带来的损失（或者说成本），都不是生产者或消费者本人所获得或承担的，是一种经济力量对另一种经济力量"非市场性"的附带影响。

从已有的研究来看，客站对周边土地的开发与利用的影响最为显著，房地产受其影响最明显，土地所有者是客站开发利益最主要的受益对象。集聚效应是大型铁路客站作为综合交通枢纽，连接多种高速运输方式一体化联运，已经成为经济交往中克服地理限制、满足生产体系需要的重要因素，对城市的各种经济、文化和社会活动具有强烈的吸引作用，特别是对高科技、高附加值、技术密集型产业产生集聚作用明显。在这种集聚效应作用下，一方面站点地区经济水平得以提升；另一方面，该地区与周边组团、中心城区的联系得以增强，从而增强了区域竞争力。

因此，大型铁路客站是重要的集聚因子，从本质上引导着站域空间的发展方向。极化效应是指一个地区只要它的经济发展达到一定水平，超过了起飞阶段，就会具有一种自我发展的能力，可以不断积累有利因素，为自己进一步发展创造有利条件。在市场机制的自发作用下，发达地区越来越富，而落后地区越来越穷，造成了两极分化。因此，站域建设既可能扩大区域差异，使区域更加极化发展，也可能缩小区域差异，使区域趋于均衡发展。

另外，站域因城市、线路、区域环境不同发展情况也会有较大差异，需要根据具体的情况分类研究。另外，在城镇化发展的不同时期，客站对城市空间的影响也不尽相同。城市初建期，客站作为城市功能的生长点，带动周边地区城市功能的集聚，处于边缘地区的客站逐渐演变成为城市中心区域。在快速城镇化时期，在城市扩展的需求下和客站导向效应的作用下，其周边极有可能成为城市的副中心。由于城市依然处于单中心发展态势，城市的各项功能以集聚型发展为主，铁路客运站周边功能复杂多样，多种交通方式都会向这一主要的人流吸引点聚集，而客站周边业态却相对低端。在城镇化平稳时期，铁路客运站周边地区的土地开发呈现高密度、高强度的发展态势，会进一步促进了周边地区的空间整合与环境整治，从而形成了良好的城市门户特色空间。区域一体化时期，站域空间的建设规模得以扩大，站域与周边组团、中心城区的联系得以增强，从而导致空间结构发生改变，铁路客站将成为区域中重要的集聚因子。大城市连绵区的空间结构将在这些强有力的集聚因子的带动下，逐渐由"单中心"封闭式空间发展模式向"多中心"网络化发展模式演变。同时，在全球化产业空间发展的新规律下，产业逐步实现梯度转移，向具有高可达性的地区转移，引导地区产业布局结构发生变化，从而导致客站地区产业结构和空间结构重组。

8.1.3　明确了整体性发展是大型铁路客站效率提升和城市空间优化的必然途径

国内外客站都经过了漫长的演变过程，城市角色发生了较大变化，但由于城市之间发展阶段及区域条件的差异也呈现出了不同的发展方向。国外发达地区客站大多经历了五个阶段：初始时期，简单站场上下车的场所；象征性时期，作为"城市门户"促进城市扩展；衰退时期，失去城市中心地位；复兴时期，由单纯的交通建筑向城市综合建筑体转变；系统整合期，区域一体化发展成为城市再发展"引擎"。客站逐渐成为城市发展的触媒，带动周边地区土地升值，产业集聚，诱导人口及就业在城市中的重新分布，引导城市结构调整，构筑面向区域的，多功能、综合性的新城生活中心或城市副中心。

我国客站的发展历程与国外发达地区相似，由简单站场逐渐发展成为高铁时代的大型综合交通枢纽，并引导新城发展，促进城市结构调整。与国外发达地区相比，我国站域空间目前呈现了不同的发展方向，站房大多孤立设置，站城隔离，未能形成与周边城市空间的有效互动，站域的立体化发展依然处于初始阶段。再者，与发达国家经过几十年的调整与完善不同，我国铁路客站几乎是爆发式的增长，加上城市大容量、快速交通的发展还处于初级阶段，短时间内难以形成完善的公共交通网络，这都限制了我国站域空间的整体性发展。

我国高铁站域虽然发展较快，但整体面临的问题比较多。从区位关系来看，我国城市中心区的客站空间受限，土地利用零散，资源缺乏整合；在站域空间形态上，客站对城市形成了割裂，单面发展特征明显；在交通组织上，容量受限，立体交通缺失，交通秩序混乱；在产业结构上，定位低端，结构不合理，急需调整。城市边缘区站域存在建设规模过大，定位过高与重复，产业基础薄弱，可持续发展动力不足的问题。城市远郊区的站域，由于过远的空间距离对站域发展产生了阻隔，站域空间发展与城市总体规划不协调，与城市整体空间拓展缺乏紧密结合，难以充分利用城区既有公交网络资源。

　　因此，要实现站城协同发展目标，必须从区位关系、功能组织、土地利用及空间品质等层面牢扣城市空间的发展趋势和需求。伴随着城镇化进程的加快，我国城市空间扩展不可避免。积极吸取国际城市发展的经验和教训，反思我国客站和城市发展方向，选择合理的城市空间增长策略就显得尤为重要。目前，充分利用有限资源，实现土地价值最大化，已经是城市发展面临的首要问题。城市交通枢纽在带来大量人流、物流、信息流的同时，也带来了巨大的潜在商业开发价值。基于此，以其为依托的高强度密集型商业开发模式成为必然，这也是形成站域空间综合开发，整体性发展最直接的诱因。

　　由于交通方式的不断发展、建造技术的不断更新，以及城市生活的多样与复杂化，城市交通节点交通集散的单一功能已经开始向多元综合城市功能转化，这也促进了站域空间的综合发展。再者，国内外发达地区的发展经验表明，高效的综合体模式和站城融合发展，不仅可以提高交通效率，而且可以刺激经济，带动城市的整体发展。

　　整体性发展从城市角度来看，一方面站域空间整体性发展模式强调整个城市的交通网络建设和土地利用的联动。这要求铁路客站更不能画地为牢，独立于城市和周边区域孤立发展，客站应该与城市公共交通、城市群交通之间相互衔接与协调。从客站的"点"的开发上升到"珠链式"的廊道打造，应突破"点"模式向"线"和"面"过渡，从公共交通走廊和网络构建的层面，实现多个客站社区之间的协调，以引导城市空间结构的整体优化调整。另一方面，大型铁路客站作为城市的触媒，交通引导城市人口和资本向车站地区集中，使生产要素得以合理组织，对当地经济的发展做出了很大的贡献，是大城市实现从单中心向多中心转变的重要工具。

　　大型铁路客站作为其所处环境区段中的一个开放性环节，其触媒作用主要体现在大型铁路客站的改造或新建，成为城市连锁开发的催化剂，助推城市功能不断完善，产业结构、空间结构逐渐走向合理化，带动整个城市经济、社会、形象的全面进步。整体性发展从站域层面来看，此模式强调紧凑的用地布局和混合的土地利用，强调土地的使用效率达到最高和人们对各种服务设施的使用效率提高，是一种土地高密度复合利用导向，有利于形成聚集，控制蔓延。通过土地的混合利用达到城市功能的多元复合，使这一区域在任何时段内都能满足人们的各项活动需求，创造出"24 小时活力"场所，增加了整个地区的土地开发价值和站域公共空间活力和品质。可见，整体性发展是大型铁路客站效率提升和城市空间优化的必然途径。

8.1.4　建构了大型铁路客站站域空间整体性发展的理论分析框架

大型铁路客站站域空间整体性发展是指铁路，尤其是高铁，在引导城市发展的过程中，为了实现客站与城市协同作用下的价值最大化，与城市综合开发、土地集约利用等方面的有机结合，形成以大型铁路客站为中心在一定的区域内，一般在半径 1500m 的范围内，采取的将城市公共空间、建筑空间（私有物业）和交通空间作为一个系统整体，统筹考虑交通发展与城市土地利用，形成的具有连贯开放、集约高效的有机组合的城市空间系统。交通作为引导城市发展的重要因素，尤其是当前高铁的快速建设，客站成为促进城市中心区再发展和引导城市结构调整的重要因素，客站发展的同时引导城市发展的需求必然对站域空间的发展提出相应的内在要求，因此如何协调客站自身运营与城市发展的关系是必须要重视的问题。

从交通与城市土地利用的互馈关系来看，这个问题本质是如何通过对客站与城市土地利用的合理优化配置，实现客站建设与城市协同发展的问题。基于交通与城市土地利用的互馈关系，通过客站与城市空间的协同发展，包括站域、沿线、所在城市和区域 3 个层次的优化整合，发挥点、线、面整合发展的优势，才能最终实现站域空间的整体性发展和引导城市再发展以及结构调整的根本目的。

从站域空间的双重属性特征来看，交通节点和城市场所的均衡是实现站域空间整体性发展的手段，强调枢纽地区的协同作用而非简单的功能叠加。过多的节点效应或场所效应都会抑制另一方的发展。站域空间的设计要避免形成两种极端，力求达到一种最佳的平衡状态。因此，本书基于交通与土地利用的互馈关系以及站域空间的双重属性特征建构了大型铁路客站站域空间整体性发展的理论分析框架。

理论框架中主要包含客站建设与城市空间两部分，大型铁路客站站域空间是分析客站与城市空间相互关系的纽带和叠加点，主要表现为外圈的交通与城市土地利用的相互作用和内圈节点交通功能和场所城市功能的协同。外圈结构表明站域空间的发展是交通系统与土地利用的结合产物，两者相互影响、相互作用。交通条件的改善是激活交通活动与土地利用互馈作用的关键，反过来，土地利用特征的改变也对交通系统提出新的需求，促使其不断改进完善，引起交通设施和出行方式的改变，而其中某一因素的突变，城市土地利用与交通系统又进行新一轮的进化。

内圈结构表明了客站建设、交通节点和城市场所的变化过程。客站的建设带动了节点和场所的发展，左侧表明交通枢纽本身作为重要的交通设施所反映的交通功能与设施属性，主要表现为交通服务功能；右侧表明站域对城市功能发展的影响和催化所产生的价值，比如站域承担了城市多少商务功能等，主要表现为文化表达功能、引导发展功能、商业服务功能和公共空间功能；中间区域表明了两者的相互作用，而这种相互作用必然对城市经济活动、交通以及土地之间互相影响，互相作用必然引起城市空间的重构与发展，具体相关影响因素需要分别从可达性、交通量、出行成本以及土地价值、开发强度、企业和人口的集聚与扩散等方面进行分析。

两者的协同是站域空间整体性发展的基础。基于铁路网络的层级关系将站域界定为三个尺度：面（铁路网络）、线（沿线）、点（客站）。面层面关注城市以及都市圈内多个站点之间的协同发展，线层面关注以客站为核心的沿线一体化发展，点层面关注地段内客站与周边城市空间的整合发展。三个层面中均有站域空间相关的整合，而且涉及的内容尺度有所不同，它们互为依托，互为补充，彼此关联，渗透在城市乃至区域建设的方方面面。只有这样，才能更好地从站域空间整合策略的综合应用上有效促进站城互动，提高站域的综合性能和效率。

8.1.5　提出了大型铁路客站站域空间整体性发展的途径

大型铁路客站站域公共空间整体性发展不仅涉及规划的土地利用方式，还涉及联合开发、统一管理等具体问题。一个项目的顺利实现，从最初的投资决策到最终建成实施，除了需要相关政策和法律的保障之外，还需要经历四个关键的环节：规划、开发、设计和管理。这四个环节紧密联系，互为基础，缺一不可。

（1）规划的整合——土地利用与铁路交通规划整合。进行城市交通与土地利用的综合一体化规划，实现铁路规划与城市规划一体化编制，两个规划互为依托，同时进行，相互反馈，在不同规划层次上取得密切的配合与协调，从而达到未来城市土地利用与铁路交通系统的相互协调。

（2）开发的整合——房地产与交通部门的联合开发。建立铁路客站运营企业和房地产商的合作关系，补偿铁路客站运营企业的经营成本，解决铁路和客站投资短缺问题，为交通运输项目的建设提供部分资金来源。

（3）设计的整合——站域空间的整体性发展。促使交通、建筑、城市空间整体性发展，进而改变交通空间的单一面貌，并且在互动过程中形成一个多元复合、高效集约的站域空间，产生更为广泛和优越的整体功能，达到客站空间与城市公共空间协同发展的目标。

（4）管理的整合——对客站、建筑、城市环境的统一管理。建立有效的组织协调机制，如完善相应的政策、法律、法规、联合办公机制等，尽可能减少协调的成本，才能保障一体化整合发展。打破行业、部门之间的界限，使城市交通空间能够在城市、建筑之间自由穿插，实现综合统一的规划设计、建设管理、运营管理。

8.1.6　归纳了大型铁路客站站域空间整体性发展的发展策略

站域空间系统是以客站为核心，在大型铁路客站与城市公共空间互动关系基础上，形成的高度复合、运转有序的有机整体，具有一定的层次和结构。因此，从宏观着手，系统地了解大型铁路客站的城市职能，避免从孤立的单一空间层次研究铁路客站系统在城市空间系统中的层级和职能是实现整体功能最大化的基础。根据层级性原理，按照空间尺度的不同可区分为区域、城市和站域三个尺度，不同尺度层面的研究关注的焦点各异。结合高铁点、线、网的空间形态层次，本书提出站域空间的整体性研究应该遵循从核心到区域，从宏观到微观，由面到线和点的研究方法，将客站整体性发展的解决策略划分为四个层面：面——城市、区域的一体化发展，线——站线的一体化发展，点——站区、邻里、地块的综合发展，网——站域的地上、地下和地面的立体化开发，从而实现站城协同，站域空间的整体性发展。

面层面，主要表现为城市多中心环状枢纽体系和区域一体化。城市多中心环状枢纽体系是伴随着大城市由单中心往多中心发展的必然产物，客站引导大都市区空间结构多中心化发展，并实现功能多中心化协同。体系化发展，是从着眼于某一具体区位的发展转变为对整个通勤联系范围内各次中心之间的功能联系进行重新布局和整合的过程。区域一体化是在某一区域内以高铁为发展轴的特定的经济走廊。在走廊内原本相互割裂的城市之间，跨越空间上的距离，加快资源要素在区域内部和各城市之间的流动，最终形成沿着高铁隆起的都市连绵区。区域一体化有利于城市群内部城市之间通过协作形成更加具有竞争力的经济体，是城市现代化发展的新趋势，也是经济全球化发展局势下城市间互相交流合作发展的必然产物。

线层面，站线一体化发展模式是随着城郊铁路的发展，铁路作为重要的通勤工具发展起来的模式，以城郊铁路为发展轴线，以站点为核心，在城市郊区将铁路建设与城市建设进行一体化开发的模式，一方面可以保证优质的居住环境，另一方面，由于城郊多为未开发地区，通过新客站的建设以及生活服务设施的配置，使得城市整体附加值得以提升，再通过房产销售，可以给铁路开发企业带来更大的利益，反哺铁路建设和新城镇开发。而且这种沿线一体化开发形成的廊道是城市空间扩展的骨架，会对城市的居住、就业空间关系产生深刻的影响。

点层面，以站点为核心的站域空间综合开发主要有三种模式：地块的综合开发，邻里的综合开发，站域的综合开发。此模式是高速铁路时代客站的一种发展方向，即以客站为核心，在客站与其所带动和影响的周边地区进行有机联系而形成的整体，高铁对城市施加的各种影响，其契合度和强度将在这一地区获得集中体现。这一区域将成为高铁对城市更大范围产生作用的跳板，以此带动更大范围的城市发展。

网层面，是综合交通枢纽地下空间的综合开发模式，这是站域空间整体性发展的一种特殊模式，可以有效连接车站与周边地区，促进站域空间立体交通网络的形成和站域功能空间的系统化布局。

在点、线、面三个尺度引导城市的功能和产业在不同空间区位进行有序组织，三个层面之间的整体性发展可通过功能协同实现分工合作和功能互补，并以"整体性发展"的方式实现大城市铁路客站整体绩效大于各个节点绩效之和的效果，有利于促进城市机能的高效化运转。因此，对高铁沿线城市而言，要想发挥客站以及高速铁路城市发展的正面效应，需要多维度的促进站城、站线，乃至区域的一体化分析，由点到面，共同作用，发挥客站的触媒效应，并最终实现站城的整体性发展和可持续发展。

8.1.7 论证了大型铁路客站整体性发展在我国实施的可行性

我国国情决定了站域空间整体性发展模式在我国大城市实施的可行性。对于我国这种人口密度高，能源和土地相对匮乏的基本国情而言，只有实施高效集约发展模式才能防止城市无序蔓延，实现城市可持续发展。另外，我国正处于高速城镇化的发展阶段，特别是我国汽车工业和房地产业的迅猛发展，使城市面临着严峻的挑战，土地资源骤减、城市交通拥堵、大气环境污染等问题接踵而来，从科学规划的角度来看，现阶段正是大力发展城市公共交通的最佳时期，在构建紧凑型城市的理论框架之下，结合城市公共交通引导城市开发模式的应用，能够很好地起到整合城市土地使其集约利用并引导城市空间有序增长的良好作用，在这个新世纪之初的关键时刻，站域空间整体性发展模式无疑是我国未来城市发展的一剂良方。

其次，整体性发展是解决我国客站建设困境的迫切需要。由于我国铁路建设历史欠账较多，常常一票难求，因此，高铁和客站建设的主要问题不是客源问题，而是如何解决项目投资和实现运营盈利两大难题，这就迫切需要寻求良好的融资模式和市场化运作体制来摆脱建设困境。高铁和沿线土地利用具有相辅相成的互动关系，其建设一方面刺激沿线土地的开发，客站与周边服务设施的结合带来大量的稳定客源，增加了商业机会，引发了土地的增值；另一方面土地结构的改变又会引发新的交通需求，增大了客站的使用，加快铁路建设速度。将高铁建设与沿线土地综合开发结合起来，以客站建设带动土地开发，以土地开发培育客源提升，以物业增值的效益来弥补轨道建设和运营成本，采取客站建设与周边土地使用的整合机制，达到交通建设、运营的可持续发展，是城市政府和客站运营企业实现客站建设筹资的重要途径。

再者，政策激励为站域空间整体性发展提供了内部机会。由于我国高铁之前的大跃进式发展，积累了巨大的债务包袱，单靠传统的融资方式已经很难负担起我国高铁的建设成本，故必须通过其他渠道和方式融资。我国民间资本的巨大存量为采用融资模式提供了基础，2013 年 8 月 19 日出台的《国务院关于改革铁路投融资体制加快推进铁路建设的意见》(国发〔2013〕33 号)可以视为国家对创新高铁建设融资模式的态度，这为下一步操作层面开展高铁项目融资提供了内部机会。综上可见，虽然我国站域空间发展目前处于初始阶段，但站域空间整体性发展在我国具有较强的可行性。

8.1.8 提出了我国大型铁路客站整体性发展的优化策略和途径

随着我国高铁的快速发展，我国众多城市面临客站的新建或改扩建，客站周边用地的功能定位、设施布局以及城市发展等一时间成为城市建设决策者和设计人所关心的热点问题。为了应对这些问题，有必要对现阶段我国铁路客站分类及其功能特征进行梳理和总结，以便对不同类型的城市、处于不同发展阶段的客站所具有的功能特征建立清晰的认识。本书选取京沪线典型案例，从客站与城市空间互动关系出发，系统分析了站域空间发展与客站在城市区位、城市能级、发展阶段等之间的关系，分五种类型对以客站为中心、在高铁引导下站域空间的构成要素、组织特征与成长机制进行了解析，并基于这些认识建构了站域空间整体性发展的优化策略和可操作途径，为我国今后的相关实践提供一个比较完整的参考体系。

8.1.9 建构了基于节点和场所双重功能的价值评价体系

贝尔托利尼的"节点—场所"橄榄球模型认为车站地区包含两种价值：

节点（交通）价值和场所（功能）价值。两种价值必须相互协调、交互促进，才能使站点地区形成可持续发展模式。节点（交通）价值反映站点的交通属性，可达性是其主要测度指标；场所（功能）价值反映站点区域的功能属性，是对区域活动密度和强度的评估，可包括活动场所面积、商业设施数量、集聚程度等方面的指标。本书将站点可达性作为节点价值的测算指标。考虑到节点可达性与自身的经济吸引力度存在较大关联，故本书采用基于重力模型改进的潜在可达性计算方法。

公式如下：

$$A_i = PA_i D_i = \sum_j \frac{D_i D_j}{t_{ij}^{\alpha}} \qquad (8-1)$$

式中　A_i——站点 i 的可达性；

　　　PA_i——站点 i 的潜在可达性；

　　D_i、D_j——分别表示站点 i、j 的经济吸引力度，取站点所在城市的 GDP 数据（2014 年）代入计算；

　　　t_{ij}——站点 i 到 j 的旅行时间，基于站点间的时间成本数据，通过 ArcGIS 得到高铁站点间最短路径的 OD 成本矩阵数据；

　　　α——距离摩擦系数，区域性的经济活动可达性研究通常取值为 1，故此处 $\alpha=1$。

站点地区场所价值的测算主要基于高铁站点新城规划情况，综合考虑高铁新城规划的用地规模、规划定位、主要功能等指标。

$$站点场所功能价值 = 用地规模 \times 规划强度系数 \qquad (8-2)$$

$$规划强度系数 = 等级系数 + 功能系数 \qquad (8-3)$$

应用生成的数据对京沪线沿线站域进行评价，京沪线沿线站域节点和场所价值基本平衡的有南京南站和无锡东站，占沿线站域的 8.3%；依赖型站域主要有定远站、丹阳北站、滕州东站、廊坊站、枣庄站、蚌埠南站、滁州站、镇江南站、泰安站 9 个站域，占沿线站域的 37.5%；节点功能为主型站域主要有昆山南站、常州北站、北京南站、天津西站、天津南站、苏州北站、虹桥站 7 个站域，占沿线站域的 29.2%；场所功能为主型的站域主要有沧州西站、宿州东站、曲阜东站、徐州东站、德州东站、济南西站 6 个站点，占沿线站域的 25%。结果进一步说明我国京沪线站域虽然经过了数十年的发展，但大部分依然处于初始状态，站域空间功能价值发展较为不平衡，大城市站域主要以节点功能为主，中小城市主要表现以场所功能为主。

8.2　主要创新点

8.2.1　视角创新：开辟了大型铁路客站站域空间研究的新视角

本书提出由于城镇化水平、站点区位、高铁建设定位等因素的不同，我国大型铁路客站发展模式与其他国家有着很大的区别。因此，要在正确认知和深入分析我国高铁发展内在机制的基础上，探索我国客站与城市空间互动发展的新特征。我国当前客站发展的主要困境是站城割裂和站域空间活力缺失。而客站触媒作用发挥的核心在于客站及其周边地区的一体化发展，进而促进城市整体经济和社会的发展。本书基于客站与城市空间的耦合关系，以整体性思维作为站域空间系统发展的指导原则，将交通空间、建筑空间与城市空间作为一个整体，强调从整体出发去研究和解决问题，开辟了铁路客站研究的新视角。

在宏观层面，整体性是指客站作为城市系统要素和网络上的节点，需要把自己当作城市空间系统的一部分，除了完成自身的交通集散功能外，还要综合其他城市职能，形成职能中心；从微观层面来看，站域整体性是指交通空间、建筑空间与城市空间的体系化，主要表现为站城空间的一体化和功能的均衡化；从交通网络层面来看，站域所依赖的交通网络的整体性发展对城市空间发展影响巨大，除了需要关注单个站域自身空间的整体性，还要关注客站所依赖的网络沿线站域的整体性发展以及其与城市空间的相互作用。整体性发展不仅要解决客站的建设问题，更要激发客站的催化作用，促进城市经济和社会的发展。这种思维具有操作上的可行性和在我国实施的适宜性，有利于提高站域空间在开发控制和站域可持续发展进程中的作用，为我国站域空间的建设和优化辨明了方向。

8.2.2　方法创新：探索了多尺度多视角的站域空间整体性发展的联动研究

本书多尺度多视角地探索站域空间整体性发展的途径。站域空间系统是以客站为核心，在客站与城市空间互动关系基础上，形成高度复合、运转有序的有机整体，具有一定的层次和结构。因此，如何规划和管理站点地区的发展，就成为起于站点而止于城市的问题了，需要多层次多角度的考虑，而不能仅仅局限于客站本身。

本书基于客站建设与城市空间发展的互馈关系，结合高铁点、线、网的空间网络形态层次，提出站域空间的整体性研究应该遵循从区域到核心、从宏观到微观，将客站整体性发展的解决策略划分为点、线、面三个层面，系统地考察站点及其周边地区的场所营造,关注站域空间节点和场所的均衡发展策略,寻求站域空间布局的空间环境效益、土地利用效益以及经济效益等整体效益的最大化,避免从孤立的单一空间层次研究铁路客站系统在城市空间系统中的层级和职能,是实现站域空间乃至城市经济、社会整体性发展的基础。

另外,站域的整体性发展,除了要关注物质空间这种"硬件"整合,还要关注"软件"整合,需要多角度地探索站域空间整体性发展的途径。本书提出站域空间整体性发展除了需要通过制定相应的政策框架以及具体的实施过程间接作用于"硬件"外,还涉及相关利益主体间的协调问题、规划整合、联合开发、统一管理等具体问题,必须通过规划、开发、设计和管理等多个环节紧密联系,互为基础,促进站域空间的整体性发展。这种多尺度、多视角联动研究可以更加清晰、全面的认识站域整体性发展的途径,形成以客站为核心的集约化发展的城市形态,以促进客站与城市的整体协调发展,最终实现大型铁路客站地区的健康可持续建设。

8.2.3　成果创新:构建了多因素考量的三级分类方法和站域空间特征评价体系并加以运用

视角和方法的创新带动了研究成果的创新。应用层面,本书基于我国站域空间发展的复杂性,提出多因素考量的三级分类方法,形成更为合理的类型划分,并在此基础上,通过对我国典型线路京沪线上站域空间的数据统计,对不同类型站域空间发展的特征和问题进行系统总结,有针对性地就具体改进措施提出各类型站域空间发展的优化策略,旨在指导我国未来站域空间建设,具有比较重要的实践价值。

此外,本书基于节点和场所模型,构建京沪线沿线站域空间发展特征评价体系,使站域空间发展特征有了相对明确的分析程序和评价标准,评价模型有利于推进站域空间建设与规划的科学性。再者,在实证案例选择上,以京沪线为研究对象开展区域空间分析,旨在增强研究的针对性和说服力的同时,为策略制定提供依据。京沪高铁沿途设24站,途径23个城市,涵盖超大城市、大城市和基础薄弱的中小城市,沿线城市无论在规模、等级,还是在发展水平和所处发展阶段上都有较大的差异,具有较强的代表性,其建成标志了中国高铁时代的来临,对我国高铁的发展具有重要意义。而且站点地区经过多年的发展,目前已形成了一定的规模,为站域空间发展研究提供了条件。因此,以此线路为典型案例来认知我国目前站域空间发展的状况,具有较强的代表性和典型意义,相关研究成果可为我国更多的高铁沿线区域与城市空间发展借鉴。

8.3　不足与展望

8.3.1　研究的本土性问题

站域的概念源于西方。尽管笔者在第一、二章中已指出国外站域空间由于城市发展阶段、形成机制、体制等的差异，导致了中西方站域空间发展呈现了不同的趋势。但在后文的论述过程中，尤其是在大型铁路客站站域空间整体性发展途径研究的策略建构中倾向于一边倒的考察结果，显示了西方模式作为参照的真实存在。

对此笔者的基本立场是：本书对站域空间整体性发展途径的研究确实是以西方和日本等人口密集的大城市站域空间为参照，并影响了后续实证研究和评价体系。但是从站域整体性发展的角度入手建立客站与城市协同发展模式对我国当前客站与城市发展的有效性十分明确，且此思路能从根本上解决我国客站建设面临的问题，因此，这种关系设定的本身足以成立。而国内外站域空间发展之所以呈现出了明显的差异，根源就在于城市所处的发展阶段不同。

西方高铁客站建设时期，城市发展已经进入城镇化平稳发展阶段，城镇化主要表现为中心城区改造，客站的开发与旧城保护相应，多以客站的改扩建为契机完成城市更新，站区承担起复兴城市中心区的重任，成为城市中重要的生活中心。与西方处于工业化后期不同，我国铁路客站（高铁）建设正处在工业化和城镇化快速上升时期，这个时期我国城镇化出现了中心城区改造和郊区化同时存在的情况，城市不仅面临着空间的扩展需求，也面临着内部空间结构的调整，因此，铁路客站的建设成为引导城市空间发展的重要因素。前者表现出较为成熟的功能均衡发展的站域空间，后者却大多表现为初始的节点型站域空间形态。

从国内外的发展经验来看，站域发展到成熟阶段需要较长的培育期，另外，由于我国体制的限制，成熟阶段的到来也还要很长的时间去等待。受能力、精力和学识所限，本书在价值论认知与可操作模式和发展途径探讨之间的转译不够充分，导致西方和日本这种站城一体化协同发展模式成为站域空间发展的最佳模式，未能揭示其他方式存在的可能性，尤其是我国站域目前多处于初始阶段，对此模式的适应性需要更长时间的考察。确定结论的得出需要更多横向和纵向理论及实证研究的积累，需待今后继续研究深化和拓展。

8.3.2　研究的时间性问题

国内外等发达地区的站域空间发展经验表明，站域空间从设置到成熟是长期、动态的过程，受到城市发展阶段、所属区位、体制等多方面因素的影响。

本书虽然提出了整体性研究的分析框架，并以京沪线为实例进行实证分析，但由于我国站域空间建设普遍较短，大多处于初始阶段，客站建设和城市发展的互馈作用需要更长期的数据进行分析和总结，这需要更长期的关注与检验，需要更多的沿线站域空间发展案例参与分析，并广泛征求规划部门、专家学者及公众意见，否则难以做出准确的客观判断，需待今后继续修正和完善。

8.3.3　研究的视角和量化问题

　　站域空间的发展问题亟待多学科的综合研究。由于站域空间发展研究涉及交通、规划、经济、社会、环境等多元因素，需要从区域、城市、站点多个空间尺度构建系统研究，开展不同专业下站域空间发展的综合研究。笔者自始便认识到并尽可能扩展研究的视角，但受自身能力和专业所限，这种缺失对于研究结果的准确性造成一定的影响，对站域空间形成的缘由和深层机制揭示还不够，空间形态背后潜在的深层社会、经济、交通背景因素尚待继续挖掘。同时，本书建立的节点和场所双因子评价体系，无疑消减了研究对象的复杂性特征，另外，如何转换为现有控制体系下的可操作内容，尚需进一步深入研究。再者，本书中的量化数据，在无法通过个人手段获取部分指标数据的情况下，借用了网络和相关文献中的数据，数据的时间性和准确性有待商榷，需要进一步加强数据搜集工作并进行更深入的研究。

参考文献

[1] 郑健，沈中伟，蔡申夫.中国当代铁路客站设计理论探索 [M].北京：人民交通出版社，2009.

[2] [美] 韦恩·奥图，唐·洛干.美国都市建筑——城市设计的触媒 [M].王劭方，译.台北：创兴出版社，1995.

[3] [美] 乔纳森·巴奈特.都市设计概论 [M].谢庆达，庄建德，译.台北：尚林出版社，1988.

[4] 韩冬青，冯金龙.城市·建筑一体化设计 [M].南京：东南大学出版社，1999.

[5] 顾朝林.经济全球化与中国城市发展——跨世纪中国城市发展战略研究 [M].北京：商务印书馆，1999.

[6] 日建设计站城一体开发研究会.站城一体化开发——新一代公共交通指向型城市建设 [M].北京：中国建筑工业出版社，2014.

[7] 季羡林.“天人合一”新解 [M].北京：新华出版社，1991.

[8] 张岱年.文化与哲学 [M].北京：教育科学出版社，1988.

[9] 陆锡明.大都市一体化交通 [M].上海：上海科学技术出版社，2003.

[10] [日] 彰国社.新京都站 [M].郭晓明，译.北京：中国建筑工业出版社，2003.

[11] 阎小培，周素红，毛蒋兴，等.高密度开发城市的交通系统与土地利用——以广州为例 [M].北京：科学出版社，2006.

[12] 王灏.城市轨道交通投融资模式研究 [M].北京：中国建筑工业出版社，2010.

[13] 徐绍史，胡祖才.国家新型城镇化报告 2015[M].北京：中国计划出版社，2016.

[14] 国家统计局城市社会经济调查司.中国城市统计年鉴 2015[M].北京：中国统计出版社，2016.

[15] 全永燊，刘小明.路在何方——纵谈城市交通 [M].北京：中国城市出版社，2002.

[16] Jan Jacob Trip.What makes a city？：planning for "quality of place"：the case of high-speed train station area redevelopment[M]. Delft：IOS Press under the imprint Delft University Press，2007.

[17] Banister D，Berechman J.Transport investment and economic development[M].

London：Routledge，1999.

[18] Meyer M.D，Maler E.J.Urban transportation planning[M]. London： Hutcinson，1995.

[19] Robert Cervero.The Transit Metropolis[M]. Washington，D.C.： Island Press，1998.

[20] 惠英 . 城市轨道交通站点地区规划与建设研究 [D]. 上海：同济大学，2001.

[21] 夏兵 . 当代高铁综合客运枢纽地段整合设计研究 [D]. 南京：东南大学，2011.

[22] 贾铠针 . 高速铁路综合交通枢纽地区规划建设研究 [D]. 天津：天津大学城市规划与设计，2009.

[23] 侯明明 . 高铁影响下的综合交通枢纽建设与地区发展 [D]. 上海：同济大学，2008.

[24] 郇亚丽 . 新形势下高铁时代到来的区域影响研究 [D]. 上海：华东师范大学，2012.

[25] 王金婉 . 高速铁路的区域影响研究 [D]. 武汉：华中师范大学，2015.

[26] 翟宁 . 我国高速铁路交通枢纽空间层次划分及规划设计方法研究 [D]. 西安：长安大学，2008.

[27] 陈昕 . 高速铁路站点周边城市建设与发展研究 [D]. 天津：天津大学，2009.

[28] 罗湘蓉 . 基于绿色交通构建低碳枢纽 [D]. 天津：天津大学，2011.

[29] 刘晨宇 . 城市节点的复合化趋势及整合对策研究 [D]. 广州：华南理工大学，2012.

[30] 王晓丹 . 城市综合体交通与城市交通的整合设计研究 [D]. 郑州：郑州大学，2013.

[31] 杜恒 . 火车站枢纽地区路网结构研究 [D]. 北京：中国城市规划设计研究院，2008.

[32] 邢琰 . 规划单元开发中的土地混合使用规律及对中国建设的启示 [D]. 北京：清华大学，2005.

[33] 孙乐 . 历史街区复兴中的"城市触媒"策略研究 [D]. 上海：同济大学，2008.

[34] 苏飞 . 当代整体性思维视野下的文化建设 [D]. 烟台：鲁东大学，2014.

[35] 宋春丽 . 当代整体性思维视角下的和谐社会建构 [D]. 烟台：鲁东大学，2012.

[36] 王沛 . 从点性思维到系统性思维——论环境系统设计中的标识设计[D]. 上海：东华大学，2005.

[37] 苟维在 . 中国传统的整体性思维方式对可持续发展的意义 [D]. 成都：成都理工大学，2009.

[38] 倪凯旋 . 整合策略引导下的城市综合交通枢纽地区更新改造研究 [D]. 上海：

同济大学，2008.

[39]　姚涵.高速铁路对区域、城市和站点区的影响研究——以京沪高铁为例 [D].
北京：清华大学，2014.

[40]　张钒.我国铁路客站商业空间设计研究 [D].天津：天津大学，2008.

[41]　李颖.城市土地利用与交通系统的协同发展研究 [D].大连：大连海事大学，
2010.

[42]　李松涛.高铁客运站站区空间形态研究 [D].天津：天津大学，2009.

[43]　刘炳恩.城市轨道交通廊道效应分析模型与方法研究 [D].吉林：吉林大学，
2015.

[44]　伍业春.武广高速铁路对沿线城市体系发展的影响研究 [D].成都：西南交通
大学，2009.

[45]　王春才.城市交通与城市空间演化相互作用机制研究 [D].北京：北京交通大
学，2007.

[46]　黄健文.旧城改造中公共空间的整合与营运 [D].广州：华南理工大学，2011.

[47]　王新.轨道交通综合体对城市功能的催化与整合初探 [D].北京：北京交通大
学，2014.

[48]　吴越.以轨道交通为基础的城市客运枢纽综合体设计研究 [D].杭州：浙江大
学，2012.

[49]　秦魏.基于高铁枢纽的城市交通核周边用地布局策略研究 [D].武汉：华中科
技大学，2012.

[50]　李道勇.大都市多中心视角下轨道交通与新城的协调发展 [D].天津：天津大
学，2013.

[51]　乔宏.轨道交通导向下的城市空间集约利用研究 [D].重庆：西南大学，2013.

[52]　叶红.整体·连续·活力——"城市碎片"空间形态整合设计研究 [D].重庆：
重庆大学，2004.

[53]　万汉斌.城市高密度地区地下空间开发策略研究 [D].天津：天津大学，2013.

[54]　陈丽莉.我国轨道交通站点与周边地区联合开发方法研究 [D].长沙：中南大
学，2013.

[55]　程俊义.城市轨道交通与土地开发利用研究 [D].北京：北京交通大学，2012.

[56]　陈明珠.发达国家城镇化中后期城市转型及其启示 [D].北京：中共中央党
校，2016.

[57]　吴琦.高速铁路 PPP 融资模式研究 [D].昆明：昆明理工大学，2014.

[58]　林燕.建筑综合体与城市交通的整合研究 [D].广州：华南理工大学，2008.

[59] 史佳璐.高速铁路对城市空间结构的影响研究 [D].济南：山东师范大学，2015.

[60] 霍妮.城际轨道交通对城市群一体化发展的影响研究 [D].广州：暨南大学，2014.

[61] 司美琳.深圳市轨道交通与土地利用的联合开发策略研究 [D].哈尔滨：哈尔滨工业大学，2001.

[62] 周美辰.我国高铁客站 TOD 模式应用条件研究 [D].北京：北京交通大学，2016.

[63] 顾朝林，吴莉娅.中国城镇化问题研究综述 [J].城市与区域规划研究，2008（2）：104-147.

[64] 韩林飞，郭建民，柳振勇.城镇化道路的国际比较及启示——对我国当前城镇化发展阶段的认识[J].城市发展研究，2014（3）：1-7.

[65] 魏后凯.论中国城市转型战略 [J].城市与区域规划研究，2011（1）：1-19.

[66] 郑健.大型铁路客站的城市角色[J].时代建筑，2009（5）：6-11.

[67] 刘振娟.铁路客站设计与综合开发方式的研究 [J].建筑设计管理，2014（6）：61-67.

[68] 王昊，殷广涛.试论中国大型高铁枢纽的发展趋势[J].城市建筑，2014（3）：16-18.

[69] 程泰宁.重要的是观念——杭州铁路新客站创作后记 [J].建筑学报，2002（6）：10-15.

[70] 陈岚，殷琼.大型铁路客站对城市功能的构成与优化的研究 [J].华中建筑，2011（7）：30-35.

[71] 顿小红.从世界高速铁路发展看我国高速铁路建设 [J].现代商贸工业，2007（6）：22.

[72] 唐相龙."精明增长"研究综述 [J].城市问题，2009（8）：98-102.

[73] 唐川，刘英舜.基于精明增长理念的城市综合客运枢纽规划 [J].综合运输，2011（9）：38-42.

[74] Robert Cervero.TOD 与可持续发展 [J].城市交通，2011，9（1）：24-28.

[75] 郑德高，杜宝东.寻求节点交通价值与城市功能价值的平衡——探讨国内外高铁车站与机场等交通枢纽地区发展的理论与实践 [J].国际城市规划，2007，22（1）：72-76.

[76] 胡晶，黄珂，王昊.特大城市铁路客运枢纽与城市功能互动关系——基于节点—场所模型的扩展分析 [J].城市交通，2015，13（5）：36-42.

[77] 陆大道.关于"点—轴"空间结构系统的形成机理分析 [J].地理科学，2002，

22（1）：1-6.

[78] 毛蒋兴，闫小培.国外城市交通系统与土地利用互动关系研究 [J]. 城市规划，2004，28（7）：64-69.

[79] 王兰.高速铁路对城市空间影响的研究框架及实证 [J]. 规划师，2011，27（7）：13-19.

[80] 王昊，龙慧.试论高速铁路网建设对城镇群空间结构的影响 [J]. 城市规划，2009，33（4）：41-44.

[81] 冯正民.台湾高速铁路对区域发展的影响 [J]. 城市与区域规划研究，2011（3）：49-59.

[82] 王缉宪，林辰辉.高速铁路对城市空间演变的影响：基于中国特征的分析思路 [J]. 国际城市规划，2011，26（1）：16-23.

[83] 王缉宪.高速铁路影响城市与区域发展的机理 [J]. 国际城市规划，2011，26（6）：1-5.

[84] 张小星.有轨交通转变下的广州火车站地区城市形态发展 [J]. 华南理工大学学报，2002，30（10）：24-30.

[85] 郝之颖.高速铁路站场地区空间规划 [J]. 城市交通，2008（9）：48-52.

[86] 殷铭.高铁站点周边地区的土地利用规划研究 [J]. 山西建筑，2009，35（4）：29-30.

[87] 侯雪，张文新，等.高铁综合交通枢纽对周边区域影响研究——以北京南站为例 [J]. 城市发展研究，2012（1）：41-46.

[88] 王腾，卢济威.火车站综合体与城市催化——以上海南站为例 [J]. 城市规划学刊，2006，（4）：76-83.

[89] 石海洋，侯爱敏，等.触媒理论视角下高铁枢纽站对城市发展的影响研究 [J]. 苏州科技学院学报，2013，26（1）：55-59.

[90] 卢源，刘晓刚，等.基于轨道交通站点的综合开发与整合设计实践——以北京轨道交通 9 号线花乡站周边地区设计方案为例 [J]. 华中建筑，2011（12）：70-81.

[91] 李敏，叶大华，等."系统论"与交通枢纽设计——以宋家庄枢纽为例 [J]. 建筑技艺，2009（5）：55-57.

[92] 卢济威.论城市设计的整合机制 [J]. 建筑学报，2004（4）：24-27.

[93] 卢济威，王腾，庄宇.轨道交通站点区域的协同发展 [J]. 时代建筑，2009（5）：12-18.

[94] 李传成.交通枢纽与城市一体化趋势——特大型铁路旅客站设计分析 [J]. 华中建筑，2004，22（1）：32-41.

[95]　郑健.中国铁路发展规划与建设实践 [J]. 城市交通，2010（1）：14–19.

[96]　加尾章.日本交通枢纽车站的特点与启示 [J]. 城市建筑，2014（2）：33–34.

[97]　奥森清喜.实现亚洲城市的站城一体化开发对我国高铁新城建设的启示——展望城市开发联合轨道建设的未来 [J]. 西部人居环境学刊，2013（10）：85–89.

[98]　李胜全，张强华.高速铁路时代大型铁路枢纽的发展模式探讨——从"交通综合体"到"城市综合体" [J]. 规划师，2011，27（7）：26–30.

[99]　顾汝飞.铁路客站"城市门户"形象塑造探析 [J]. 苏州科技学院学报，2012（2）：71–75.

[100]　盛晖.武汉火车站现代化交通枢纽综合体 [J]. 时代建筑，2009（9）：54–59.

[101]　肖池伟，刘影，等.基于城市空间扩张与人口增长协调性的高铁新城研究 [J]. 自然资源学报，2016（9）：1441–1451.

[102]　于涛，等.高铁驱动中国城市郊区化的特征与机制研究 [J]. 地理科学，2012，32（9）：1041–1046.

[103]　史官清.我国高铁新城的使命缺失与建设建议 [J]. 城市发展研究，2014，21（10）：1–5.

[104]　林辰辉，马璇.中国高铁枢纽站区开发的功能类型与模式 [J]. 城市交通，2012，10（5）：41–49.

[105]　殷铭.站点地区开发与城市空间的协同发展 [J]. 国际城市规划，2013（6）：70–77.

[106]　赵坚.铁路土地综合开发的相关问题分析及建议 [J]. 中国铁路，2014（5）：7–10.

[107]　李志，许传忠.日本城市交通现代化与城市发展的关系 [J]. 国外城市规划，2003（2）：50–51.

[108]　周静敏，等.在协调与融合中精明增长 [J]. 建筑学报，2009（4）：75–77.

[109]　樊一江，吕汉阳，霍瑞惠.我国综合客运枢纽综合开发的问题与对策 [J]. 综合运输，2014（7）：8–13.

[110]　马颖.当前对发展高铁经济的再思考 [J]. 湖北经济学院学报，2011，8（11）：21–23.

[111]　潘涛，程琳.对高铁客站综合交通枢纽地区规划与建设的思考 [J]. 华中建筑，2010（11）：128–129.

[112]　丁川，王耀武，林姚宇.公交都市战略与 TOD 模式关系探析——基于低碳出行的视角 [J]. 城市规划，2013，37（11）：54–61.

[113]　张庭伟.城市高速发展中的城市设计问题：关于城市设计原则的讨论 [J]. 城

市规划汇刊, 2001（3）: 5-10.

[114] 王一. 从城市要素到城市设计要素——探索一种基于系统整合的城市设计观 [J]. 新建筑, 2005（3）: 53-56.

[115] 李传成. 日本新干线车站及周边城市空间开发建设模式分析 [J]. 国际城市规划, 2013（6）: 27-29.

[116] 王昊. 高铁时期铁路客运枢纽分类及典型形式 [J]. 城市交通, 2010, 8（4）: 7-15.

[117] 宗跃光. 城市景观生态规划中的廊道效应研究——以北京市区为例 [J]. 生态学报, 1999, 19（2）: 145-150.

[118] 郑捷奋, 刘洪玉. 香港轨道交通与土地资源的综合开发 [J]. 中国铁道科学, 2002, 23（5）: 1-5.

[119] 李廷智, 等. 高速铁路对城市和区域空间发展影响研究综述 [J]. 城市发展研究, 2013, 20（2）: 71-79.

[120] 赵丹, 张京祥. 高速铁路影响下的长三角城市群可达性空间格局演变 [J]. 长江流域资源与环境, 2012, 21（4）: 391-398.

[121] 王小奇, 李方豫. 大型综合交通枢纽规划研究 [J]. 铁道工程学报, 2007（9）: 75-77.

[122] 姚涵, 等. 高速铁路影响下城市空间发展的特征、机制与典型模式——以京沪高速高铁为例 [J]. 华中建筑, 2015（5）: 7-13.

[123] 董贺轩, 卢济威. 作为集约化城市组织形式的城市综合体深度解析 [J]. 城市规划学刊, 2009（1）: 54-61.

[124] 盖桂英. 北京市轨道交通沿线土地开发增值收益分配研究 [J]. 城市交通, 2008, 6（5）: 26-28.

[125] 姚涵, 柳泽. 高铁沿线大都市带的空间发展: 基于国际经验的探讨 [J]. 城市发展研究, 2013, 20（3）: 50-56.

[126] 童林旭. 论日本地下街建设的基本经验 [J]. 地下空间, 1988（3）: 76-83.

[127] 姚涵. 基于整合策略的城市高铁枢纽地区规划探析: 以南京南站地区为例 [J]. 建筑创作, 2012（3）: 65-71.

[128] 林燕. 浅析香港建筑综合体与城市交通空间的整合 [J]. 建筑学报, 2007（6）: 26-29.

[129] 张兴艳. 基于一体化理念的综合交通枢纽设计 [J]. 高速铁路技术, 2013（4）: 35-41.

[130] 肖曼. 综合运输枢纽内"零"换乘问题研究 [J]. 交通企业管理, 2011（5）: 1-3.

[131] 顾保南，黄志华.上海南站的综合交通换乘系统 [J]. 城市轨道交通研究，2006（8）：19–23.

[132] 刘江，卓健.火车站：城市生活的中心——法国 AREP 工程咨询公司及其作品 [J]. 时代建筑，2004（2）：124–131.

[133] 钱才云，周扬.谈交通建筑综合体中复合型的城市公共空间营造——以日本京都车站为例 [J]. 国际城市规划，2010（6）：101–107.

[134] 高志荣.铁路车站建筑风格的演变 [J]. 中外建筑，2005（4）：72–75.

[135] 杨熹微.日本首屈一指的交通枢纽——涩谷站周边大规模再开发项目正式启动 [J]. 时代建筑，2009（5）：77–79.

[136] 胡映东，张昕然.初探城市轨道交通与建筑综合体的"共生"——以日本多个新近落成的建筑综合体为例 [J]. 华中建筑，2013（6）：89–93.

[137] 胡玉娇.香港新市镇的"三代"变迁 [J]. 开发研究，2009（2）：53–59.

[138] 刘皆谊.日本地下街的崛起与发展经验探讨 [J]. 国际城市规划，2007（6）：47–52.

[139] 李文静.日本站城一体化开发对我国高铁新城建设的启示——以新横滨站为例 [J]. 国际城市规划，2006（3）：111–118.

[140] 胡映东.城市更新背景下的枢纽开发模式研究——以大阪站北区再开发为例 [J]. 华中建筑，2014（6）：120–126.

[141] 李宏.斯图加特 21 世纪轨道交通综合体带动城市核心区可持续发展 [J]. 时代建筑，2009（5）：72–75.

[142] 谭瑜，叶霞飞.东京新城发展与轨道交通建设的相互关系研究 [J]. 城市轨道交通研究，2009（3）：1–5.

[143] 柴彦威，史育龙.日本东海道大都市带的形成、特征及其研究动态 [J]. 国外城市规划，1997（2）：16–22.

[144] 张善余.世界大都市圈的人口发展及特征分析 [J]. 城市规划，2003，27（3）：37–42.

[145] 王晓荣，荣朝和，盛来芳.环状铁路在大都市交通中的重要作用——以东京山手线铁路为例 [J]. 经济地理，2013，33（1）：54–60.

[146] 马路明，董春方.香港都市综合体与城市交通的空间驳接 [J]. 建筑技艺，2014（11）：34–39.

[147] 杨振丹.简析日本轨道交通与地下空间结合开发的建设模式 [J]. 现代城市轨道交通，2014（3）：93–99.

[148] 袁红.日本地下空间利用规划体系解析 [J]. 城市发展研究，2014（2）：112–118.

[149] 刘春彦.上海城市地下空间开发利用管理法制体系研究 [J].地下空间与工程学报，2007（6）：1297–1300.

[150] 秦静，吕宾，等.香港"轨道交通＋土地综合利用"模式的启示 [J].中国国土资源经济，2013（11）：43–46.

[151] 郑捷奋，刘洪玉.香港轨道交通与土地资源的综合开发 [J].中国铁道科学，2002，23（5）：2–4.

[152] 李孟然.深度"捆绑"的价值 [J].中国土地，2013（10）：8–11.

[153] 郑捷奋，刘洪玉.日本轨道交通与土地的综合开发 [J].中国铁道科学，2003，24（4）：133–138.

[154] 叶霞飞，胡志晖，顾保南.日本城市轨道交通建设融资模式与成功经验剖析 [J].中国铁道科学，2002，23（4）：11–15.

[155] 李传成，毛骏亚.日本铁路公司土地综合开发盈利模式研究 [J].铁路运输与经济，2016，38（10）：83–88.

[156] 朱艳艳，李秀敏.日本国铁改革的过程及其发展现状 [J].日本学论坛，2006（4）：18–23.

[157] 冯浚，徐康明.哥本哈根 TOD 模式研究 [J].城市交通，2006，4（2）：41–46.

[158] 于晓萍，程建润.哥本哈根"指形规划"的启示 [J].城市交通，2011（9）：41–46.

[159] 邱志勇.城市轨道交通的联合开发策略研究 [J].华中建筑，2008（12）：51–53.

[160] 丁志刚，孙经纬.中西方高铁对城市影响的内在机制比较研究 [J].城市规划，2015（7）：25–29.

[161] 杨策，吴成龙，刘冬洋.日本东海道新干线对我国高铁发展的启示 [J].规划师，2016（12）：136–141.

[162] 方大春，孙明月.高速铁路建设对我国城市空间结构影响研究 [J].区域经济评论，2014（3）：136–141.

[163] 王姣娥，等.高速铁路对中国城市空间相互作用强度的影响 [J].地理学报，2014（12）：183–1846.

[164] 谢晶晶，何芳，李云.我国 TOD 导向土地复合利用存在问题与模式探析 [J].城市规划，2013（11）：54–61.

[165] 赵倩，陈国伟.高铁站区位对周边地区开发的影响研究——基于京沪线和武广线的实证分析 [J].城市规划，2015（7）：50–55.

[166] 魏后凯.中国城镇化进程中两极化倾向与规模格局重构 [J].中国工业经济，2014（3）：18–28.

[167] 宋文杰,史煜瑾,朱青,等.基于节点—场所模型的高铁站点地区规划评价——以长三角地区为例[J].经济地理,2016,36(10):18-25.

[168] 盛晖,李传成.交通枢纽与城市一体化趋势[J].长江建设,2003(5):38-40.

[169] 史官清.高铁新城的建设前提与建设原则[J].石家庄经济学院学报,2015(2):36-39.

[170] 黄志刚,金泽宇.交通枢纽在城市空间结构演变中的作用[J].城市轨道交通研究,2010(10):10-13.

[171] 周铁征.铁路客运枢纽规划建设管理机制与设计理念[J].城市交通,2015(5):24-29.

[172] 李传成.基于可达性的中国高铁新区发展策略研究[J].铁道经济研究,2015(10):8-15.

[173] 荣朝和.德国柏林中央车站的建设理念与启示[J].综合运输,2007(3):82-86.

[174] 麦哈德·冯·格康.柏林中央火车站——轨道交通的新平台[J].时代建筑,2009(9):64-71.

[175] 张世升.基于多层面的铁路沿线综合开发研究[J].铁道标准设计,2014(9):125-128.

[176] Bertolini L. Nodes and Places: Complexities of Railway Station Redevelopment[J]. European Planning Studies, 1996, 4(3): 331-345.

[177] Hansen W G. How accessibility shapes landuse[J].Journal of the American Institute of lanners, 1959, 25: 73-76.

[178] Murayama Y. The impact of railways on accessibility in the Japanese urban system[J].Journal of Transport Geography, 1994, 2(2): 87-100.

[179] Kim K S. High- speed rail developments and spatial restructuring: A case study of the Capital region in South Korea[J].Cities, 2000, 17(4): 251-262.

[180] Bruinsma·F, P·Rietveld. Urban Agglomerations in European Infrastructure Networks[J].Urban Studies, 1993, 30(6): 919-934.

[181] Kinsley E Haynes. Labor Markets and Regional Transportation Improvements: The Case of High-speed Trains[J].The Annals of Regional Science, 1997, 1: 31.

[182] Fernand Martin. Justifying a High-speed Rail Project: Social Value Vs[J].Regional Growth, 1997, 2: 33-37.

[183] Roger Vickerman. High-speed Rail in Europe: Experience and issues for Future Development[J].The Annal of Regional Science, 1997, 31(1): 21-38.

[184] Allport R. J. , Brown M. Economic benefits of the European highspeed rail net-work[J].Transportation Research Record, 1993, 13（81）: 1-11.

[185] Urena J M, Menerault P, Garmendia M.The high-speed rail challenge for big intermediate cities: A national, regional and local perspective[J].Cities, 2009, 26: 266-279.

[186] Sasaki K, Ohashi T Asao Ando.High-speed rail transit impact on regional sys-tems: does the Shinkansen contribute to dispersion ? [J].The Annals of Regional Science, 1997, 31: 77-98.

[187] Kim K.S.High-speed rail developments and spatial restructuring: A case study of the Capital region in South Korea[J].Cities, 2000, 17（4）: 251-262.

[188] Janic M.A.model of competition between high speed rail and air transport[J].Trans-portation Planning and Technology, 1993, 17（1）: 1-23.

[189] PMJ Pol.The Economic Impact of the High-Speed Train on Urban Regions[J].Gener-al Information, 2003, 10（1）: 4-19.

[190] Oskar Froidh.Market effects of regional high-speed trains on the Svealand line[J]. Journal of Transport Geography, 2005, 13: 352-361.

[191] Roger Vickerman.High-speed Rail in Europe: Experience and Issues for Future Development[J].The Annal of Regional Science Association, 2003, 9.

[192] Blum U, Haynes KE, Karlsson C.The regional and urban effects of high-speed trains[J].Annals of regional science, 1997, 1: 1-20.

[193] Moulaert F, Salin E.Werquin T.Euralille[J].European Urban and Regional Studies, 2001, 8（2）: 145-160.

[194] Karst T. Geurs, Bert van Wee.Accessibility evalution of land-use and transport: strate-gies review and research direction[J].Journal of Transport Geography, 2004, 12.

[195] Peter W G Newman, J R Kenworthy.The land-use transport Connection[J].Land use Policy, 1996, 1.

[196] Okada Hiroshi.Features and Economic and Social Effects of The Shinkansen[J].Japan Railway & Transport Review, 1994, 10.

[197] Nikken Sekkei ISCD Study Team.The basic conditions needed for executing inter-grated station-city development[J].A+U, 2013, 10: 150-153.

[198] Edward J, Shaul K, Howard L Fauthier.Interactions between spread-and-back-wash, population turn around and corridor effects in the inter-matropolitan periph-ery: A case study[J].Urban geography, 1992, 2: 503-533.

[199] Hirota R.Present Situation and Effects of the Shinkansen[J].International Seminar on

High-Speed Trains，1984，7：12.

[200] B D Sands.The Development Effects of High-Speed Rail Stations and Implications for California[J].University of California at Berkeley Working paper，1993.

[201] P.Taylor，M.Hoyler，D.Evans，J.Harrison.Balancing London ？ A Preliminary Investigation of the "Core Cities" and "Northern Way" Spatial Policy Initia-tives Using Multi—City Corporate and Commercial Law Firms[J].European Planning Studies，2010，18：1285-1299.

[202] Ewing R .，R.Cervero.Travel and the Built Environment[J].Journal of the American Planning Association，2010.

[203] 京沪高速铁路工程概况 [EB/OL]. 2016-01-11.http：//blog.sina.com.cn/s/blog_6bef90aa0102wgna.html.

[204] 中华人民共和国铁道部令 [EB/OL]. 2013-02-20.http：//www.gov.cn/flfg/2013-02/20/content_2334582.htm

[205] 维基百科 . 铁路车站 [EB/OL]. 2017-06-03.http：//en.wikipedia.org/wiki/Train_station

[206] 精明增长 [EB/OL]. 2016-08-29.http：//wiki.mbalib.com/wiki/ 精明增长

[207] 哥本哈根指状规划 [EB/OL]. 2016-06-01.http：//baike.baidu.com/link? url=h-2fAVqCuTIU6qoiUiRja2oEhFq1JeKOPhzgz8EPo1M1VNtpX5qeielQY3w0QX-WLphL1t5IVfjqOQNJ7XiScrma

[208] 唐子来 . 综合论坛：迈向低碳城市的规划策略 [EB/OL].http：//lhsr.sh.gov.cn/sites/

[209] 艾泽瑞 . 中国大陆申报轨道交通建设获批城市一览表 [EB/OL]. 2016-11-24.http//tieba.baidu.com/

[210] 国家发展和改革委员会交通运输部关于印发交通基础设施重大工程建设三年行动计划的通知（发改基础〔2016〕730 号）[R/OL]. 2016-11-24.http：//www.waizi.org.cn/law/13298.html

[211] 赵翰露 . 港铁公司珠三角区域房地产总经理梁秉坚：香港轨交建设 "不花钱" 有秘密 [N]. 解放日报，2015-08-20（016）

[212] 铁道第三勘察设计院集团有限公司 .GB 50226—2007 铁路旅客车站建筑设计规范 [S]. 北京：中国计划出版社，2007.

[213] 中国统计出版社 . 世界城镇化趋势与中国城镇化发展研究报告 [R]. 北京：中国统计出版社，2006.

[214] Tim Lynch.Analysis of the Economic Impacts of Florida High-speed Rail[R].Ber-lin：Inno Trans，UIC，CCFE-CER-GEB and UNIFE，1998.

[215] Pol P M J.The Economic Impact of the High-Speed Train on Urban Regions[R].

ERSA Conference Paper from European Regional Science Association，2003.

[216] 世联地产.日本新干线案例 [R].2013.

[217] 郭宁宁，官明月.不同城市规模等级下高铁新城发展状况和机制研究——以
南京和宿州为例 [M]// 中国城市规划学会.规划 60 年：成就与挑战——2016
中国城市规划年会论文集（13 区域规划与城市经济）.北京：中国建筑工业
出版社，2016：1085-1094.

[218] 顾焱，张勇.国外高铁发展经验对中国城市规划建设的启示 [M]// 中国城市规
划学会.城市规划和科学发展——2009 中国城市规划年会论文集.天津：天
津电子出版社，2009：4646-4654.

[219] 林涛.基于枢纽与城市功能整合的综合交通枢纽规划设计研究——以佛山
西站综合交通枢纽设计为例 [M]// 中国城市规划学会城市交通规划学术委员
会.新型城镇化与交通发展论文集.北京：中国规划学会城市交通规划委员
会，2014：1427-1438.

[220] WEGENER M.Overview of land use transport models[M]//Hensher D.，Button K J.，
Haynes K.E.，eds.Handbook of transport geography and spatial systems.Oxford：
Elsevie，S，2004.

[221] 史旭敏.基于京沪高铁沿线高铁新城建设的调研和思考 [M]// 中国城市规划学
会.新常态：传承与变革——2015 中国城市规划年会论文集.北京：中国建
筑工业出版社，2015：201-209.

[222] 褚浩然.北京中心城区公共交通优先政策敏感性研究 [M]// 中国城市规划学
会.生态文明视角下的城乡规划：2008 中国城市规划年会论文集.北京：中
国建筑工业出版社，2008：4933-4954.

[223] 孟宇.把握时代机遇的优势整合——浅析法国高速铁路车站地区综合开发的
实践经验 [M]// 中国城市规划学会.生态文明视角下的城乡规划：2008 中国
城市规划年会论文集.北京：中国建筑工业出版社，2008：4910-4923.

致谢

执笔至此，难抑心中的感激与感动，对师长、同窗、朋友和家人在著书过程中给予的关心和帮助予以感谢。

首先，衷心的感谢导师程泰宁院士，在博士论文的选题、研究重点的聚焦、框架结构的组建以及论文的撰写等各个阶段，是先生悉心的指导，才让我有更高的眼界看到凭借自身经验无法触及的理论前沿。导师严谨的治学态度、博学的理论知识以及谦和宽厚的处事作风深深地影响着我，正是在先生的关心、帮助、信任和鼓励下，使我有了很多难得的实践锻炼机会，不仅开拓了建筑设计视野、提升了学科专业素养，同时为本书的写作打下坚实的基础。值此书稿完成之际，谨向恩师致以最诚挚的谢意！

感谢东南大学建筑设计与理论研究中心王静教授、费移山老师、周霖老师、蒋楠老师以及中国铁路总公司工程设计鉴定中心高级工程师姚涵处长在著书过程中给予的指导和帮助，向各位老师致以诚挚的谢意！

特别感谢我亲爱的家人，感谢父母的关心，感谢姐姐、姐夫的支持，感谢岳父岳母的理解，更要感谢妻子姜玲玲的鼓励和帮助，在工作最艰苦的时段她始终陪伴着我、激励着我。感谢这个温暖的家，他们背后的关心、支持、理解和鼓励，是我永远的精神支柱和前进的动力！

感谢安徽省高峰学科的鼎力支持，感谢我的研究生学生吴扬扬、李成成、张旭在文字校对、书稿排版等方面为本书的出版所做的努力。

最后，再次向著书过程中所有帮助过我的师长、亲人、朋友和学生致以诚挚的谢意！